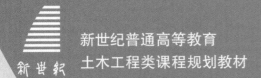

新世纪普通高等教育
土木工程类课程规划教材

微课版

平法识图与钢筋算量

主　编　张玉敏　滕　琳
副主编　杜传伟　宋　尧　王　燕

PINGFA SHITU YU
GANGJIN SUANLIANG

U0244100

大连理工大学出版社

图书在版编目(CIP)数据

平法识图与钢筋算量 / 张玉敏，滕琳主编. -- 大连：大连理工大学出版社，2022.2(2023.3重印)
新世纪普通高等教育土木工程类课程规划教材
ISBN 978-7-5685-3612-7

Ⅰ. ①平… Ⅱ. ①张… ②滕… Ⅲ. ①钢筋混凝土结构－建筑构图－识图－高等学校－教材②钢筋混凝土结构－结构计算－高等学校－教材 Ⅳ. ①TU375

中国版本图书馆 CIP 数据核字(2022)第 023530 号

大连理工大学出版社出版
地址：大连市软件园路 80 号　邮政编码：116023
发行：0411-84708842　邮购：0411-84708943　传真：0411-84701466
E-mail：dutp@dutp.cn　URL：https://www.dutp.cn
大连永盛印业有限公司印刷　　　　　　　　大连理工大学出版社发行

幅面尺寸：185mm×260mm　　　印张：23.5　　　字数：602 千字
2022 年 2 月第 1 版　　　　　　2023 年 3 月第 2 次印刷

责任编辑：王晓历　　　　　　　　　　　　责任校对：常　皓
封面设计：对岸书影

ISBN 978-7-5685-3612-7　　　　　　　　　　定　价：65.00 元

本书如有印装质量问题，请与我社发行部联系更换。

前　言

　　《平法识图与钢筋算量》是新世纪普通高等教育教材编审委员会组编的土木工程类课程规划教材之一。

　　平法识图与钢筋算量是高等院校土木工程类各专业的专业基础课程,其任务是通过本课程的学习,使学生理解混凝土结构施工图平面整体表示方法制图规则和构造详图,掌握梁、柱、板、剪力墙、板式楼梯和基础等平法施工图的识读方法及相关钢筋工程量的计算原理,为继续学习专业课程和毕业设计奠定扎实的基础。

　　本教材主要依据《混凝土结构施工图平面整体表示方法制图规则和构造详图(现浇混凝土框架、剪力墙、梁、板)》(16G101-1)、《混凝土结构施工图平面整体表示方法制图规则和构造详图(现浇混凝土板式楼梯)》(16G101-2)、《混凝土结构施工图平面整体表示方法制图规则和构造详图(独立基础、条形基础、筏形基础、桩基础)》(16G101-3)编写。

　　本教材主要包括平法与钢筋算量的基本知识、梁构件平法识图与钢筋计算、柱构件平法识图与钢筋计算、板构件平法识图与钢筋计算、剪力墙平法识图与钢筋计算、板式楼梯平法识图与钢筋计算、基础平法识图与钢筋计算。

　　本教材通过工程实际图片及相关钢筋模型表述平法识图与钢筋算量规则;图文并茂的识图讲述,有利于正确理解和识读平法施工图;明确的计算方法和详细的计算步骤,以及相当数量不同类型的计算例题,有利于理解计算规则和具体的计算方法。在内容安排上重应用、突实践,力求语言通俗易懂,论述由浅入深,循序渐进。每章设有复习思考题和习题,供学生巩固和提高。

　　本教材响应二十大精神,推进教育数字化,建设全民终身学习的学习型社会、学习型大国,及时丰富和更新了数字化微课资源,以二维码形式融合纸质教材,使得教材更具及时性、内容的丰富性和环境的可交互性等特征,使读者学习时更轻松、更有趣味,促进了碎片化学习,提高了学习效果和效率。

　　本教材可作为高等院校土木工程、工程造价、工程管理和道路桥梁工程等专业平法识图与钢筋算量的教学用书,还可作为土建和管理类函授教育、自学考试和在职人员培训教材,以及其他技术人员的阅读参考书。

　　本教材由济南大学张玉敏,齐鲁理工学院滕琳任主编;齐鲁理工学院杜传伟,济南四建(集团)有限责任公司宋尧,齐鲁理工学院王燕任副主编;齐鲁理工学院高秀娟、赵文兰、胡涛,山东省建工(集团)有限责任公司张文广、刘振雷,济南大学王波参与了编写。具体编写分工如下:杜传伟、胡涛编写第1章,宋尧、赵文兰编写第2章,滕琳、王燕、王波编写第3、第4章,张玉敏、高秀娟、张文广、刘振雷编写第5至第7章。全书由张玉敏统稿和定稿。

　　在编写本教材的过程中,编者参考、引用和改编了国内外出版物中的相关资料以及网络资源,在此表示深深的谢意! 相关著作权人看到本教材后,请与出版社联系,出版社将按照相关法律的规定支付稿酬。

　　限于水平,书中仍有疏漏和不妥之处,敬请专家和读者批评指正,以使教材日臻完善。

编　者

2022 年 2 月

所有意见和建议请发往:dutpbk@163.com

欢迎访问高教数字化服务平台:https://www.dutp.cn/hep/

联系电话:0411-84708462　84708445

目　录

第1章

平法与钢筋算量的基本知识

1.1 平法基本知识

1.1.1 平法的基本理论

1. 平法的定义

建筑结构施工图的平面的整体设计方法,简称平法。

概括来讲,平法的表达形式是把结构构件的尺寸和配筋等按照平面整体表示方法制图规则,整体直接表达在各类构件的结构平面布置图上,再与标准构造详图相配合,即构成一套新型完整的结构设计图纸。平法改变了传统的将构件从结构平面布置图中索引出来再逐个绘制配筋详图的烦琐方法,是建筑结构施工图设计方法的重大创新。

2. 平法的基本原理

(1)平法的系统科学原理

根据结构设计各阶段的工作形式和内容,将全部结构设计作为一个完整的主系统,该主系统由3个分系统构成:第1个分系统为结构方案(结构体系)设计;第2个分系统为结构计算分析;第3个分系统为结构施工图设计。

平法属于上述第3个分系统的内容,即结构施工图设计分系统,该分系统由多个子系统(基础结构、柱墙结构、梁结构、板结构)构成,各子系统有明确的层次性、关联性和相对完整性。

①层次性:基础,柱,墙,梁,板,均为完整的子系统。

②关联性:柱、墙以基础为支座——柱、墙与基础关联;梁以柱为支座——梁与柱关联;板以梁为支座——板与梁关联。

③相对完整性:基础自成体系,仅有自身的设计内容而无柱或墙的设计内容;柱、墙自成体系,仅有自身的设计内容而无梁的设计内容;梁自成体系,仅有自身的设计内容而无板的设计内容;板自成体系,仅有板自身的设计内容。

(2)平法的应用理论

①将结构设计分为创造性设计内容与重复性(非创造性)设计内容两部分,两部分为对应互补关系,合并构成完整的结构设计。

②创造性设计内容由设计工程师按照数字化、符号化的平面整体设计制图规则(平面整体

1

表示方法制图规则)完成。

③重复性设计内容主要是节点构造和构件构造以广义标准化方式编制成国家建筑标准构造设计(构造详图)。

3. 平法的特点

平法将大量传统设计的重复性劳动变成标准图集,推动结构工程师更多地做其应该做的创新性劳动,是对整个设计系统的变革。平法有以下特点:

(1)简单清晰

平法采用标准化的设计制图规则,使结构施工图的表达更加数字化、符号化,单张图纸的信息量大且集中;构件分类明确,层次清晰,表达准确。

(2)掌握全局

平法使设计者容易进行平衡调整,易修改,易校审,改图可不牵连其他构件,易控制设计质量。

(3)构造标准化

平法采用标准化的构造详图,形象、直观、施工易懂、易操作。

(4)高效低耗

平法施工图是有序化、定量化的设计图纸,设计速度快,效率成倍提高;与传统方法相比图纸量减少约70%,综合设计工日减少2/3以上。

4. 16G101 系列图集简介

16G101 系列图集是混凝土结构施工图采用建筑结构施工图平面整体表示方法的国家建筑标准设计图集,于 2016 年 10 月由国家颁布并实施,包括以下三个分册:

16G101-1《混凝土结构施工图平面整体表示方法制图规则和构造详图(现浇混凝土框架、剪力墙、梁、板)》(替代 11G101-1)。

16G101-2《混凝土结构施工图平面整体表示方法制图规则和构造详图(现浇混凝土板式楼梯)》(替代 11G101-2)。

16G101-3《混凝土结构施工图平面整体表示方法制图规则和构造详图(独立基础、条形基础、筏形基础、桩基础)》(替代 11G101-3)。

1.1.2　16G101 系列图集学习

16G101 系列图集包括制图规则和构造详图两部分。制图规则是设计人员绘制结构施工图的制图依据,也是施工、造价、监理、审计人员阅读结构施工图的技术语言;构造详图是结构构件标准的构造做法,施工、造价与审计应该据此进行钢筋的下料与计量。

平法的学习技巧可以归纳为系统梳理、要点记忆、构件对比和总结规律。

1. 系统梳理

系统梳理是指对 16G101 平法图集中关于各种构件的内容进行有条理的整理,以便于理解和记忆。

(1)如以单根钢筋为基础,围绕钢筋计算的三项内容(锚固、连接、根数),对各构件的钢筋进行梳理。

（2）对同一构件，分布在不同图集中的内容进行梳理，例如，框架柱构件、基础内插筋（16G101-3）、地下室框架柱（16G101-3）、地上楼层框架柱（16G101-1）。

（3）如关于柱（梁）构件的描述，在平法图集上分为几块？分别都描述了哪些具体内容？等等。

2. 要点记忆

在平法学习过程中，需要记住一些基本的知识点，例如，各构件的类型代号、平法标注各符号表达的含义及构造详图中基本的构造要求：l_a（受拉钢筋锚固长度）；l_{abE}（抗震设计时，受拉钢筋基本锚固长度）；l_l（纵向受拉钢筋搭接长度）；l_{lE}（纵向受拉钢筋抗震搭接长度）；混凝土保护层最小厚度；钢筋的弯锚、直锚及弯钩增加长度等。

3. 构件对比和总结规律

在 16G101 系列图集中，比较难理解的是节点构造详图，同类构件之间由于成立的条件不同，节点构造也不同，所以构件对比不仅存在于不同构件之间，同类构件不同节点构造之间也可以对比记忆理解。

（1）不同类构件，例如，楼层框架梁、屋面框架梁及非框架梁，纵筋及箍筋的构造是类似的，可以对比学习总结规律。

（2）不同类构件，但同类钢筋的对照理解。例如，条形基础底板受力筋的分布筋，与现浇楼板屋面板支座负筋的分布筋可以对照理解。

（3）同类构件之间的对比。例如，在 16G101-1 图集中 KZ 边柱和角柱柱顶纵向钢筋有①，②，③，④，⑤五种不同的节点构造，分别适应于不同的条件且它们纵筋的长度计算也有区别。如果单独记忆理解这五个节点构造是不容易的，但对比记忆这五种节点构造所需要的条件就相对容易一些。

（4）同类构件中，楼层与屋面、地下与地上等的对照理解。

虽然节点构造繁多，但是它们之间是有规律可循的。例如，柱的中间节点和梁的中间节点构造就有类似之处，即能通则通（条件相似）、不通则断（直锚优先）；构件主筋的弯锚弯钩长度除中柱柱顶为 $12d$ 之外其余均为 $15d$ 等。

学习平法需要一个过程，学习时要理论联系工程实践，可结合本书给出的三维立体示意图，化抽象为形象，化死记硬背为理解记忆，循序渐进地深入学习。

1.2 钢筋基本知识

1.2.1 钢筋

1. 钢筋的品种和级别

按照钢筋的生产加工工艺和力学性能的不同，《混凝土结构设计规范》（GB 50010—2010）

规定用于钢筋混凝土结构和预应力混凝土结构中的钢筋或钢丝可分为热轧钢筋、中强度预应力钢丝、消除应力钢丝、钢绞线和预应力螺纹钢筋。

热轧钢筋由低碳钢、普通低合金钢或细晶粒钢在高温状态下轧制而成,有明显的屈服点和流幅,断裂时有颈缩现象,伸长率较大。热轧钢筋(普通钢筋)根据其强度的高低分为 HPB300 级、HRB335 级、HRBF335 级、HRB400 级、HRBF400 级、RRB400 级、HRB500 级和 HRBF500 级。其中,HPB300 级为光面钢筋,HRB335 级、HRB400 级和 HRB500 级为普通低合金钢热轧月牙纹变形钢筋,HRBF335 级、HRBF400 级和 HRBF500 级为细晶粒热轧月牙纹变形钢筋,RRB400 级为余热处理月牙纹变形钢筋,如图 1-1 所示。其牌号、符号、直径及强度值见表 1-1。

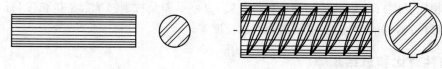

(a) 光面钢筋   (b) 月牙纹变形钢筋

图 1-1　钢筋外形

表 1-1　　　　　　　　普通钢筋的牌号、符号、直径及强度值

牌号	符号	公称直径 D/mm	抗拉强度设计值 $f_y/(N \cdot mm^{-2})$	抗压强度设计值 $f_y'/(N \cdot mm^{-2})$
HPB300	ϕ	6~22	270	270
HRB335 HRBF335	Φ Φ^F	6~50	300	300
HRB400 HRBF400 RRB400	Φ Φ^F Φ^R	6~50	360	360
HRB500 HRBF500	Φ Φ^F	6~50	435	410

预应力混凝土结构中的钢筋或钢丝的种类和符号(如中强度预应力钢丝、消除应力钢丝、钢绞线和预应力螺纹钢筋)可查阅有关资料。

2.钢筋标注

在结构施工图中,构件的钢筋标注要遵循一定的规范:

(1)标注钢筋的根数、直径和等级。例如,2Φ18 中 2 表示钢筋的根数为 2 根,18 表示钢筋的直径为 18 mm,Φ表示钢筋为 HRB500 级钢筋;

(2)标注钢筋的等级、直径和相邻钢筋中心距。例如,ϕ 10@120 中ϕ表示钢筋为 HPB300 级钢筋,10 表示钢筋直径为 10 mm,@表示相等中心距符号,120 表示相邻钢筋的中心距离为 120 mm。

上述两种标注方式中,方式(1)主要用于梁、柱纵筋,方式(2)用于板钢筋和梁、柱箍筋。

1.2.2 混凝土结构的环境类别与钢筋的混凝土保护层最小厚度

1. 混凝土结构的环境类别

混凝土结构所处的使用环境是影响耐久性的重要外因,根据混凝土结构暴露表面所处的环境条件,设计时按表1-2的要求确定环境类别。

表 1-2
混凝土结构的环境类别

环境类别	条 件
一	室内干燥环境; 无侵蚀性静水浸没环境
二 a	室内潮湿环境; 非严寒和非寒冷地区的露天环境; 非严寒和非寒冷地区与无侵蚀性的水或土壤直接接触的环境; 严寒和寒冷地区的冰冻线以下与无侵蚀性的水或土壤直接接触的环境
二 b	干湿交替环境; 水位频繁变动环境; 严寒和寒冷地区的露天环境; 严寒和寒冷地区冰冻线以上与无侵蚀性的水或土壤直接接触的环境
三 a	严寒和寒冷地区冬季水位变动区环境; 受除冰盐影响环境; 海风环境
三 b	盐渍土环境; 受除冰盐作用环境; 海岸环境
四	海水环境
五	受人为或自然的侵蚀性物质影响的环境

注:1.室内潮湿环境是指构件表面经常处于结露或湿润状态的环境。

2.严寒和寒冷地区的划分应符合现行国家标准《民用建筑热工设计规范》(GB 50176—2016)的有关规定。

3.海岸环境和海风环境宜根据当地情况,考虑主导风向及结构所处迎风、背风部位等因素的影响,由调查研究和工程经验确定。

4.受除冰盐影响环境是指受到除冰盐雾影响的环境,受除冰盐作用环境是指被除冰盐溶液溅射的环境以及使用除冰盐地区的洗车房、停车楼等建筑。

5.暴露的环境是指混凝土结构表面所处的环境。

2. 钢筋的混凝土保护层最小厚度

为防止钢筋锈蚀,保证耐久性、防火性以及钢筋与混凝土的黏结,构件内钢筋的两侧和近边都应有足够的混凝土保护层。构件最外层钢筋(包括箍筋、构造筋、分布筋等)的外边缘至混凝土表面的距离为钢筋的混凝土保护层最小厚度,如图1-2所示。

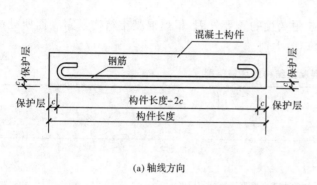

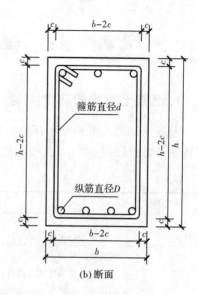

(a) 轴线方向　　　　　　　　　　　(b) 断面

图 1-2　混凝土保护层

构件最外层钢筋的混凝土保护层最小厚度应根据混凝土结构的环境类别、构件类别和混凝土强度等级来选取,见表 1-3。

表 1-3　　　　　　　　　　　混凝土保护层最小厚度 c　　　　　　　　　　　　mm

环境类别	板、墙、壳	梁、柱、杆
一	15	20
二 a	20	25
二 b	25	35
三 a	30	40
三 b	40	50

注:1. 表中混凝土保护层厚度是指最外层钢筋外缘至混凝土表面的距离,适用于设计使用年限为 50 年的混凝土结构。

2. 构件中受力钢筋的保护层厚度不应小于钢筋的公称直径。

3. 设计使用年限为 100 年的结构,一类环境中,最外层钢筋的保护层最小厚度不应小于表中数值的 1.4 倍;二类和三类环境中,应采取专门有效措施。

4. 混凝土强度等级不大于 C25 时,表中保护层厚度数值应增加 5 mm。

5. 基础底面钢筋的保护层最小厚度,有混凝土垫层时应从垫层顶面算起,且不应小于 40 mm。

1.2.3　钢筋的锚固

为保证钢筋混凝土构件可靠地工作,防止纵向受力钢筋从混凝土中拔出导致构件破坏,钢筋在混凝土中必须有可靠的锚固。

钢筋的锚固长度是指受力钢筋通过混凝土与钢筋的黏结作用,将所受力传递给混凝土所需的长度,即钢筋伸入支座内的长度。

1. 受拉钢筋的基本锚固长度

当计算中充分利用钢筋的抗拉强度时,受拉钢筋的基本锚固长度应按下列公式计算:

普通钢筋,即

$$l_{ab} = \alpha \frac{f_y}{f_t} d \qquad\qquad (1\text{-}1)$$

预应力筋,即

$$l_{ab} = \alpha \frac{f_{py}}{f_t} d \qquad (1-2)$$

式中　l_{ab}——受拉钢筋的基本锚固长度;

　　　　f_y,f_{py}——普通钢筋、预应力筋的抗拉强度设计值;

　　　　f_t——混凝土轴心抗拉强度设计值,当混凝土强度等级高于 C60 时,按 C60 取值;

　　　　d——锚固钢筋的公称直径;

　　　　α——锚固钢筋的外形系数,按表 1-4 取用。

表 1-4　　　　　　　　　　　锚固钢筋的外形系数 α

钢筋类型	光面钢筋	带肋钢筋	螺旋肋钢丝	三股钢绞线	七股钢绞线
α	0.16	0.14	0.13	0.16	0.17

注:光面钢筋末端应做 180°标准弯钩,弯后平直段长度不应小于 $3d$,但作为受压钢筋时可不做弯钩。

为方便工程应用,16G101 系列图集给出了受拉钢筋基本锚固长度,见表 1-5。

表 1-5　　　　　　　　　　　受拉钢筋基本锚固长度 l_{ab}

钢筋种类	混凝土强度等级								
	C20	C25	C30	C35	C40	C45	C50	C55	≥C60
HPB300	$39d$	$34d$	$30d$	$28d$	$25d$	$24d$	$23d$	$22d$	$21d$
HRB335,HRBF335	$38d$	$33d$	$29d$	$27d$	$25d$	$23d$	$22d$	$21d$	$21d$
HRB400,HRBF400,RRB400	—	$40d$	$35d$	$32d$	$29d$	$28d$	$27d$	$26d$	$25d$
HRB500,HRBF500	—	$48d$	$43d$	$39d$	$36d$	$34d$	$32d$	$31d$	$30d$

抗震设计时,纵向受拉钢筋基本锚固长度按下式计算,即

$$l_{abE} = \zeta_{aE} l_{ab} \qquad (1-3)$$

式中　l_{abE}——抗震设计时受拉钢筋的基本锚固长度;

　　　　ζ_{aE}——抗震锚固长度修正系数,对一、二级抗震等级取 1.15,对三级抗震等级取 1.05,对四级抗震等级取 1.00;

　　　　l_{ab}——受拉钢筋的基本锚固长度。

抗震设计时受拉钢筋基本锚固长度见表 1-6。

表 1-6　　　　　　　　　　抗震设计时受拉钢筋基本锚固长度 l_{abE}

钢筋种类及抗震等级		混凝土强度等级								
		C20	C25	C30	C35	C40	C45	C50	C55	≥C60
HPB300	一、二级	$45d$	$39d$	$35d$	$32d$	$29d$	$28d$	$26d$	$25d$	$24d$
	三级	$41d$	$36d$	$32d$	$29d$	$26d$	$25d$	$24d$	$23d$	$22d$
HRB335 HRBF335	一、二级	$44d$	$38d$	$33d$	$31d$	$29d$	$26d$	$25d$	$24d$	$24d$
	三级	$40d$	$35d$	$31d$	$28d$	$26d$	$24d$	$23d$	$22d$	$22d$
HRB400 HRBF400	一、二级	—	$46d$	$40d$	$37d$	$33d$	$32d$	$31d$	$30d$	$29d$
	三级	—	$42d$	$37d$	$34d$	$30d$	$29d$	$28d$	$27d$	$26d$
HRB500 HRBF500	一、二级	—	$55d$	$49d$	$45d$	$41d$	$39d$	$37d$	$36d$	$35d$
	三级	—	$50d$	$45d$	$41d$	$38d$	$36d$	$34d$	$33d$	$32d$

注:1. 四级抗震时,$l_{abE} = l_{ab}$。

　　2. 当锚固钢筋的保护层厚度不大于 $5d$ 时,锚固钢筋长度范围内应设置横向构造钢筋,其直径不应小于 $d/4$(d 为锚固钢筋的最大直径);对梁、柱等构件间距不应大于 $5d$,对板、墙等构件间距不应大于 $10d$,且均不应大于 100 mm(d 为锚固钢筋的最小直径)。

2. 受拉钢筋的锚固长度

受拉钢筋的锚固长度应根据锚固条件按下式计算,且不应小于 200 mm,即

$$l_a = \zeta_a l_{ab} \tag{1-4}$$

式中　l_a——受拉钢筋的锚固长度;

　　　ζ_a——受拉钢筋锚固长度修正系数,对普通钢筋按表 1-7 的规定取用,当多于一项时,
　　　　　可按连乘计算,但不应小于 0.6;对预应力筋可取 1.0。

表 1-7　　　　　　　　　　　　　　受拉钢筋锚固长度修正系数 ζ_a

锚固条件		ζ_a	备注
带肋钢筋的公称直径大于 25 mm		1.10	
环氧树脂涂层带肋钢筋		1.25	—
施工过程中易受扰动的钢筋		1.10	
锚固区保护层厚度	3d	0.80	当取中间值时按内插值,d 为锚固钢筋直径
	5d	0.70	

受拉钢筋锚固长度 l_a 见表 1-8。

表 1-8　　　　　　　　　　　　　　　受拉钢筋锚固长度 l_a

钢筋种类	混凝土强度等级																
	C20	C25		C30		C35		C40		C45		C50		C55		≥C60	
	d≤25	d≤25	d>25	d≤25	d>25	d≤25	d>25	d≤25	d>25	d≤25	d>25	d≤25	d>25	d≤25	d>25	d≤25	d>25
HPB300	39d	34d	—	30d	—	28d	—	25d	—	24d	—	23d	—	22d	—	21d	—
HRB335,HRBF335	38d	33d	—	29d	—	27d	—	25d	—	23d	—	22d	—	21d	—	21d	—
HRB400,HRBF400,RRB400	—	40d	44d	35d	39d	32d	35d	29d	32d	28d	31d	27d	30d	26d	29d	25d	28d
HRB500,HRBF500	—	48d	53d	43d	47d	39d	43d	36d	40d	34d	37d	32d	35d	31d	34d	30d	33d

受拉钢筋的抗震锚固长度按下式计算,即

$$l_{aE} = \zeta_{aE} l_a \tag{1-5}$$

式中　l_{aE}——受拉钢筋抗震锚固长度。

受拉钢筋的抗震锚固长度 l_{aE} 见表 1-9。

表 1-9　　　　　　　　　　　　　　　受拉钢筋抗震锚固长度 l_{aE}

钢筋种类及抗震等级		混凝土强度等级																
		C20	C25		C30		C35		C40		C45		C50		C55		≥C60	
		d≤25	d≤25	d>25	d≤25	d>25	d≤25	d>25	d≤25	d>25	d≤25	d>25	d≤25	d>25	d≤25	d>25	d≤25	d>25
HPB300	一、二级	45d	39d	—	35d	—	32d	—	29d	—	28d	—	26d	—	25d	—	24d	—
	三级	41d	36d	—	32d	—	29d	—	26d	—	25d	—	24d	—	23d	—	22d	—
HRB335 HRBF335	一、二级	44d	38d	—	33d	—	31d	—	29d	—	26d	—	25d	—	24d	—	24d	—
	三级	40d	35d	—	30d	—	28d	—	26d	—	24d	—	23d	—	22d	—	22d	—
HRB400 HRBF400	一、二级	—	46d	51d	40d	45d	37d	40d	33d	37d	32d	36d	31d	35d	30d	33d	29d	32d
	三级	—	42d	46d	37d	41d	34d	37d	30d	34d	29d	33d	28d	32d	27d	30d	26d	29d

续表

钢筋种类及抗震等级	混凝土强度等级																
	C20	C25		C30		C35		C40		C45		C50		C55		≥C60	
	$d{\leqslant}25$	$d{\leqslant}25$	$d{>}25$	$d{\leqslant}25$	$d{>}25$	$d{\leqslant}25$	$d{>}25$	$d{\leqslant}25$	$d{>}25$	$d{\leqslant}25$	$d{>}25$	$d{\leqslant}25$	$d{>}25$	$d{\leqslant}25$	$d{>}25$	$d{\leqslant}25$	$d{>}25$
HRB500 一、二级	—	55d	61d	49d	54d	45d	49d	41d	46d	39d	43d	37d	40d	36d	39d	35d	38d
HRBF500 三级	—	50d	56d	45d	49d	41d	45d	38d	42d	36d	39d	34d	37d	33d	36d	32d	35d

注:1. 当为环氧树脂涂层带肋钢筋时,表中数据应乘以1.25。

　　2. 当纵向受拉钢筋在施工过程中易受扰动时,表中数据应乘以1.1。

　　3. 当锚固长度范围内纵向受力钢筋周边保护层厚度为3d,5d(d为锚固钢筋的直径)时,表中数据可分别乘以0.8,0.7;当其值为中间值时可按内插值计算。

　　4. 当纵向受拉普通钢筋锚固长度修正系数(注1~注3)多于一项时,可按连乘计算。

　　5. 受拉钢筋的锚固长度 l_a,l_{aE} 计算值不应小于200 mm。

　　6. 四级抗震时,$l_{aE}{=}l_a$。

　　7. 当锚固钢筋的保护层厚度不大于5d时,锚固钢筋长度范围内应设置横向构造钢筋,其直径不应小于d/4(d为锚固钢筋的最大直径);对梁、柱等构件间距不应大于5d,对板、墙等构件间距不应大于10d,且均不应大于100 mm(d为锚固钢筋的最小直径)。

3. 受压钢筋的锚固长度

混凝土结构中的纵向受压钢筋,当计算中充分利用其抗压强度时,锚固长度不应小于相应受拉锚固长度的70%。

1.2.4 钢筋的连接

在施工过程中,当配置的钢筋长度不够(钢筋定长一般为9 m)时,就需要对钢筋进行连接。钢筋连接可采用绑扎搭接、机械连接和焊接。

混凝土结构中受力钢筋的连接接头宜设置在受力较小处。在同一根受力钢筋上宜少设接头。在结构的重要构件和关键传力部位,纵向受力钢筋不宜设置连接接头。

1. 绑扎搭接

纵向受拉钢筋绑扎搭接是指两根钢筋相互有一定的重叠长度,用铁丝绑扎的连接方法,适用于较小直径的钢筋连接,如图1-3所示。绑扎搭接是利用钢筋与混凝土之间的黏结锚固作用,实现两根锚固钢筋的应力传递,所以绑扎搭接长度与钢筋的锚固长度直接相关。

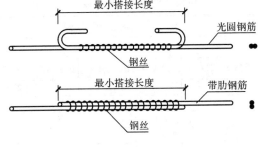

图1-3　钢筋绑扎搭接接头

(1)绑扎搭接接头

同一构件中相邻纵向受力钢筋的绑扎搭接接头宜互相错开。钢筋绑扎搭接接头连接区段的长度为 1.3 倍搭接长度,凡搭接接头中点位于该连接区段长度内的搭接接头均属于同一连接区段,如图 1-4 所示。

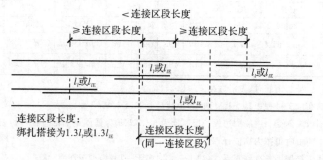

连接区段长度:
绑扎搭接为 1.3l_l 或 1.3l_{lE}

图 1-4 同一连接区段内纵向受拉钢筋绑扎搭接接头

（2）纵向受拉钢筋绑扎搭接的搭接长度

纵向受拉钢筋绑扎搭接接头的搭接长度,应根据位于同一连接区段内的钢筋搭接接头面积百分率按下式计算,且不应小于 300 mm,即

$$l_l = \zeta_l l_a \qquad (1-6)$$

纵向受拉钢筋绑扎搭接接头的抗震搭接长度按下式计算,即

$$l_{lE} = \zeta_l l_{aE} \qquad (1-7)$$

式中　l_l——纵向受拉钢筋的搭接长度;

　　　l_{lE}——纵向受拉钢筋的抗震搭接长度;

　　　ζ_l——纵向受拉钢筋搭接长度修正系数,按表 1-10 取用。

表 1-10　　　　　　　　　　纵向受拉钢筋搭接长度修正系数

纵向受拉钢筋搭接接头面积百分率/%	≤25	50	100	当纵向受拉钢筋搭接接头百分率为中间值时,可按内插受拉值计算。
ζ_l	1.2	1.4	1.6	

在同一连接区段内连接的纵向受拉钢筋被视为同一批连接的钢筋,其无论是搭接接头、机械连接接头,还是焊接接头面积的百分率,均为接头的纵向受拉钢筋截面面积与全部纵向受拉钢筋截面面积的比值（当直径相同时,图 1-4 和图 1-6 所示的钢筋接头面积百分率为 50%）;当直径不同的钢筋连接时,按直径较小的钢筋计算;当同一构件同一截面有不同钢筋直径时,取较大钢筋直径计算连接区段长度。

为方便工程应用,16G101 系列图集给出了纵向受拉钢筋搭接长度（表 1-11）和纵向受拉钢筋抗震搭接长度（表 1-12）。

表 1-11　　　　　　　　　　纵向受拉钢筋搭接长度 l_l

钢筋种类及同一区段内搭接钢筋面积百分率		混凝土强度等级															
		C20	C25		C30		C35		C40		C45		C50		C55		≥C60
		$d \leq 25$	$d \leq 25$	$d > 25$	$d \leq 25$	$d > 25$	$d \leq 25$	$d > 25$	$d \leq 25$	$d > 25$	$d \leq 25$	$d > 25$	$d \leq 25$	$d > 25$	$d \leq 25$	$d > 25$	$d \leq 25$	$d > 25$
HPB300	≤25%	47d	41d	—	36d	—	34d	—	30d	—	29d	—	28d	—	26d	—	25d	—
	50%	55d	48d	—	42d	—	39d	—	35d	—	34d	—	32d	—	31d	—	29d	—
	100%	62d	54d	—	48d	—	45d	—	40d	—	38d	—	37d	—	35d	—	34d	—
HRB335 HRBF335	≤25%	46d	40d	—	35d	—	32d	—	30d	—	28d	—	26d	—	25d	—	25d	—
	50%	53d	46d	—	41d	—	38d	—	35d	—	32d	—	31d	—	29d	—	29d	—
	100%	61d	53d	—	46d	—	43d	—	40d	—	37d	—	35d	—	34d	—	34d	—

（续表）

钢筋种类及同一区段内搭接钢筋		混凝土强度等级															
面积百分率		C20	C25		C30		C35		C40		C45		C50		C55		≥C60	
		d≤25	d≤25	d>25	d≤25	d>25	d≤25	d>25	d≤25	d>25	d≤25	d>25	d≤25	d>25	d≤25	d>25	d≤25	d>25
HRB400	≤25%	—	48d	53d	42d	47d	38d	42d	35d	38d	34d	37d	32d	36d	31d	35d	30d	34d
HRBF400	50%	—	56d	62d	49d	55d	45d	49d	41d	45d	39d	43d	38d	42d	36d	41d	35d	39d
RRB400	100%	—	64d	70d	56d	62d	51d	56d	46d	51d	45d	50d	43d	48d	42d	46d	40d	45d
HRB500	≤25%	—	58d	64d	52d	56d	47d	52d	43d	48d	41d	44d	38d	42d	37d	41d	36d	40d
HRBF500	50%	—	67d	74d	60d	66d	55d	60d	50d	56d	48d	52d	45d	49d	43d	48d	42d	46d
	100%	—	77d	85d	69d	75d	62d	69d	58d	64d	54d	59d	51d	56d	50d	54d	48d	53d

注：1. 表中数值为纵向受拉钢筋绑扎搭接接头的搭接长度。

2. 两根不同直径钢筋搭接时，表中 d 取较细钢筋直径。

3. 当为环氧树脂涂层带肋钢筋时，表中数据应乘以 1.25。

4. 当纵向受拉钢筋在施工过程中易受扰动时，表中数据应乘以 1.1。

5. 当搭接长度范围内纵向受拉钢筋周边保护层厚度为 $3d$，$5d$（d 为搭接钢筋的直径）时，表中数据分别乘以 0.8，0.7；当取中间值时按内插值计算。

6. 当上述修正系数（注 3～注 5）多于一项时，可按连乘计算。

7. 在任何情况下，搭接长度不应小于 300 mm。

表 1-12　　　　　　　　　　　纵向受拉钢筋抗震搭接长度 l_{lE}

抗震等级	钢筋种类及同一区段内搭接钢筋		混凝土强度等级																
	面积百分率		C20	C25		C30		C35		C40		C45		C50		C55		≥C60	
			d≤25	d≤25	d>25	d≤25	d>25	d≤25	d>25	d≤25	d>25	d≤25	d>25	d≤25	d>25	d≤25	d>25	d≤25	d>25
一、二级抗震等级	HPB300	≤25%	54d	47d	—	42d	—	38d	—	35d	—	34d	—	31d	—	30d	—	29d	—
		50%	63d	55d	—	49d	—	45d	—	41d	—	39d	—	36d	—	35d	—	34d	—
	HRB335 HRBF335	≤25%	53d	46d	—	40d	—	37d	—	35d	—	31d	—	30d	—	29d	—	29d	—
		50%	62d	53d	—	46d	—	43d	—	41d	—	36d	—	35d	—	34d	—	34d	—
	HRB400 HRBF400	≤25%	—	55d	61d	48d	54d	44d	48d	40d	44d	38d	43d	37d	42d	36d	40d	35d	38d
		50%	—	64d	71d	56d	63d	52d	56d	46d	52d	45d	50d	43d	49d	42d	46d	41d	45d
	HRB500 HRBF500	≤25%	—	66d	73d	59d	65d	54d	59d	49d	55d	47d	52d	44d	48d	43d	47d	42d	46d
		50%	—	77d	85d	69d	76d	63d	69d	57d	64d	55d	60d	52d	56d	51d	55d	49d	53d

抗震等级	钢筋种类及同一区段内搭接钢筋		混凝土强度等级																
	面积百分率		C20	C25		C30		C35		C40		C45		C50		C55		≥C60	
			d≤25	d≤25	d>25	d≤25	d>25	d≤25	d>25	d≤25	d>25	d≤25	d>25	d≤25	d>25	d≤25	d>25	d≤25	d>25
三级抗震等级	HPB300	≤25%	49d	43d	—	38d	—	35d	—	31d	—	30d	—	29d	—	28d	—	26d	—
		50%	57d	50d	—	45d	—	41d	—	36d	—	35d	—	34d	—	32d	—	31d	—
	HRB335 HRBF335	≤25%	48d	42d	—	36d	—	34d	—	31d	—	29d	—	28d	—	26d	—	26d	—
		50%	56d	49d	—	42d	—	39d	—	36d	—	34d	—	32d	—	31d	—	31d	—
	HRB400 HRBF400	≤25%	—	50d	55d	44d	49d	41d	44d	36d	41d	35d	40d	34d	38d	32d	36d	31d	35d
		50%	—	59d	64d	52d	57d	48d	52d	42d	48d	41d	46d	39d	45d	38d	42d	36d	41d

钢筋种类及同一区段内搭接钢筋面积百分率		混凝土强度等级															
		C20	C25		C30		C35		C40		C45		C50		C55		≥C60
		d≤25	d≤25	d>25	d≤25	d>25	d≤25	d>25	d≤25	d>25	d≤25	d>25	d≤25	d>25	d≤25	d>25	d≤25	d>25
HRB500 HRBF500	≤25%	—	60d	67d	54d	59d	49d	54d	46d	50d	43d	47d	41d	44d	40d	43d	38d	42d
	50%	—	70d	78d	63d	69d	57d	63d	53d	59d	50d	55d	48d	52d	46d	50d	45d	49d

注:1. 表中数值为纵向受拉钢筋绑扎搭接接头的搭接长度。

2. 两根不同直径钢筋搭接时,表中 d 取较细钢筋直径。

3. 当为环氧树脂涂层带肋钢筋时,表中数据应乘以 1.25。

4. 当纵向受拉钢筋在施工过程中易受扰动时,表中数据应乘以 1.1。

5. 当搭接长度范围内纵向受力钢筋周边保护层厚度为 $3d$,$5d$(d 为搭接钢筋的直径)时,表中数据可分别乘以 0.8,0.7;当取中间值时按内插值计算。

6. 当上述修正系数(注 3~注 5)多于一项时,可按连乘计算。

7. 在任何情况下,搭接长度不应小于 300 mm。

8. 四级抗震等级时,$l_{lE} = l_l$。

2. 机械连接和焊接

机械连接又称套筒连接,套筒按钢筋机械连接接头类型可分为直螺纹套筒、锥螺纹套筒和挤压套筒,如图 1-5 所示。直螺纹套筒又可分为墩粗直螺纹套筒、剥肋滚扎直螺纹套筒和直接滚扎直螺纹套筒。

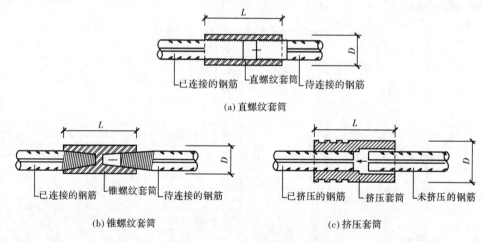

(a) 直螺纹套筒

(b) 锥螺纹套筒

(c) 挤压套筒

图 1-5　钢筋套筒连接

钢筋焊接连接有闪光对焊、电弧焊、电渣压力焊、电阻点焊和气压焊等。

纵向受拉钢筋的机械连接接头和焊接接头宜相互错开。钢筋机械连接区段的长度为 $35d$,钢筋焊接连接区段的长度为 $35d$ 且不小于 500 mm,d 为连接钢筋的较小直径,凡接头中点位于该连接区段长度内的接头均属于同一连接区段,如图 1-6 所示。

钢筋的连接应符合下列构造要求:

①当受拉钢筋直径>25 mm 及受压钢筋直径>28 mm 时,不宜采用绑扎搭接。

②轴心受拉及小偏心受拉构件中纵向受力钢筋不应采用绑扎搭接。

③纵向受拉钢筋连接位置宜避开梁端、柱端箍筋加密区。当必须在此连接时,应采用机械连接或焊接。

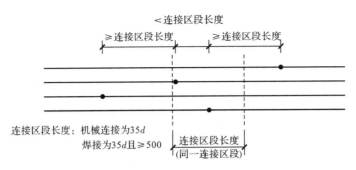

图 1-6 同一连接区段内纵向受拉钢筋的机械连接接头和焊接接头

④机械连接和焊接接头的类型及质量应符合国家现行有关标准的规定。

1.2.5 钢筋构造

1.梁柱纵向钢筋间距构造

为保证钢筋与混凝土的黏结和混凝土浇筑的密实性,各钢筋之间的净间距必须在合理的范围内,梁柱纵向钢筋间距要求如图 1-7 所示。

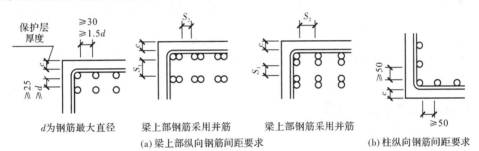

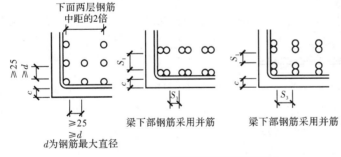

梁并筋等效直径、最小净距表			
单筋直径d/mm	25	28	32
并筋根数	2	2	2
等效直径d_{eq}/mm	35	39	45
层净距S_1/mm	35	39	45
上部钢筋净距S_2/mm	53	59	68
下部钢筋净距S_3/mm	35	39	45

(c)梁下部纵向钢筋间距要求

图 1-7 梁柱纵向钢筋间距要求

2.封闭箍筋及拉筋弯钩构造

封闭箍筋及拉筋弯钩构造如图 1-8 所示。

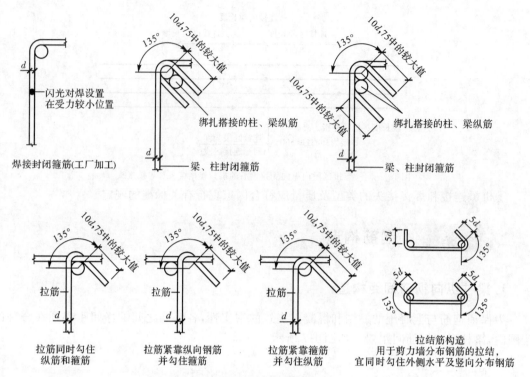

图 1-8 封闭箍筋及拉筋弯钩构造

注:非框架梁以及不考虑地震作用的悬挑梁,箍筋及拉筋弯钩平直段长度可为 $5d$;当其受扭时,应为 $10d$。

3.钢筋弯折的弯弧内直径

钢筋弯折的弯弧内直径 D 如图 1-9 所示。

(a) 光圆钢筋末端180°的弯钩

(b) 末端90°弯折

图 1-9 钢筋弯折的弯弧内直径 D

钢筋弯折的弯弧内直径 D 应符合下列规定:

(1)光圆钢筋,不应小于钢筋直径的 2.5 倍。

(2)335 MPa 级、400 MPa 级带肋钢筋,不应小于钢筋直径的 4 倍。

(3)500 MPa 级带肋钢筋,当直径 $d \leqslant 25$ mm 时,不应小于钢筋直径的 6 倍;当直径 $d > 25$ mm 时,不应小于钢筋直径的 7 倍。

(4)位于框架结构顶层端节点处的梁上部纵向钢筋和柱外侧纵向钢筋,在节点角部弯折处,当钢筋直径 $d \leqslant 25$ mm 时,不应小于钢筋直径的 12 倍;当钢筋直径 $d > 25$ mm 时,不应小于钢筋直径的 16 倍。

(5)箍筋弯折处尚不应小于纵向受力钢筋直径;箍筋弯折处纵向受力钢筋为搭接或并筋时,应按钢筋实际排布情况确定箍筋弯弧内直径。

4.纵向受力钢筋搭接区箍筋构造

梁、柱类构件的纵向受力钢筋绑扎搭接区箍筋构造见表1-13。

表 1-13　　　　　　　　　　　纵向受力钢筋绑扎搭接区箍筋构造

图　示	构造说明
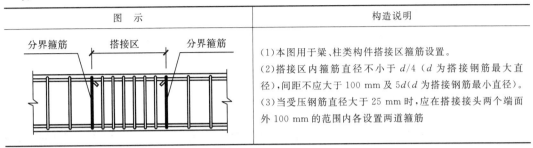	(1)本图用于梁、柱类构件搭接区箍筋设置。 (2)搭接区内箍筋直径不小于 $d/4$（d 为搭接钢筋最大直径），间距不应大于 100 mm 及 $5d$（d 为搭接钢筋最小直径）。 (3)当受压钢筋直径大于 25 mm 时，应在搭接接头两个端面外 100 mm 的范围内各设置两道箍筋

1.3　钢筋计算基本知识

钢筋计算是指依据相关规范及结构施工图，按照各构件中钢筋的标注，结合构件的特点和钢筋所在的部位，计算出钢筋的形状和细部尺寸，从而计算出每根钢筋的长度和钢筋的根数，再合计得到钢筋的总重量。钢筋计算的工作可分为两类：一是预算员做预算，在"套定额"时要用到钢筋工程量；二是钢筋翻样人员计算钢筋的下料长度，见表1-14。

表 1-14　　　　　　　　　　　　　　　　钢筋计算

分类	计算依据和方法	目的	关注点
钢筋翻样	按照相关规范及设计图纸，以"实际长度"进行计算	指导实际施工	既要符合相关规范和设计要求，还要满足方便施工、节约成本等施工需求
钢筋算量	按照相关规范及设计图纸，以及工程量清单和定额的要求，以"设计长度"进行计算	确定工程造价	快速计算工程的钢筋总用量，用于确定工程造价

注：1."实际长度"是指要考虑钢筋加工变形、钢筋的位置关系等实际情况。
　　2."设计长度"是按设计图计算，并未考虑太多钢筋加工及施工过程中的实际情况。

1.3.1　钢筋长度计算

1.设计长度与实际长度

确定工程造价的钢筋算量，按设计长度计算，如图1-10(a)所示，设计长度按设计图外轮廓尺寸计算。

指导施工的钢筋翻样，按实际长度计算，如图1-10(b)所示，实际长度按中轴线尺寸计算，需要考虑钢筋加工变形。

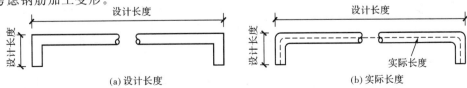

图 1-10　设计长度与实际长度

2. 常用钢筋长度计算公式

(1)直钢筋长度＝构件长度－保护层厚度＋弯钩增加长度

(2)弯起钢筋长度＝直段长度＋斜段长度＋弯钩增加长度

(3)箍筋长度＝直段长度＋弯钩增加长度

(4)曲线钢筋(环形钢筋、螺旋箍筋、抛物线钢筋等)长度＝钢筋长度计算值＋弯钩增加长度

如果以上钢筋需要搭接,还应加上钢筋的搭接长度。

3. 钢筋弯钩增加长度

HPB300 级光圆钢筋,由于钢筋表面光滑,在混凝土内与混凝土的黏结力不及带肋钢筋,所以光圆钢筋末端要带 180°的弯钩,如图 1-11 所示。

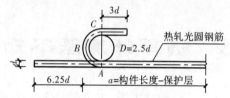

图 1-11　180°半圆弯钩增加长度

钢筋弯钩增加长度推导：

中心线长度＝a＋ABC 弧长＋$3d$

180°的中心线 ABC 弧长＝$(R+d/2)\times\pi=(1.25d+0.5d)\times\pi=5.495d$

180°弯钩外包长度＝$d+1.25d=2.25d$

180°弯钩钢筋量度差＝$5.495d-2.25d=3.245d$

弯钩增加长度＝$3d+3.245d=6.245d\approx6.25d$

【例 1-1】　试计算如图 1-12 所示的钢筋长度(钢筋的直径为 $\phi10$ mm)。

图 1-12　钢筋设计尺寸简图

解: 如图 1-12 所示钢筋的弯钩为半圆弯钩,所以每个弯钩增加长度为 $6.25d$,故钢筋的长度为

$$5\ 370+6.25d\times2=5\ 370+6.25\times10\times2=5\ 495\ \text{mm}$$

4. 弯起钢筋斜长计算

弯起钢筋如图 1-13 所示,弯起钢筋斜长计算系数见表 1-15。

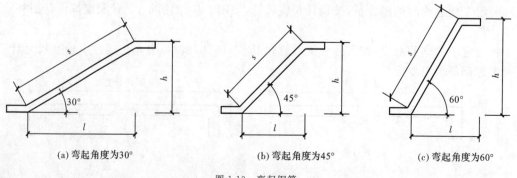

(a) 弯起角度为30°　　　(b) 弯起角度为45°　　　(c) 弯起角度为60°

图 1-13　弯起钢筋

表 1-15   弯起钢筋斜长计算系数表

弯起角度 α	$30°$	$45°$	$60°$
斜边长度 s	$2h$	$1.414h$	$1.155h$
底边长度 l	$1.732h$	h	$0.575h$

注：h 为弯起高度。

1.3.2 箍筋长度计算

箍筋的长度计算通常有三种算法，按中心计算、按内皮计算和按外皮计算。一般情况下的计算方法均为按外皮计算。

1. 非复合箍筋

非复合箍筋按外皮计算，基本计算公式为

箍筋长度＝直段长度＋单个弯钩增加长度×2

图 1-14 所示为非复合箍筋图样，按箍筋外皮计算公式推导如下：

直段长度＝箍筋按外皮直段周长＝[（构件截面宽度－2×构件保护层厚度）＋（构件截面高度－2×构件保护层厚度）]×2＝[（$b-2c$）＋（$h-2c$）]×2＝（$b+h$）×2－8c

单个弯钩增加长度＝单个弯钩平直段长度＋135°弯钩钢筋量度差

图 1-15 为钢筋 135°弯钩增加长度示意图。现行规范规定：箍筋和拉筋弯折的弯弧内直径 D 不应小于箍筋直径的 4 倍，且不应小于纵向受力钢筋直径。目前工地上的箍筋和拉筋弯折的弯弧内直径 D 一般取 5 倍箍筋直径。

135°的中心线 ABC 弧长＝（$R+d/2$）×π×$\theta/180$＝（$2.5d+0.5d$）×π×135/180＝$7.065d$

135°弯钩外包长度＝$d+2.5d$＝$3.5d$

135°弯钩钢筋量度差＝$7.065d-3.5d$＝$3.565d$

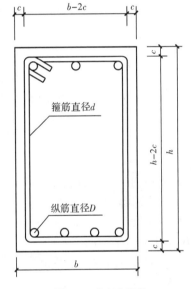

图 1-14 非复合箍筋

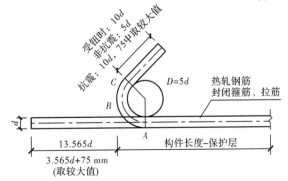

图 1-15 135°弯钩增加长度

17

按以上公式推导,考虑抗震时,非复合箍筋按外皮计算长度为

箍筋按外皮计算长度＝直段长度＋单个弯钩增加长度×2＝$2(b+h)-8c+[\max(10d,75)+3.565d]\times2=2(b+h)-8c+\max(27.13d,150+7.13d)$

2. 复合箍筋

复合箍筋内箍按外皮计算,基本计算公式为

内箍长度＝内箍直段长度＋单个弯钩增加长度×2

局部箍筋又称内部小套箍,简称内箍。内箍的平直长度的计算因素为构件的尺寸、内箍占据纵向受力钢筋的根数和纵向受力钢筋的直径。现按如图 1-16 所示复合箍筋图样推导内箍的长度计算。

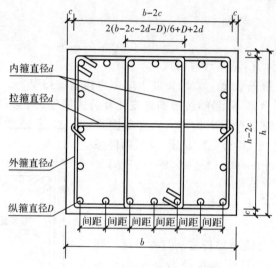

图 1-16 复合箍筋

沿 h 边内箍的平直长度＝$h-2c$

沿 b 边内箍的平直长度＝$[(b-2c-2d-D)/$间距个数$]\times$内箍占间距个数$+D+2d$

内箍长度＝$2(h-2c)+2\{[(b-2c-2d-D)/$间距个数$]\times$内箍占间距个数$+D+2d\}+\max(27.13d,150+7.13d)$

135°端钩不同箍筋直径情况下箍筋长度计算公式见表 1-16。

表 1-16 **135°端钩的箍筋长度计算公式表**

箍筋	适用范围	箍筋直径 d	箍筋长度计算公式
非复合箍筋（外箍）	抗震、受扭	$d=6,6.5$	$2(b+h)-8c+(150+7.13d)$
		$d=8,10,12$	$2(b+h)-8c+27.13d$
	非抗震	$d=6,6.5,8,10,12$	$2(b+h)-8c+17.13d$
复合箍筋（内箍）	抗震、受扭	$d=6,6.5$	$2(h-2c)+2\{[(b-2c-2d-D)/$间距个数$]\times$内箍占间距个数$+D+2d\}+150+7.13d$
		$d=8,10,12$	$2(h-2c)+2\{[(b-2c-2d-D)/$间距个数$]\times$内箍占间距个数$+D+2d\}+27.13d$
	非抗震	$d=6,6.5,8,10,12$	$2(h-2c)+2\{[(b-2c-2d-D)/$间距个数$]\times$内箍占间距个数$+D+2d\}+17.13d$

1.3.3　拉筋长度计算

拉筋在梁、柱构件中的作用是固定纵向受力钢筋,防止位移。拉筋固定纵向受力钢筋的方式有两种:一是拉筋紧靠箍筋并勾住纵向受力钢筋;二是拉筋同时勾住纵向受力钢筋和箍筋。如图 1-17 所示。

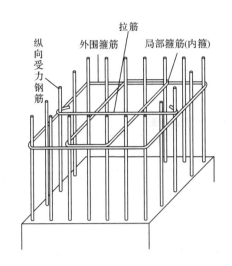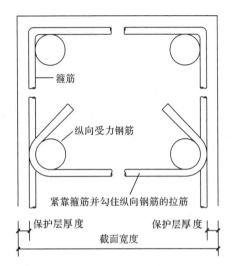

(a) 拉筋紧靠箍筋并勾住纵向受力钢筋

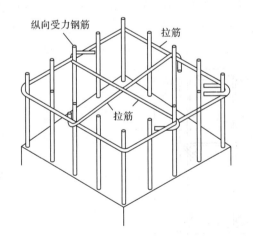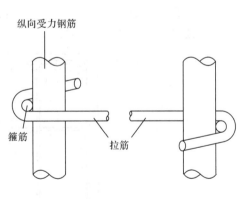

(b) 拉筋同时勾住纵向受力钢筋和箍筋

图 1-17　拉筋在构件中的位置和样式

拉筋的端钩,有 90°,135°,180° 三种。两端端钩的角度可以相同,也可以不同。两端端钩的方向可以同向,也可以不同向,拉筋的样式如图 1-18 所示。

考虑抗震时,135°端钩的拉筋紧靠箍筋并勾住纵向受力钢筋按外皮计算长度为

拉筋按外皮计算长度＝直段长度＋单个弯钩增加长度×2＝$b-2c+[\max(10d,75)+3.565d]×2＝b-2c+\max(27.13d,150+7.13d)$

当拉筋同时勾住纵纵向受力钢筋和箍筋时,其外皮尺寸长度比只勾住纵向受力钢筋的拉

筋长两个箍筋直径。

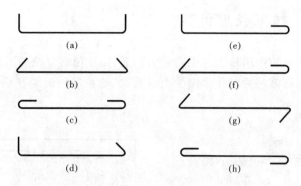

图 1-18　拉筋的样式

不同拉筋直径情况下的拉筋长度计算公式见表 1-17。

表 1-17　　　　　　　　　　不同拉筋直径情况下的拉筋长度计算公式表

拉筋	适用范围	拉筋直径 d	拉筋长度计算公式
拉筋紧靠箍筋并勾住纵向受力钢筋	抗震、受扭	$d=6,6.5$	$b-2c+(150+7.13d)$
		$d=8,10,12$	$b-2c+27.13d$
	非抗震	$d=6,6.5,8,10,12$	$b-2c+17.13d$
拉筋同时勾住纵向受力钢筋和箍筋	抗震、受扭	$d=6,6.5$	$b-2c+(150+7.13d)+2d_{箍筋}$
		$d=8,10,12$	$b-2c+27.13d+2d_{箍筋}$
	非抗震	$d=6,6.5,8,10,12$	$b-2c+17.13d+2d_{箍筋}$

【例 1-2】　如图 1-19 所示框架柱，截面尺寸 $b×h=600$ mm$×600$ mm，纵向钢筋直径 $D=22$ mm，箍筋和拉筋直径均为 $d=8$ mm，箍筋和拉筋端弯钩均为 $135°$，弯弧内半径 $R=2.5d$，混凝土强度等级为 C35，环境类别为二 a 类，试计算框架柱的箍筋和拉筋长度。

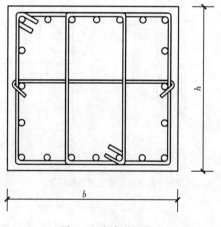

图 1-19　框架柱配筋

解：（1）柱外箍筋计算

混凝土强度等级为 C35，环境类别为二 a 类，则混凝土最小保护层厚度 $c=25$ mm。

箍筋长度＝直段长度＋两个弯钩增加长度＝$2(b+h)-8c+27.13d=2(600+600)-8×25+27.13×8=2$ 417.04 mm

（2）柱内箍筋计算

竖向内箍长度＝$2\times(h-2c)+2\{[(b-2c-2d-D)/$间距个数$]\times$内箍占间距个数$+D+2d\}+27.13d$

$=2(600-2\times25)+2\{[(600-2\times25-2\times8-22)/6]\times2+22+2\times8\}+27.13\times8$

$=1\ 734.37$ mm

（3）柱内拉筋计算

由图可知，拉筋同时勾住纵筋和箍筋。

拉筋长度＝直段长度＋两个弯钩增加长度

$$=b-2c+2d+27.13d=600-2\times25+2\times8+27.13\times8=783.04\ \text{mm}$$

【例1-3】 试计算如图1-20所示框架梁的箍筋长度，箍筋端弯钩135°，弯弧内半径$R=2.5d$，混凝土强度等级为C30，环境类别为一类。

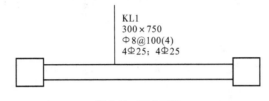

KL1
300×750
Φ8@100(4)
4Φ25；4Φ25

图1-20 KL1配筋

解：（1）梁外箍筋计算

混凝土强度等级为C30，环境类别为一类，则混凝土保护层厚度$c=20$ mm。

箍筋长度＝直段长度＋两个弯钩增加长度

$$=2(b+h)-8c+27.13d=2(300+750)-8\times20+27.13\times8=2\ 157.04\ \text{mm}$$

（2）梁内箍筋计算

内箍长度＝$2(h-2c)+2\{[(b-2c-2d-D)/$间距个数$]\times$内箍占间距个数$+D+2d\}+27.13d$

$=2(750-2\times20)+2\{[(300-2\times20-2\times8-25)/3]\times1+25+2\times8\}+27.13\times8$

$=1\ 865.04$ mm

1.3.4 特殊钢筋长度计算

1. 螺旋箍筋长度计算

在圆柱形构件（圆形柱、管桩、灌注桩等）中，螺旋箍筋沿构件主筋圆周表面缠绕，如图1-21所示。

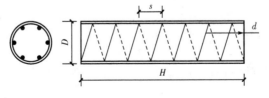

图1-21 螺旋式配筋

螺旋箍筋长度计算公式为

$$l = \sqrt{s^2 + \left[\pi(D-2c-d)\right]^2} \times n$$

式中　l——螺旋箍筋长度；

　　　s——螺旋箍筋沿构件轴线方向的间距；

　　　D——构件直径；

　　　c——混凝土保护层厚度；

　　　d——螺旋箍筋直径；

　　　n——螺旋箍筋圈数，$n = H/s$；

　　　H——螺旋箍筋起点至终点的距离。

在螺旋箍筋中,开始与结束(上、下)位置应有水平段,长度不小于一圈半,如图 1-22(a)所示,此量必须计算在内;再加两个弯钩长度,即为螺旋箍筋总长度;还有搭接长度根据现场施工情况增加,如图 1-22(b)所示。

螺旋箍筋总长度计算公式为

$$螺旋箍筋总长度 = l + 1.5\pi(D-2c-d) \times 2 + 两个弯钩长度$$

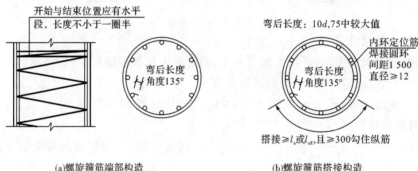

(a)螺旋箍筋端部构造　　　　　(b)螺旋箍筋搭接构造

图 1-22　螺旋箍筋构造

【例 1-4】　某工程设计有直径为 0.8 m,高度为 7.2 m 的钢筋混凝土圆柱,螺旋箍筋直径为 8 mm,螺旋箍筋沿构件轴线方向的间距为 120 mm,混凝土强度等级为 C30,环境类别为一类,试计算螺旋箍筋总长度。

解:混凝土强度等级为 C30,环境类别为一类,则混凝土保护层厚度 $c = 20$ mm。

$$n = H/s = 7.2/0.12 = 60$$

螺旋箍筋总长度 $= \sqrt{s^2 + \left[\pi(D-2c-d)\right]^2} \times n + 1.5\pi(D-2c-d) \times 2 + 27.13d$(两个弯钩长度) $= \sqrt{0.12^2 + \left[\pi(0.8-2\times0.02-0.008)\right]^2} \times 60 + 1.5\pi(0.8-2\times0.02-0.008) \times 2 + 27.13 \times 0.008 = 149.161$ m

2. 菱形箍筋长度计算

菱形箍筋一般用于柱的附加箍筋,如图 1-23 所示。菱形箍筋计算,如图 1-24 所示。

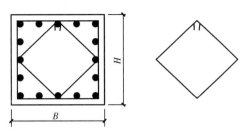

图 1-23 菱形箍筋

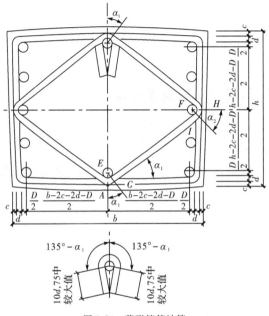

图 1-24 菱形箍筋计算

(1)求斜筋的角度

α_1 是斜筋与水平筋的夹角,即

$$\alpha_1 = \arctan\left(\frac{h-2c-2d-D}{2} \times \frac{2}{b-2c-2d-D}\right) = \arctan\left(\frac{h-2c-2d-D}{b-2c-2d-D}\right)$$

式中　h——截面高度;

　　　b——截面宽度;

　　　c——混凝土保护层厚度;

　　　d——箍筋直径;

　　　D——纵向钢筋直径。

(2)弯折角度

$\angle AEG = \alpha_1$,令 $\angle HFI = \alpha_1$,$\alpha_2 = 90° - \alpha_1$

(3)求 EF 长度

箍筋中心线直线段长度为

$$EF = \sqrt{\left(\frac{h-2c-2d-D}{2}\right)^2 + \left(\frac{b-2c-2d-D}{2}\right)^2}$$

(4)求四条直线段长度,即

$$l_1 = 4EF$$

(5)左、右二弧线长度,即

$$l_2 = 2\left[(R+d/2) \times 2 \times \alpha_2 \times \pi/180°\right]$$

式中 R——箍筋弯折的弯弧内半径。

(6)下弧线长度,即

$$l_3 = (R+d/2) \times 2 \times \alpha_1 \times \pi/180°$$

(7)弯钩的弧线长度,即

$$l_4 = (R+d/2) \times (270° - 2 \times \alpha_1) \times \pi/180°$$

(8)弯钩的直线段长度,即

$$l_5 = \max(10d, 75) \times 2$$

因此,钢筋长度 $l = l_1 + l_2 + l_3 + l_4 + l_5$。

3. 异形板(或变截面构件)钢筋长度计算

实际工程中遇到的楼板平面形状,大多数为矩形板,少数为异形板。

(1)梯形板钢筋长度计算

梯形板构件如图 1-25 所示,$l_1 = a_1 - 2c$,$l_2 = a_2 - 2c$,c 为混凝土保护层厚度,每根钢筋的长度差为 Δl,计算公式为

$$\Delta l = \frac{l_2 - l_1}{b} s$$

式中 l_2——钢筋最大长度;

  l_1——钢筋最小长度;

  s——钢筋间距;

  b——钢筋最大长度与钢筋最小长度之间的距离。

因此,梯形的第 2 根钢筋长度 $= l_1 + \Delta l$,梯形的第 n 根钢筋长度 $= l_1 + (n-1)\Delta l$。

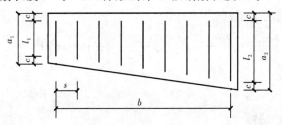

图 1-25 梯形板构件配筋

(2)弧形板钢筋长度计算

弧形板钢筋下料长度的计算方法:先计算出每根钢筋所在的弓高(或弦长),再减去两端的混凝土保护层厚度,即可得到钢筋的下料长度。

如图 1-26(a)所示的半圆,当以圆心为原点时,半径为 R 的圆的方程为

$$x^2 + y^2 = R^2$$

当 $x=0$ 时,$y=R$,这就是弓高(最长钢筋)的长度,除最长钢筋外,弓长可按几何推导得出计算公式,即

$$y = \sqrt{R^2 - (is)^2}$$

式中 R——圆的半径;

i——圆心向外计数的序数号；

s——钢筋间距。

如图1-26(b)所示的普通半圆，当弓形的弓高小于半径 R 时，设弓高＝$R-b$，即当 $x=0$ 时，$y=R-b$，则弓长可按几何推导得出计算公式，即

$$y=\sqrt{R^2-(is)^2}-b$$

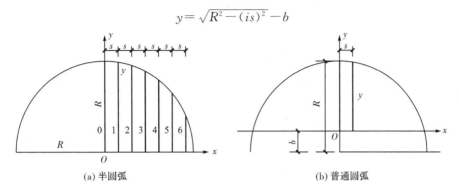

(a)半圆弧　　　　　　　　　(b)普通圆弧

图 1-26　钢筋布置

4.马凳筋计算

因马凳筋的形状像凳子，故俗称马凳，也称撑筋。设置在板的上、下两层钢筋之间，起支撑固定板内上层钢筋的作用，以保证钢筋位置的正确。马凳筋形状如图1-27所示，它作为板的措施钢筋有时是必不可少的。

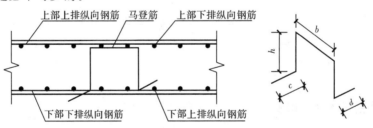

图 1-27　马凳筋的形状

(1)马凳筋的长度计算

基本计算公式为

马凳高度 h＝板厚－2×保护层厚度－(上部钢筋直径之和＋下部下排钢筋直径)

上平直段长度 b＝上部钢筋下排间距＋50 mm

这样马凳筋上平直部分放置2根板纵向钢筋(b 也可以取 80 mm，马镫筋上放置 1 根板纵向钢筋)。

下左平直段长度 c＝下部钢筋下排间距＋50 mm

这样马凳筋左平直段支承在2根下排钢筋上。

下右平直段长度 d＝100 mm

当下部钢筋下排间距＞100 mm 时，放在垫块上。

(2)马凳筋的根数计算

马凳筋可按面积计算根数，基本计算公式为

马凳筋根数＝板面积/(马凳筋横向间距×纵向间距)

当板筋设计成底筋加支座负筋的形式，且没有温度筋时，马凳根数必须扣除中空部分。因为梁可以起到马凳筋作用，所以马凳个数应扣除梁。电梯井和板洞部位无须马凳，不应计算，楼梯马凳另行计算。

1.3.5 钢筋根数的计算

结构施工图中板内钢筋和梁柱内箍筋要注写钢筋级别、直径与间距（如φ8@120），在钢筋工程计算时需要按其间距计算出钢筋的根数，如图 1-28 所示为板钢筋根数的排列。

钢筋根数计算公式为

$$n = \frac{l}{s} + 1$$

式中　n——钢筋根数；

s——钢筋间距；

l——配筋范围的长度。

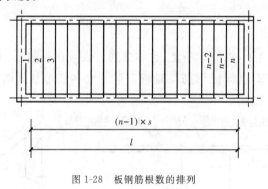

图 1-28　板钢筋根数的排列

1. 普通板钢筋根数计算

钢筋的起步距离为第一根钢筋在距梁边为 1/2 钢筋间距处开始设置。

【例 1-5】　试计算如图 1-29 所示普通板钢筋的根数。

解：如图 1-29 所示钢筋的间距为 120 mm，则起步距离为 120/2＝60 mm，即

$$n = \frac{l}{s} + 1 = \frac{(6\,000 - 100 - 60 - 100 - 60)}{120} + 1 = 48.3 \text{ 根}$$

因此，钢筋根数取 49 根。

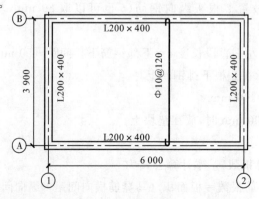

图 1-29　普通板配筋

2. 异形板钢筋根数计算

【例 1-6】 试计算如图 1-30 所示异形板①号、②号钢筋的根数。

解：①号钢筋的间距为 100 mm，则起步距离为 100/2＝50 mm，即

$$n = \frac{l}{s} + 1 = \frac{(3\,000 - 120 - 50 - 120 - 50)}{100} + 1 = 27.6 \text{ 根}$$

因此，钢筋根数取 28 根。

②号钢筋的间距为 120 mm，则起步距离为 120/2＝60 mm。

最下面的①号钢筋到 A 轴线墙内皮的距离为

$$l_1 = 4\,200 - 120 + 120 + 50 = 4\,250 \text{ mm}$$

$$n = \frac{l}{s} + 1 - 1 = \frac{(4\,250 - 60)}{120} + 1 - 1 = 34.9 \text{ 根}$$

因此，钢筋根数取 35 根。

式中，"－1"是由于在计算中引用 1 根①号钢筋，故将其扣除。

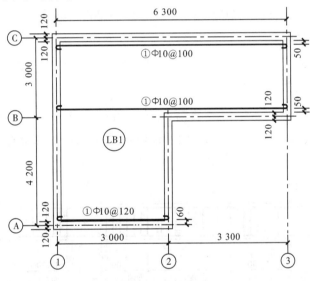

图 1-30 异形板配筋

3. 无加密区梁箍筋根数计算

【例 1-7】 试计算如图 1-31 所示框架梁 A、B 轴线间箍筋的根数。

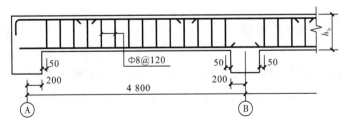

图 1-31 框架梁无箍筋加密区配筋

27

解:取箍筋起步距离为 50 mm,即

$$n=\frac{l}{s}+1=\frac{(4\ 800-200-50-50-200)}{120}+1=36.8\ \text{根}$$

因此,箍筋根数取 37 根。

4.有加密区梁箍筋根数计算

【例 1-8】 如图 1-32 所示为框架梁,梁箍筋为 Φ8@100/200,试计算 A、B 轴线间箍筋的根数。

解:取箍筋起步距离为 50 mm。

一侧加密区箍筋根数为

$$n=\frac{l}{s}+1=\frac{(1\ 200-50)}{100}+1=12.5\ \text{根}$$

因此,一侧箍筋根数取 13 根。

按加密区箍筋根数反推实际加密区长度为

$$l_1=(13-1)\times100+50=1\ 250\ \text{mm}$$

故实际非加密区长度为

$$l_\text{非}=(1\ 200+2\ 300+1\ 200)-(1\ 250+1\ 250)=2\ 200\ \text{mm}$$

非加密区箍筋根数为

$$n=\frac{l_\text{非}}{s}+1-1-1=\frac{l_\text{非}}{s}-1=\frac{2\ 200}{200}-1=10\ \text{根}$$

式中,2 个"−1"是由于在计算中每侧均引用 1 根加密区箍筋,故将其扣除。

则梁箍筋的根数为 13×2+10=36 根。

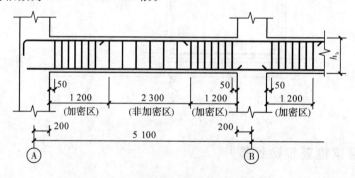

图 1-32 框架梁有箍筋加密区配筋

1.3.6 钢筋质量

钢筋的每米质量是计算钢筋工程量(吨)的基本数据,当计算出某种直径钢筋的总长度后,根据钢筋的每米质量就可以计算出这种钢筋的总质量。钢筋每米质量见表 1-18。

表 1-18   钢筋每米质量

钢筋直径/mm	每米质量/$(kg \cdot m^{-1})$	钢筋直径/mm	每米质量/$(kg \cdot m^{-1})$	钢筋直径/mm	每米质量/$(kg \cdot m^{-1})$
4.0	0.099	12.0	0.888	25.0	3.853
5.0	0.154	14.0	1.208	28.0	4.834
6.0	0.222	16.0	1.578	32.0	6.313
6.5	0.260	18.0	1.998	36.0	7.990
8.0	0.395	20.0	2.466	40.0	9.865
10.0	0.617	22.0	2.984	50.0	15.413

注:钢的密度为 7 850 kg/m^3。

复习思考题

1.什么是平法?

2.阐述平法的基本原理。

3.平法的特点是什么?

4.什么是混凝土保护层厚度?

5.熟练查找混凝土保护层的最小厚度、钢筋的锚固长度和绑扎连接的搭接长度等表格。

6.识读混凝土构件钢筋构造详图,如梁柱纵向钢筋间距、封闭箍筋及拉筋弯钩和纵向受力钢筋搭接区箍筋等。

7.思考如何才能结合 16G101 图集学好本门课程?

习 题

1.试计算如图 1-33 所示框架柱的箍筋长度,箍筋端弯钩 $135°$,弯弧内半径 $R = 2.5d$,保护层厚度 $c = 20$ mm。

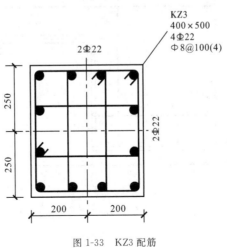

图 1-33 KZ3 配筋

2.试计算如图 1-34 所示框架梁的箍筋长度,箍筋端弯钩 135°,弯弧内半径 $R=2.5d$,混凝土强度等级为 C30,环境类别为一类。

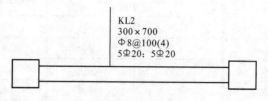

图 1-34 KL2 配筋

3.已知某框架柱如图 1-35 所示,截面尺寸为 $b\times h=500$ mm$\times 550$ mm;拉筋紧靠箍筋并勾住纵筋,拉筋直径 $d=8$ mm,两端弯钩 135°,弯弧内半径 $R=2.5d$,混凝土强度等级为 C35,环境类别为二 a 类,试计算框架柱的拉筋长度。

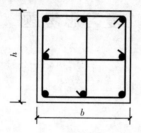

图 1-35 框架柱配筋

4.某工程设计有直径 0.6 m,高度 5.2 m 的钢筋混凝土圆柱,螺旋箍筋直径 8 mm,螺旋箍筋沿构件轴线方向的间距 80 mm,混凝土强度等级为 C40,环境类别为一类,试计算螺旋箍筋的总长度。

5.试计算如图 1-36 所示异形板钢筋的根数。

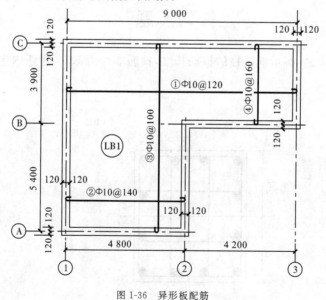

图 1-36 异形板配筋

6.如图 1-37 所示为框架梁,梁箍筋为φ8@100/200,试计算梁箍筋的根数。

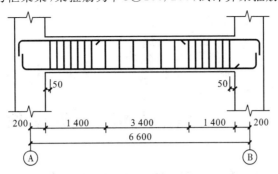

图 1-37 框架梁配筋

第2章

梁构件平法识图与钢筋计算

微课1

2.1 梁构件基本知识

2.1.1 梁构件知识体系

梁构件知识体系可概括为三个方面：①梁的分类；②梁钢筋的分类；③梁的各种情况，如图 2-1 所示。

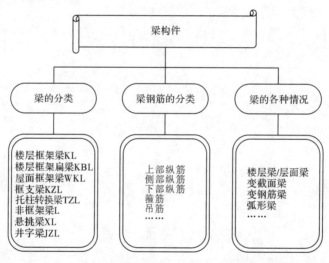

图 2-1 梁构件知识体系

1. 梁的分类

在房屋结构中，由于梁所处的位置不同，所起的作用不同，其受力机理也不同，因而其构造要求也不同。在平法施工图中将梁分成八类，分别为楼层框架梁、楼层框架扁梁、屋面框架梁、框支梁、托柱转换梁、非框架梁、悬挑梁和井字梁。

2. 梁钢筋的分类

梁构件钢筋有纵向钢筋、横向钢筋（箍筋或拉筋），有时还会有附加钢筋（附加箍筋或吊筋）。纵向钢筋根据位置不同可以分为上、中、下，左、中、右的钢筋，梁构件的主要钢筋种类见表 2-1。

表 2-1	梁构件的主要钢筋种类		
梁构件种类	梁构件钢筋种类		
楼层框架梁 KL	纵向钢筋	上	上部通长筋
楼层框架扁梁 KBL		中	侧部构造或受扭钢筋
屋面框架梁 WKL		下	下部通长/非通长筋
框支梁 KZL		左	左端支座钢筋（支座负筋）
托柱转换梁 TZL		中	跨中钢筋（架立筋）
非框架梁 L		右	右端支座钢筋（支座负筋）
悬挑梁 XL	横向钢筋		箍筋、拉筋
井字梁 JZL	附加钢筋		附加箍筋、吊筋等

3.梁的各种情况

梁处于中间楼层或处于顶层,其受力机理有很大不同,考虑这个因素,梁又分为楼层框架梁和屋面框架梁。一根梁在某个部位由于受力不同或考虑其他因素,可能会采取变截面尺寸、变钢筋根数和直径的情况等。

2.1.2　梁平法施工图概述

1.梁传统施工图的表达方式

传统的表达方式是将梁从结构平面布置图中索引出来,再逐个绘制配筋详图,即在梁的立面图和剖面详图中,表达结构构件的尺寸和配筋、构造等信息,使得绘图烦琐且工作量庞大。

如图 2-2 所示为某框架结构中一根两跨梁配筋的传统表达方式,它表达了梁的支承情况、跨度、截面尺寸和各部分钢筋的配置以及构造要求信息。

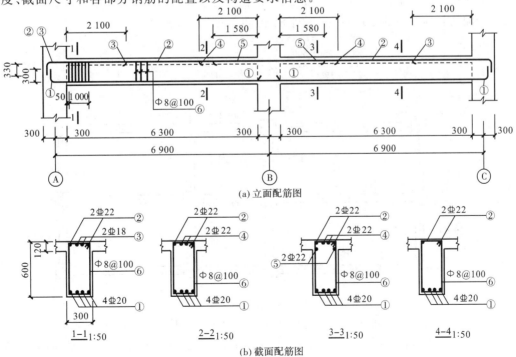

图 2-2　两跨框架梁传统配筋图表达方式

2.梁平法施工图的表达方式

如果采用梁平法施工图的平面注写方式替代如图 2-2 所示的两跨梁传统配筋图,可在该梁平面布置图上进行标注,如图 2-3 所示。可见平面注写方式更为简明。

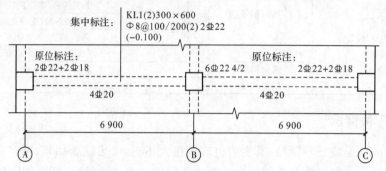

图 2-3　两跨框架梁平面注写方式

2.2　梁构件平法识图

梁构件的平法注写方式分为平面注写方式和截面注写方式。一般的施工图都采用平面注写方式,所以,本章主要介绍平面注写方式。

2.2.1　梁构件的平面注写方式

平面注写方式是指在梁平面布置图上,分别在不同编号的梁中各选一根梁,在其上注写截面尺寸和配筋具体数值的方式来表达梁平法施工图,如图 2-4 所示。

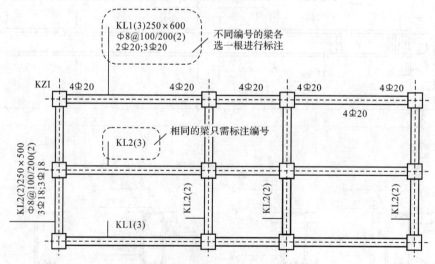

图 2-4　梁构件的平法注写方式

梁构件的平面注写方式在具体标注时可分为集中标注和原位标注,如图 2-5 所示。集中标注表达梁的通用数值,即梁各跨相同的总体数值;原位标注表达梁的特殊数值,即梁个别截面与其不同的数值。当集中标注中的某项数值不适用于梁的某个部位时,则将该项数值原位标注,施工时,原位标注取值优先。

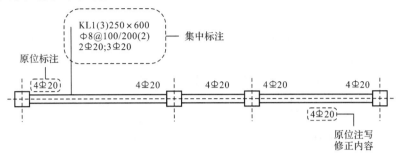

图 2-5　梁构件的集中标注和原位标注

1. 集中标注

梁构件集中标注包括梁构件编号、截面尺寸、箍筋、上部通长筋及架立筋、下部通长筋、侧部构造或受扭钢筋和梁顶面标高高差等内容,如图 2-6 所示。

下面介绍梁构件集中标注的各项内容,有五项必注值及一项选注值。

(1)梁构件编号

梁构件编号,该项为必注值。梁构件编号由梁类型代号、序号、跨数及是否带有悬挑代号等组成,如图 2-7 所示。梁构件编号表示方法见表 2-2。

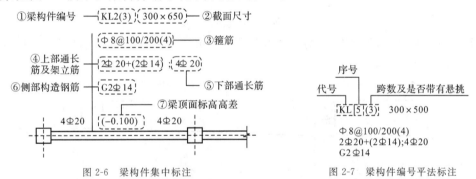

图 2-6　梁构件集中标注　　　　　　图 2-7　梁构件编号平法标注

表 2-2　　　　　　　　　　　梁构件编号表示方法

梁类型	代号	序号	跨数及是否带有悬挑
楼层框架梁	KL	××	(××)、(××A)或(××B)
楼层框架扁梁	KBL	××	(××)、(××A)或(××B)
屋面框架梁	WKL	××	(××)、(××A)或(××B)
框支梁	KZL	××	(××)、(××A)或(××B)
托柱转换梁	TZL	××	(××)、(××A)或(××B)
非框架梁	L	××	(××)、(××A)或(××B)
悬挑梁	XL	××	(××)、(××A)或(××B)
井字梁	JZL	××	(××)、(××A)或(××B)

注:1.(××A)为一端有悬挑,(××B)为两端有悬挑,悬挑不计入跨数。例如 KL2(5A)表示第 2 号框架梁,5 跨,一端有悬挑;L6(8B)表示第 6 号非框架梁,8 跨,两端有悬挑。

2.楼层框架扁梁节点核心区代号为 KBH。

3.16G101 图集中非框架梁 L、井字梁 JZL 表示端支座为铰接;当非框架梁 L、井字梁 JZL 端支座上部纵筋为充分利用钢筋的抗拉强度时,在梁代号后加"g"。例如 Lg7(5)表示第 7 号非框架梁,5 跨,端支座上部纵筋为充分利用钢筋的抗拉强度。

（2）梁构件截面尺寸

梁构件截面尺寸，该项为必注值。

当为等截面梁时，用 $b\times h$ 表示，其中 b 为梁宽，h 为梁高。

当为竖向加腋梁时，用 $b\times h$，$\mathrm{Y}c_1\times c_2$ 表示，其中 c_1 为腋长，c_2 为腋高，如图 2-8 所示。

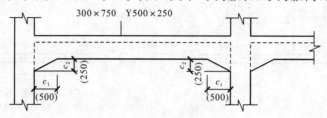

图 2-8　竖向加腋截面注写

当为水平加腋梁时，一侧加腋时用 $b\times h$，$\mathrm{PY}c_1\times c_2$ 表示，其中 c_1 为腋长，c_2 为腋宽，加腋部位应在平面图中绘制，如图 2-9 所示。

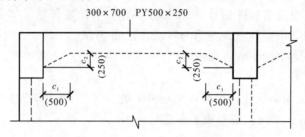

图 2-9　水平加腋截面注写

当有悬挑梁且根部和端部的高度不同时，用斜线分隔根部与端部的高度值（该项一般为原位标注），即 $b\times h_1/h_2$，如图 2-10 所示。

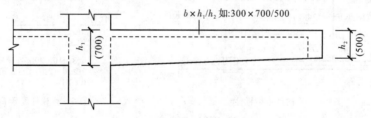

图 2-10　悬挑梁不等高截面注写

（3）梁构件箍筋

梁构件箍筋包括钢筋级别、直径、加密区与非加密区的间距及肢数，该项为必注值。箍筋加密区与非加密区的不同间距及肢数需用斜线"/"分隔；当梁箍筋为同一种间距及肢数时，则不需要用斜线；当加密区与非加密的箍筋肢数相同时，则将肢数注写一次；箍筋肢数应写在括号内。加密区范围见相应抗震级别的标准构造详图。

【例 2-1】　φ10@100/200(4)，表示箍筋为 HPB300 钢筋，直径为 10 mm，加密区间距为 100 mm，非加密区间距为 200 mm，均为四肢箍。

【例 2-2】　φ10@150(2)，表示箍筋为 HRB335 钢筋，直径为 10 mm，间距为 150 mm，双肢箍，不分加密区与非加密区。

【例 2-3】　φ8@100(4)/150(2)，表示箍筋为 HRB300 钢筋，直径为 8 mm，加密区间距为 100 mm，四肢箍；非加密区间距为 150 mm，双肢箍。

当非框架梁、悬挑梁和井字梁采用不同的箍筋间距及肢数时，也用斜线"/"将其分隔开来。

注写时,先注写梁支座端部的箍筋(包括箍筋的箍数、钢筋级别、直径、间距与肢数),在斜线后注写梁跨中部分的箍筋间距及肢数。

【例 2-4】 13φ10@150/200(4),表示箍筋为 HPB300 钢筋,直径为 10 mm,梁的两端各有 13 个四肢箍,间距为 150 mm;梁跨中部分箍筋间距为 200 mm,四肢箍。

【例 2-5】 16φ12@150(4)/200(2),表示箍筋为 HPB300 钢筋,直径为 12 mm,梁的两端各有 16 个四肢箍,间距为 150 mm;梁跨中部分箍筋间距为 200 mm,双肢箍。

(4)梁上部通长筋或架立筋和梁下部通长筋配置

①梁上部通长筋或架立筋

梁上部通长筋或架立筋配置(通长筋可为相同或不同直径采用搭接连接、机械连接或焊接的钢筋),该项为必注值。所注规格与根数应根据结构受力要求及箍筋肢数等构造要求而定。当同排纵筋中既有通长筋又有架立筋时,应用加号"+"将通长筋和架立筋相连。注写时需将角部纵筋写在加号的前面,架立筋写在加号后面的括号内,以示不同直径以及与通长筋的区别。当全部采用架立筋时,则将其写入括号内。

常见梁上部通长筋或架立筋表示形式见表 2-3。

表 2-3　　　　　　　　　　　常见梁上部通长筋或架立筋表示形式

表示形式	表达含义
2φ22	梁上部通长筋(用于双肢箍)
2φ22+2φ20	梁上部通长筋(两种规格,其中加号前面的钢筋 2φ22 放在箍筋角部)
6φ25 4/2	梁上部通长筋(两排钢筋:上一排 4φ25,下一排 2φ25)
2φ22+(2φ12)	梁上部钢筋(2φ22 为上部通长筋,放在箍筋角部,2φ12 为架立筋)。注意:用于四肢箍

②梁下部通长筋

当梁的上部纵筋和下部纵筋为全跨相同,且多数跨配筋相同时,此项可加注下部纵筋的配筋值,用分号";"将上部与下部纵筋的配筋值分隔开来,少数跨不同者,按原位标注进行注写。

常见梁上、下部通长筋表示形式见表 2-4。

表 2-4　　　　　　　　　　　常见梁上、下部通长筋表示形式

上、下部通长筋表示形式	表达含义
2φ20;4φ20	梁上部通长筋 2φ20,梁下部通长筋 4φ20
2φ22;6φ20 2/4	梁上部通长筋 2φ22,梁下部通长筋为两排:上一排 2φ20,下一排 4φ20

(5)梁侧面纵向构造钢筋或受扭钢筋配置

梁侧面纵向构造钢筋或受扭钢筋配置,该项为必注值。当梁腹板高度 $h_w \geqslant 450$ mm 时,需配置纵向构造钢筋,所注规格与根数应符合规范规定。此项标注值以大写字母 G 打头,接续注写设置在梁两个侧面的总配筋值,且对称配置。侧部纵向钢筋的拉筋不进行标注,按构造要求进行配置。

【例 2-6】 G4φ12,表示梁的两个侧面共配置 4φ12 的纵向构造钢筋,每侧各配置 2φ12。

当梁侧面需配置受扭纵向钢筋时,此项注写值以大写字母 N 打头,接续注写配置在梁两

个侧面的总配筋值,且对称配置。受扭纵向钢筋应满足梁侧面纵向构造钢筋的间距要求,且不再重复配置纵向构造钢筋。

【例 2-7】 N6ϕ22 表示梁的两个侧面共配置 6ϕ22 的受扭纵向钢筋,每侧各配置 3ϕ22。

注:1. 当为梁侧面构造钢筋时,其搭接与锚固长度可取为 15d。

2. 当为梁侧面受扭纵向钢筋时,其搭接长度为 l_l 或 l_{lE};锚固长度为 l_a 或 l_{aE};其锚固方式同框架梁下部纵筋。

(6)梁顶面标高高差

梁顶面标高高差,该项为选注值。梁顶面标高高差是指相对于结构层楼面标高的高差,对于位于结构夹层的梁,则指相对于结构夹层楼面标高的高差。有高差时,需将其写入括号内,无高差时不注。

当梁顶比板顶低的时候,注写"负标高高差";当梁顶比板顶高的时候,注写"正标高高差"。如图 2-11 所示为梁顶面标高高差,(−0.100)表示梁顶面比楼板顶面低 0.100 m。

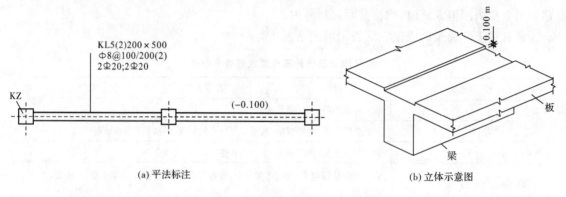

(a)平法标注　　　　　　　　　　　　　(b)立体示意图

图 2-11　梁顶面标高高差

2.原位标注

梁构件原位标注包括梁支座上部纵筋、梁下部纵筋、附加箍筋或吊筋和修正集中标注中某一项或几项不适用于本跨的内容。

(1)梁支座上部纵筋

梁支座上部纵筋是指标注该部位的所有纵筋,包括集中标注的上部通长筋,如图 2-12 所示。

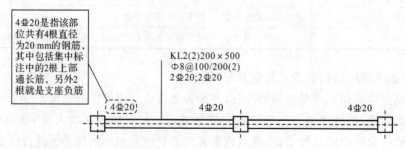

图 2-12　梁 KL2 支座上部纵筋

①当上部纵筋多于一排时,用斜线"/"将各排纵筋自上而下分开。

②当同排纵筋有两种直径时,用加号"+"将两种直径的纵筋相连,注写时将角部纵筋写在前面。

③当梁中间支座两边的上部纵筋不同时,须在支座两边分别标注;当梁中间支座两边的上部纵筋相同时,可仅在支座的一边标注配筋值,另一边省去不注。

④当两大跨中间为小跨,且小跨净尺寸小于左、右两大跨净尺寸之和的 1/3 时,小跨上部纵筋采取贯通全跨方式,此时,应将贯通小跨的钢筋注写在小跨中部,如图 2-13 所示。

贯通小跨的纵筋根数可等于或少于相邻大跨梁支座上部纵筋,当少于时,少配置的纵筋即大跨不需要贯通小跨的纵筋。

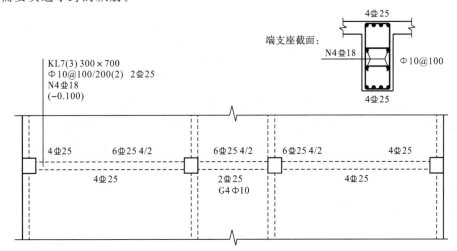

图 2-13　大、小跨梁的注写

常见梁支座上部纵筋表示形式见表 2-5。

表 2-5 　　　　　常见梁支座上部纵筋表示形式

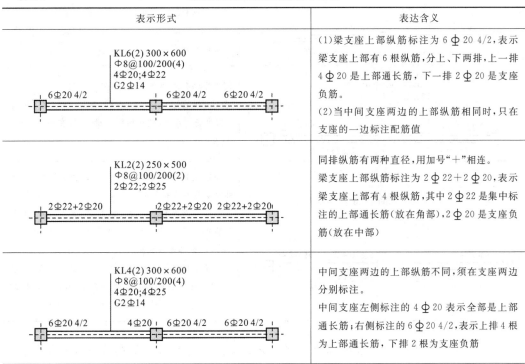

表示形式	表达含义
KL6(2) 300×600 Φ8@100/200(4) 4Φ20;4Φ22 G2Φ14　　6Φ20 4/2　　6Φ20 4/2　　6Φ20 4/2	(1)梁支座上部纵筋标注为 6Φ20 4/2,表示梁支座上部有 6 根纵筋,分上、下两排,上一排 4Φ20 是上部通长筋,下一排 2Φ20 是支座负筋。 (2)当中间支座两边的上部纵筋相同时,只在支座的一边标注配筋值
KL2(2) 250×500 Φ8@100/200(2) 2Φ22;2Φ25 2Φ22+2Φ20　　2Φ22+2Φ20　2Φ22+2Φ20	同排纵筋有两种直径,用加号"+"相连。 梁支座上部纵筋标注为 2Φ22+2Φ20,表示梁支座上部有 4 根纵筋,其中 2Φ22 是集中标注的上部通长筋(放在角部),2Φ20 是支座负筋(放在中部)
KL4(2) 300×600 Φ8@100/200(4) 4Φ20;4Φ25 G2Φ14　6Φ20 4/2　　4Φ20　6Φ20 4/2　　6Φ20 4/2	中间支座两边的上部纵筋不同,须在支座两边分别标注。 中间支座左侧标注的 4Φ20 表示全部是上部通长筋;右侧标注的 6Φ20 4/2,表示上排 4 根为上部通长筋,下排 2 根为支座负筋

续表

表示形式	表达含义
KL2(3) 250×600 Φ8@100/200(2) 4Φ20;3Φ22 G2Φ14 4Φ20　6Φ20 4/2　6Φ20 4/2　6Φ20 4/2　4Φ20	上部支座钢筋标注在第2跨中,且与第1跨右支座、第3跨左支座相同,表示第1跨6Φ20的右支座负筋贯通第2跨,一直延伸到第3跨左端

对于支座两边不同配筋值的上部纵筋,宜尽可能选用相同直径(不同根数),使其贯穿支座,避免支座两边不同直径的上部纵筋均在支座内锚固。

(2)梁下部纵筋

①当下部纵筋多于一排时,用斜线"/"将各排纵筋自上而下分开。

②当同排纵筋有两种直径时,用加号"+"将两种直径的纵筋相连,注写时角筋写在前面。

③当梁下部纵筋不全部伸入支座时,将梁支座下部纵筋减少的数量写在括号内。

④当梁的集中标注中已分别注写了梁上部和下部均为通长的纵筋值时,则不需要在梁下部重复做原位标注。

常见梁下部纵筋表示形式见表2-6。

表2-6　　　　　　　　　常见梁下部纵筋表示形式

表示形式	表达含义
KL8(2) 300×600 Φ8@100/200(4) 4Φ20 G2Φ14 6Φ20 4/2　6Φ20 4/2　6Φ20 4/2 6Φ22 2/4　　6Φ22 2/4	下部纵筋多于一排,用斜线"/"将各排纵筋自上而下分开。 梁下部纵筋注写为6Φ22 2/4,表示梁下部有6根纵筋,上一排纵筋为2Φ22,下一排纵筋为4Φ22,全部伸入支座
KL2(2) 250×500 Φ8@100/200(2) 2Φ22 2Φ22+2Φ20　2Φ22+2Φ20 2Φ22+2Φ20 2Φ25+2Φ22　　2Φ25+2Φ22	同排纵筋有两种直径,用加号"+"相连。 梁下部纵筋注写为2Φ25+2Φ22,表示梁下部有4根纵筋,2Φ25放在角部,2Φ22放在中部,全部伸入支座
KL9(2) 300×600 Φ8@100/200(4) 4Φ20 G2Φ14 6Φ20 4/2　6Φ20 4/2　6Φ20 4/2 6Φ22 2(-2)/4　2Φ22+3Φ20(-3)/5Φ22	梁下部纵筋不全部伸入支座,将梁支座下部纵筋减少的数量写在括号内。 左跨梁下部纵筋注写为6Φ22 2(-2)/4,表示上排纵筋为2Φ22,且不伸入支座;下一排纵筋为4Φ22,全部伸入支座。 右跨梁下部纵筋注写为2Φ22+3Φ20(-3)/5Φ22,表示上排纵筋为2Φ22和3Φ20,其中,3Φ20不伸入支座;下一排纵筋为5Φ22,全部伸入支座

⑤当梁设置竖向加腋时,加腋部位下部斜纵筋应在支座下部以Y打头标注在括号内,如图2-14所示,此处框架梁竖向加腋构造适用于加腋部位参与框架梁计算,其他情况设计者应另行给出构造。当梁设置水平加腋时,水平加腋内上、下部斜纵筋应在加腋支座上部以Y打

头注写在括号内,上、下部斜纵筋之间用"/"分隔,如图 2-15 所示。

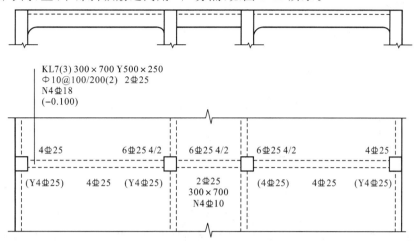

图 2-14　梁竖向加腋平面注写方式表达示例

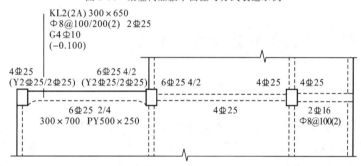

图 2-15　梁水平加腋平面注写方式表达示例

当在梁上集中标注的内容(梁截面尺寸、箍筋、上部通长筋或架立筋,梁侧面纵向构造钢筋或受扭纵向钢筋,以及梁顶面标高高差中的某一项或某几项数值)不适用于某跨或某悬挑部分时,则将其不同数值原位标注在该跨或该悬挑部位,施工时应按原位标注数值取用。

当在多跨梁的集中标注中已注明加腋,而该梁某跨的根部却不需要加腋时,则应在该跨原位标注等截面的 $b \times h$,以修正集中标注中的加腋信息,如图 2-14 所示。

(3)附加箍筋或吊筋

在主、次梁相交处,直接将附加箍筋或吊筋画在平面图中的主梁上,用引线注写总配筋值(附加箍筋的肢数注写在括号内),如图 2-16 所示中的 8Φ8(2)、2Φ18。施工时应注意:附加箍筋或吊筋的几何尺寸应按照标准构造详图,结合其所在位置的主梁和次梁的截面尺寸而定。

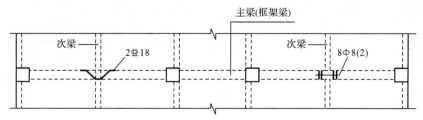

图 2-16　附加箍筋和吊筋的画法示例

当多数附加箍筋或吊筋相同时,可在梁平法施工图上统一注明,少数与统一注明值不同时,再原位引注。

3.框架扁梁

框架扁梁注写规则同框架梁,对于上部纵筋和下部纵筋,尚需注明未穿过柱截面的纵筋根数,如图 2-17 所示。

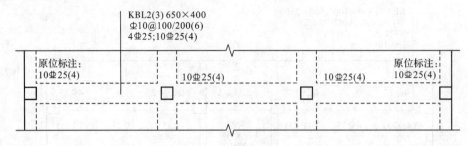

图 2-17　平面注写方式示例

【例 2-8】　$10\Phi 25(4)$ 表示框架扁梁有 4 根纵向受力钢筋未穿过柱截面,柱两侧各 2 根,施工时,应注意采用相应的构造做法。

2.2.2 梁构件的截面注写方式

梁截面注写方式是在分标准层上绘制的梁平面布置图,用截面配筋图来表达梁平法施工图的一种方式。

对标准层上的所有梁应按表 2-2 的规定进行编号,并从相同编号的梁中选择一根用单边截面号引出截面配筋图,并在截面配筋图中注写截面尺寸$(b\times h)$和配筋数值(上部筋、下部筋、侧面构造筋或受扭筋以及箍筋),其他相同编号的梁仅需标注编号,如图 2-18 所示。

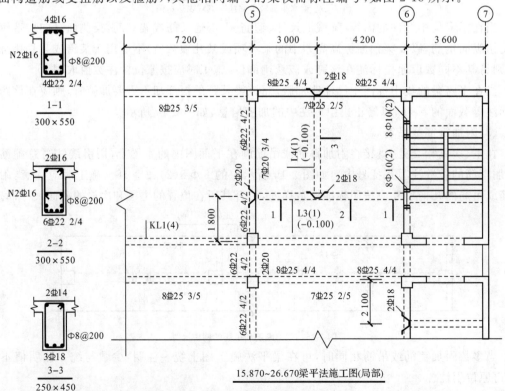

图 2-18　梁平法施工图截面注写方式

当某梁的顶面标高与结构层的楼面标高不同时,应继其梁编号后在"()"中注写梁顶面标高高差,如图 2-18 中 L3(1)和 L4(1)后面括号内的数字－0.100。

对于框架扁梁尚需在截面详图上注写未穿过柱截面的纵向受力筋根数。对于框架扁梁节点核心区附加钢筋,需采用平、剖面图表达节点核心区纵向钢筋、柱外核心区全部竖向拉筋以及端支座附加 U 形箍筋,注写其具体数值。

截面注写方式既可以单独使用,也可与平面注写方式结合使用。在梁平法施工图的平面图中,当局部区域的梁布置过密时,除了采用截面注写方式表达外,也可以将过密区用虚线框出,适当放大比例后再用平面注写方式表示。当表达异形截面梁的尺寸与配筋时,用截面注写方式相对比较方便。

2.3　梁构件钢筋构造与计算

梁构件钢筋构造是指梁构件的各种钢筋在实际工程中可能出现的各种构造情况。本节分别以楼层框架梁 KL 和屋面框架梁 WKL 为例讲解梁构件钢筋构造。

2.3.1　框架梁与钢筋分类

1. 框架梁分类

为了便于学习框架梁的平法知识和钢筋计算,按照可能的各种情况对框架梁进行分类,见表 2-7。

表 2-7　　　　　　　　　　　框架梁分类

分　类	框架梁名称	特　点
楼屋面情况	楼层框架梁	上、下部纵筋在端支座有弯锚和直锚两种锚固方式
	屋面框架梁	上部纵筋在端支座只有弯锚,下部纵筋在端支座可直锚
形状	直形框架梁	纵筋长度和箍筋间距均按梁中心线长度度量
	弧形框架梁	箍筋间距按凸面度量
是否带悬挑	带悬挑框架梁	上部钢筋伸至悬挑端
	不带悬挑框架梁	上部钢筋在端支座锚固

2. 钢筋分类

框架梁中的各种钢筋形成了钢筋骨架,根据钢筋所在位置和功能不同,对框架梁的钢筋进行分类,见表 2-8。

表 2-8 框架梁钢筋分类

钢筋名称	钢筋位置	钢筋构造	钢筋名称	钢筋位置	钢筋构造
纵向钢筋	上部	上部通长筋	箍筋	支座部位	加密箍筋
		上部支座负筋			
		架立筋		中间部位	非加密箍筋
	侧面	侧面构造钢筋	附加钢筋	次梁两侧	附加箍筋
		侧面受扭筋			
		拉筋		次梁底部及两侧	附加吊筋
	下部	下部通长筋			
		下部非通长筋			

如图 2-19 所示为单跨框架梁钢筋。

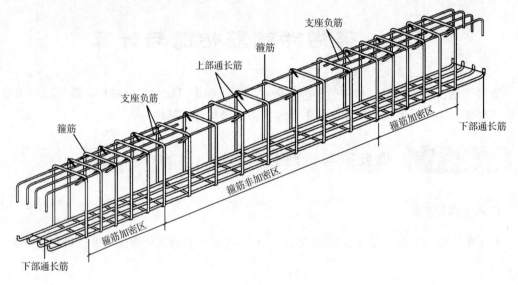

图 2-19 单跨框架梁钢筋

如图 2-20 所示为双跨框架梁钢筋。

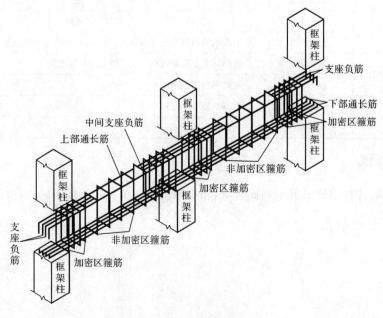

图 2-20 双跨框架梁钢筋

如图 2-21 所示为框架梁非通长筋与架立筋。

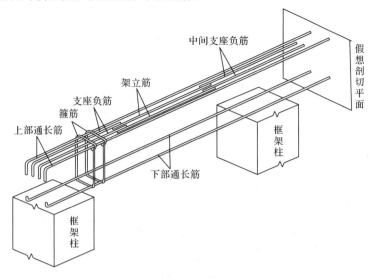

图 2-21　框架梁非通长筋与架立筋

楼层框架梁纵筋的构造与计算

1. 楼层框架梁纵筋的构造

(1) 楼层框架梁上部纵筋构造

楼层框架梁上部纵筋包括：上部通长筋、支座负筋(非通长筋)和架立筋,见表 2-9。

表 2-9　　　　　　　　　　　　　楼层框架梁上部纵筋构造

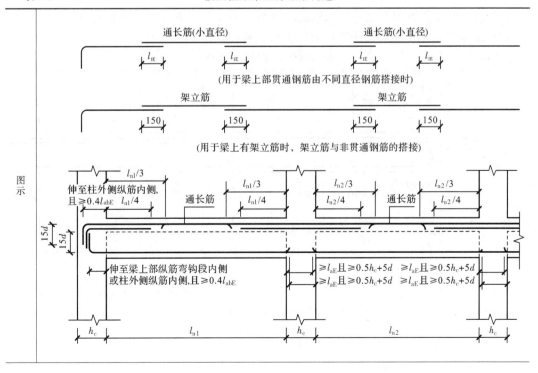

续表

构造要求	上部通长筋	1.根据抗震规范要求,抗震框架梁至少应设置两根上部通长筋。 现行《建筑抗震设计规范》第6.3.4条规定:梁端纵向受拉钢筋的配筋率不宜大于2.5%。沿梁全长顶面、底面的配筋,一、二级不应少于2Φ14,且分别不应少于梁顶面、底面两端纵向配筋中较大截面面积的1/4;三、四级不应少于2Φ12。 2.通长筋可为相同或不同直径采用搭接连接、机械连接或焊接的钢筋。 ①一级框架梁宜采用机械连接,二、三、四级可采用搭接连接或焊接连接。 ②当上部通长筋直径小于支座负筋直径时,上部通长筋分别与梁两端支座负筋进行连接(搭接、机械连接或焊接)。 ③当上部通长筋直径与支座负筋直径相同时,连接位置宜位于跨中$l_{ni}/3$范围内,且在同一连接区段内钢筋接头面积百分率不宜大于50%。当钢筋下料长度小于出厂时的定尺长度,则无须接头;如果超过定尺长度,则在跨中1/3跨度的范围内进行一次性连接。 ④当框架梁设置多于两肢的复合箍筋,且只有两根上部通长筋时,补充设置的架立筋分别与梁两端支座负筋进行搭接,搭接长度为150 mm
	支座负筋	框架梁端支座和中间支座负筋从支座边缘算起的延伸长度统一取值如下: 1.当配置三排纵筋但第一排部分为通长筋时,第一排支座负筋延伸至$l_n/3$处,第二排支座负筋延伸至$l_n/4$处,第三排支座负筋延伸至$l_n/5$处。 2.当配置三排纵筋但第一排全长为通长筋时,第二排支座负筋延伸至$l_n/3$处,第三排支座负筋延伸至$l_n/4$处。 3.l_n取值:对于端支座,l_n为本跨的净跨长;对于中间支座,l_n为相邻两跨净跨长的较大值。 4.当配置超过三排纵筋时,由设计者注明各排纵筋的延伸长度值
	架立筋	架立筋是梁的一种纵向构造钢筋,用来固定箍筋和形成钢筋骨架,并承受温度伸缩应力。当梁顶面箍筋转角处无纵向受力钢筋时,应设置架立筋。 单肢箍必须设有一根纵向架立钢筋。如果框架梁所设置的箍筋是双肢箍,梁上部设有两根通长筋可兼作架立筋,这种情况就不需要设架立筋。当框架梁的箍筋为四肢箍时,如梁的上部设置了两根通长筋,这时就需要设两根架立筋
		框架梁上部纵筋在中间支座上要求遵循能通则通的原则,而在上部跨中1/3跨度范围内进行连接

(2)楼层框架梁下部纵向钢筋构造

楼层框架梁下部纵向钢筋有伸入支座下部纵筋和不伸入支座下部纵筋两种形式。这里讲的下部纵筋也适用于屋面梁。楼层框架梁下部纵筋构造,见表2-10。

表2-10　　　　　　　　　　　　楼层框架梁下部纵筋构造

下部纵筋	图示	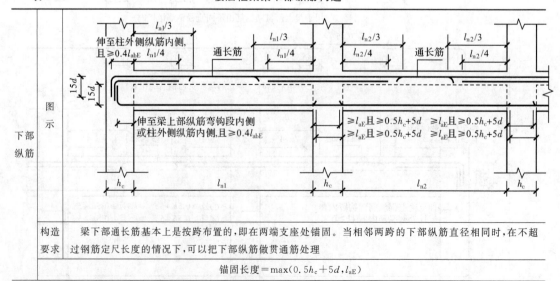
	构造要求	梁下部通长筋基本上是按跨布置的,即在两端支座处锚固。当相邻两跨的下部纵筋直径相同时,在不超过钢筋定尺长度的情况下,可以把下部纵筋做贯通筋处理
		锚固长度$= \max(0.5h_c + 5d, l_{aE})$

续表

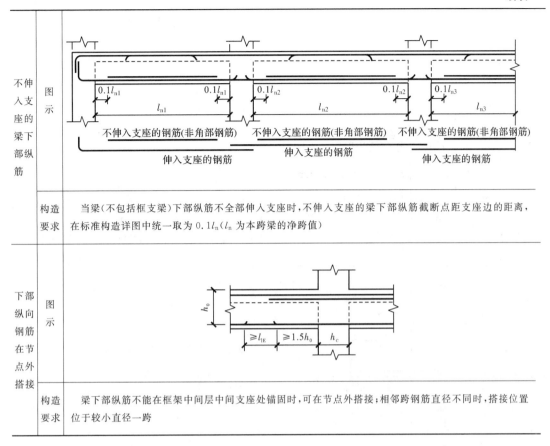

不伸入支座的梁下部纵筋	图示	
	构造要求	当梁(不包括框支梁)下部纵筋不全部伸入支座时,不伸入支座的梁下部纵筋截断点距支座边的距离,在标准构造详图中统一取为 $0.1l_n$(l_n 为本跨梁的净跨值)
下部纵向钢筋在节点外搭接	图示	
	构造要求	梁下部纵筋不能在框架中间层中间支座处锚固时,可在节点外搭接;相邻跨钢筋直径不同时,搭接位置位于较小直径一跨

(3)框架梁端支座的纵筋构造

楼层框架梁上部纵筋和下部纵筋在端支座内可弯锚或直锚,纵筋都要伸至柱外边(柱外侧纵筋内侧)。对于楼层框架梁端支座纵筋在端支座的锚固应首选直锚,只有当直锚不能满足锚固长度要求时才选择弯锚或锚板锚固,框架梁端支座纵筋锚固构造,见表 2-11。

表 2-11　　　　　　　　　　　　框架梁端支座纵筋锚固构造

类别	图　示	构造要求
直锚		支座宽度够直锚时,上部纵筋和下部纵筋伸入柱内的锚固长度均为 $\geqslant l_{aE}$ 且 $\geqslant 0.5h_c+5d$。 直锚长度 $=\max(0.5h_c+5d, l_{aE})$

续表

类别	图　示	构造要求
弯锚	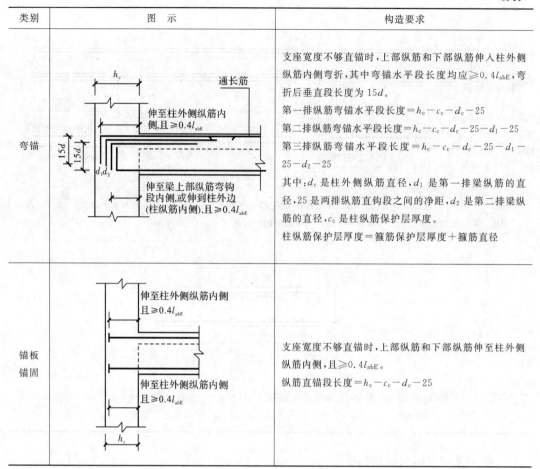	支座宽度不够直锚时，上部纵筋和下部纵筋伸入柱外侧纵筋内侧弯折，其中弯锚水平段长度均应 $\geqslant 0.4l_{abE}$，弯折后垂直段长度为 $15d$。 第一排纵筋弯锚水平段长度 $= h_c - c_c - d_c - 25$ 第二排纵筋弯锚水平段长度 $= h_c - c_c - d_c - 25 - d_1 - 25$ 第三排纵筋弯锚水平段长度 $= h_c - c_c - d_c - 25 - d_1 - 25 - d_2 - 25$ 其中：d_c 是柱外侧纵筋直径，d_1 是第一排纵筋的直径，25 是两排纵筋直段之间的净距，d_2 是第二排梁纵筋的直径，c_c 是柱纵筋保护层厚度。 柱纵筋保护层厚度 = 箍筋保护层厚度 + 箍筋直径
锚板锚固	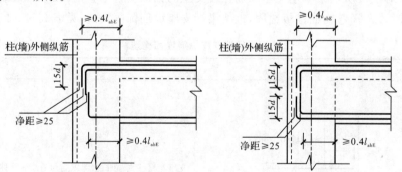	支座宽度不够直锚时，上部纵筋和下部纵筋伸至柱外侧纵筋内侧，且 $\geqslant 0.4l_{abE}$。 纵筋直锚段长度 $= h_c - c_c - d_c - 25$

　　弯锚时，弯钩段与柱的纵筋以及各排纵筋弯钩段之间不能平行接触，且应有不小于 25 mm 的净距，如图 2-22 所示。

图 2-22　楼层框架梁弯钩段与柱纵筋以及各排纵筋弯钩段之间的净距

（4）框架梁中间支座纵筋构造

框架梁中间支座纵筋构造，见表 2-12。

表 2-12　　　　　　　　　　　　　　　框架梁中间支座纵筋构造

类型	图　示	构造要求
中间支座梁高度不同	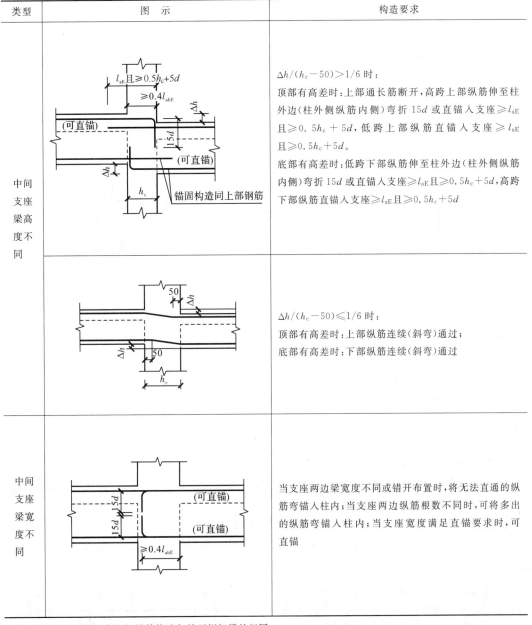	$\Delta h/(h_c-50)>1/6$ 时： 顶部有高差时：上部通长筋断开,高跨上部纵筋伸至柱外边(柱外侧纵筋内侧)弯折 $15d$ 或直锚入支座 $\geqslant l_{aE}$ 且 $\geqslant 0.5h_c+5d$,低跨上部纵筋直锚入支座 $\geqslant l_{aE}$ 且 $\geqslant 0.5h_c+5d$。 底部有高差时：低跨下部纵筋伸至柱外边(柱外侧纵筋内侧)弯折 $15d$ 或直锚入支座 $\geqslant l_{aE}$ 且 $\geqslant 0.5h_c+5d$,高跨下部纵筋直锚入支座 $\geqslant l_{aE}$ 且 $\geqslant 0.5h_c+5d$
		$\Delta h/(h_c-50)\leqslant 1/6$ 时： 顶部有高差时：上部纵筋连续(斜弯)通过； 底部有高差时：下部纵筋连续(斜弯)通过
中间支座梁宽度不同		当支座两边梁宽度不同或错开布置时,将无法直通的纵筋弯锚入柱内；当支座两边纵筋根数不同时,可将多出的纵筋弯锚入柱内；当支座宽度满足直锚要求时,可直锚

注：屋面框架梁中间支座的纵筋构造与楼面框架梁的相同。

(5)框架梁侧面钢筋构造

梁侧面纵向钢筋习惯称"腰筋",包括梁侧面构造钢筋或侧面受扭钢筋。这里讲述的内容也适用于屋面框架梁。

①框架梁侧面构造钢筋的构造

如图 2-23 所示为梁侧面纵向构造钢筋和拉筋构造,对框架梁和非框架梁来说构造要求是完全相同的。

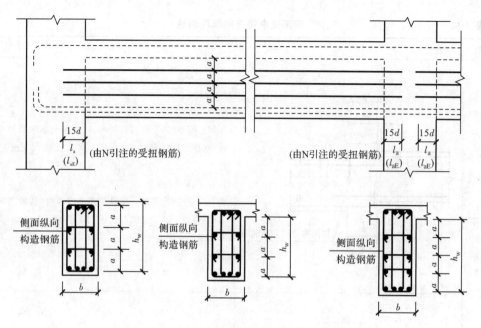

图 2-23　梁侧面纵向构造钢筋和拉筋构造

a. 当梁的腹板高度 $h_w \geqslant 450$ mm 时,在梁的两个侧面应沿高度配置纵向构造钢筋,纵向构造钢筋间距 $a \leqslant 200$ mm。

b. 当梁侧面配有直径不小于构造纵筋的受扭纵筋时,受扭纵筋可以代替构造钢筋。

c. 梁侧面纵向构造钢筋的搭接[图 2-24(a)]与锚固长度(图 2-23)可取为 $15d$。

d. 梁侧面纵向构造钢筋的拉筋不是在施工图上标注的,而是由施工人员根据 16G101-1 图集来配置:

当梁宽 $\leqslant 350$ mm 时,拉筋直径为 6 mm;

当梁宽 > 350 mm 时,拉筋直径为 8 mm。

拉筋间距为非加密区箍筋间距的两倍。当设有多排拉筋时,上、下两排拉筋竖向错开设置(俗称"隔一拉一"),如图 2-24(a)所示。

e. 拉筋构造要求:拉筋构造做法是拉筋紧靠箍筋并钩住纵向钢筋、拉筋紧靠纵向钢筋并钩住箍筋及拉筋同时钩住纵向钢筋和箍筋三种;拉筋弯钩角度为 $135°$,抗震弯钩的平直段长度为 $10d$ 和 75 mm 中的较大值;非抗震拉筋弯钩的平直段长度为 $5d$,d 为箍筋直径。

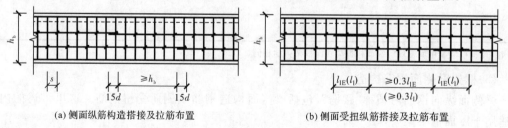

(a) 侧面纵筋构造搭接及拉筋布置　　(b) 侧面受扭纵筋搭接及拉筋布置

图 2-24　侧面构造纵筋和侧面受扭纵筋搭接及拉筋布置构造

②框架梁侧面受扭钢筋的构造

梁侧面受扭钢筋与梁侧面纵向构造钢筋类似,都是梁的"腰筋",梁侧面受扭钢筋在梁截面中的位置及其拉筋构造与侧面构造钢筋相同。

梁侧面两种钢筋既有相同处又有不同点,不同点如下:

a.梁侧面受扭钢筋是设计人员根据受扭计算确定其钢筋规格和根数,这与侧面纵向构造钢筋有本质上的不同。

b.梁侧面受扭纵向钢筋的锚固长度(抗震 l_{IE}、非抗震 l_1)和锚固要求与框架梁下部纵筋相同。

c.梁侧面抗扭纵向钢筋的搭接长度(抗震 l_{IE}、非抗震 l_1),如图 2-24(b)所示。

d.梁的受扭箍筋要做成封闭式,当梁箍筋为多肢箍时,要做成"大箍套小箍"的形式。

e.在施工图中,梁的侧面纵向构造钢筋用"G"表示,侧面受扭箍用"N"表示。

(6)梁的附加横向钢筋构造

主梁和次梁相交处,在主梁高度范围内受到次梁传来的集中荷载的作用。为此,应在次梁两侧设置附加横向钢筋,把集中力传递到主梁顶部受压区。附加横向钢筋可以是附加箍筋和附加吊筋,见表 2-13。

在主、次梁相交处,当主梁上承受的集中荷载数值很大时,附加箍筋和附加吊筋可同时设置。

表 2-13　　　　　　　　　　　　　　梁附加横向钢筋构造

类别	附加箍筋	附加吊筋
图示	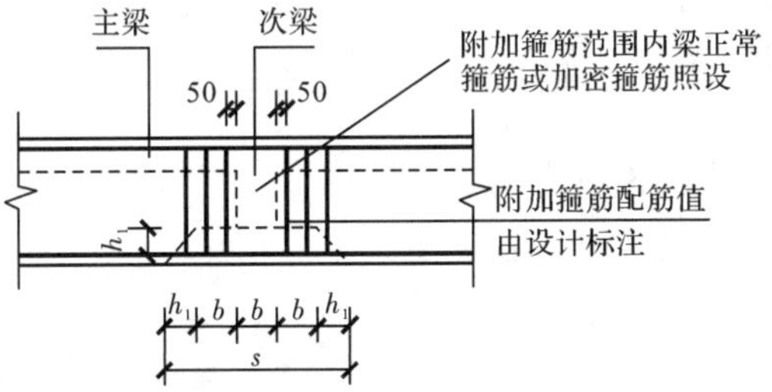	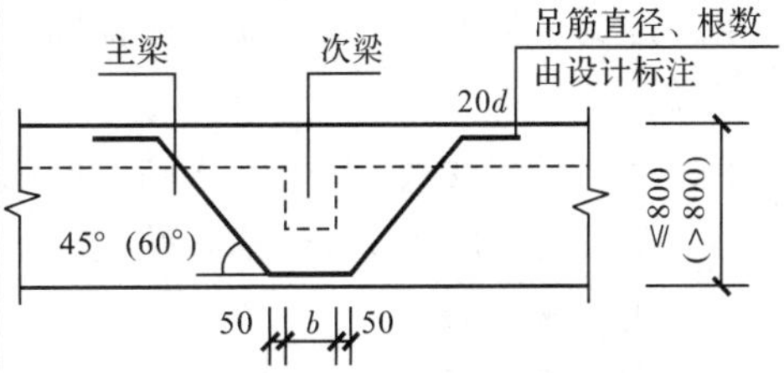
构造要求	宜优先采用附加箍筋,布置在长度 $s=2h_1+3b$ 内	弯起段应伸至梁的上边缘,且末端水平段长度在受拉区不应小于 $20d$,在受压区不应小于 $10d$,d 为弯起钢筋的直径。 当主梁高 $h\leqslant800$ mm 时,吊筋弯起角度为 $45°$;当主梁高 $h>800$ mm 时,吊筋弯起角度为 $60°$

(7)弧形梁

弧形梁钢筋计算的度量见表 2-14 及图 2-25。

表 2-14　　　　　　　　　　　　弧形梁钢筋计算的度量

纵筋钢筋长度	沿弧形梁中心线展开计算	
箍筋	加密区与非加密区长度	沿弧形梁中心线展开计算
	箍筋根数	箍筋间距沿凸面线计量

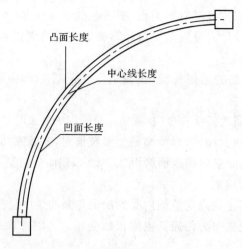

图 2-25　弧形梁钢筋计算的度量位置

2. 楼层框架梁纵向钢筋的计算

(1)楼层框架梁负筋(非通长钢筋)长度计算

①端支座梁负筋

直锚:

第一排负筋长度＝$l_n/3$＋端支座锚固长度

第二排负筋长度＝$l_n/4$＋端支座锚固长度

弯锚:

第一排负筋长度＝$l_n/3$＋锚入端支座内平直长度＋弯钩长度

第二排负筋长度＝$l_n/4$＋锚入端支座内平直长度＋弯钩长度

②中间支座负筋

第一排负筋长度＝$l_n/3$＋中间支座宽＋$l_n/3$

第二排负筋长度＝$l_n/4$＋中间支座宽＋$l_n/4$

③中间支座负筋贯通小跨

第一排负筋长度＝$l_n/3$＋左支座宽＋小跨净跨长＋右支座宽＋$l_n/3$

第二排负筋长度＝$l_n/4$＋左支座宽＋小跨净跨长＋右支座宽＋$l_n/4$

l_n 取值:对于端支座,l_n 为本跨的净跨长;对于中间支座,l_n 为相邻两跨净跨长的较大值。

④负筋长度计算

支座负筋(一般情况):

【例 2-9】 如图 2-26 所示某框架梁平法施工图,一级抗震等级,一类环境,混凝土强度等级为 C35,柱外侧纵筋直径 $d_c=25$ mm,柱箍筋直径 $d_{sv}=8$ mm,求支座负筋长度。

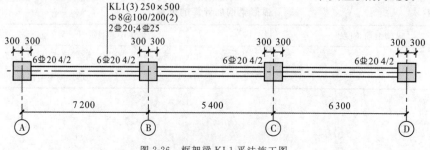

图 2-26　框架梁 KL1 平法施工图

解:计算过程见表2-15。

表 2-15　　　　　　　　　　**框架梁 KL1 支座负筋计算过程**

支座 A 负筋	计算 l_{aE}、l_{abE}	查表 1-9,得 $l_{aE}=37d=37\times20=740$ mm;查表 1-6,得 $l_{abE}=37d=37\times20=740$ mm
	判断直锚/弯锚	端支座 $h_c-c=600-20=580$ mm$<l_{aE}=740$ mm,且 $h_c-c-d_{sv}-d_c-25=600-20-8-25-25=522$ mm$>0.4l_{abE}=0.4\times740=296$ mm,故采用弯锚
	第一排支座负筋(2根)	根据原位标注,支座第一排纵筋为 4Φ20,这包括上部通长筋和支座负筋;KL1 集中标注的上部通长筋为 2Φ20,按贯通筋设置(设置在梁截面角部);所以,支座 A 第一排(非通长的)支座负筋为 2Φ20
		支座锚固长度=$(h_c-c-d_{sv}-d_c-25)+15d=522+15\times20=822$ mm
		延伸长度=$l_n/3=(7\,200-300-300)/3=2\,200$ mm
		负筋总长度=$2\,200+822=3\,022$ mm
		钢筋简图：300 ⌐ 2722
	第二排支座负筋(2根)	根据原位标注,支座 A 第二排(非通长的)支座负筋为 2Φ20
		支座锚固长度=$(h_c-c-d_{sv}-d_c-25-d_1-25)+15d=(600-20-8-25-25-20-25)+15\times20=777$ mm
		延伸长度=$l_n/4=(7\,200-300-300)/4=1\,650$ mm
		负筋总长度=$1\,650+777=2\,427$ mm
		钢筋简图：300 ⌐ 2127
支座 B 负筋	第一排支座负筋(2根)	根据原位标注,支座第一排纵筋为 4Φ20,这包括上部通长筋和支座负筋;KL1 集中标注的上部通长筋为 2Φ20,按贯通筋设置(设置在梁截面角部);所以,支座 B 第一排(非通长的)支座负筋为 2Φ20
		延伸长度=$\max(7\,200-600,5\,400-600)/3=2\,200$ mm
		负筋总长度=$600+2\times2\,200=5\,000$ mm
		钢筋简图：5 000
	第二排支座负筋(2根)	根据原位标注,支座 B 第二排(非通长的)支座负筋为 2Φ20
		延伸长度=$\max(7\,200-600,5\,400-600)/4=1\,650$ mm
		负筋总长度=$600+2\times1\,650=3\,900$ mm
		钢筋简图：3 900
支座 C 负筋	第一排支座负筋(2根)	根据原位标注,支座第一排纵筋为 4Φ20,这包括上部通长筋和支座负筋;KL1 集中标注的上部通长筋为 2Φ20,按贯通筋设置(设置在梁截面角部);所以,支座 C 第一排(非通长的)支座负筋为 2Φ20
		延伸长度=$\max(5\,400-600,6\,300-600)/3=1\,900$ mm
		负筋总长度=$600+2\times1\,900=4\,400$ mm
		钢筋简图：4 400
	第二排支座负筋(2根)	根据原位标注,支座 C 第二排(非通长的)支座负筋为 2Φ20
		延伸长度=$\max(5\,400-600,6\,300-600)/4=1\,425$ mm
		负筋总长度=$600+2\times1\,425=3\,450$ mm
		钢筋简图：3 450

续表

支座 D 负筋	第一排支座负筋(2根)	根据原位标注,支座第一排纵筋是4Φ20,这包括上部通长筋和支座负筋,KL1 集中标注的上部通长筋为 2Φ20,按贯通筋设置(设置在梁截面角部);所以,支座 D 第一排(非通长的)支座负筋为 2Φ20
		支座锚固长度=$(h_c-c-d_{sv}-d_c-25)+15d=522+15\times20=822$ mm
		延伸长度=$l_n/3=(6\ 300-300-300)/3=1\ 900$ mm
		负筋总长度=$1\ 900+822=2\ 722$ mm
		钢筋简图: 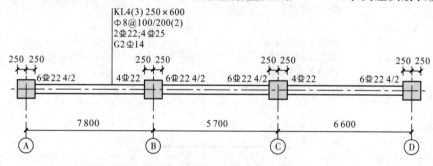　2 422 ⌐300
	第二排支座负筋(2根)	根据原位标注,支座 D 第二排(非通长的)支座负筋为 2Φ20
		支座锚固长度=$(h_c-c-d_{sv}-d_c-25-d_1-25)+15d=(600-20-8-25-25-20-25)+15\times20=777$ mm
		延伸长度=$l_n/4=(6\ 300-300-300)/4=1\ 425$ mm
		负筋总长度=$1\ 425+777=2\ 202$ mm
		钢筋简图:　1 902 ⌐300

支座两边配筋不同:

【例 2-10】 如图 2-27 所示为某框架梁平法施工图,二级抗震等级,二 a 类环境,混凝土强度等级为 C30,柱外侧纵筋直径 $d_c=22$ mm,柱箍筋直径 $d_{sv}=8$ mm,求支座负筋长度。

图 2-27　框架梁 KL4 平法施工图

解:中间支座两边配筋不同,多出的支座负筋在中间支座锚固,计算过程见表 2-16。

表 2-16　　　　　　　　　　**框架梁 KL4 支座负筋计算过程**

支座 A 负筋	计算 l_{aE}、l_{abE}	查表 1-9,得 $l_{aE}=40d=40\times22=880$ mm;查表 1-6,得 $l_{abE}=40d=40\times22=880$ mm
	判断直锚/弯锚	右支座 $h_c-c=500-25=475$ mm$<l_{aE}=880$ mm,且 $h_c-c-d_{sv}-d_c-25=500-25-8-22-25=420$ mm$>0.4l_{abE}=0.4\times880=352$ mm,故采用弯锚
	第一排支座负筋(2根)	根据原位标注,支座第一排纵筋是4Φ22,这包括上部通长筋和支座负筋,KL4 集中标注的上部通长筋为 2Φ22,按贯通筋设置(设置在梁截面角部);所以,支座 A 第一排(非通长的)支座负筋为 2Φ22
		支座锚固长度=$(h_c-c-d_{sv}-d_c-25)+15d=420+15\times22=750$ mm
		延伸长度=$l_n/3=(7\ 800-250-250)/3=2\ 433$ mm
		负筋总长度=$2\ 433+750=3\ 183$ mm
		钢筋简图: 330⌐　2 853

续表

支座 A 负筋	第二排支座负筋(2 根)	根据原位标注,支座 A 第二排(非通长的)支座负筋为 2 ϕ 22
		支座锚固长度=$(h_c-c-d_{sv}-d_c-25-d_1-25)+15d=(500-25-8-22-25-22-25)+15\times22=703$ mm
		延伸长度=$l_n/4=(7\,800-250-250)/4=1\,825$ mm
		负筋总长度=$1\,825+703=2\,528$ mm
		钢筋简图: 330 ⌐ 2 198
支座 B 负筋	第一排支座负筋(2 根)	根据原位标注,支座第一排纵筋为 4 ϕ 22,这包括上部通长筋和支座负筋;KL4 集中标注的上部通长筋为 2 ϕ 22,按贯通筋设置(设置在梁截面角部);所以,支座 B 第一排(非通长的)支座负筋为 2 ϕ 22
		延伸长度=$\max(7\,800-500,5\,700-500)/3=2\,433$ mm
		负筋总长度=$500+2\times2\,433=5\,366$ mm
		钢筋简图: 5 366
支座 B 右侧多出的负筋	第二排支座负筋(2 根)	根据原位标注,支座 B 第二排(非贯通的)支座负筋为 2 ϕ 22
		支座锚固长度=$(h_c-c-d_{sv}-d_c-25)+15d=420+15\times22=750$ mm (此处钢筋锚固构造相当于第一排)
		延伸长度= $\max(7\,800-500,5\,700-500)/4=1\,825$ mm
		负筋总长度=$1\,825+750=2\,575$ mm
		钢筋简图: 330 ⌐ 2 245
支座 C 负筋	第一排支座负筋(2 根)	根据原位标注,支座第一排纵筋为 4 ϕ 22,这包括上部通长筋和支座负筋;KL4 集中标注的上部通长筋为 2 ϕ 22,按贯通筋设置(设置在梁截面角部);所以,支座 C 第一排(非通长的)支座负筋为 2 ϕ 22
		延伸长度=$\max(5\,700-500,6\,600-500)/3=2\,033$ mm
		负筋总长度=$500+2\times2\,033=4\,566$ mm
		钢筋简图: 4 566
支座 C 左侧多出的负筋	第二排支座负筋(2 根)	根据原位标注,支座 C 第二排(非通长的)支座负筋为 2 ϕ 22
		支座锚固长度=$(h_c-c-d_{sv}-d_c-25)+15d=420+15\times22=750$ mm (此处钢筋锚固构造相当于第一排)
		延伸长度= $\max(5\,700-500,6\,600-500)/4=1\,525$ mm
		负筋总长度=$1\,525+750=2\,275$ mm
		钢筋简图: 1 945 ⌐ 330

支座 D 负筋	第一排支座负筋(2 根)	根据原位标注,支座第一排纵筋为 4 $\oplus$ 22,这包括上部通长筋和支座负筋;KL4 集中标注的上部通长筋为 2 $\oplus$ 22,按贯通筋设置(设置在梁截面角部);所以,支座 D 第一排(非通长的)支座负筋为 2 $\oplus$ 22
		支座锚固长度 $=(h_c-c-d_{sv}-d_c-25)+15d=420+15\times22=750$ mm
		延伸长度 $=l_n/3=(6\,600-250-250)/3=2\,033$ mm
		负筋总长度 $=2\,033+750=2\,783$ mm
		钢筋简图:⌐——— 2 453 ——⌐330
	第二排支座负筋(2 根)	根据原位标注,支座 D 第二排(非通长的)支座负筋为 2 $\oplus$ 22
		支座锚固长度 $=(h_c-c-d_{sv}-d_c-25-d_1-25)+15d=(500-25-8-22-25-22-25)+15\times22=703$ mm
		延伸长度 $=l_n/4=(6\,600-250-250)/4=1\,525$ mm
		负筋总长度 $=1\,525+703=2\,228$ mm
		钢筋简图:⌐——— 1 898 ——⌐330

计算结果分析:

本例是支座两边配筋不同,如图 2-28 所示。

16G101-1 图集中,描述了支座两边配筋不同的处理,如图 2-29 所示。

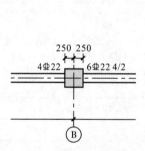

图 2-28 支座两边配筋不同

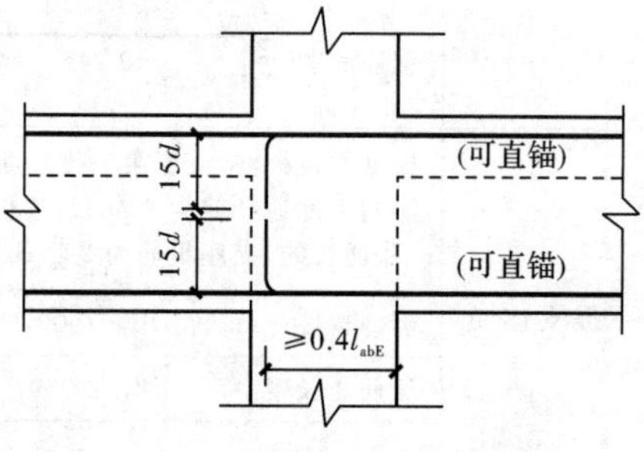

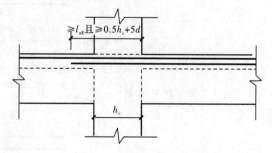

图 2-29 支座两边配筋不同的处理

当支座两边配筋不同时,多出的钢筋可以弯锚,也可以直锚。弯锚构造如图 2-29 所示,弯锚长度 $=(h_c-c-d_{sv}-d_c-25)+15d$;直锚构造如图 2-30 所示,直锚长度 $=\max(l_{aE},0.5h_c+5d)$,此处是参照中间支座梁顶有高差时钢筋直锚的构造。

支座负筋贯通小跨:

【例 2-11】 如图 2-31 所示为某框架梁平法施工图,一级抗震等级,一类环境,混凝土强度等级为 C30,柱外侧纵筋直径 $d_c=22$ mm,柱箍筋直径 $d_{sv}=8$ mm,求支座负筋长度。

图 2-30 钢筋直锚构造

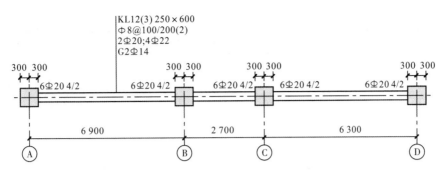

图 2-31　框架梁 KL12 平法施工图

解：此题为支座负筋贯通小跨，计算过程见表 2-17。

表 2-17　　　　　　　　　　　　框架梁 KL12 支座负筋计算过程

	计算 l_{aE}、l_{abE}	查表 1-9，得 $l_{aE}=33d=33\times20=660$ mm；查表 1-6，得 $l_{abE}=33d=33\times20=660$ mm
	判断直锚/弯锚	端支座 $h_c-c=600-20=580$ mm$<l_{aE}=660$ mm，且 $h_c-c-d_{sv}-d_c-25=600-20-8-22-25=525$ mm$>0.4l_{abE}=0.4\times660=264$ mm，故采用弯锚
支座 A 负筋	第一排支座负筋（2根）	根据原位标注，支座第一排纵筋为 4$\oplus$20，这包括上部通长筋和支座负筋；KL12 集中标注的上部通长筋为 2$\oplus$20，按贯通筋设置（设置在梁截面角部）；所以，支座 A 第一排（非通长的）支座负筋为 2$\oplus$20
		支座锚固长度=$(h_c-c-d_{sv}-d_c-25)+15d=525+15\times20=825$ mm
		延伸长度=$l_n/3=(6\,900-300-300)/3=2\,100$ mm
		负筋总长度=$2\,100+825=2\,925$ mm
		钢筋简图：300 ⎿_____ 2 625
	第二排支座负筋（2根）	根据原位标注，支座 A 第二排（非通长的）支座负筋为 2$\oplus$20
		支座锚固长度=$(h_c-c-d_{sv}-d_c-25-d_1-25)+15d=(600-20-8-22-25-20-25)+15\times20=780$ mm
		延伸长度=$l_n/4=(6\,900-300-300)/4=1\,575$ mm
		负筋总长度=$1\,575+780=2\,355$ mm
		钢筋简图：300 ⎿_____ 2 055
支座 B、C 负筋	第一排支座负筋（2根）	根据原位标注，支座第一排纵筋为 4$\oplus$20，这包括上部通长筋和支座负筋；KL12 集中标注的上部通长筋为 2$\oplus$20，按贯通筋设置（设置在梁截面角部）；所以，支座 B、C 第一排（非通长的）支座负筋均为 2$\oplus$20
		支座 2 延伸长度=max(6 900-600,2 700-600)/3=2 100 mm 支座 3 延伸长度=max(6 300-600,2 700-600)/3=1 900 mm
		负筋总长度=$2\,700+600+2\,100+1\,900=7\,300$ mm
		钢筋简图：_____ 7300
	第二排支座负筋（2根）	根据原位标注，支座 B、C 第二排（非通长的）支座负筋均为 2$\oplus$20
		支座 2 延伸长度=max(6 900-600,2 700-600)/4=1 575 mm 支座 3 延伸长度=max(6 300-600,2 700-600)/4=1 425 mm
		负筋总长度=$2\,700+600+1\,575+1\,425=6\,300$ mm
		钢筋简图：_____ 6 300

续表

支座D 负筋	第一排支座负筋(2根)	根据原位标注,支座第一排纵筋为4 ϕ 20,这包括上部通长筋和支座负筋;KL12集中标注的上部通长为2 ϕ 20,按贯通筋设置(设置在梁截面角部);所以,支座D第一排(非通长的)支座负筋均为2 ϕ 20
		支座锚固长度=$(h_c-c-d_{sv}-d_c-25)+15d=525+15\times20=825$ mm
		延伸长度=$l_n/3=(6\ 300-300-300)/3=1\ 900$ mm
		负筋总长度=$1\ 900+825=2\ 725$ mm
		钢筋简图: 2 425 ⌐ 300
	第二排支座负筋(2根)	根据原位标注,支座D第二排(非通长的)支座负筋均为2 ϕ 20
		支座锚固长度=$(h_c-c-d_{sv}-d_c-25-d_1-25)+15d=(600-20-8-22-25-20-25)+15\times20=780$ mm
		延伸长度=$l_n/4=(6\ 300-300-300)/4=1\ 425$ mm
		负筋总长度=$1\ 425+780=2\ 205$ mm
		钢筋简图: 1 905 ⌐ 300

计算结果分析:

当两大跨中间为小跨,且小跨净尺寸小于左、右两大跨净尺寸之和的1/3时,小跨上部纵筋采取贯通全跨方式,此时,应将贯通小跨的钢筋注写在小跨中部,如图2-32所示,这种标注在上部跨中的钢筋表示贯通该跨的钢筋。

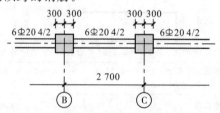

图2-32 贯通小跨的钢筋注写在小跨中部

如图2-33所示,一旦小跨净尺寸小于左、右大跨净尺寸之和的1/3,支座负筋就会形成搭接(支座负筋的延伸长度是1/3),而这种搭接是没有必要的,因此就把支座负筋贯通该小跨。

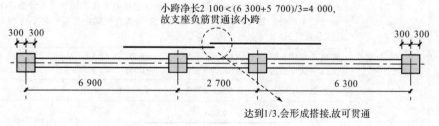

图2-33 支座负筋搭接

(2)楼层框架梁通长钢筋长度计算

①直锚

上、下部通长钢筋长度=通跨净长+左支座锚固长度+右支座锚固长度

②弯锚

上、下部通长钢筋长度=通跨净长+(锚入左支座内平直长度+弯钩长度)+(锚入右支座内平直长度+弯钩长度)

③通长钢筋长度计算

a.通长筋(一般情况)

【例 2-12】　如图 2-34 所示为某框架梁平法施工图,二级抗震等级,一类环境,混凝土强度等级为 C30,柱外侧纵筋直径 $d_c=22$ mm,柱箍筋直径 $d_{sv}=10$ mm,梁纵筋采用焊接连接,求上、下部通长筋长度。

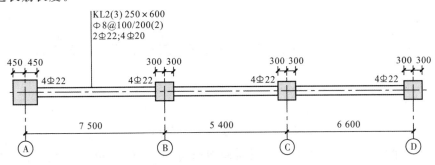

图 2-34　框架梁 KL2 平法施工图

解:计算过程见表 2-18。

表 2-18　　　　　　　　　　　　框架梁 KL2 上、下部通长钢筋计算过程

上 部 贯 通 钢 筋 (2 根)	计算 l_{aE}、l_{abE}	查表 1-9,得 $l_{aE}=33d=33\times22=726$ mm;查表 1-6,得 $l_{abE}=33d=33\times22=726$ mm
	判断直锚/弯锚	支座 A:$h_c-c=900-20=880$ mm$>l_{aE}=726$ mm,故采用直锚 右支座 D:$h_c-c=600-20=580$ mm$<l_{aE}=726$ mm,且 $h_c-c-d_{sv}-d_c-25=600-20-10-22-25=523$ mm$>0.4l_{abE}=0.4\times726=290.4$ mm,故采用弯锚
	分别计算直锚和弯锚长度	左支座 A 直锚长度 $\max(0.5h_c+5d,l_{aE})=\max(0.5\times900+5\times22,726)=726$ mm 右支座 D 弯锚长度 $(h_c-c-d_{sv}-d_c-25)+15d=523+15\times22=853$ mm
	计算上部贯通钢筋总长度	通跨净长+左支座锚固长度+右支座锚固长度 $(7\ 500-450+5\ 400+6\ 600-300)+726+853=20\ 329$ mm 钢筋简图:　　　　　　　　19 999　　　　　　　⌐330
	计算接头个数	20 329/9 000$-1=2$ 个
下 部 贯 通 钢 筋 (4 根)	计算 l_{aE}	查表 1-9,得 $l_{aE}=33d=33\times20=660$ mm;查表 1-6,得 $l_{abE}=33d=33\times20=660$ mm
	判断直锚/弯锚	支座 A:$h_c-c=900-20=880$ mm$>l_{aE}=660$ mm,故采用直锚 支座 D:$h_c-c=600-20=580$ mm$<l_{aE}=660$ mm,且 $h_c-c-d_{sv}-d_c-25=600-20-10-22-25=523$ mm$>0.4l_{abE}=0.4\times660=264$ mm,故采用弯锚
	分别计算直锚和弯锚长度	左支座 A 直锚长度 $\max(0.5h_c+5d,l_{aE})=\max(0.5\times900+5\times22,660)=660$ mm 右支座 D 弯锚长度 $(h_c-c-d_{sv}-d_c-25)+15d=523+15\times20=823$ mm
	计算下部贯通钢筋总长度	通跨净长+左支座锚固长度+右支座锚固长度 $(7\ 500-450+5\ 400+6\ 600-300)+660+823=20\ 233$ mm 钢筋简图:　　　　　　　　19 903　　　　　　　⌐330
	计算接头个数	20 233/9 000$-1=2$ 个

b.上部通长筋中间支座变截面锚固——梁顶有高差

【例2-13】 如图2-35所示为某框架梁平法施工图,三级抗震等级,一类环境,混凝土强度等级为C30,柱外侧纵筋直径$d_c=25$ mm,柱箍筋直径$d_{sv}=8$ mm,求上部通长筋长度。

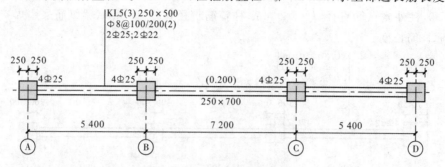

图 2-35 框架梁 KL5 平法施工图

解:此题为上部通长筋中间支座变截面锚固(梁顶有高差),$\Delta h/(h_c-50)=200/(500-50)=0.444>1/6=0.167$,故上部通长筋按断开各自锚固计算,计算过程见表2-19。

表 2-19 框架梁 KL5 上部通长筋计算过程

	计算 l_{aE}、l_{abE}	查表 1-9,得 $l_{aE}=30d=30\times25=750$ mm;查表 1-6,得 $l_{abE}=31d=31\times25=775$ mm
低标高钢筋 A-B 跨(2根)和 C-D 跨(2根)	判断直锚/弯锚	端支座 $h_c-c=500-20=480$ mm$<l_{aE}=750$ mm,且 $h_c-c-d_{sv}-d_c-25=500-20-8-25-25=422$ mm$>0.4l_{abE}=0.4\times775=310$ mm,故采用弯锚
	分别计算弯锚和直锚长度	端支座弯锚长度$=(h_c-c-d_{sv}-d_c-25)+15d=422+15\times25=797$ mm
		中间支座直锚长度$=30d=30\times25=750$ mm
	计算上部贯通钢筋总长度	通跨净长+左支座锚固长度+右支座锚固长度
		总长度$=(5\ 400-250-250)+797+750=6\ 447$ mm
	钢筋简图	375 ⌐——————6 072
高标高钢筋 B-C 跨(2 根)	计算弯锚长度	端支座弯锚长度$=(h_c-c-d_{sv}-d_c-25)+15d=422+15\times25=797$ mm
	计算上部贯通钢筋总长度	通跨净长+左支座锚固长度+右支座锚固长度
		总长度$=(7\ 200-250-250)+797+797=8\ 294$ mm
	钢筋简图	375 ⌐——————7 544——————⌐ 375

c.上、下部通长筋中间支座变截面锚固——梁宽度不同

【例2-14】 如图2-36所示为某框架梁平法施工图,三级抗震等级,一类环境,混凝土强度等级为C35,柱外侧纵筋直径$d_c=25$ mm,柱箍筋直径$d_{sv}=8$ mm,求上、下部通长筋长度。

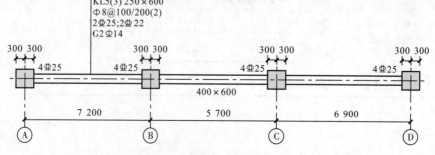

图 2-36 框架梁 KL5 平法施工图

解:此题为上、下部通长筋中间支座变截面锚固(梁宽度不同),计算过程见表 2-20。

表 2-20　　　　　　　　　　　　框架梁 KL5 上、下部通长筋计算过程

上部通长筋		计算 l_{aE}、l_{abE}	查表 1-9,得 $l_{aE}=34d=34\times25=850$ mm;查表 1-6,得 $l_{abE}=34d=34\times25=850$ mm
		判断直锚/弯锚	端支座 $h_c-c=600-20=580$ mm$<l_{aE}=850$ mm,且 $h_c-c-d_{sv}-d_c-25=600-20-8-25-25=522$ mm$>0.4l_{abE}=0.4\times850=340$ mm,故采用弯锚
	左窄梁	计算上部贯通钢筋总长度(2 根)	左端支座弯锚长度$=(h_c-c-d_{sv}-d_c-25)+15d=522+15\times25=897$ mm
			右中间支座直锚长度$=34d=34\times25=850$ mm
			通跨净长＋左端支座锚固长度＋右中间支座锚固长度
			总长度$=(7\,200-300-300)+897+850=8\,347$ mm
		钢筋简图	375 ⌐———————— 7972
	宽梁	计算上部贯通钢筋总长度(2 根)	左中间支座锚固长度$=(h_c-c-d_{sv}-d_c-25)+15d=522+15\times25=897$ mm
			右中间支座锚固长度$=(h_c-c-d_{sv}-d_c-25)+15d=522+15\times25=897$ mm
			通跨净长＋左中间支座锚固长度＋右中间支座锚固长度
			总长度$=(5\,700-300-300)+897+897=6\,894$ mm
		钢筋简图	375 ⌐—— 6144 ——⌐ 375
	右窄梁	计算上部贯通钢筋总长度(2 根)	右端支座弯锚长度$=(h_c-c-d_{sv}-d_c-25)+15d=522+15\times25=897$ mm
			左中间支座直锚长度$=34d=34\times25=850$ mm
			通跨净长＋左中间支座锚固长度＋右端支座锚固长度
			总长度$=(6\,900-300-300)+850+897=8\,047$ mm
		钢筋简图	———— 7672 ——⌐ 375
下部通长筋		计算 l_{aE}、l_{abE}	查表 1-9,得 $l_{aE}=34d=34\times22=748$ mm;查表 1-6,得 $l_{abE}=34d=34\times22=748$ mm
		判断直锚/弯锚	端支座 $h_c-c=600-20=580$ mm$<l_{aE}=748$ mm,且 $h_c-c-d_{sv}-d_c-25=600-20-8-25-25=522$ mm$>0.4l_{abE}=0.4\times748=299$ mm,故采用弯锚
	左窄梁	计算下部贯通钢筋总长度(2 根)	左端支座弯锚长度$=(h_c-c-d_{sv}-d_c-25)+15d=522+15\times22=852$ mm
			右中间支座直锚长度$=34d=34\times22=748$ mm
			通跨净长＋左端支座锚固长度＋右中间支座锚固长度
			总长度$=(7\,200-300-300)+852+748=8\,200$ mm
		钢筋简图	330 ⌐———————— 7870
	宽梁	计算下部贯通钢筋总长度(2 根)	左中间支座锚固长度$=(h_c-c-d_{sv}-d_c-25)+15d=522+15\times22=852$ mm
			右中间支座锚固长度$=(h_c-c-d_{sv}-d_c-25)+15d=522+15\times22=852$ mm
			通跨净长＋左中间支座锚固长度＋右中间支座锚固长度
			总长度$=(5\,700-300-300)+852+852=6\,804$ mm
		钢筋简图	330 ⌐—— 6144 ——⌐ 330
	右窄梁	计算下部贯通钢筋总长度(2 根)	右端支座弯锚长度$=(h_c-c-d_{sv}-d_c-25)+15d=522+15\times22=852$ mm
			左中间支座直锚长度$=34d=34\times22=748$ mm
			通跨净长＋左中间支座锚固长度＋右端支座锚固长度
			总长度$=(6\,900-300-300)+748+852=7\,900$ mm
		钢筋简图	———— 7570 ——⌐ 330

d.下部不伸入支座钢筋

【例2-15】 如图2-37所示为某框架梁平法施工图,三级抗震等级,一类环境,混凝土强度等级为C30,柱外侧纵筋直径$d_c=22$ mm,柱箍筋直径$d_{sv}=8$ mm,求上、下部通长筋长度。

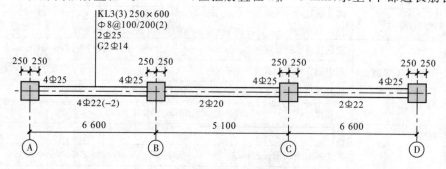

图 2-37 框架梁 KL3 平法施工图

解:此题为下部部分钢筋不伸入支座,计算过程见表2-21。

表 2-21   框架梁 KL3 上、下部通长筋计算过程

上部通长筋 (2根)	计算l_{aE}、l_{abE}	查表 1-9,得 $l_{aE}=30d=30\times25=750$ mm;查表 1-6,得 $l_{abE}=31d=31\times25=775$ mm
	判断直锚/弯锚	支座 A,D:$h_c-c=500-20=480$ mm$<l_{aE}=750$ mm,且 $h_c-c-d_{sv}-d_c-25=500-20-8-22-25=425$ mm$>0.4l_{abE}=0.4\times775=310$ mm,故采用弯锚
	计算弯锚长度	支座 A、D 弯锚长度$(h_c-c-d_{sv}-d_c-25)+15d=425+15\times25=800$ mm
	计算上部贯通钢筋总长度	通跨净长+支座 A 锚固长度+支座 D 锚固长度
		$(6\ 600-250+5\ 100+6\ 600-250)+800+800=19\ 400$ mm
		钢筋简图: ⌐375 18 650 375⌐
	计算接头个数	$19\ 400/9\ 000-1=2$ 个
第 1 跨下部 伸入支座钢 筋(2根)	计算l_{aE}、l_{abE}	查表 1-9,得 $l_{aE}=30d=30\times22=660$ mm;查表 1-6,得 $l_{abE}=31d=31\times22=682$ mm
	判断直锚/弯锚	支座 A:$h_c-c=500-20=480$ mm$<l_{aE}=660$ mm,且 $h_c-c-d_{sv}-d_c-25=500-20-8-22-25=425$ mm$>0.4l_{abE}=0.4\times682=273$ mm,故采用弯锚
	分别计算弯锚和直锚长度	支座 A 弯锚长度$=(h_c-c-d_{sv}-d_c-25)+15d=425+15\times22=755$ mm
		中间支座 B 直锚长度$=30d=30\times22=660$ mm$>0.5h_c+5d=0.5\times500+5\times22=360$ mm
	计算下部贯通钢筋总长度	通跨净长+支座 A 锚固长度+中间支座 B 锚固长度
		总长度$=(6\ 600-250-250)+755+660=7\ 515$ mm
		钢筋简图: ⌐330 7 185
第 1 跨下部 不伸入支座 钢筋(2根)	计算下部不贯通钢筋总长度	通跨净长$-2\times0.1l_n$
		总长度$=(6\ 600-250-250)-2\times0.1\times(6\ 600-250-250)=4\ 880$ mm
		钢筋简图: 4 880
第 2 跨下部 纵筋(2根)	计算下部贯通钢筋总长度	中间支座直锚长度$=30d=30\times20=600$ mm$>0.5h_c+5d=0.5\times500+5\times20=350$ mm
		通跨净长+两端中间支座锚固长度
		总长度$=(5\ 100-250-250)+600+600=5\ 800$ mm
		钢筋简图: 5 800

续表

第3跨下部 纵筋(2根)	计算下部贯通 钢筋总长度	同第1跨下部伸入支座钢筋
		钢筋简图: 7 185 ⌐330

e.上部通长筋连接(由不同直径的钢筋连接组成)

【例2-16】 如图2-38所示为某框架梁平法施工图,三级抗震等级,一类环境,混凝土强度等级为C30,柱外侧纵筋直径 $d_c=25$ mm,柱箍筋直径 $d_{sv}=8$ mm,求上部通长筋长度。

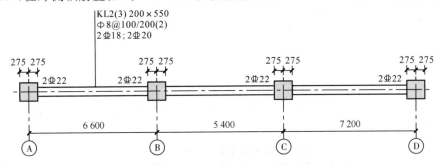

KL2(3) 200×550
Φ8@100/200(2)
2Φ18;2Φ20

275 275 2Φ22
275 275 2Φ22
275 275 2Φ22
275 275 2Φ22

6 600   5 400   7 200

A   B   C   D

图2-38 框架梁KL2平法施工图

解:此题为上部通长筋由不同钢筋直径组成,上部通长筋计算过程见表2-22。

表2-22 框架梁KL2上部通长筋计算过程

第1跨上部通 长筋(2根)	计算 l_{lE}	查表1-9,得 $l_{aE}=37d=37\times18=666$ mm $l_{lE}=\zeta_l l_{aE}=1.6\times666=1\,066$ mm(没有错开搭接)
	支座A负筋	延伸长度=(6 600−275−275)/3=2 017 mm
	支座B负筋	延伸长度=max[(6 600−275−275),(5 400−275−275)]/3=2 017 mm
	总长度	通跨净长−支座A负筋延伸长度−支座B负筋延伸长度+2l_{lE}
		总长度=(6 600−275−275)−2 017−2 017+2×1 066=4 148 mm
		钢筋简图: 4 148
第2跨上部通 长筋(2根)	支座C负筋	延伸长度=max[(5 400−275−275),(7 200−275−275)]/3=2 217 mm
	总长度	通跨净长−支座B负筋延伸长度−支座C负筋延伸长度+2l_{lE}
		总长度=(5 400−275−275)−2 017−2 217+2×1 066=2 748 mm
		钢筋简图: 2 748
第3跨上部通 长筋(2根)	支座D负筋	延伸长度=(7 200−275−275)/3=2 217 mm
	总长度	通跨净长−支座C负筋延伸长度−支座D负筋延伸长度+2l_{lE}
		总长度=(7 200−275−275)−2 217−2 217+2×1 066=4 348 mm
		钢筋简图: 4 348

(3)架立筋计算

①架立筋长度计算

每跨梁架立筋长度计算公式为

架立筋长度=梁的净跨长度−两端支座负筋的延伸长度+150×2

②架立筋根数计算

$$架立筋根数＝箍筋肢数－上部通长钢筋的根数$$

【例 2-17】 如图 2-39 所示为某框架梁平法施工图,三级抗震等级,一类环境,混凝土强度等级为 C30,柱外侧纵筋直径 $d_c＝22$ mm,柱箍筋直径 $d_{sv}＝8$ mm,求架立钢筋长度。

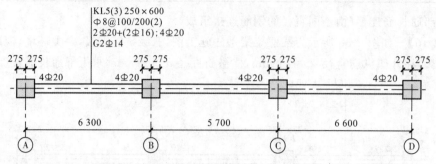

图 2-39 框架梁 KL5 平法施工图

解:计算过程见表 2-23。

表 2-23　　　　　　　　　　　框架梁 KL5 架立钢筋长度计算过程

	支座 A 负筋	延伸长度＝(6 300－275－275)/3＝1 917 mm	
第 1 跨上部架立筋(2 根)	支座 B 负筋	延伸长度＝max[(6 300－275－275),(5 700－275－275)]/3＝1 917 mm	
	总长度	通跨净长－支座 A 负筋延伸长度－支座 B 负筋延伸长度＋150×2	
		总长度＝(6 300－275－275)－1 917－1 917＋150×2＝2 216 mm	
		钢筋简图: 2 216	
第 2 跨上部架立筋(2 根)	支座 C 负筋	延伸长度＝max[(5 700－275－275),(6 600－275－275)]/3＝2 017 mm	
	总长度	通跨净长－支座 B 负筋延伸长度－支座 C 负筋延伸长度＋150×2	
		总长度＝(5 700－275－275)－1 917－2 017＋150×2＝1 516 mm	
		钢筋简图: 1 516	
第 3 跨上部架立筋(2 根)	支座 D 负筋	延伸长度＝(6 600－275－275)/3＝2 017 mm	
	总长度	通跨净长－支座 C 负筋延伸长度－支座 D 负筋延伸长度＋150×2	
		总长度＝(6 600－275－275)－2 017－2 017＋150×2＝2 316 mm	
		钢筋简图: 2 316	

(4)梁侧面纵筋计算

①梁侧面构造纵筋计算

a.梁侧面构造纵筋长度计算

$$梁侧面构造纵筋长度＝通跨净长＋15d×2$$

b.梁侧面构造纵筋根数计算

$$梁侧面构造纵筋根数＝(h_w/梁侧面纵筋间距－1)×2$$

式中,h_w 为截面的腹板高度:对矩形截面,取有效高度 h_0;对 T 形截面,取有效高度减去翼缘高度;对 I 形和箱形截面,取腹板净高。

②梁侧面抗扭纵筋长度计算

长度计算同楼层框架梁下部钢筋。

【例2-18】　试计算例2-17框架梁侧面构造筋的长度。

解：计算过程见表2-24。

表 2-24　　　　　　　　　　　　　　　梁侧面构造筋计算过程

	支座 A	锚固长度=$15d$=15×14=210 mm
第1跨侧面构 造筋(2根)	支座 B	锚固长度=$15d$=15×14=210 mm
	总长度	通跨净长+$15d\times2$
		总长度=(6 300-275-275)+210$\times$2=6 170 mm
		钢筋简图：　　　　　　6 170
第2跨侧面构 造筋(2根)	支座 C	锚固长度=$15d$=15×14=210 mm
	总长度	通跨净长+$15d\times2$
		总长度=(5 700-275-275)+210$\times$2=5 570 mm
		钢筋简图：　　　　　　5 570
第3跨侧面构 造筋(2根)	支座 D	锚固长度=$15d$=15×14=210 mm
	总长度	通跨净长+$15d\times2$
		总长度=(6 600-275-275)+210$\times$2=6 470 mm
		钢筋简图：　　　　　　6 470

(5)附加吊筋计算

吊筋长度=次梁宽度b+2$\times$50+2$\times$(主梁高度-2$\times$保护层厚度-2$\times$箍筋直径)/sin 45°(或 sin 60°)+2$\times$20d

【例2-19】　如图2-40所示为某框架梁平法施工图，三级抗震等级，一类环境，混凝土强度等级为C30，求框架梁附加吊筋长度。

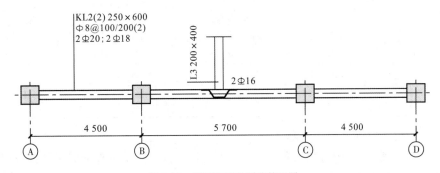

图 2-40　框架梁 KL2 平法施工图

【解】　吊筋长度=200+2$\times$50+2$\times$(600-2$\times$20-2$\times$8)/sin 45°+2$\times$20$\times$16=2 479 mm

2.3.3 屋面框架梁纵向钢筋的构造与计算

1.屋面框架梁纵向钢筋的构造

图 2-41 所示为屋面框架梁 WKL 纵向钢筋的构造。

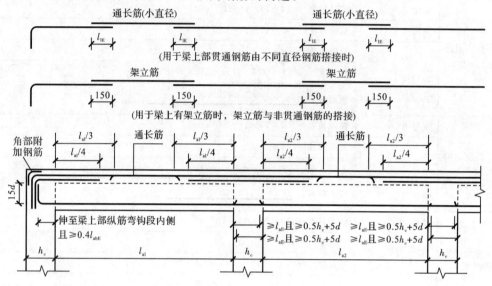

图 2-41 屋面框架梁 WKL 纵向钢筋的构造

（1）屋面框架梁与楼面框架梁的区别

前面已经介绍了楼面框架梁的纵向钢筋，现在要介绍屋面框架梁，首先把楼面框架梁与屋面框架梁放在一起，总结其区别，见表 2-25。

表 2-25 楼面框架梁与屋面框架梁的区别

区别形式	楼面框架梁	屋面框架梁
上部和下部纵筋锚固方式不同	有弯锚和直锚两种锚固方式	上部纵筋在端支座只有弯锚，下部纵筋在端支座可直锚
	上部和下部纵筋锚固方式相同	上部和下部纵筋锚固方式不同
上部和下部纵筋端支座具体锚固长度不同	楼层框架梁上、下纵筋在端支座第一排的弯锚长度为 $h_c-c-d_{sv}-d_c-25+15d$	屋面框架梁上部纵筋有弯至梁底与下弯 $1.7l_{abE}$ 两种构造
变截面梁顶有高差时纵筋锚固不同	直锚：l_{aE}	直锚：l_{aE}
	弯锚：$h_c-c-d_{sv}-d_c-25+15d$（第一排）	弯锚：$h_c-c-d_{sv}-d_c-25+\Delta h+l_{aE}$（第一排）

（2）屋面框架梁纵筋边柱构造形式

屋面框架梁纵筋边柱构造有两种形式：一种是梁纵筋与柱纵筋弯折搭接，另一种是梁纵筋与柱纵筋竖直搭接，前者称为"柱插梁（柱包梁）"，后者称为"梁插柱（梁包柱）"。

①顶梁边柱节点的"柱插梁"构造

顶梁边柱节点的"柱插梁"构造，见表 2-26。

表 2-26 "柱插梁"构造

类别	当边柱外侧纵筋配筋率≤1.2%时	当边柱外侧纵筋配筋率＞1.2%时
图示	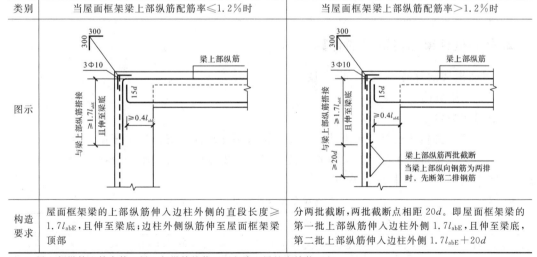	
构造要求	边柱外侧纵筋伸入屋面框架梁顶部≥1.5l_{abE}（从梁底算起），屋面框架梁上部纵筋的直钩伸至梁底（而不是15d），当加腋时伸至腋根部位置	柱外侧纵筋两批截断点相距 20d，即一半的柱外侧纵筋从梁底伸入屋面框架梁 1.5l_{abE}，另一半的柱外侧纵筋从梁底伸入框架梁 1.5l_{abE}＋20d；屋面框架梁上部纵筋的直钩伸至梁底（而不是15d），当加腋时伸至腋根部位置
直角状附加钢筋	柱外侧纵筋伸到柱顶弯 90°直钩时，会产生一个弧度，这就造成柱顶部分的加密箍筋无法与已经拐弯的外侧纵筋绑扎固定，因此在屋面框架梁与柱边相交的角部外侧常设置直角状附加钢筋（当柱纵筋直径≥25 mm 时设置）。"直角状附加钢筋"正是起到固定柱顶箍筋的作用。 其构造为边长各为 300 mm，间距≤150 mm，但不少于 3 ф 10	

注：边柱外侧纵筋配筋率等于柱外侧纵筋的截面面积除以柱的总截面面积。

②顶梁边柱节点的"梁插柱"构造

顶梁边柱节点的"梁插柱"构造，见表 2-27。

表 2-27 梁插柱构造

类别	当屋面框架梁上部纵筋配筋率≤1.2%时	当屋面框架梁上部纵筋配筋率＞1.2%时
图示		
构造要求	屋面框架梁的上部纵筋伸入边柱外侧的直段长度≥1.7l_{abE}，且伸至梁底；边柱外侧纵筋伸至屋面框架梁顶部	分两批截断，两批截断点相距 20d。即屋面框架梁的第一批上部纵筋伸入边柱外侧 1.7l_{abE}，且伸至梁底，第二批上部纵筋伸入边柱外侧 1.7l_{abE}＋20d

注：1.梁上部纵筋配筋率等于梁上部纵筋的截面面积除以梁的有效截面积。

　　2.直角状附加钢筋的构造同"柱插梁"。

（3）屋面框架梁中间支座的纵筋构造

屋面框架梁中间支座的纵筋构造，见表 2-28。

表 2-28 屋面框架梁中间支座的纵筋构造

类型	图示	构造要求
中间支座梁高度不同	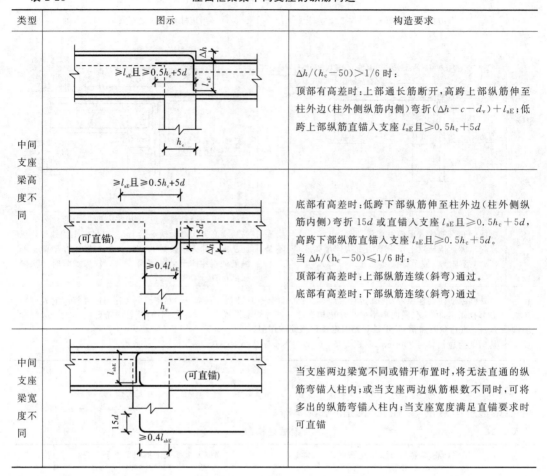	$\Delta h/(h_c-50)>1/6$ 时： 顶部有高差时：上部通长筋断开，高跨上部纵筋伸至柱外边（柱外侧纵筋内侧）弯折 $(\Delta h-c-d_v)+l_{aE}$；低跨上部纵筋直锚入支座 l_{aE} 且 $\geqslant0.5h_c+5d$ 底部有高差时：低跨下部纵筋伸至柱外边（柱外侧纵筋内侧）弯折 $15d$ 或直锚入支座 l_{aE} 且 $\geqslant0.5h_c+5d$，高跨下部纵筋直锚入支座 l_{aE} 且 $\geqslant0.5h_c+5d$。 当 $\Delta h/(h_c-50)\leqslant1/6$ 时： 顶部有高差时：上部纵筋连续（斜弯）通过。 底部有高差时：下部纵筋连续（斜弯）通过
中间支座梁宽度不同		当支座两边梁宽不同或错开布置时，将无法直通的纵筋弯锚入柱内；或当支座两边纵筋根数不同时，可将多出的纵筋弯锚入柱内；当支座宽度满足直锚要求时可直锚

2. 屋面框架梁纵向钢筋的计算

（1）屋面框架梁负筋（非通长筋）长度计算

①端支座梁负筋

a. 采用柱插梁

        第一排负筋长度＝1/3 梁的净长＋锚入端支座内平直长度＋弯钩长度

        第二排负筋长度＝1/4 梁的净长＋锚入端支座内平直长度＋弯钩长度

采用柱插梁，梁负筋长度计算见表 2-29。

表 2-29 梁负筋长度计算

第一排负筋长度＝1/3 梁的净长＋锚入端支座内平直长度＋弯钩长度		
1/3 梁的净长	锚入端支座内平直长度	弯钩长度
$l_n/3$	$h_c-c_1-d_{sv}-d_c-25$	$h-c_2-d_v$
第二排负筋长度＝1/4 梁的净长＋锚入端支座内平直长度＋弯钩长度		
1/4 梁的净长	锚入端支座内平直长度	弯钩长度
$l_n/4$	$h_c-c_1-d_{sv}-d_c-25-d_1-25$	$h-c_2-d_v-d_1-25$

注：h_c—柱截面高度；h—梁截面高度；c_1—柱混凝土保护层厚度；c_2—梁混凝土保护层厚度；d_{sv}—柱箍筋直径；d_v—梁箍筋直径；d_c—柱外侧钢筋直径；d_1—梁第一排钢筋直径。

　　b.采用梁插柱

　　　　第一排负筋长度＝1/3 梁的净长＋锚入端支座内平直长度＋弯钩长度

　　　　第二排负筋长度＝1/4 梁的净长＋锚入端支座内平直长度＋弯钩长度

采用梁插柱,梁负筋长度计算见表 2-30。

表 2-30　　　　　　　　　　　　　　梁负筋长度计算

第一排负筋长度＝1/3 梁的净长＋锚入端支座内平直长度＋弯钩长度		
1/3 梁的净长	锚入端支座内平直长度	弯钩长度
$l_n/3$	$h_c-c_1-d_{sv}-d_c-25$	梁上部纵筋配筋率≤1.2%时,$1.7l_{abE}$; 梁上部纵筋配筋率>1.2%时,$1.7l_{abE}$(第一批), $1.7l_{abE}+20d$(第二批)
第二排负筋长度＝1/4 梁的净长＋锚入端支座内平直长度＋弯钩长度		
1/4 梁的净长	锚入端支座内平直长度	弯钩长度
$l_n/4$	$h_c-c_1-d_{sv}-d_c-25-d_1-25$	梁上部纵筋配筋率≤1.2%时,$1.7l_{abE}$; 梁上部纵筋配筋率>1.2%时,$1.7l_{abE}$(第一批)

　　②中间支座负筋

　　　　　第一排负筋长度＝$l_n/3$＋中间支座宽＋$l_n/3$

　　　　　第二排负筋长度＝$l_n/4$＋中间支座宽＋$l_n/4$

　　③中间支座负筋贯通小跨

　　　　　第一排负筋长度＝$l_n/3$＋左支座宽＋小跨净跨长＋右支座宽＋$l_n/3$

　　　　　第二排负筋长度＝$l_n/4$＋左支座宽＋小跨净跨长＋右支座宽＋$l_n/4$

　　(2)屋面框架梁通长筋长度计算

　　①直锚

　　下部通长筋长度＝通跨净长＋左支座锚固长度＋右支座锚固长度

　　②弯锚

　　上、下部通长筋长度＝通跨净长＋(锚入左支座内平直长度＋弯钩长度)＋(锚入右支座内平直长度＋弯钩长度)

　　【例 2-20】　如图 2-42 所示某屋面框架梁平法施工图,三级抗震等级,一类环境,混凝土强度等级为 C30,柱外侧纵筋直径 $d_c=22$ mm,柱箍筋直径 $d_{sv}=8$ mm,求钢筋长度。

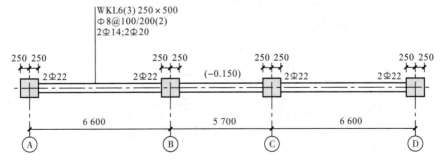

图 2-42　框架梁 WKL6 平法施工图

　　解:$\Delta h/(h_c-50)=150/(500-50)=0.333>1/6=0.167$,钢筋长度计算过程见表 2-31。

表 2-31   **框架梁 WKL6 钢筋长度计算过程**

计算 l_{aE}、l_{abE}、l_{lE}		查表 1-9,得 $l_{aE}=30d=30\times22=660$ mm;查表 1-6,得 $l_{abE}=31d=31\times22=682$ mm, $l_{lE}=\zeta_l l_{aE}=1.6\times30d=1.6\times30\times14=672$ mm(没有错开搭接)
判断直锚/弯锚		高跨上部纵筋采用弯锚,低跨上部纵筋采用直锚(第二跨)
上部钢筋配筋率		梁的有效高度 $h_0=h-a_s=500-(20+8+25/2)=459.5$ mm 梁上部纵筋 $2\ \phi\ 22$,$A_s=760$ mm^2 $\rho=A_s/(bh_0)=760/(250\times459.5)=0.66\%<1.2\%$
第一跨 上部筋	左支座负筋 (2 根)	按梁插柱(梁包柱)锚固方式
		锚固长度$=(h_c-c-d_{sv}-d_c-25)+1.7l_{abE}=(500-20-8-22-25)+1.7\times682=$ 1 584 mm
		延伸长度$=l_n/3=(6\ 600-250-250)/3=2\ 033$ mm
		总长度$=1\ 584+2\ 033=3\ 617$ mm
		钢筋简图: 1 159 ⌐ 2 458
	右支座负筋 (2 根)	锚固长度$=(h_c-c-d_{sv}-d_c-25)+(\Delta h-c-d_v)+l_{aE}=425+(150-20-8)+660=$ 1 207 mm
		延伸长度$=\max(6\ 600-500,5\ 700-500)/3=2\ 033$ mm
		总长度$=1\ 207+2\ 033=3\ 240$ mm
		钢筋简图: 2 458 ⌐ 782
	通长筋(2 根)	通跨净长$-$左支座负筋延伸长度$-$右支座负筋延伸长度$+2l_{lE}$
		总长度$=(6\ 600-250-250)-2\ 033-2\ 033+2\times672=3\ 378$ mm
		钢筋简图: 3 378
第二跨 上部筋	左支座负筋 (2 根)	锚固长度$=l_{aE}=660$ mm$>0.5h_c+5d=0.5\times500+5\times22=360$ mm
		延伸长度$=\max(6\ 600-500,5\ 700-500)/3=2\ 033$ mm
		总长度$=660+2\ 033=2\ 693$ mm
		钢筋简图: 2 693
	右支座负筋 (2 根)	同左支座总长度$=660+2\ 033=2\ 693$ mm
		钢筋简图: 2 693
	通长筋 (2 根)	通跨净长$-$左支座负筋延伸长度$-$右支座负筋延伸长度$+2l_{lE}$
		总长度$=(5\ 700-250-250)-2\ 033-2\ 033+2\times672=2\ 478$ mm
		钢筋简图: 2 478
第三跨 上部筋	左支座负筋 (2 根)	同第一跨上部筋,钢筋简图: 782 ⌐ 2 458
	右支座负筋 (2 根)	同第一跨上部筋,钢筋简图: 2 458 ⌐ 1 159
	通长筋(2 根)	同第一跨上部筋,钢筋简图: 3 378
计算 l_{aE}、l_{abE}		查表 1-9,得 $l_{aE}=30d=30\times20=600$ mm;查表 1-6,得 $l_{abE}=31d=31\times20=620$ mm

判断直锚/弯锚		支座 $h_c-c=500-20=480$ mm$<l_{aE}=600$ mm,且 $h_c-c-d_{sv}-d_c-25=500-20-8-22-25=425$ mm$>0.4l_{abE}=0.4\times620=248$ mm,故高跨(第一跨)左支座下部纵筋采用弯锚、右支座下部纵筋采用直锚,低跨(第二跨)左、右支座下部纵筋采用弯锚,高跨(第三跨)左支座下部纵筋采用直锚、右支座下部纵筋采用弯锚
第一跨下部筋	通长筋(2根)	净跨长＋左支座锚固长度＋右支座锚固长度
		左支座锚固长度$=(h_c-c-d_{sv}-d_c-25)+15d=425+15\times20=725$ mm
		右支座锚固长度$=l_{aE}=600$ mm$>0.5h_c+5d=0.5\times500+5\times20=350$ mm
		总长度$=(6\,600-500)+725+600=7\,425$ mm
		钢筋简图: 300 ⌐———— 7 125
第二跨下部筋	通长筋(2根)	净跨长＋左支座锚固长度＋右支座锚固长度
		左支座锚固长度$=(h_c-c-d_{sv}-d_c-25)+15d=425+15\times20=725$ mm
		右支座锚固长度$=(h_c-c-d_{sv}-d_c-25)+15d=425+15\times20=725$ mm
		总长度$=(5\,700-500)+725+725=6\,650$ mm
		钢筋简图: 300 ⌐———— 6 050 ————⌐ 300
第三跨下部筋	通长筋(2根)	同第一跨下部筋,钢筋简图: ———— 7 125 ————⌐ 300

【**例 2-21**】　如图 2-43 所示某屋面框架梁平法施工图,二级抗震等级,一类环境,混凝土强度等级为 C30,柱外侧纵筋直径 $d_c=20$ mm,柱箍筋直径 $d_{sv}=10$ mm,求钢筋长度。

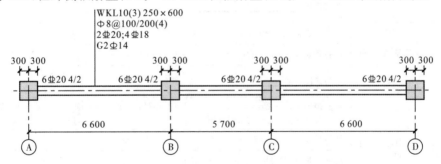

图 2-43　框架梁 WKL10 平法施工图

解:计算过程见表 2-32。

表 2-32　　　　　　　　　　　　**框架梁 WKL10 钢筋长度计算过程**

计算 l_{aE}、l_{abE}	查表 1-9,得 $l_{aE}=40d=40\times20=800$ mm;查表 1-6,得 $l_{abE}=40d=40\times20=800$ mm
判断直锚/弯锚	支座 A 和支座 D:$h_c-c=600-20=580$ mm$<l_{aE}=800$ mm,且 $h_c-c-d_{sv}-d_c-25-d_1-25=600-20-8-20-25-20-25=482$ mm$>0.4l_{abE}=0.4\times800=320$ mm,故下部钢筋采用弯锚
上部钢筋配筋率	梁的有效高度 $h_0=h-a_s=600-(20+8+20+12.5)=539.5$ mm 梁上部纵筋 6 ⌀ 20,$A_s=1\,884$ mm^2 $\rho=A_s/(bh_0)=1\,884/(250\times539.5)=1.4\%>1.2\%$

续表

支座A负筋	第一排支座负筋(2根)	按梁插柱(梁包柱)锚固方式	
		支座锚固长度=$(h_c-c-d_{sv}-d_c-25)+1.7l_{abE}+20d=(600-20-8-20-25)+$ $1.7\times800+20\times20=2\,287$ mm	
		延伸长度=$l_n/3=(6\,600-300-300)/3=2\,000$ mm	
		负筋总长度=$2\,287+2\,000=4\,287$ mm	
		钢筋简图：1 760 ⌐ 2 527	
	第二排支座负筋(2根)	支座锚固长度=$(h_c-c-d_{sv}-d_c-25-d_1-25)+1.7l_{abE}=(600-20-8-20-25-$ $20-25)+1.7\times800=1\,842$ mm	
		延伸长度=$l_n/4=(6\,600-300-300)/4=1\,500$ mm	
		负筋总长度=$1\,842+1\,500=3\,342$ mm	
		钢筋简图：1 360 ⌐ 1 982	
支座B负筋	第一排支座负筋(2根)	支座B延伸长度=$\max(6\,600-600,5\,700-600)/3=2\,000$ mm	
		负筋总长度=$2\,000+600+2\,000=4\,600$ mm	
		钢筋简图：4 600	
	第二排支座负筋(2根)	支座2延伸长度=$\max(6\,600-600,5\,700-600)/4=1\,500$ mm	
		负筋总长度=$1\,500+600+1\,500=3\,600$ mm	
		钢筋简图：3 600	
支座C负筋	第一排支座负筋(2根)	支座3延伸长度=$\max(6\,000-600,5\,700-600)/3=1\,800$ mm	
		负筋总长度=$1\,800+600+1800=4\,200$ mm	
		钢筋简图：4 200	
	第二排支座负筋(2根)	支座3延伸长度=$\max(6\,000-600,5\,700-600)/4=1\,350$ mm	
		负筋总长度=$1\,350+600+1\,350=3\,300$ mm	
		钢筋简图：3 300	
支座D负筋	第一排支座负筋(2根)	支座锚固长度=$(h_c-c-d_{sv}-d_c-25)+1.7l_{abE}+20d=(600-20-8-20-25)+$ $1.7\times800+20\times20=2\,287$ mm	
		延伸长度=$l_n/3=(6\,000-300-300)/3=1\,800$ mm	
		负筋总长度=$2\,287+1\,800=4\,087$ mm	
		钢筋简图：2 327 ⌐ 1 760	
	第二排支座负筋(2根)	支座锚固长度=$(h_c-c-d_{sv}-d_c-25-d_1-25)+1.7l_{abE}=(600-20-8-20-25-$ $20-25)+1.7\times800=1\,842$ mm	
		延伸长度=$l_n/4=(6\,000-300-300)/4=1\,350$ mm	
		负筋总长度=$1\,842+1\,350=3\,192$ mm	
		钢筋简图：1 832 ⌐ 1 360	

上部贯通钢筋（2根）	计算上部贯通钢筋总长度	通跨净长＋左支座锚固长度＋右支座锚固长度
		左支座锚固长度＝$(h_c-c-d_{sv}-d_c-25)+1.7l_{abE}+20d=(600-20-8-20-25)+1.7\times800+20\times20=2\ 287$ mm
		右支座锚固长度＝$(h_c-c-d_{sv}-d_c-25)+1.7l_{abE}+20d=527+1.7\times800+20\times20=2\ 287$ mm
		总长度＝$2\ 287+(6\ 600+5\ 700+6\ 000-300-300)+2\ 287=22\ 274$ m
		钢筋简图：1 760 ⌐ 18 754 ⌐ 1 760
下部贯通钢筋（4根）	计算下部贯通钢筋总长度	通跨净长＋左支座锚固长度＋右支座锚固长度
		左支座锚固长度＝$(h_c-c-d_{sv}-d_c-25-d_1-25-d_1-25)+15d=(600-20-8-20-25-20-25-20-25)+15\times18=707$ mm
		右支座锚固长度＝$(h_c-c-d_{sv}-d_c-25-d_1-25-d_1-25)+15d=437+15\times18=707$ mm
		总长度＝$707+(6\ 600+5\ 700+6\ 000-300-300)+707=19\ 114$ mm
		钢筋简图：270 ⌐ 18 574 ⌐ 270
第1跨上部架立筋（2根）	支座A负筋	延伸长度＝$l_n/3=(6\ 600-300-300)/3=2\ 000$ mm
	支座B负筋	延伸长度＝$\max[(6\ 600-300-300),(5\ 700-300-300)]/3=2\ 000$ mm
	总长度	通跨净长－支座A负筋延伸长度－支座B负筋延伸长度＋150×2
		总长度＝$(6\ 600-300-300)-2\ 000-2\ 000+150\times2=2\ 300$ mm
		钢筋简图：2 300
第2跨上部架立筋（2根）	支座C负筋	延伸长度＝$\max[(5\ 700-300-300),(6\ 000-300-300)]/3=1\ 800$ mm
	总长度	通跨净长－支座B负筋延伸长度－支座C负筋延伸长度＋150×2
		总长度＝$(5\ 700-300-300)-2\ 000-1\ 800+150\times2=1\ 600$ mm
		钢筋简图：1 600
第3跨上部架立筋（2根）	支座D负筋	延伸长度＝$(6\ 000-300-300)/3=1\ 800$ mm
	总长度	通跨净长－支座C负筋延伸长度－支座D负筋延伸长度＋150×2
		总长度＝$(6\ 000-300-300)-1\ 800-1\ 800+150\times2=2\ 100$ mm
		钢筋简图：2 100
侧面构造筋（2根）	计算侧面贯通钢筋总长度	通跨净长＋$15d\times2$
		左支座锚固长度＝$15d=15\times14=210$ mm
		右支座锚固长度＝$15d=15\times14=210$ mm
		总长度＝$210+(6\ 600+5\ 700+6\ 000-300-300)+210=18\ 120$ mm
		钢筋简图：18 120

2.3.4 非框架梁 L 纵筋构造与计算

1.非框架梁纵筋的构造

非框架梁 L 纵筋构造见表 2-33。

表 2-33 非框架梁 L 纵筋构造

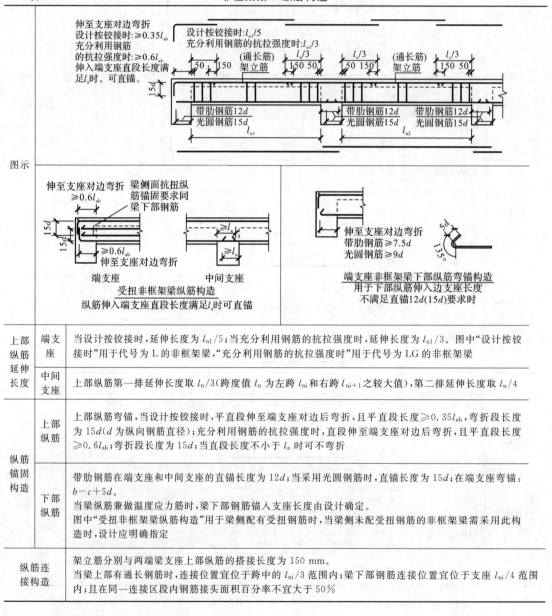

上部纵筋延伸长度	端支座	当设计按铰接时,延伸长度为 $l_{n1}/5$;当充分利用钢筋的抗拉强度时,延伸长度为 $l_{n1}/3$。图中"设计按铰接时"用于代号为 L 的非框架梁,"充分利用钢筋的抗拉强度时"用于代号为 LG 的非框架梁
	中间支座	上部纵筋第一排延伸长度取 $l_n/3$(跨度值 l_n 为左跨 l_{ni} 和右跨 l_{ni+1} 之较大值),第二排延伸长度取 $l_n/4$
纵筋锚固构造	上部纵筋	上部纵筋弯锚,当设计按铰接时,平直段伸至端支座对边后弯折,且平直段长度 $\geqslant 0.35l_{ab}$,弯折段长度为 $15d$(d 为纵向钢筋直径);充分利用钢筋的抗拉强度时,直段伸至端支座对边后弯折,且平直段长度 $\geqslant 0.6l_{ab}$;弯折段长度为 $15d$;当直段长度不小于 l_a 时可不弯折
	下部纵筋	带肋钢筋在端支座和中间支座的直锚长度为 $12d$;当采用光圆钢筋时,直锚长度为 $15d$;在端支座弯锚:$b-c+5d$。 当梁纵筋兼做温度应力筋时,梁下部钢筋锚入支座长度由设计确定。 图中"受扭非框架梁纵筋构造"用于梁侧配有受扭钢筋时,当梁侧未配受扭钢筋的非框架梁需采用此构造时,设计应明确指定
纵筋连接构造		架立筋分别与两端梁支座上部纵筋的搭接长度为 150 mm。 当梁上部有通长钢筋时,连接位置宜位于跨中的 $l_{ni}/3$ 范围内;梁下部钢筋连接位置宜位于支座 $l_{ni}/4$ 范围内;且在同一连接区段内钢筋接头面积百分率不宜大于 50%

非框架梁中间支座纵筋构造,见表 2-34。

表 2-34　　　　　　　　　　　　　　　非框架梁中间支座纵筋构造

类型	图示	构造要求
中间支座梁高度不同	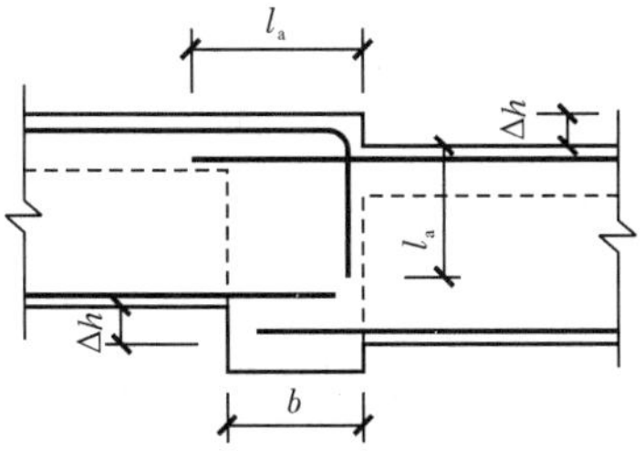	$\Delta h/(b-50) > 1/6$ 时： 顶部有高差时：上部通长筋断开，高跨上部纵筋伸至梁外边弯折$(\Delta h - c - d_v) + l_a$；低跨上部纵筋直锚入支座 l_a。 梁下部纵筋锚固要求见表 2-33
中间支座梁宽度不同	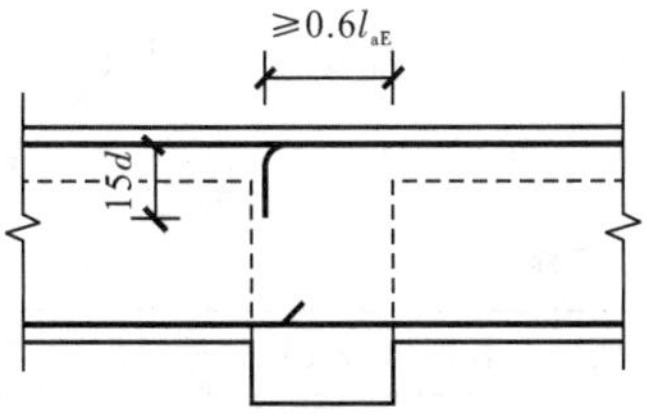	当支座两边梁宽不同或错开布置时，将无法直通的纵筋弯锚入梁内；或当支座两边纵筋根数不同时，可将多出的纵筋弯锚入梁内。 梁下部纵筋锚固要求见表 2-33

2. 非框架梁纵筋的计算

(1)非框架梁通长筋长度计算

①上部通长筋长度计算

上部通长筋长度＝通跨净长＋(锚入左支座内平直长度＋弯钩长度 $15d$)＋(锚入右支座内平直长度＋弯钩长度 $15d$)

②下部通长筋长度计算

下部通长筋长度＝通跨净长＋左支座锚固长度＋右支座锚固长度

通长筋长度计算见表 2-35。

表 2-35　　　　　　　　　　　　　　　　通长筋长度计算

下部通长筋长度＝通跨净长＋左支座锚固长度＋右支座锚固长度						
左支座锚固长度			净跨长	右支座锚固长度		
受弯	直锚	12d(带肋钢筋) 15d(光圆钢筋)	l_n	受弯	直锚	12d(带肋钢筋) 15d(光圆钢筋)
	弯锚	$b-c+5d$			弯锚	$b-c+5d$
受扭	弯锚	$b-c+15d$		受扭	弯锚	$b-c+15d$

(2)非框架梁上部非通长筋长度计算

①端支座

a.直锚

第一排负筋长度＝$l_n/5$ ($l_n/3$)＋端支座锚固长度 l_a

b.弯锚

第一排负筋长度＝$l_n/5$ ($l_n/3$)＋锚入端支座内平直长度＋弯钩长度 $15d$

②中间支座

$$第一排负筋长度＝l_n/3＋中间支座宽＋l_n/3$$

l_n取值：对于端支座，l_n为本跨的净跨长；对于中间支座，l_n为相邻两跨净跨长的较大值。

(3)非框架梁下部非通长筋长度计算

①第一跨下部非通长筋长度

第一跨下部非通长筋长度＝净跨长 l_{n1}＋左支座锚固长度＋右支座锚固长度

②中间跨下部非通长筋长度

中间跨下部非通长筋长度＝净跨长 l_{ni}＋中间左支座锚固长度＋中间右支座锚固长度（$i=2,3,\cdots,n-1$）

③末跨下部非通长筋长度

末跨下部非通长筋长度＝净跨长 l_{nn}＋左支座锚固长度＋右支座锚固长度

下部非通长筋长度计算见表 2-36。

表 2-36　　　　　　　　　　　　下部非通长筋长度计算

第一跨下部非通长筋长度＝净跨长 l_{n1}＋左支座锚固长度＋右支座锚固长度						
左支座锚固长度			净跨长	右支座锚固长度		
受弯	直锚	12d(带肋钢筋)	l_{n1}	受弯	直锚	12d(带肋钢筋)
		15d(光圆钢筋)				15d(光圆钢筋)
	弯锚	$b-c+5d$				
受扭	弯锚	$b-c+15d$		受扭	直锚	l_a
中间跨下部非通长筋长度＝净跨长 l_{ni}＋中间左支座锚固长度＋中间右支座锚固长度						
左支座锚固长度			净跨长	右支座锚固长度		
受弯	直锚	12d(带肋钢筋)	l_{ni}	受弯	直锚	12d(带肋钢筋)
		15d(光圆钢筋)				15d(光圆钢筋)
受扭	直锚	l_a		受扭	直锚	l_a
末跨下部非通长筋长度＝净跨长 l_{nn}＋左支座锚固长度＋右支座锚固长度						
左支座锚固长度			净跨长	右支座锚固长度		
受弯	直锚	12d(带肋钢筋)	l_{nn}	受弯	直锚	12d(带肋钢筋)
		15d(光圆钢筋)				15d(光圆钢筋)
					弯锚	$b-c+5d$
受扭	直锚	l_a		受扭	弯锚	$b-c+15d$

(4)非框架梁钢筋长度计算

①非框架梁上部钢筋（一般情况）

【例 2-22】　如图 2-44 所示为某房屋非框架梁平法施工图，一类环境，混凝土强度等级为 C30，求支座负筋长度和架立筋长度。

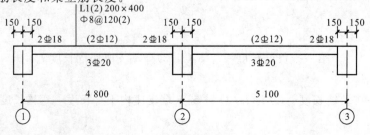

图 2-44　非框架梁 L1 平法施工图

解:计算过程见表2-37。

表 2-37   **非框架梁 L1 支座负筋和架立筋计算过程**

第1跨	支座1负筋 (2根)	负筋长度$=l_n/5+$锚入端支座内平直长度$+$弯钩长度$15d$ (说明:端支座负筋延伸长度为$l_n/5$)
		弯钩长度$=15d=15\times18=270$ mm 锚入端支座内平直长度$=b-c=300-20=280$ mm 延伸长度$=l_n/5=(4\,800-150-150)/5=900$ mm
		负筋长度$=900+280+270=1\,450$ mm
		钢筋简图: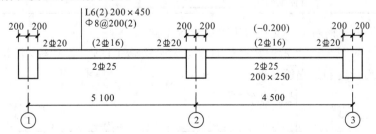 270 | 1 180
	支座2负筋 (2根)	负筋长度$=l_n/3+$中间支座宽$+l_n/3$(说明:中间支座负筋延伸长度为$l_n/3$)
		延伸长度$=\max[(4\,800-150-150),(5\,100-150-150)]/3=1\,600$ mm
		负筋长度$=1\,600+300+1\,600=3\,500$ mm
		钢筋简图: 3 500
	架立筋(2根)	通跨净长$-$支座1负筋延伸长度$-$支座2负筋延伸长度$+150\times2$
		总长度$=(4\,800-150-150)-900-1\,600+150\times2=2\,300$ mm
		钢筋简图: 2 300
第2跨	支座3负筋 (2根)	负筋长度$=l_n/5+$锚入端支座内平直长度$+$弯钩长度$15d$ (说明:端支座负筋延伸长度为$l_n/5$)
		弯钩长度$=15d=15\times18=270$ mm 锚入端支座内平直长度$=b-c=300-20=280$ mm 延伸长度$=l_n/5=(5\,100-150-150)/5=960$ mm
		负筋长度$=960+280+270=1\,510$ mm
		钢筋简图: 1 240 | 270
	架立筋(2根)	通跨净长$-$支座2负筋延伸长度$-$支座3负筋延伸长度$+150\times2$
		总长度$=(5\,100-150-150)-1\,600-960+150\times2=2\,540$ mm
		钢筋简图: 2 540

②非框架梁上部钢筋——梁顶有高差

【例 2-23】 如图 2-45 所示为某房屋非框架梁平法施工图,一类环境,混凝土强度等级为 C30,求支座负筋长度和架立筋长度。

图 2-45 非框架梁 L6 平法施工图

解:$\Delta h/(b-50)=200/(400-50)=0.571>1/6=0.167$,钢筋长度计算过程见表 2-38。

表 2-38 非框架梁 L6 钢筋长度计算过程

第1跨	左支座负筋 (2根)	负筋长度＝延伸长度＋锚入端支座内平直长度＋弯钩长度 15d (说明:端支座负筋延伸长度为 $l_n/5$)
		弯钩长度＝15d＝15×20＝300 mm 锚入端支座内平直长度＝b_b-c＝400－20＝380 mm 延伸长度＝$l_n/5$＝(5 100－200－200)/5＝940 mm
		负筋长度＝940＋380＋300＝1 620 mm
		钢筋简图: ⌐300 1 320
	右支座负筋 (2根)	负筋长度＝锚固长度＋延伸长度(说明:中间支座负筋延伸长度为 $l_n/3$)
		锚固长度＝$(b-c)+(\Delta h-c-d_v)+l_a$＝(400－20)＋(150－20－8)＋35×20＝ 1 202 mm 延伸长度＝$l_n/3$＝max[(5 100－200－200),(4 500－200－200)]/3＝1 567 mm
		负筋长度＝1 202＋1 567＝2 769 mm
		钢筋简图: ⌐1 947 ⌐822
	架立筋(2根)	通跨净长－左支座负筋延伸长度－右支座负筋延伸长度＋150×2
		总长度＝(5 100－200－200)－940－1 567＋150×2＝2 493 mm
		钢筋简图: 2 493
第2跨	左支座负筋 (2根)	负筋长度＝锚固长度＋延伸长度(说明:中间支座负筋延伸长度为 $l_n/3$)
		锚固长度＝l_a＝35d＝35×20＝700 mm 延伸长度＝$l_n/3$＝max[(5 100－200－200),(4 500－200－200)]/3＝1 567 mm
		负筋长度＝700＋1 567＝2 267 mm
		钢筋简图: 2 267
	右支座负筋 (2根)	负筋长度＝延伸长度＋锚入端支座内平直长度＋弯钩长度 15d (说明:端支座负筋延伸长度为 $l_n/5$)
		延伸长度＝$l_n/5$＝(4 500－200－200)/5＝820 mm 锚入端支座内平直长度＝$b-c$＝400－20＝380 mm 弯钩长度＝15d＝15×20＝300 mm
		负筋长度＝820＋380＋300＝1 500 mm
		钢筋简图: 1 200 ⌐300
	架立筋(2根)	通跨净长－左支座负筋延伸长度－右支座负筋延伸长度＋150×2 总长度＝(4 500－200－200)－1 567－820＋150×2＝2 013 mm
		钢筋简图: 2 013

③非框架梁上部钢筋——支座两边钢筋根数不同

【例 2-24】 如图 2-46 所示为某房屋非框架梁平法施工图,一类环境,混凝土强度等级为 C30,求支座负筋长度和架立筋长度。

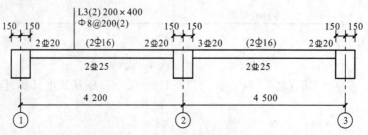

图 2-46 非框架梁 L3 平法施工图

解:计算过程见表2-39。

表2-39 **非框架梁 L3 钢筋长度计算过程**

第1跨	支座1负筋 (2根)	负筋长度=$l_n/5$＋锚入端支座内平直长度＋弯钩长度$15d$ (说明:端支座负筋延伸长度为$l_n/5$)
		弯钩长度=$15d$=15×20=300 mm 锚入端支座内平直长度=b_b-c=300−20=280 mm 延伸长度=$l_n/5$=(4 200−150−150)/5=780 mm
		负筋长度=780＋280＋300=1 360 mm
		钢筋简图:⌐300 1 060
	支座2负筋 (2根)	负筋长度=$l_n/3$＋中间支座宽＋$l_n/3$(说明:中间支座负筋延伸长度为$l_n/3$)
		延伸长度=max[(4 200−150−150),(4 500−150−150)]/3=1 400 mm
		负筋长度=1 400＋300＋1 400=3 100 mm
		钢筋简图: 3 100
	架立筋(2根)	通跨净长−支座1负筋延伸长度−支座2负筋延伸长度＋150×2
		总长度=(4 200−150−150)−780−1 400＋150×2=2 020 mm
		钢筋简图: 2 020
第2跨	支座2多出的 负筋(1根)	负筋长度=$l_n/3$＋锚入端支座内平直长度＋弯钩长度$15d$ (说明:中间支座负筋延伸长度为$l_n/3$)
		弯钩长度=$15d$=15×20=300 mm 锚入端支座内平直长度=b_b-c=300−20=280 mm 延伸长度=$l_n/3$=(4 500−150−150)/3=1 400 mm
		负筋长度=1 400＋280＋300=1 980 mm
		钢筋简图:⌐300 1 680
	支座3负筋 (2根)	负筋长度=$l_n/5$＋锚入端支座内平直长度＋弯钩长度$15d$ (说明:端支座负筋延伸长度为$l_n/5$)
		弯钩长度=$15d$=15×20=300 mm 锚入端支座内平直长度=$b-c$=300−20=280 mm 延伸长度=$l_n/5$=(4 500−150−150)/5=840 mm
		负筋长度=840＋280＋300=1 420 mm
		钢筋简图: 1 120 ⌐300
	架立筋(2根)	通跨净长−支座2负筋延伸长度−支座3负筋延伸长度＋150×2
		总长度=(4 500−150−150)−1 400−840＋150×2=2 260 mm
		钢筋简图: 2 260

④非框架梁上、下部钢筋

【例2-25】 如图2-47所示为某房屋三跨非框架梁平法施工图,一类环境,混凝土强度等级为C30,求钢筋长度。

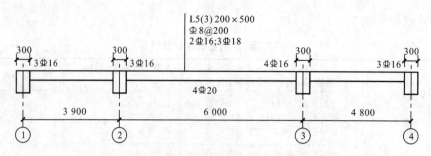

图 2-47　非框架梁 L5 平法施工图

解：1.支座负筋长度计算过程见表 2-40。

表 2-40　　　　　　　　　　支座负筋长度计算过程

支座 1 负筋 1Φ16	负筋长度＝延伸长度＋锚入端支座内平直长度＋弯钩长度 15d （说明：端支座负筋延伸长度为 $l_n/5$）
	延伸长度＝$l_n/5$＝(3 900－150－150)/5＝720 mm 锚入端支座内平直长度＝$b-c$＝300－20＝280 mm 弯钩长度＝15d＝15×16＝240 mm
	负筋长度＝720＋280＋240＝1 240 mm
	钢筋简图：240 ⌐ 1 000
支座 2 负筋 1Φ16	负筋长度＝延伸长度 $l_n/3$＋中间支座宽＋延伸长度 $l_n/3$
	延伸长度＝$l_n/3$＝max[(3 900－150－150)，(6 000－150－150)]/3＝1 900 mm 中间支座宽＝300 mm
	负筋长度＝1 900＋300＋1900＝4 100 mm
	钢筋简图：　　　4 100
支座 3 负筋 2Φ16	负筋长度＝延伸长度 $l_n/3$＋中间支座宽＋延伸长度 $l_n/3$
	延伸长度＝$l_n/3$＝max[(6 000－150－150)，(4 800－150－150)]/3＝1 900 mm 中间支座宽＝300 mm
	负筋长度＝1 900＋300＋1 900＝4 100 mm
	钢筋简图：　　　4 100
支座 4 负筋 1Φ16	负筋长度＝延伸长度＋锚入端支座内平直长度＋弯钩长度 15d
	延伸长度＝$l_n/5$＝(4 800－150－150)/5＝900 mm 锚入端支座内平直长度＝$b-c$＝300－20＝280 mm 弯钩长度＝15d＝15×16＝240 mm
	负筋长度＝900＋280＋240＝1 420 mm
	钢筋简图：　1 180 ⌐240

2.上部通长筋长度计算过程见表 2-41。

表 2-41	上部通长筋长度计算过程(机械连接)
上部通长筋 2 ⊕ 16	上部通长筋总长度＝通跨净长＋(锚入左支座内平直长度＋弯钩长度 15d)＋(锚入右支座内平直长度＋弯钩长度 15d)
	通跨净长＝3 900＋6 000＋4 800－150－150＝14 400 mm
	锚入左支座内平直长度＝300－20＝280 mm 弯钩长度＝15d＝15×16＝240 mm
	锚入右支座内平直长度＝300－20＝280 mm 弯钩长度＝15d＝15×16＝240 mm
	总长度＝14 400＋(280＋240)＋(280＋240)＝15 440 mm
	钢筋简图: 240 ⌐———— 14 960 ————⌐ 240

3.下部非通长筋长度计算过程见表 2-42。

表 2-42	下部非通长筋长度计算过程
第一跨下部钢筋 3 ⊕ 18	下部非通长筋长度＝净跨长 l_{n1}＋左支座锚固长度＋右支座锚固长度
	净跨长＝l_{n1}＝3 900－150－150＝3 600 mm
	左支座锚固长度＝12d＝12×18＝216 mm
	右支座锚固长度＝12d＝12×18＝216 mm
	总长度＝3 600＋216＋216＝4 032 mm
	钢筋简图: ———— 4 032 ————
第二跨下部钢筋 4 ⊕ 20	下部非通长筋长度＝净跨长 l_{n2}＋左支座锚固长度＋右支座锚固长度
	净跨长＝l_{n2}＝6 000－150－150＝5 700 mm
	左支座锚固长度＝12d＝12×20＝240 mm
	右支座锚固长度＝12d＝12×20＝240 mm
	总长度＝5 700＋240＋240＝6 180 mm
	钢筋简图: ———— 6 180 ————
第三跨下部钢筋 3 ⊕ 18	下部非通长筋长度＝净跨长 l_{n3}＋左支座锚固长度＋右支座锚固长度
	净跨长＝l_{n3}＝4 800－150－150＝4 500 mm
	左支座锚固长度＝12d＝12×18＝216 mm
	右支座锚固长度＝12d＝12×18＝216 mm
	总长度＝4 500＋216＋216＝4 932 mm
	钢筋简图: ———— 4 932 ————

【例 2-25】 如图 2-48 所示为某房屋非框架梁平法施工图,一类环境,混凝土强度等级为 C30,求钢筋长度。

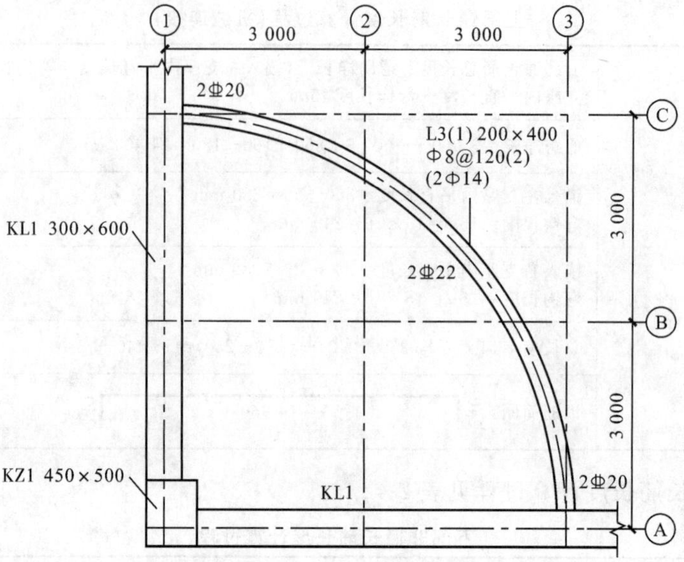

图 2-48　非框架梁 L3 平法施工图

解：按受扭构件计算，计算过程见表 2-43。

表 2-43　　**钢筋计算过程**

弧形梁中心线长	$n\pi R/180$=90×3.14×(6 000−150)/180=9 185 mm(净跨长)	
弧形梁凸长	$n\pi R/180$=90×3.14×(6 000−150+100)/180=9 342 mm(净跨长)	
左支座负筋 2Φ20	负筋长度=弯钩长度+锚入端支座内平直长度+延伸长度	
	弯钩长度=15d=15×20=300 mm 锚入端支座内平直长度=b_b-c=300−20=280 mm 延伸长度=l_n/5=9 185/5=1 837 mm	
	负筋长度=300+280+1 837=2 417 mm	
	钢筋简图：300 2 117	
右支座负筋 2Φ20	同左支座	
	钢筋简图：2 117 300	
架立筋 2Φ14	净跨长−左支座负筋延伸长度−右支座负筋延伸长度+150×2	
	总长度=9 185−1 837−1 837+150×2=5 811 mm	
	钢筋简图：5 811	
下部钢筋 2Φ22	下部非贯通钢筋长度=净跨长+左支座锚固长度+右支座锚固长度	
	左(右)支座锚固长度= $b-c+15d$=300−20+15×22=610 mm	
	总长度=9 185+610+610=10 405 mm	
	钢筋简图：330 9 745 330	
箍筋长度	长度=2(b+h)−8c+27.13 d=2×(200+400)−8×20+27.13×8=1 257 mm	箍筋简图：269 360 160 469
箍筋根数	根数=(9 342−100)/200+1=48 根	

2.3.5 悬挑梁钢筋构造与计算

悬挑梁通长情况分为两种形式:一种是悬臂直接固接于柱或墙的悬挑梁,称为纯悬挑梁;另一种是悬臂与跨中梁相连,称为外伸悬挑梁。

1. 悬挑梁钢筋构造

(1)悬挑梁钢筋

悬挑梁的钢筋情况见表2-44。

表 2-44 悬挑梁的钢筋

上部钢筋	第一排	$l<4h_b$,全部伸至外端	伸至外端下弯$\geq 12d$
		$l\geq 4h_b$,除角筋外,不多于第一排纵筋的1/2不伸至悬挑外端,即下弯	按45°下弯后平伸至外端$\geq 10d$
	第二排	$l<5h_b$,全部伸至外端	伸至外端下弯$\geq 12d$
		$l\geq 5h_b$,伸至0.75l后下弯	按45°下弯后平伸$\geq 10d$
	第三排	伸出长度由设计者注明	
下部钢筋	一排	锚固15d	
箍筋	根数	布置到悬挑梁尽端	

(2)悬挑梁配筋构造

悬挑梁配筋构造见表2-45。

表 2-45 悬挑梁配筋构造

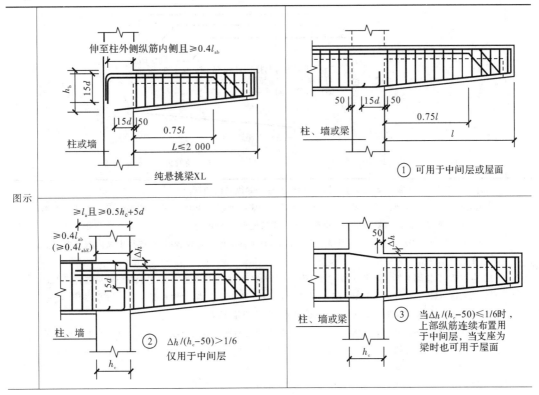

续表

<table>
<tr><td rowspan="3">图示</td><td colspan="2">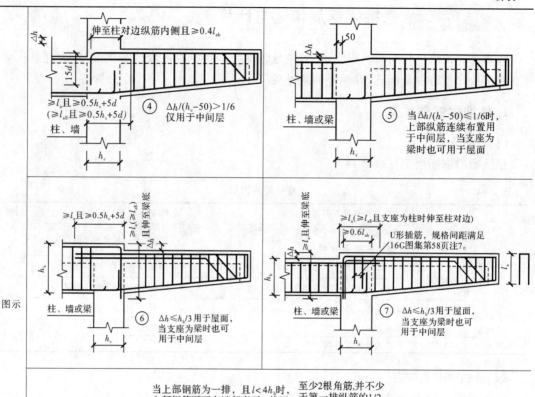</td></tr>
<tr><td colspan="2">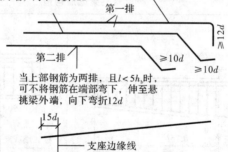

当上部钢筋为一排，且$l<4h_b$时，上部钢筋可不在端部弯下，伸至悬挑梁外墙，向下弯折$12d$

至少2根角筋，并不少于第一排纵筋的1/2，其余纵筋弯下

第一排 ≥$12d$

第二排 ≥$10d$ ≥$10d$

当上部钢筋为两排，且$l<5h_b$时，可将钢筋在端部弯下，伸至悬挑梁外端，向下弯折$12d$

$15d$

支座边缘线

当悬挑梁根部与框架梁梁底齐平时，底部相同直径的纵筋可拉通设置</td></tr>
</table>

构造说明

(1)纯悬挑梁 XL 的上部纵筋在支座的锚固，即伸至柱外侧纵筋内侧且≥$0.4l_{ab}$，再弯折$15d$。

(2)括号内数值为框架梁纵筋锚固长度。当悬挑梁考虑竖向地震作用时（由设计明确），图中悬挑梁中钢筋锚固长度l_a、l_{ab}应改为l_{aE}、l_{abE}，悬挑梁下部钢筋伸入支座长度也应采用l_{aE}。

(3)①、⑥、⑦节点，当屋面框架梁与悬挑端根部底平，且下部纵筋通长设置时，框架柱中纵向钢筋锚固要求可按中柱柱顶节点。

①节点构造：悬挑端与框架梁梁平，框架梁上部纵筋与悬挑端上部纵筋贯通布置，悬挑端下部纵筋直锚$15d$。

⑥节点构造：悬挑端比框架梁梁低Δh($\Delta h \leqslant h_b/3$)，框架梁上部纵筋弯锚，直钩长度≥l_a(≥l_{aE})且伸至梁底；悬挑端上部纵筋直锚长度≥l_a，且≥$0.5h_c+5d$，悬挑端下部纵筋直锚$15d$。

⑦节点构造：悬挑端比框架梁梁高Δh($\Delta h \leqslant h_b/3$)，框架梁上部纵筋直锚长度≥l_a(≥l_{aE})且支座为柱时伸至柱对边；悬挑端上部纵筋弯锚，弯锚水平段长度≥$0.6l_{ab}$，直钩长度≥l_a且伸至梁底，悬挑端下部纵筋直锚$15d$。

(4)当梁上部设有第三排钢筋时，其伸出长度应由设计者注明。

(5)悬挑梁下部纵筋是架立筋，在支座的锚固长度为$15d$

2.悬挑梁纵向钢筋的计算

(1)纯悬挑梁

①弯锚

a.上部第一排纵筋——伸至悬挑梁外端

钢筋长度＝(锚入支座内平直长度＋15d)＋($l-c$)＋max[(端部梁高－2c－2d_v),12d]

b.上部第一排纵筋——下弯钢筋

钢筋长度＝(锚入支座内平直长度＋15d)＋($l-c$)＋0.414(近似按端部梁高－2c－2d_v)

注:当$l<4h_b$时,上部钢筋可不在端部弯下,按伸至悬挑梁外端形式计算。

c.上部第二排纵筋

钢筋长度＝(锚入支座内平直长度＋15d)＋0.75l＋1.414(近似按上弯点处梁高－2c－2d_v－d_1－25)＋10d

注:当$l<5h_b$时,可不将钢筋在端部弯下,按伸至悬挑梁外端形式计算。

d.下部纵筋

$$钢筋长度＝(l-c)＋15d$$

②直锚

a.上部第一排纵筋——伸至悬挑梁外端

钢筋长度＝max[l_a,(0.5h_c＋5d)]＋($l-c$)＋ max[(端部梁高－2c－2d_v),12d]

b.上部第一排纵筋——下弯钢筋

钢筋长度＝max[l_a,(0.5h_c＋5d)]＋($l-c$)＋0.414(近似按端部梁高－2c－2d_v)

注:当$l<4h_b$时,上部钢筋可不在端部弯下,按伸至悬挑梁外端形式计算。

c.上部第二排纵筋

钢筋长度＝max[l_a,(0.5h_c＋5d)]＋0.75l＋1.414(近似按上弯点处梁高－2c－2d_v－d_1－25)＋10d

注:当$l<5h_b$时,可不将钢筋在端部弯下,按伸至悬挑梁外端形式计算。

d.下部纵筋

$$钢筋长度＝(l-c)＋15d$$

(2)外伸悬挑梁

a.上部第一排纵筋——伸至悬挑梁外端

钢筋长度＝(延伸长度＋支座宽度)(或与跨中梁贯通)＋($l-c$)＋max[(端部梁高－2c－2d_v),12d]

b.上部第一排纵筋——下弯钢筋

钢筋长度＝(延伸长度＋支座宽度)(或与跨中梁贯通)＋($l-c$)＋0.414(近似按端部梁高－2c－2d_v)

注:当$l<4h_b$时,上部钢筋可不在端部弯下,按伸至悬挑梁外端形式计算。

c.上部第二排纵筋

钢筋长度＝(延伸长度＋支座宽度)(或与跨中梁贯通)＋0.75l＋1.414(近似按上弯点处梁高－2c－2d_v－d_1－25)＋10d

注:当$l<5h_b$时,可不将钢筋在端部弯下,按伸至悬挑梁外端形式计算。

d.下部纵筋

$$钢筋长度＝(l-c)+15d$$

注意：从"图形语言"可知，除了在悬挑梁上部纵筋大样图直钩旁边标注了尺寸数据"≥12d"以外，在悬挑梁剖面图中上部纵筋的直钩一直通到梁底，所以正确的理解是钢筋的直钩一直通到梁底，同时"≥12d"。

【例2-26】 如图2-49所示为某纯悬挑梁平法施工图，一级抗震等级，一类环境，混凝土强度等级为C35，柱外侧纵筋直径 $d_c=25$ mm，柱箍筋直径 $d_{sv}=8$ mm，求悬挑梁钢筋长度。

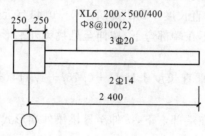

图2-49　XL6平法施工图

解：计算过程见表2-46。

表2-46　　　　　　　　　　　钢筋计算过程

计算 l_a、l_{ab}	查表1-8，得 $l_a=32d=32×20=640$ mm；查表1-5，得 $l_{ab}=32d=32×20=640$ mm
判断直锚/弯锚	支座 $h_c-c=500-20=480$ mm $<l_a=640$ mm，且 $h_c-c-d_{sv}-d_c-25=500-20-8-25-25=422$ mm $>0.4l_{ab}=0.4×640=256$ mm，故采用弯锚
上部钢筋 3Φ20	$l=(2\,400-250)=2\,150$ mm $<4h_b=4×550=2\,200$ mm，故上部钢筋全部伸至悬挑梁外端
	钢筋长度＝(锚入支座内平直长度+15d)+(l-c)+max[(端部梁高-2c-2d_v)，12d]
	锚固长度＝$422+15×20=722$ mm
	悬挑外端下弯＝max[(400-2×20-2×8)，12×20]=344 mm
	长度＝$722+(2\,150-20)+344=3\,196$ mm
	钢筋简图：300□　2 552　□344
下部钢筋 2Φ14	钢筋长度＝$(l-c)+15d$
	锚固长度＝$15×14=210$ mm
	钢筋长度＝$(2\,150-20)+210=2\,340$ mm
	钢筋简图：　　　2 340

【例2-27】 如图2-50所示为某纯悬挑梁平法施工图，三级抗震等级，一类环境，混凝土强度等级为C30，柱外侧纵筋直径 $d_c=22$ mm，柱箍筋直径 $d_{sv}=8$ mm，求悬挑梁钢筋长度。

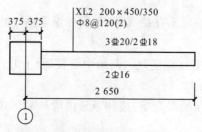

图2-50　XL2平法施工图

解：计算过程见表2-47。

表 2-47　　　　　　　　　　　　　　　　　钢筋计算过程

<table>
<tr><td colspan="2">计算 l_a、l_{ab}</td><td>查表1-8，得 $l_a=35d=35\times20=700$ mm；查表1-5，得 $l_{ab}=35d=35\times20=700$ mm</td></tr>
<tr><td colspan="2">判断直锚/弯锚</td><td>支座 $h_c-c=750-20=730$ mm$>l_a=700$ mm，故采用直锚</td></tr>
<tr><td rowspan="12">上部钢筋</td><td rowspan="4">第一排角部钢筋 2 ⏀ 20</td><td>钢筋长度 $=\max[l_a,(0.5h_c+5d)]+(l-c)+\max[(端部梁高-2c-2d_v),12d]$</td></tr>
<tr><td>直锚长度 $=\max[35\times20,(0.5\times750+5\times20)]=700$ mm</td></tr>
<tr><td>悬挑外端下弯 $=\max[(350-2\times20-2\times8),12\times20]=294$ mm</td></tr>
<tr><td>钢筋长度 $=700+(2\ 275-20)+294=3\ 249$ mm</td></tr>
<tr><td rowspan="5">第一排中间钢筋 1 ⏀ 20</td><td>$l=(2\ 650-375)=2\ 275$ mm$>4h_b=4\times450=1\ 800$ mm，故可在端部弯下</td></tr>
<tr><td>钢筋长度 $=\max[l_a,(0.5h_c+5d)]+(l-c)+0.414(端部梁高-2c-2d_v)$</td></tr>
<tr><td>直锚长度 $=\max[35\times20,(0.5\times750+5\times20)]=700$ mm</td></tr>
<tr><td>$0.414(端部梁高-2c-2d_v)=0.414\times(350-2\times20-2\times8)=122$ mm</td></tr>
<tr><td>钢筋长度 $=700+(2\ 275-20)+122=3\ 077$ mm</td></tr>
<tr><td rowspan="7">第二排钢筋 2 ⏀ 18</td><td>$l=(2\ 650-375)=2\ 275$ mm$>5h_b=5\times450=2\ 250$ mm，故可在端部弯下</td></tr>
<tr><td>上弯点处梁高 $=350+0.25\times2\ 275\times100/2\ 275=375$ mm</td></tr>
<tr><td>钢筋长度 $=\max[l_a,(0.5h_c+5d)]+0.75l+1.414(上弯点处梁高-2c-2d_v-d_1-25)+10d$</td></tr>
<tr><td>直锚长度 $=\max[35\times18,(0.5\times700+5\times18)]=630$ mm</td></tr>
<tr><td>$1.414(上弯点处梁高-2c-2d_v-d_1-25)=1.414\times(375-2\times20-2\times8-20-25)=387$ mm</td></tr>
<tr><td>平直长度 $=10d=10\times18=180$ mm</td></tr>
<tr><td>钢筋长度 $=630+0.75\times2\ 275+387+180=2\ 903$ mm</td></tr>
<tr><td rowspan="4">下部钢筋</td><td rowspan="4">2 ⏀ 16</td><td>钢筋长度 $=(l-c)+15d$</td></tr>
<tr><td>锚固长度 $=15\times16=240$ mm</td></tr>
<tr><td>长度 $=(2\ 275-20)+240=2\ 495$ mm</td></tr>
<tr><td>钢筋简图：　　　2 495</td></tr>
</table>

（第一排角部钢筋钢筋简图：2 955 ｜ 294；第一排中间钢筋钢筋简图：2 461 ⟍416/200；第二排钢筋钢筋简图：2 336 ⟍387/180）

【**例 2-28**】　如图 2-51 所示为某悬挑梁平法施工图，二级抗震等级，一类环境，混凝土强度等级为 C35，求悬挑梁钢筋长度。

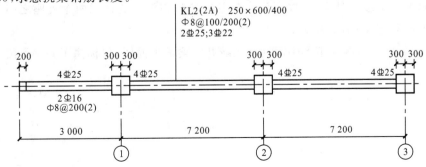

图 2-51　KL2(2A)平法施工图

解：计算过程见表 2-48。

表 2-48   钢筋计算过程

上部钢筋	第一排角部钢筋 2⏀25	第一排角部钢筋为上部贯通钢筋，伸至悬挑梁外端下弯到梁底，计算略
	第一排中间钢筋 2⏀25	$l=(3\ 000-300)=2\ 700\ \text{mm}>4h_b=4\times600=2\ 400\ \text{mm}$，故可在端部弯下
		钢筋长度＝（延伸长度＋支座宽度）＋$(l-c)$＋0.414（近似按端部梁高$-2c-2d_v$）
		延伸长度＝$(7\ 200-600)/3=2\ 200\ \text{mm}$ 0.414（端部梁高$-2c-2d_v$）＝$0.414\times(400-2\times20-2\times8)=142\ \text{mm}$
		钢筋长度＝$(2\ 200+600)+(2\ 700-20)+142=5\ 622\ \text{mm}$
		钢筋简图：$\underset{250}{\overset{486}{\diagup}}$ 4 886
下部钢筋	2⏀16	钢筋长度＝$(l-c)+15d$
		锚固长度＝$15\times16=240\ \text{mm}$
		长度＝$(2\ 700-20)+240=2\ 920\ \text{mm}$
		钢筋简图：2 920

2.3.6 井字梁 JZL 的构造

1.概述

井字梁 JZL 通常由非框架梁构成，并以框架梁为支座（特殊情况下以专门设置的非框架大梁为支座）。在此情况下，为明确区分井字梁与作为井字梁支座的梁，井字梁用单粗虚线表示（当井字梁顶面高出板面时可用单粗实线表示），作为井字梁支座的梁用双细虚线表示（当梁顶面高出板面时可用双细实线表示）。

在此所介绍的井字梁是指在同一矩形平面内相互正交所组成的结构构件，井字梁所分布的范围称为"矩形平面网格区域"（简称"网格区域"）。当在结构平面布置中仅有由四根框架梁框起的一片网格区域时，所有在该区域相互正交的井字梁均为单跨；当有多片网格区域相连时，贯通多片网格区域的井字梁为多跨梁，且相邻两片网格区域分界处即该井字梁的中间支座。对某根井字梁编号时，其跨数为其总支座数减1；在该梁的任意两个支座之间，无论有几根同类梁与其相交，均不作为支座。

如图 2-52 所示为两片矩形平面网格区域井字梁的平面图，仅标注了井字梁编号、序号和跨数。

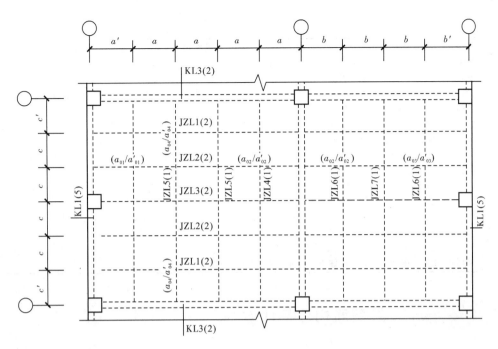

图 2-52 井字梁矩形平面网格区域

2. 井字梁 JZL 配筋构造

井字梁 JZL 配筋构造,见表 2-49。

表 2-49   井字梁 JZL 配筋构造

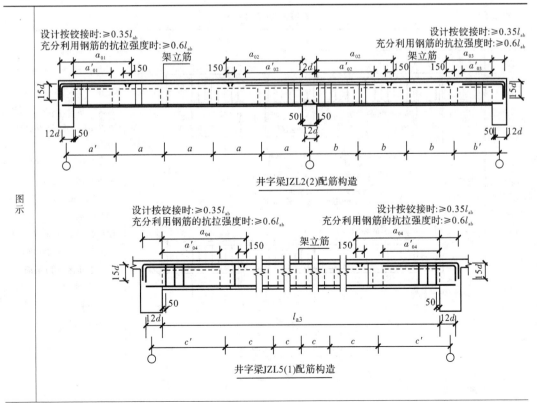

构造说明	(1)井字梁上部纵筋在端支座弯锚,当设计按铰接时,平直段伸至端支座对边后弯折,且平直段长度≥0.35l_{ab},弯折段长度15d(d为纵向钢筋直径);充分利用钢筋的抗拉强度时,直段伸至端支座对边后弯折,且平直段长度≥0.6l_{ab};弯折段长度15d;当直段长度不小于l_a时可不弯折。 (2)井字梁的端部支座和中间支座上部纵筋的伸出长度a_{0i}、a'_{0i}值,由设计者在原位加注具体数值时予以说明;梁的几何尺寸与配筋数值详见具体工程设计。 (3)设计还应注明纵横两个方向梁相交处同层面钢筋的上、下交错关系(梁上部或下部的同层面交错钢筋,何梁在上何梁在下),以及在该相交处两方向箍筋的布置要求。设计无具体说明时,井字梁上、下部纵筋均短跨在下,长跨在上;短跨梁箍筋在相交范围内通长设置;相交处两侧各附加3道箍筋,间距为50 mm,箍筋直径及肢数同梁内箍筋。 (4)当梁上部有通长钢筋时,连接位置宜位于跨中$l_{ni}/3$范围内;梁下部钢筋连接位置宜位于支座$l_{ni}/4$范围内;且在同一连接区段内钢筋接头面积百分率不宜大于50%。 (5)下部纵筋在端支座和中间支座的直锚长度为12d;当纵筋采用光面钢筋时,直锚长度为15d。 (6)架立筋与支座负筋的搭接长度为150 mm。 (7)从距支座边缘50 mm处开始布置第一个箍筋。 (8)井字梁的集中标注和原位标注方法与非框架梁相同

2.3.7 梁箍筋构造与计算

1. 梁箍筋构造

为了保证地震时框架节点核心区的安全性,框架梁每一跨的两端,箍筋必须进行加密。依据框架梁抗震等级的不同,箍筋加密区的长度也有所区别。

梁箍筋加密区构造见表2-50。

表2-50　　　　　　　　　　　　　　　梁箍筋加密区构造

类型	图示	构造
框架梁KL、WKL的箍筋加密区构造	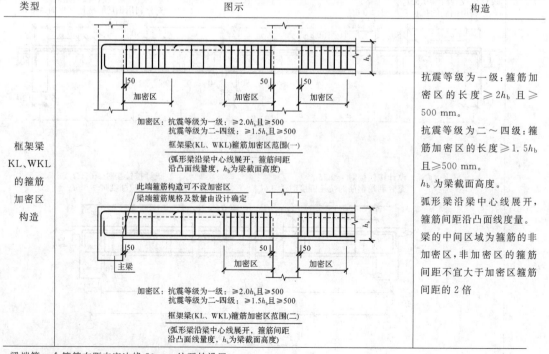	抗震等级为一级:箍筋加密区的长度≥2h_b且≥500 mm。 抗震等级为二~四级:箍筋加密区的长度≥1.5h_b且≥500 mm。 h_b为梁截面高度。 弧形梁沿梁中心线展开,箍筋间距沿凸面线度量。 梁的中间区域为箍筋的非加密区,非加密区的箍筋间距不宜大于加密区箍筋间距的2倍
梁端第一个箍筋在距支座边缘50 mm处开始设置		

2. 梁纵向钢筋与箍筋排布构造

梁横截面纵向钢筋与箍筋排布构造,如图2-53所示。图中标有$m/n(k)$,其中m为梁上部第一排纵筋根数,n为梁下部第一排纵筋根数,k为梁箍筋肢数。图2-53所示为$m \geqslant n$时的钢筋排布方案,当$m < n$时,可根据排布规则将图中纵筋上下换位后应用。

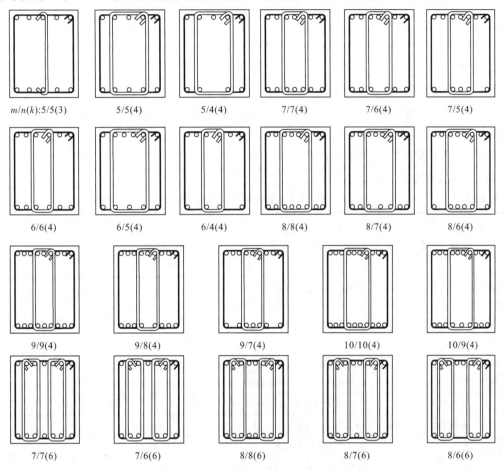

图 2-53 梁横截面纵向钢筋与箍筋排布构造

当梁箍筋为双肢箍筋时,梁上部纵筋、下部纵筋及箍筋的排布无关联,各自独立排布;当梁箍筋为复合箍筋时,梁上部纵筋、下部纵筋及箍筋的排布有关联,钢筋排布应按以下规则综合考虑:

①梁上部纵筋、下部纵筋及复合箍筋的排布应遵循对称均匀原则。

②梁复合箍筋应采用截面周边外封闭大箍加内封闭小箍的组合方式(大箍套小箍),内部复合箍筋可采用相邻两肢形成一个内封闭小箍的形式;当梁箍筋肢数≥6时,相邻两肢形成的内封闭小箍水平段尺寸较小,施工中不易加工及安装绑扎时,内部复合箍筋也可采用非相邻肢形成一个内封闭小箍的形式(连环套),但沿外封闭箍筋周边箍筋重叠不应多于三层。

③梁复合箍筋肢数易为双数,当复合箍筋的肢数为单数时,设一个单肢箍,单肢箍筋应同时钩住纵筋和外封闭箍筋。

④梁箍筋转角处应设有纵向钢筋,当箍筋上部转角处的纵筋未能贯通全跨时,在跨中上部可设置架立筋(架立筋的直径:当梁的跨度小于 4 m 时,不宜小于 8 mm;当梁的跨度为 4~6 m 时,不宜小于 10 mm;当梁的跨度大于 6 m 时,不宜小于 12 mm。架立筋与梁纵筋搭接长度为 150 mm)。

⑤梁上部通长筋应对称均匀设置,通长筋宜置于箍筋转角处。

⑥梁同一跨内各组箍筋的复合方式应完全相同,当同一组内复合箍筋各肢位置不能满足对称性要求时,此跨内每相邻两组箍筋各肢的安装绑扎位置应沿梁纵向交错对称排布。

⑦梁横截面纵筋与箍筋排布时,除考虑本跨内钢筋排布关联因素外,还应综合考虑相邻跨之间的关联影响。

框架梁箍筋加密区长度内的箍筋肢距:一级抗震等级,不宜大于 200 mm 和 20 倍箍筋直径的较大值;二、三级抗震等级,不宜大于 250 mm 和 20 倍箍筋直径的较大值;四级抗震等级,不宜大于 300 mm。

【例 2-29】 求例 2-13 框架梁的箍筋长度和箍筋根数。

解:计算过程见表 2-51。

表 2-51　　　　　　　　　　　例 2-13 框架梁箍筋计算过程

	箍筋长度	$2(b+h)-8c+27.13d=2(250+500)-8\times20+27.13\times8=1\ 557$ mm	
	箍筋加密区范围	$\max[1.5h_b,500]=\max[1.5\times500,500]=750$ mm	
第一跨	箍筋根数	梁一端加密区根数=(750-50)/100+1=8 根	
		按加密区箍筋根数反推实际加密区长度为 $l_1=(8-1)\times100+50=750$ mm 故实际非加密区长度为 $(5\ 400-250\times2)-750\times2=3\ 400$ mm 非加密区根数=3 400/200-1=16 根	箍筋简图: 319 460 / 210 / 568
		总根数=8×2+16=32 根	
	箍筋长度	$2(b+h)-8c+27.13d=2(250+700)-8\times20+27.13\times8=1\ 957$ mm	
	箍筋加密区范围	$\max[1.5h_b,500]=\max[1.5\times700,500]=1\ 050$ mm	
第二跨	箍筋根数	梁一端加密区根数=(1 050-50)/100+1=11 根	
		按加密区箍筋根数反推实际加密区长度为 $l_1=(11-1)\times100+50=1\ 050$ mm 故实际非加密区长度为 $(7\ 200-250\times2)-1\ 050\times2=4\ 600$ mm 非加密区根数=4 600/200-1=22 根	箍筋简图: 319 660 / 210 / 768
		总根数=11×2+22=44 根	
第三跨	箍筋根数	同第一跨	

【例 2-30】 求例 2-14 框架梁的箍筋长度和箍筋根数。

解:计算过程见表 2-52。

表 2-52　　　　　　　　　　　　　　　钢筋计算过程

第一跨	箍筋长度	$2(b+h)-8c+27.13d=2(250+600)-8\times20+27.13\times8=1\ 757$ mm
	箍筋加密区范围	$\max[1.5h_b,500]=\max[1.5\times600,500]=900$ mm
	箍筋根数	梁一端加密区根数=$(900-50)/100+1=10$ 根 按加密区箍筋根数反推实际加密区长度为 $l_1=(10-1)\times100+50=950$ mm 故实际非加密区长度为 $(7\ 200-300\times2)-950\times2=4\ 700$ mm 非加密区根数=$4\ 700/200-1=23$ 根
		总根数=$10\times2+23=43$ 根
第二跨	箍筋长度	$2(b+h)-8c+27.13d=2(400+600)-8\times20+27.13\times8=2\ 057$ mm
	箍筋加密区范围	$\max[1.5h_b,500]=\max[1.5\times600,500]=900$ mm
	箍筋根数	梁一端加密区根数=$(900-50)/100+1=10$ 根 按加密区箍筋根数反推实际加密区长度为 $l_1=(10-1)\times100+50=950$ mm 故实际非加密区长度为 $(5\ 700-300\times2)-950\times2=3\ 200$ mm 非加密区根数=$3\ 200/200-1=15$ 根
		总根数=$10\times2+15=35$ 根
第三跨	箍筋长度	$2(b+h)-8c+27.13\ d=2(250+600)-8\times20+27.13\times8=1\ 757$ mm
	箍筋加密区范围	$\max[1.5h_b,500]=\max[1.5\times600,500]=900$ mm
	箍筋根数	梁一端加密区根数=$(900-50)/100+1=10$ 根 按加密区箍筋根数反推实际加密区长度为 $l_1=(10-1)\times100+50=950$ mm 故实际非加密区长度为 $(6\ 900-300\times2)-950\times2=4\ 400$ mm 非加密区根数=$4\ 400/200-1=21$ 根
		总根数=$10\times2+21=41$ 根

箍筋简图（第一跨）：
560　319　210　898

箍筋简图（第二跨）：
560　469　360　898

箍筋简图（第三跨）：
560　319　210　898

【例 2-31】　如图 2-54 所示为某屋面框架梁平法施工图,一级抗震等级,一类环境,混凝土强度等级为 C35,求箍筋长度和箍筋根数。

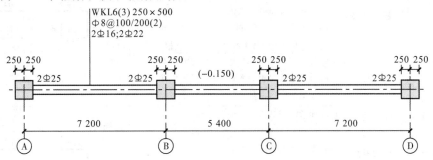

图 2-54　框架梁 WKL6 平法施工图

解:计算过程见表 2-53。

表 2-53　　　　　　　　　　　　　　钢筋计算过程

箍筋长度	$2(b+h)-8c+27.13d=2(250+500)-8\times20+27.13\times8=1\ 557$ mm	
箍筋加密区范围	$\max[2h_b,500]=\max[2\times500,500]=1\ 000$ mm	
第一跨	箍筋根数	梁一端加密区根数＝$(1\ 000-50)/100+1=11$ 根
		按加密区箍筋根数反推实际加密区长度为 $l_1=(11-1)\times100+50=1\ 050$ mm 故实际非加密区长度为 $(7\ 200-250\times2)-1\ 050\times2=4\ 600$ mm 非加密区根数＝$4\ 600/200-1=22$ 根
		总根数＝$11\times2+22=44$ 根
第二跨	箍筋根数	梁一端加密区根数＝$(1\ 000-50)/100+1=11$ 根
		按加密区箍筋根数反推实际加密区长度为 $l_1=(11-1)\times100+50=1\ 050$ mm 故实际非加密区长度为 $(5\ 400-250\times2)-1\ 050\times2=2\ 800$ mm 非加密区根数＝$2\ 800/200-1=13$ 根
第三跨	箍筋根数	同第一跨

箍筋简图：
319
460　210　568

箍筋简图：
319
460　210　568

【例 2-32】 求例 2-21 框架梁的箍筋长度和箍筋根数。

解：计算过程见表 2-54。

表 2-54　　　　　　　　　　　　　　钢筋计算过程

箍筋长度	外封闭大箍长度＝$2(b+h)-8c+27.13d=2(250+600)-8\times20+27.13\times8=$ $1\ 757$ mm 内封闭小箍长度＝$2(h-2c)+2\{[(b-2c-2d-D)/$间距个数$]\times$内箍占间距个数$+D+2d\}+27.13d=2(600-2\times20)+2\{[(250-2\times20-2\times8-22)/3]\times1+22+2\times8\}+27.13\times8=1\ 528$ mm	
箍筋加密区范围	$\max[1.5h_b,500]=\max[1.5\times600,500]=900$ mm	
第一跨	箍筋根数	梁一端加密区根数＝$(900-50)/100+1=10$ 根
		按加密区箍筋根数反推实际加密区长度为 $l_1=(10-1)\times100+50=950$ mm 故实际非加密区长度为 $(6\ 600-300\times2)-950\times2=4\ 100$ mm 非加密区根数＝$4\ 100/200-1=20$ 根
		外封闭大箍总根数＝$10\times2+20=40$ 根
		内封闭小箍总根数＝$10\times2+20=40$ 根
第二跨	箍筋根数	梁一端加密区根数＝$(900-50)/100+1=10$ 根
		按加密区箍筋根数反推实际加密区长度为 $l_1=(10-1)\times100+50=950$ mm 故实际非加密区长度为 $(5\ 700-300\times2)-950\times2=3\ 200$ mm 非加密区根数＝$3\ 200/200-1=15$ 根
		外封闭大箍总根数＝$10\times2+15=35$ 根
		内封闭小箍总根数＝$10\times2+15=35$ 根

箍筋简图：
319　　　　204
560　210　668　　560　96　668

箍筋简图：
319　　　　204
560　210　668　　560　96　668

第三跨	箍筋根数	梁一端加密区根数＝(900−50)/100＋1＝10 根	
		按加密区箍筋根数反推实际加密区长度为 l_1＝(10−1)×100＋50＝950 mm 故实际非加密区长度为 (6 000−300×2)−950×2＝3 500 mm 非加密区根数＝3 500/200−1＝17 根	箍筋简图： 319　　　204 560 210 668　560 96 668
		外封闭大箍总根数＝10×2＋17＝37 根	
		内封闭小箍总根数＝10×2＋17＝37 根	

【例 2-33】 求例 2-23 非框架梁的箍筋长度和箍筋根数。

解：计算过程见表 2-55。

表 2-55　　　　　　　　　　　　　　钢筋计算过程

第一跨	箍筋长度	$2(b+h)-8c+17.13d=2(200+450)-8×20+17.13×8=$ 1 277 mm	箍筋简图： 229 410 160 478
	箍筋根数	根数＝(5 100−200×2−50×2)/200＋1＝24 根	
第二跨	箍筋长度	$2(b+h)-8c+17.13d=2(200+250)-8×20+17.13×8=$ 877 mm	箍筋简图： 229 210 160 278
	箍筋根数	根数＝(4 500−200×2−50×2)/200＋1＝21 根	

2.4　工程实例

某框架梁平法标注如图 2-55 所示，混凝土等级为 C40，抗震等级一级，一类环境，板厚为 100 mm，柱外侧纵筋直径为 22 mm，柱箍筋直径 d_{sv}＝8 mm，钢筋定尺长度为 9 000 mm，机械连接，求梁内钢筋长度及根数。

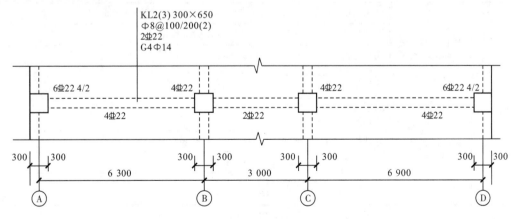

图 2-55　KL2 平法施工图

解：计算过程见表 2-56。

表 2-56		框架梁 KL2 钢筋计算过程
端支座锚固类型判断	计算 l_{aE}、l_{abE}	查表 1-9,得 $l_{aE}=33d=33\times22=726$ mm;查表 1-6,得 $l_{abE}=33d=33\times22=726$ mm
	判断直锚/弯锚	支座 $h_c-c=600-20=580$ mm$<l_{aE}=726$ mm,且 $h_c-c-d_{sv}-d_c-25=600-20-8-22-25=525$ mm$>0.4l_{abE}=0.4\times726=290$ mm,故采用弯锚
上部通长筋(2 根)	支座 A	锚固长度 $=(h_c-c-d_{sv}-d_c-25)+15d=525+15\times22=855$ mm
	支座 D	锚固长度 $=(h_c-c-d_{sv}-d_c-25)+15d=525+15\times22=855$ mm
	A、D 支座间	净距 $=6\,300-300+3\,000+6\,900-300=15\,600$ mm
	通长筋	总长度 $=855+15\,600+855=17\,310$ mm
		钢筋简图: 330 ⌐————— 16 650 —————⌐ 330
支座 A 负筋	支座 A 第一排负筋(2 根)	锚固长度 $=(h_c-c-d_{sv}-d_c-25)+15d=515+15\times22=855$ mm
		延伸长度 $=l_n/3=(6\,300-300-300)/3=1\,900$ mm
		负筋总长度 $=855+1\,900=2\,755$ mm
		钢筋简图: 330 ⌐———— 2 425
	支座 A 第二排负筋(2 根)	锚固长度 $=(h_c-c-d_{sv}-d_c-25-d_1-25)+15d=(600-20-8-22-25-22-25)+15\times22=808$ mm
		延伸长度 $=l_n/4=(6\,300-300-300)/4=1\,425$ mm
		负筋总长度 $=808+1\,425=2\,233$ mm
		钢筋简图: 330 ⌐——— 1 903
中间 B、C 支座负筋(2 根)(贯通第二跨)	伸入第一跨	延伸长度 $=l_n/3=(6\,300-300-300)/3=1\,900$ mm
	伸入第三跨	延伸长度 $=l_n/3=(6\,900-300-300)/3=2\,100$ mm
	中间支座	负筋总长度 $=1\,900+300+3\,000+300+2\,100=7\,600$ mm
		钢筋简图: ————— 7 600
支座 D 负筋	支座 D 第一排负筋(2 根)	锚固长度 $=(h_c-c-d_{sv}-d_c-25)+15d=525+15\times22=855$ mm
		延伸长度 $=l_n/3=(6\,900-300-300)/3=2\,100$ mm
		负筋总长度 $=855+2\,100=2\,955$ mm
		钢筋简图: 2 625 ————⌐ 330
	支座 D 第二排负筋(2 根)	锚固长度 $=(h_c-c-d_{sv}-d_c-25-d_1-25)+15d=(600-20-8-22-25-22-25)+15\times22=808$ mm
		延伸长度 $=l_n/4=(6\,900-300-300)/4=1\,575$ mm
		负筋总长度 $=808+1\,575=2\,383$ mm
		钢筋简图: 2 053 ———⌐ 330
第一跨构造纵筋(4 根)	支座 A	锚固长度 $=15d=15\times14=210$ mm
	支座 B	锚固长度 $=15d=15\times14=210$ mm
	侧面构造筋	总长度 $=210+(6\,300-300-300)+210=6\,120$ mm
		钢筋简图: ———— 6 120

第二跨构造纵筋（4根）	支座B	锚固长度＝$15d$＝15×14＝210 mm	
	支座C	锚固长度＝$15d$＝15×14＝210 mm	
	侧面构造筋	总长度＝210＋（3 000－300－300）＋210＝2 820 mm	
		钢筋简图： 2 820	
第三跨构造纵筋（4根）	支座C	锚固长度＝$15d$＝15×14＝210 mm	
	支座D	锚固长度＝$15d$＝15×14＝210 mm	
	侧面构造筋	总长度＝210＋（6 900－300－300）＋210＝6 720 mm	
		钢筋简图： 2 820	
下部通长筋（4根）	支座A	支座h_c-c＝600－20＝580 mm＜l_{aE}＝726 mm 伸至梁上部第二排纵筋钩段内侧：$h_c-c-d_{sv}-d_c-25-d_1-25-d_1-25$＝600－20－8－22－25－22－25－22－25＝431 mm＞ $0.4l_{abE}$＝0.4×726＝290 mm，故采用弯锚 锚固长度＝431＋15×22＝761 mm	
	支座D	锚固长度＝431＋15×22＝761 mm	
	通长筋	总长度＝761＋（6 300－300＋3 000＋6 900－300）＋761＝17 122 mm	
		钢筋简图：330 16 462 330	
箍筋长度		$2(b+h)-8c+27.13d$＝2（300＋650）－8×20＋27.13×8＝1 957 mm	箍筋简图： 369 610 260 718
		箍筋加密区范围＝$\max(2.0h_b,500)$＝1 300 mm	
箍筋根数	第一跨	一端加密区根数＝（1 300－50）/100＋1＝14 根 按加密区箍筋根数反推实际加密区长度为 l_1＝（14－1）$\times100$＋50＝1 350 mm 故实际非加密区长度为 （6 300－300$\times2$）－1 350$\times2$＝3 000 mm 非加密根数＝3 000/200－1＝14 根	
	第二跨	第二跨净长＝2 400 mm＜1 300$\times2$＝2 600 mm，故全跨加密 （2 400－50－50）/100＋1＝24 根	
	第三跨	一端加密区根数＝（1 300－50）/100＋1＝14 根 按加密区箍筋根数反推实际加密区长度为 l_1＝（14－1）$\times100$＋50＝1 350 mm 故实际非加密区长度为 （6 900－300$\times2$）－1 350$\times2$＝3 600 mm 非加密根数＝3 600/200－1＝17 根	
	总计	（14$\times2$＋14）＋24＋（14$\times2$＋17）＝111 根	
拉筋长度	拉筋同时勾住纵筋和箍筋（φ8）	$b-2c+2d_{箍筋}+27.13d$＝300－2$\times20$＋2$\times8$＋27.13$\times8$＝493 mm	拉筋简图 109 276 109

续表

	拉筋间距	拉筋间距为非加密区箍筋间距的两倍,上下两排拉筋竖向错开设置(隔一拉一)
拉筋根数	第一跨	上排:(6 300−300−300−50−50)/400+1=15 根 下排:(6 300−300−300−50−50)/400=14 根
	第二跨	上排:(3 000−300−300−50−50)/400+1=7 根 下排:(3 000−300−300−50−50)/400=6 根
	第三跨	上排:(6 900−300−300−50−50)/400+1=17 根 下排:(6 900−300−300−50−50)/400=16 根
	总计	(15+14)+(7+6)+(17+16)=75 根

复习思考题

1.梁构件分为哪几类?梁内钢筋种类有哪些?

2.梁构件的平法注写方式有几种?采用最多的是哪一种?

3.梁构件的平面注写方式有哪两种标注?各包括哪些内容?

4.简述楼层框架梁纵筋构造。

5.简述框架梁侧面纵向构造钢筋和拉筋构造。

6.梁侧面纵向构造钢筋的设置条件、间距、直径的取值是什么?

7.梁侧面纵向构造钢筋和受扭纵筋的搭接与锚固长度有何不同?

8.简述屋面框架梁纵筋构造。

9.楼面框架梁与屋面框架梁有何区别?

10.屋面框架梁纵筋边柱构造有哪两种形式?

11.简述非框架梁纵筋构造。

12.简述纯悬挑梁及外伸悬挑梁配筋构造。

13.简述井字梁配筋构造。

14.简述框架梁 KL、WKL 的箍筋加密区构造。

15.简述梁的附加箍筋和附加吊筋构造。

习　题

1.已知某结构楼层框架梁 KL1 的平法施工图如图 2-56 所示,混凝土强度等级为 C30,抗震等级为三级,一类环境,柱外侧纵筋直径 d_c=22 mm,柱箍筋直径 d_{sv}=8 mm,钢筋定尺长度为 9 000 mm。试计算梁内钢筋长度及根数。

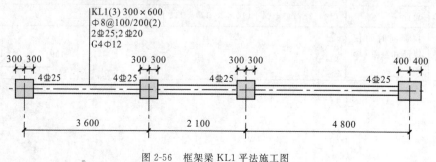

图 2-56　框架梁 KL1 平法施工图

2. 如图 2-57 所示为某框架梁平法施工图，一级抗震等级，一类环境，混凝土强度等级为 C35，柱外侧纵筋直径 $d_c = 22$ mm，柱箍筋直径 $d_{sv} = 8$ mm，钢筋定尺长度为 9 000 mm。试计算梁内钢筋长度及根数。

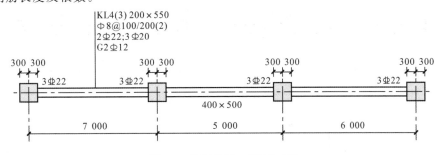

图 2-57　框架梁 KL4 平法施工图

3. 如图 2-58 所示为某框架梁平法施工图，二级抗震等级，一类环境，混凝土强度等级为 C30，柱外侧纵筋直径 $d_c = 25$ mm，柱箍筋直径 $d_{sv} = 8$ mm，钢筋定尺长度为 9 000 mm。试计算梁内钢筋长度及根数。

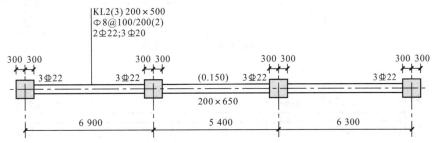

图 2-58　框架梁 KL2 平法施工图

4. 已知某结构屋面框架梁 WKL1 的平法施工图，如图 2-59 所示，混凝土强度等级为 C30，抗震等级为一级，一类环境，柱外侧纵筋直径 $d_c = 20$ mm，柱箍筋直径 $d_{sv} = 8$ mm，钢筋定尺长度为 9 000 mm。试计算梁内钢筋长度及根数。

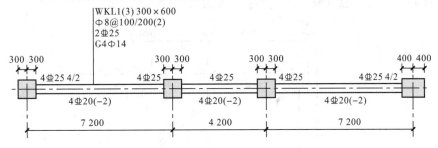

图 2-59　框架梁 WKL1 平法施工图

5. 已知某结构屋面框架梁 WKL2 的平法施工图，如图 2-60 所示，中间跨屋面框架梁比两侧跨梁高 0.1 m，混凝土强度等级为 C30，抗震等级为一级，一类环境，柱外侧纵筋直径 $d_c = 25$ mm，柱箍筋直径 $d_{sv} = 8$ mm，钢筋定尺长度为 9 000 mm。试计算梁内钢筋长度及根数。

6. 如图 2-61 所示为某屋面框架梁平法施工图，三级抗震等级，一类环境，混凝土强度等级为 C30，柱外侧纵筋直径 $d_c = 25$ mm，柱箍筋直径 $d_{sv} = 8$ mm，钢筋定尺长度为 9 000 mm。试计算梁内钢筋长度及根数。

7. 已知某结构非框架梁 L1 平法施工图如图 2-62 所示，一类环境，混凝土强度等级为 C30，钢筋定尺长度为 9 000 mm。试计算梁内钢筋长度及根数。

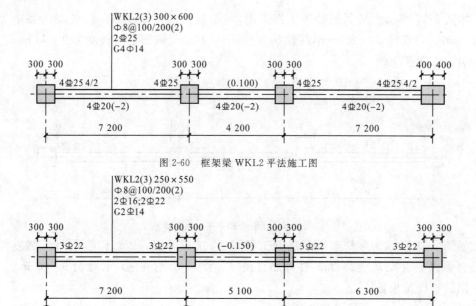

图 2-60　框架梁 WKL2 平法施工图

图 2-61　某屋面框架梁平法施工图

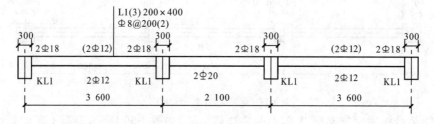

图 2-62　非框架梁 L1 平法施工图

8. 如图 2-63 所示为某房屋非框架梁平法施工图，二类环境，混凝土强度等级为 C30，钢筋定尺长度为 9 000 mm。试计算梁内钢筋长度及根数。

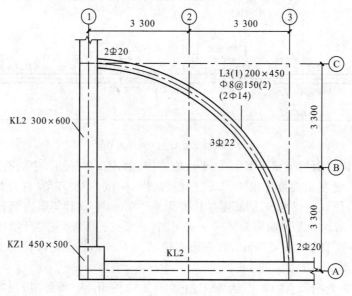

图 2-63　某房屋非框架梁平法施工图

9. 如图 2-64 所示为某纯悬挑梁平法施工图,三级抗震等级,一类环境,混凝土强度等级为 C35,柱外侧纵筋直径 $d_c = 25$ mm,柱箍筋直径 $d_{sv} = 8$ mm,钢筋定尺长度为 9 000 mm。试计算梁内钢筋长度及根数。

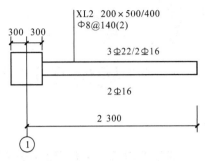

图 2-64　纯悬挑梁 XL2 平法施工图

10. 如图 2-65 所示为某框架梁平法施工图,二级抗震等级,一类环境,混凝土强度等级为 C35,柱外侧纵筋直径 $d_c = 22$ mm,柱箍筋直径 $d_{sv} = 8$ mm,钢筋定尺长度为 9 000 mm。试计算梁内钢筋长度及根数。

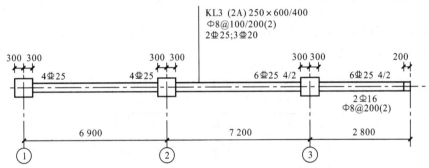

图 2-65　框架梁 KL3 平法施工图

第3章

柱构件平法识图与钢筋计算

微课2

3.1 柱构件基本知识

3.1.1 柱构件知识体系

柱构件知识体系可概括为三个方面：柱构件的分类、柱内钢筋的分类、柱构件的各种情况，如图 3-1 所示。

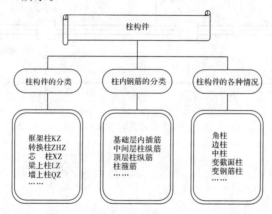

图 3-1 柱构件知识体系

1.柱构件的分类

常见的钢筋混凝土柱构件有框架柱 KZ、转换柱 ZHZ、芯柱 XZ、梁上柱 LZ 和墙上柱 QZ，见表 3-1。

表 3-1 柱构件分类

柱构件名称	图示	特征
框架柱 KZ	框架柱	在框架结构中承受梁和板传来的荷载，并将荷载传给基础，是主要的竖向受力构件

柱构件名称	图示	特征
转换柱 ZHZ		由于建筑功能的要求,下部需要大空间,上部部分竖向构件不能直接连续贯通落地,而需要通过水平转换结构与下部竖向构件连接。当布置的转换梁支撑上部的剪力墙时,转换梁也称框支梁,支撑框支梁的柱子就叫作转换柱
芯柱 XZ		由柱内侧钢筋围成的柱称之为芯柱,它不是一根独立的柱子,在建筑外表是看不到的,隐藏在柱内
梁上柱 LZ 墙上柱 QZ		柱的生根不在基础而在梁上的柱称之为梁上柱;柱的生根不在基础而在墙上的柱称之为墙上柱;主要出现在建筑物上、下结构或建筑布局发生变化时

2. 柱内钢筋的分类

钢筋混凝土柱内钢筋主要由纵筋和箍筋组成,如图 3-2 所示。

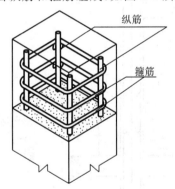

图 3-2　柱内钢筋的纵筋和箍筋

框架柱的钢筋骨架分类,见表 3-2。

表 3-2　　　　　　　　　　　　　　框架柱的钢筋骨架分类

钢筋名称	钢筋位置	钢筋详称	钢筋名称	钢筋位置	钢筋详称
纵筋	基础层	柱插筋	箍筋	基础层	插筋范围箍筋
	中间层	柱身纵筋		柱根以上加密区	加密区箍筋
	顶层	柱顶层纵筋		柱根以上非加密区	非加密区箍筋

3. 柱构件的各种情况

框架柱按所处的位置不同分为中柱、边柱和角柱三种,如图 3-3 所示。一根柱在某个部位由于受力不同或考虑其他因素,可能会采取变截面尺寸、变钢筋根数和直径的情况等。

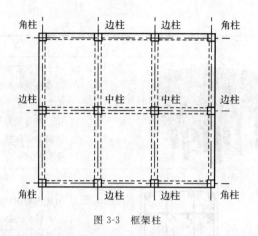

图 3-3　框架柱

柱构件平法施工图概述

1. 柱构件传统施工图的表达方式

传统框架施工图通常有两种表达方式，整榀出图和梁柱拆开分别出图。无论哪种方式，均需对应每一榀框架中的柱构件或拆开后的柱构件，依照编号顺序逐个绘制配筋详图，这样整个框架施工图表达烦琐，图纸量巨大。图 3-4 是一根传统柱构件的配筋表达方式。

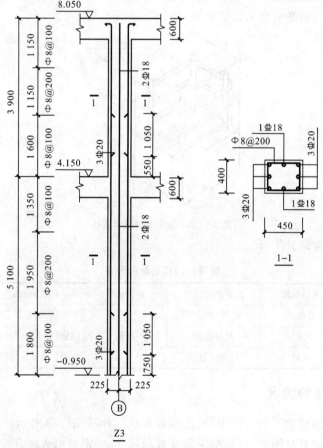

图 3-4　传统柱构件的配筋表达方式

2.柱构件平法施工图的表达方式

如图 3-5 所示为柱构件平法施工图列表注写方式示例。

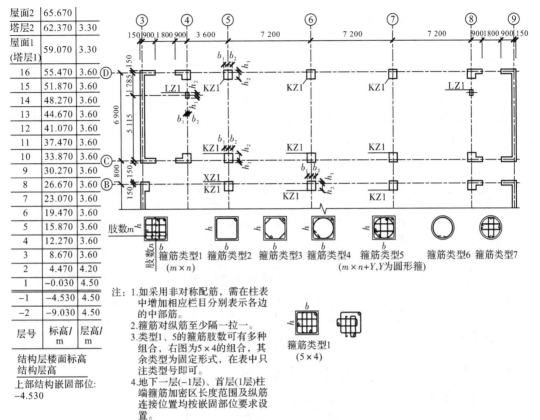

注：1.如采用非对称配筋，需在柱表
中增加相应栏目分别表示各边
的中部筋。
2.箍筋对纵筋至少隔一拉一。
3.类型1、5的箍筋肢数可有多种
组合，右图为5×4的组合，其
余类型为固定形式，在表中只
注类型号即可。
4.地下一层(-1层)、首层(1层)柱
端箍筋加密区长度范围及纵筋
连接位置均按嵌固部位要求设
置。

柱号	标高	$b \times h$（圆柱直径D）	b_1	b_2	h_1	h_2	全部纵筋	角筋	b边一侧中部筋	h边一侧中部筋	箍筋类型号	箍筋	备注
KZ1	-4.530~-0.030	750×700	375	375	150	550	28Φ25				1(6×6)	Φ10@100/200	
	-0.030~19.470	750×700	375	375	150	550	24Φ25				1(5×4)	Φ10@100/200	—
	19.470~37.470	650×600	325	325	150	450		4Φ22	5Φ22	4Φ20	1(4×4)	Φ10@100/200	
	37.470~59.070	550×500	275	275	150	350		4Φ22	5Φ22	4Φ20	1(4×4)	Φ8@100/200	
XZ1	-4.530~8.670						8Φ25				按标准构造详图	Φ10@100	③×Ⓑ轴KZ1中设置

−4.530~59.070柱平法施工图(局部)

图 3-5　柱构件平法施工图列表注写方式

3.2　柱构件平法识图

柱构件的平法表达方式分为列表注写方式和截面注写方式两种，在实际工程中，这两种表达方式均广泛应用。

3.2.1 柱构件列表注写方式与识图

1. 柱构件列表注写方式

柱构件列表注写方式是在柱平面布置图上（一般只需采用适当比例绘制一张柱构件平面图，包括框架柱、框支柱、梁上柱与剪力墙上柱），分别在同一编号的柱构件中选择一个（有时需要选择几个）截面标注几何参数代号；在柱表中注写柱编号、柱段起止标高、几何尺寸（含柱截面对柱线的偏心情况）与配筋的具体数值，并配以各种柱构件截面形状及其箍筋类型图的方式，来表达柱构件平法施工图，如图 3-5 所示。

如图 3-6 所示，阅读列表注写方式表达的柱构件，要从 4 个方面结合图、表进行，见表 3-3。

表 3-3 柱列表注写方式与识图

内容	说明
柱平面图	柱平面图上注明了本图适用的标高范围，根据这个标高范围，结合"层高与标高表"，就知道柱构件在标高上位于的楼层
层高与标高表	层高与标高表用于和柱平面图、柱表对照使用
箍筋类型图	箍筋类型图主要用于表示工程中要用到的各种箍筋组合方式，具体每个柱构件采用哪种，需要在柱列表中注明
柱表	柱表用于说明柱构件的各个数据，包括标高、截面尺寸、配筋等

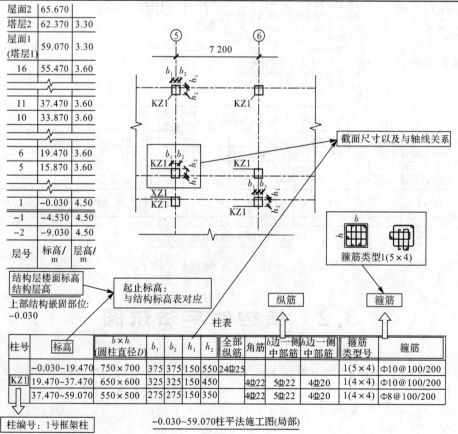

柱号	标高	$b \times h$ （圆柱直径D）	b_1	b_2	h_1	h_2	全部纵筋	角筋	b边一侧中部筋	h边一侧中部筋	箍筋类型号	箍筋
KZ1	-0.030~19.470	750×700	375	375	150	550	24Φ25				1(5×4)	Φ10@100/200
	19.470~37.470	650×600	325	325	150	450		4Φ22	5Φ22	4Φ20	1(4×4)	Φ10@100/200
	37.470~59.070	550×500	275	275	150	350		4Φ22	5Φ22	4Φ20	1(4×4)	Φ8@100/200

柱编号：1号框架柱

−0.030~59.070柱平法施工图（局部）

图 3-6　KZ1 列表注写方式

2.柱构件列表注写方式识图要点

(1)截面尺寸

矩形截面尺寸用 $b×h$ 表示，$b=b_1+b_2$，$h=h_1+h_2$，其中，b_1，b_2，h_1，h_2 表示矩形柱与轴线的位置关系；圆形柱截面尺寸由"D"打头注写圆形柱直径，为表达简单，也用 b_1，b_2，h_1，h_2 表示圆形柱与轴线的位置关系，并使 $d=b_1+b_2=h_1+h_2$，如图 3-7 所示。

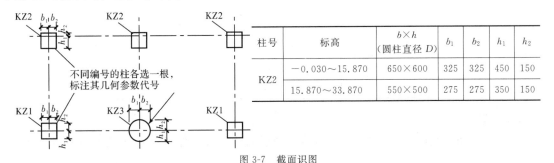

柱号	标高	$b×h$ (圆柱直径 D)	b_1	b_2	h_1	h_2
KZ2	$-0.030\sim15.870$	$650×600$	325	325	450	150
	$15.870\sim33.870$	$550×500$	275	275	350	150

图 3-7　截面识图

(2)芯柱

①如果某柱内部的中心位置设置芯柱，则在柱平面图引出芯柱编号。

②芯柱的起止标高按设计标注，如图 3-8 所示。

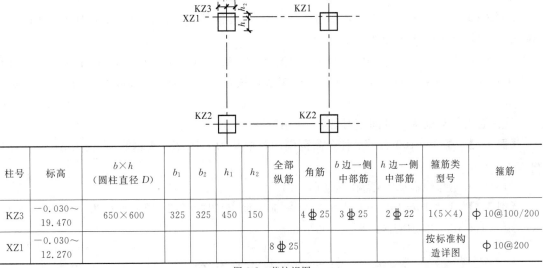

柱号	标高	$b×h$ (圆柱直径 D)	b_1	b_2	h_1	h_2	全部 纵筋	角筋	b 边一侧 中部筋	h 边一侧 中部筋	箍筋类 型号	箍筋
KZ3	$-0.030\sim$ 19.470	$650×600$	325	325	450	150		4 Φ 25	3 Φ 25	2 Φ 22	1(5×4)	Φ 10@100/200
XZ1	$-0.030\sim$ 12.270						8 Φ 25				按标准构 造详图	Φ 10@200

图 3-8　芯柱识图

③芯柱截面尺寸按构造确定，如图 3-9 所示；当设计采用不同做法时，应另行注明。

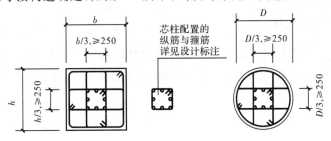

图 3-9　芯柱截面尺寸及配筋构造

芯柱定位随框架柱,不需要注写其与轴线的几何关系。

④芯柱配筋,由设计者确定。

(3)纵筋

当柱(包括矩形柱、圆柱和芯柱)纵筋直径相同,各边根数也相同时,将纵筋注写在"全部纵筋"一栏中;除此之外,柱纵筋分角筋、截面 b 边一侧中部筋和 h 边一侧中部筋三项分别注写(对于采用对称配置的矩形截面柱,可仅注写一侧中部筋,对称边省略不注),见表3-4。

表 3-4　　　　　　　　　　　　柱纵筋标注识图

柱号	标高	$b×h$ (圆柱直径 D)	b_1	b_2	h_1	h_2	全部 纵筋	角筋	b 边一侧 中部筋	h 边一侧 中部筋
KZ1	−0.030～19.470	600×600	300	300	300	300		4ϕ25	3ϕ25	2ϕ22
KZ2	−0.030～19.470	500×500	250	250	250	250	12ϕ25			

(4)箍筋

①注写箍筋类型号及箍筋肢数,在箍筋类型栏内注写并绘制柱截面形状及其箍筋类型号与肢数。

②注写柱箍筋,包括钢筋级别、直径与间距。

当为抗震设计时,用斜线"/"区分柱端箍筋加密区与柱身非加密区长度范围内箍筋的不同间距。当框架节点核芯区内箍筋与柱端箍筋设置不同时,应在括号中注明核芯区箍筋直径及间距。

【例 3-1】　10@100/200 表示箍筋为 HPB300 级钢筋,直径为 ϕ10 mm,加密区间距为 100 mm,非加密区间距为 200 mm。

ϕ10@100/200(ϕ12@100)表示柱中箍筋为 HPB300 级钢筋,直径为 ϕ10 mm,加密区间距为 100 mm,非加密区间距为 200 mm。框架节点核芯区箍筋为 HPB300 级钢筋,直径为 ϕ12 mm,间距为 100 mm。

当箍筋沿柱全高为一种间距时,则不使用"/"线。

【例 3-2】　ϕ10@100 表示沿柱全高范围内箍筋均为 HRB335 级钢筋,直径为 ϕ10 mm,间距为 100 mm。

当圆柱采用螺旋箍筋时,需在箍筋前加"L"。

【例 3-3】　Lϕ10@100/200 表示采用螺旋箍筋,HPB300 级钢筋,直径为 ϕ10 mm,加密区间距为 100 mm,非加密区间距为 200 mm。

3.2.2　柱构件截面注写方式与识图

1. 柱构件截面注写方式

柱构件截面注写方式是在柱构件平面布置图的柱截面上,分别从同一编号的柱构件中选择一个截面,以直接注写截面尺寸和配筋具体数值的方式来表达柱构件平法施工图,如图3-10 所示。

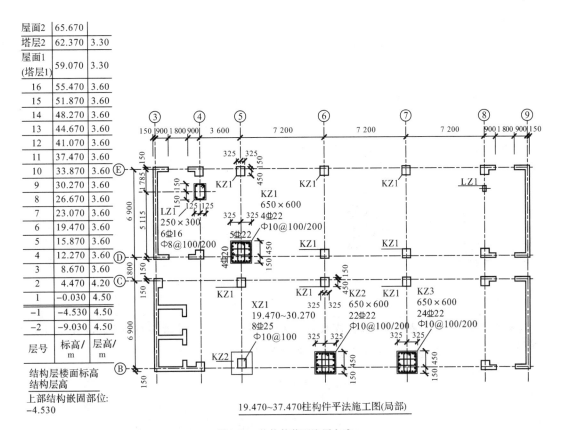

层号	标高/m	层高/m
屋面2	65.670	
塔层2	62.370	3.30
屋面1(塔层1)	59.070	3.30
16	55.470	3.60
15	51.870	3.60
14	48.270	3.60
13	44.670	3.60
12	41.070	3.60
11	37.470	3.60
10	33.870	3.60
9	30.270	3.60
8	26.670	3.60
7	23.070	3.60
6	19.470	3.60
5	15.870	3.60
4	12.270	3.60
3	8.670	3.60
2	4.470	4.20
1	-0.030	4.50
-1	-4.530	4.50
-2	-9.030	4.50
层号	标高/m	层高/m

结构层楼面标高
结构层高

上部结构嵌固部位：
-4.530

19.470~37.470柱构件平法施工图(局部)

图 3-10　柱构件截面注写方式

如图 3-10 所示,柱构件截面注写方式的识图,应从柱构件平面图和层高标高表两个方面对照阅读。

2. 柱构件截面注写方式识图

(1)纵筋直径相同

从相同编号的柱构件中选择一个截面,按另一种比例原位放大绘制柱构件截面配筋图,并在各配筋图上继其编号后再注写截面尺寸 $b \times h$、全部纵筋、箍筋的具体数值,以及在柱构件截面配筋图上标注柱构件截面与轴线关系 b_1,b_2,h_1,h_2 的具体数值。

以图 3-11 所示为例,介绍 KZ2 柱构件平法施工图截面注写方式的识图。

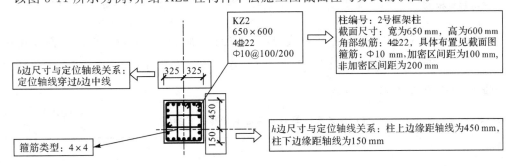

图 3-11　KZ2 截面注写方式的识图

109

（2）纵筋直径不相同

当纵筋采用两种直径时，先在集中标注中注写角筋，然后再注写截面各边中部筋的具体数值；对于采用对称配筋的矩形截面柱，可仅在一侧注写中部筋，对称边省略不注。

以图 3-12 所示为例，介绍 KZ1 柱构件平法施工图截面注写方式的识图。

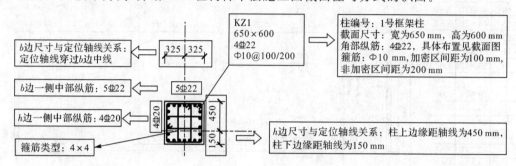

图 3-12　KZ1 截面注写方式的识图

（3）芯柱

有些框架柱在一定高度范围内，需要在其内部的中心位置设置芯柱，则直接在截面注写中，注写芯柱编号、起止标高，全部纵筋及箍筋的具体数值，如图 3-13 所示。

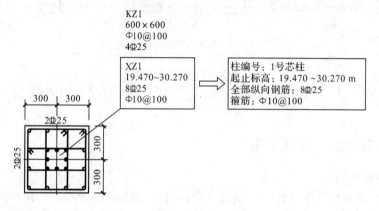

图 3-13　KZ1 和 XZ1 截面注写方式

3.2.3　柱构件列表注写方式与截面注写方式的区别

柱构件列表注写方式与截面注写方式存在一定的区别，见表 3-5，可以看出，截面注写方式不再单独注写箍筋类型表和柱列表，而是用直接在柱构件平面图上的截面注写，就包括列表注写中箍筋类型及柱列表的内容。

表 3-5　　　　　　　　　　柱构件列表注写方式与截面注写方式的区别

列表注写方式	柱平面图	层高与标高表	箍筋类型图	柱列表
截面注写方式	柱平面图＋截面注写	层高与标高表	—	—

3.3　柱构件钢筋构造与计算

在混凝土浇筑过程中,因设计或施工要求需要分段浇筑,而在先、后浇筑的混凝土之间所形成的接缝称为施工缝。柱的施工缝应按设计要求留设,通常留设在基础顶面、楼层结构顶面或梁底面以下 20~30 mm。一般情况下,框架柱是以每层为一个柱段进行分段施工的。因此柱内纵筋按照其在柱内的竖向位置及相关构造可分为基础插筋、中间层纵筋和顶层纵筋。

柱内钢筋的连接方式有三种:绑扎连接、机械连接和焊接连接,如图 3-14 所示。

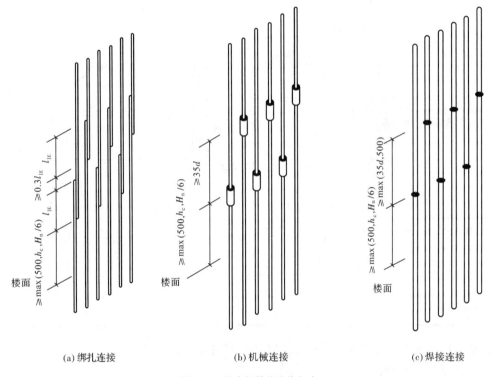

(a) 绑扎连接　　　　　(b) 机械连接　　　　　(c) 焊接连接

图 3-14　柱内钢筋的连接方式

3.3.1　柱构件基础插筋构造与计算

柱构件插入基础中并预留接头的钢筋称为柱的基础插筋。在浇筑基础混凝土前将柱插筋留好,等浇筑完基础混凝土后,从插筋上进行钢筋连接,钢筋的预留长度应满足非连接区长度及搭接长度等要求。

基础插筋的构造包括两部分:柱插筋在基础中的锚固部分和伸出基础的部分。

1. 柱插筋在基础中的锚固构造与计算

柱插筋在基础中的锚固构造,见表 3-6。

表 3-6　　　　　　　　　　　　　　　柱插筋在基础中的锚固构造

类型	直锚长度≥l_{aE}	直锚长度＜l_{aE}
图示	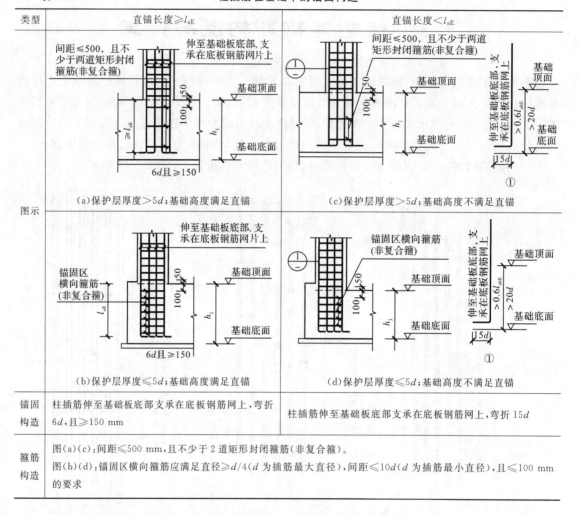 （a）保护层厚度＞5d；基础高度满足直锚　　（b）保护层厚度≤5d；基础高度满足直锚	（c）保护层厚度＞5d；基础高度不满足直锚　　（d）保护层厚度≤5d；基础高度不满足直锚
锚固构造	柱插筋伸至基础板底部支承在底板钢筋网上，弯折6d，且≥150 mm	柱插筋伸至基础板底部支承在底板钢筋网上，弯折15d
箍筋构造	图（a）（c）：间距≤500 mm，且不少于2道矩形封闭箍筋（非复合箍）。 图（b）（d）：锚固区横向箍筋应满足直径≥d/4（d 为插筋最大直径），间距≤10d（d 为插筋最小直径），且≤100 mm 的要求	

由表 3-6 钢筋构造可得基础内插筋长度和箍筋根数计算公式：

（1）基础内插筋长度

当直锚长度＜l_{aE}时，有

基础内插筋长度＝h_j－基础保护层厚度－底板钢筋网高度＋15d

当直锚长度≥l_{aE}时，有

基础内插筋长度＝h_j－基础保护层厚度－底板钢筋网高度＋max(6d，150)

（2）箍筋根数

由表 3-6 中的图（a）（c），得

箍筋根数＝max[2，(h_j－基础保护层厚度－底板钢筋网高度－100)/500＋1]

由表 3-6 中的图（b）（d），得

箍筋根数＝(h_j－基础保护层厚度－底板钢筋网高度－100)/间距＋1

2. 柱基础插筋伸出基础部分采用绑扎搭接时的钢筋构造与计算

柱基础插筋伸出基础部分采用绑扎搭接时的钢筋构造，见表 3-7。

表 3-7   柱基础插筋伸出基础部分采用绑扎搭接时的钢筋构造

类型	无地下室 KZ	有地下室 KZ
图示	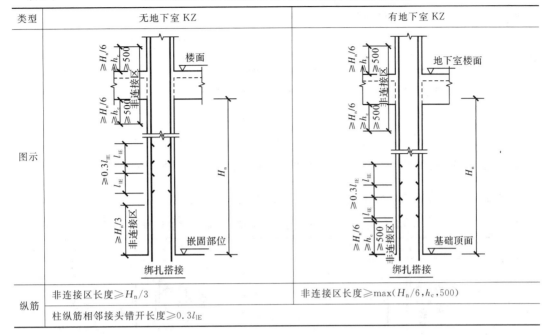	
纵筋	非连接区长度≥$H_n/3$ 柱纵筋相邻接头错开长度≥$0.3l_{lE}$	非连接区长度≥$\max(H_n/6, h_c, 500)$

由表 3-6 和表 3-7 钢筋构造可得基础插筋长度计算公式为

基础插筋(低位钢筋)长度＝基础内插筋长度＋非连接区长度＋l_{lE}

基础插筋(高位钢筋)长度＝基础内插筋长度＋非连接区长度＋$2.3l_{lE}$

特别说明：本书中提到的"低位钢筋""高位钢筋"是相对于柱纵筋竖向连接点的位置而言的，"低位钢筋"是相对于竖向连接点处于较低位置的柱纵筋，"高位钢筋"是相对于竖向连接点处于较高位置的柱纵筋。

3. 柱基础插筋伸出基础部分采用机械连接时的钢筋构造与计算

柱基础插筋伸出基础部分采用机械连接时的钢筋构造，见表 3-8。

表 3-8   柱基础插筋伸出基础部分采用机械连接时的钢筋构造

类型	无地下室 KZ	有地下室 KZ
图示	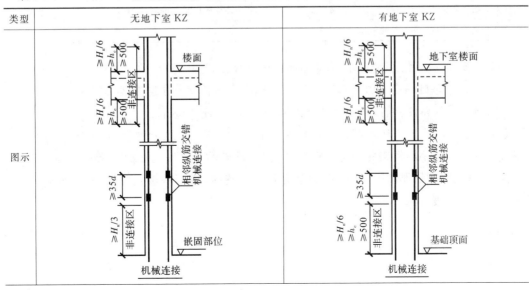	

续表

类型	无地下室 KZ	有地下室 KZ
纵筋	非连接区长度≥$H_n/3$	非连接区长度≥$\max(H_n/6,h_c,500)$
构造	柱纵筋相邻接头错开长度≥$35d$	

由表 3-6 和 3-8 钢筋构造可得基础插筋长度计算公式为

基础插筋(低位钢筋)长度＝基础内插筋长度＋非连接区长度

基础插筋(高位钢筋)长度＝基础内插筋长度＋非连接区长度＋$35d$

4.柱基础插筋伸出基础部分采用焊接连接时的钢筋构造与计算

柱基础插筋伸出基础部分采用焊接连接时的钢筋构造,见表 3-9。

表 3-9　　　　　柱基础插筋伸出基础部分采用焊接连接时的钢筋构造

类型	无地下室 KZ	有地下室 KZ
图示	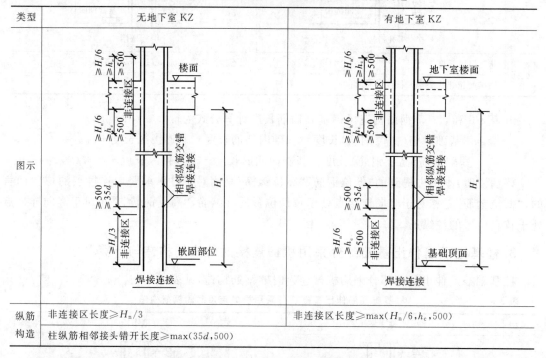	
纵筋	非连接区长度≥$H_n/3$	非连接区长度≥$\max(H_n/6,h_c,500)$
构造	柱纵筋相邻接头错开长度≥$\max(35d,500)$	

由表 3-6 和 3-9 钢筋构造可得基础插筋长度计算公式为

基础插筋(低位钢筋)长度＝基础内插筋长度＋非连接区长度

基础插筋(高位钢筋)长度＝基础内插筋长度＋非连接区长度＋$\max(35d,500)$

【例 3-4】　如图 3-15 所示某框架结构建筑物,二级抗震等级,混凝土强度等级为 C30,中柱纵筋为 12$\underline{\Phi}$22,一层框架柱下为独立基础,独立基础的总高度为 1 100 mm,基础底板钢筋网为$\underline{\Phi}$12,基础保护层厚度为 40 mm,纵筋采用绑扎连接,钢筋搭接接头面积百分率为 50%,求基础插筋的长度和箍筋根数。

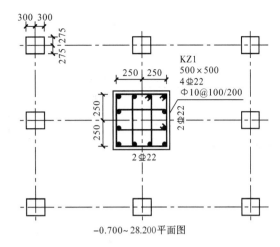

图 3-15　KZ1 柱平法施工图

解:计算过程见表 3-10。

表 3-10　　　　　　　　　　　　柱基础插筋计算过程

抗震锚固长度	$l_{aE}=40d=40\times22=880$ mm
基础内插筋 长度	直锚长度=1 100−40−12×2=1 036 mm>l_{aE}=880 mm 基础插筋的弯钩长度=max(6d,150)=max(6×22,150)=150 mm 基础内插筋长度=h_{j}−基础保护层厚度−底板钢筋网高度+max(6d,150)=1 100−40−12×2+150=1 186 mm
伸出基础的 长度	一层框架柱净高 H_{n}=7 800+700−700=7 800 mm 搭接长度 l_{lE}=56d=56×22=1 232 mm 低位钢筋伸出长度=非连接区长度 $H_{n}/3+l_{lE}$=7 800/3+1 232=3 832 mm 高位钢筋伸出长度=非连接区长度 $H_{n}/3+2.3l_{lE}$=7 800/3+2.3×1 232=5 434 mm
基础插筋长度	基础插筋(低位钢筋)长度=基础内插筋长度+非连接区长度+l_{lE}=1 186+3 832=5 018 mm 钢筋简图:　150 ⌐＿＿＿＿＿＿ 4 868 基础插筋(高位钢筋)长度=基础内插筋长度+非连接区长度+2.3l_{lE}=1 186+5 434=6 620 mm 钢筋简图:　150 ⌐＿＿＿＿＿＿ 6 470
箍筋根数	箍筋根数=max{2,(h_{j}−基础保护层厚度−底板钢筋网高度−100)/500+1=max{2,(1 100−40−24−100)/500+1}=3

【例 3-5】　如图 3-16 所示某框架结构建筑物,二级抗震等级,混凝土强度等级为 C30,中柱纵筋为 12Φ25,负一层层高为 3.9 m,梁高为 700 mm,负一层框架柱下为独立基础,独立基础的总高度为 800 mm,基础底板钢筋网为Φ10,基础保护层厚度为 40 mm,纵筋采用焊接连接,求基础插筋的长度。

层号	顶标高	层高	梁高
3	11.370	3.600	700
2	7.770	3.600	700
1	4.170	4.200	700
−1	−0.030	3.900	700
基础	−3.930	基础：800	—

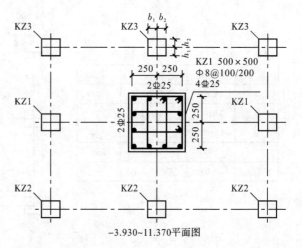

图 3-16　KZ1 柱平法施工图

解：计算过程见表 3-11。

表 3-11　　　　　　　　　　　　　　　　柱基础插筋计算过程

抗震锚固长度	$l_{aE}=40d=40\times25=1\,000$ mm
基础内插筋 长度	直锚长度 $=800-40-10\times2=740$ mm$<l_{aE}=1\,000$ mm 且 $>\max(0.6\,l_{abE},20d)=\max(0.6\times40\times25,20\times25)=600$ mm 基础插筋的弯钩长度 $=15d=15\times25=375$ mm 基础内插筋长度 $=h_j-$基础保护层厚度$-$底板钢筋网高度$+15d=800-40-10\times2+375=$ $1\,115$ mm
伸出基础的 长度	地下室框架柱净高 $H_n=3\,900-700=3\,200$ mm 低位钢筋伸出长度 $=$非连接区长度 $\max(H_n/6,h_c,500)=\max(3\,200/6,500,500)=533$ mm 高位钢筋伸出长度 $=$非连接区长度 $\max(H_n/6,h_c,500)+\max(35d,500)=\max(3\,200/6,500,$ $500)+\max(35\times25,500)=1\,408$ mm
基础插筋长度	基础插筋（低位钢筋）长度 $=$基础内插筋长度$+$非连接区长度 $=1\,115+533=1\,648$ mm
	钢筋简图：375 ⌐ 1 273
	基础插筋（高位钢筋）长度 $=$基础内插筋长度$+$非连接区长度$+\max(35d,500)=1\,115+1\,408=$ $2\,523$ mm
	钢筋简图：375 ⌐ 2 148

3.3.2　中间层柱钢筋构造与计算

1. 楼层中框架柱纵筋采用绑扎连接时的钢筋构造与计算

楼层中框架柱纵筋采用绑扎连接时的钢筋构造，见表 3-12。

表 3-12　　　　　　　　　　　　　楼层中框架柱纵筋采用绑扎连接时的钢筋构造

类型	无地下室 KZ	有地下室 KZ
图示	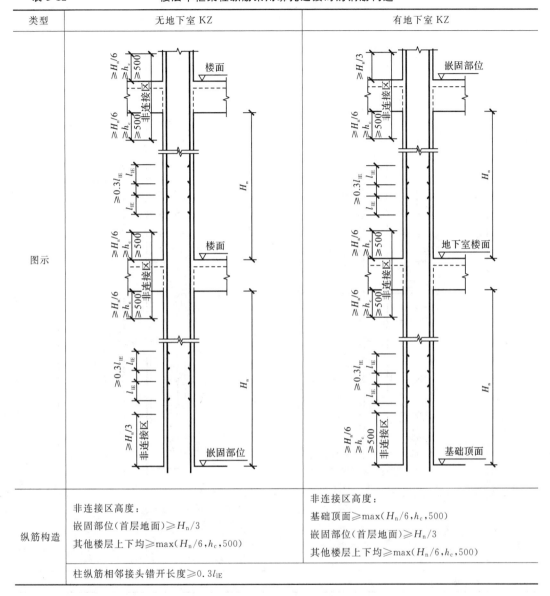	
纵筋构造	非连接区高度： 嵌固部位（首层地面）$\geqslant H_n/3$ 其他楼层上下均$\geqslant \max(H_n/6, h_c, 500)$	非连接区高度： 基础顶面$\geqslant \max(H_n/6, h_c, 500)$ 嵌固部位（首层地面）$\geqslant H_n/3$ 其他楼层上下均$\geqslant \max(H_n/6, h_c, 500)$
	柱纵筋相邻接头错开长度$\geqslant 0.3 l_{lE}$	

由表 3-12 钢筋构造可得绑扎连接柱纵筋长度计算公式为

柱纵筋（低位钢筋）长度＝层高－本层柱下端非连接区长度＋上层柱下端非连接区长度＋上层 l_{lE}

柱纵筋（高位钢筋）长度＝层高－本层柱下端非连接区长度－本层 $1.3 l_{lE}$＋上层柱下端非连接区长度＋上层 $2.3 l_{lE}$

特别说明：上下两层 H_n 的取值。在计算每一层的非连接区高度或箍筋加密区高度时，都可能会用到"H_n"这个参数，当不同楼层净高不同时就需要注意，计算的内容在哪一层就用哪一层 H_n。

2. 楼层中框架柱纵筋采用机械连接时的钢筋构造与计算

楼层中框架柱纵筋采用机械连接时的钢筋构造，见表 3-13。

表 3-13   楼层中框架柱纵筋采用机械连接时的钢筋构造

类型	无地下室 KZ	有地下室 KZ
图示	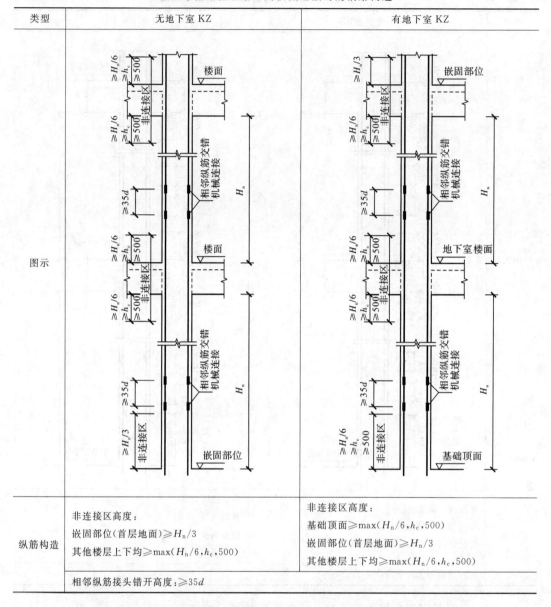	
纵筋构造	非连接区高度： 嵌固部位（首层地面）$\geq H_n/3$ 其他楼层上下均$\geq \max(H_n/6, h_c, 500)$	非连接区高度： 基础顶面$\geq \max(H_n/6, h_c, 500)$ 嵌固部位（首层地面）$\geq H_n/3$ 其他楼层上下均$\geq \max(H_n/6, h_c, 500)$
	相邻纵筋接头错开高度：$\geq 35d$	

由表 3-13 钢筋构造可得焊接连接柱纵筋长度计算公式为

柱纵筋（低位钢筋）长度＝层高－本层柱下端非连接区长度＋上层柱下端非连接区长度

柱纵筋（高位钢筋）长度＝层高－本层柱下端非连接区长度－本层接头错开长度＋上层柱下端非连接区长度＋上层接头错开长度

3. 楼层中框架柱纵筋采用焊接连接时的钢筋构造与计算

楼层中框架柱纵筋采用焊接连接时的钢筋构造，见表 3-14。

表 3-14	楼层中框架柱纵筋采用焊接连接时的钢筋构造	
类型	无地下室 KZ	有地下室 KZ
图示	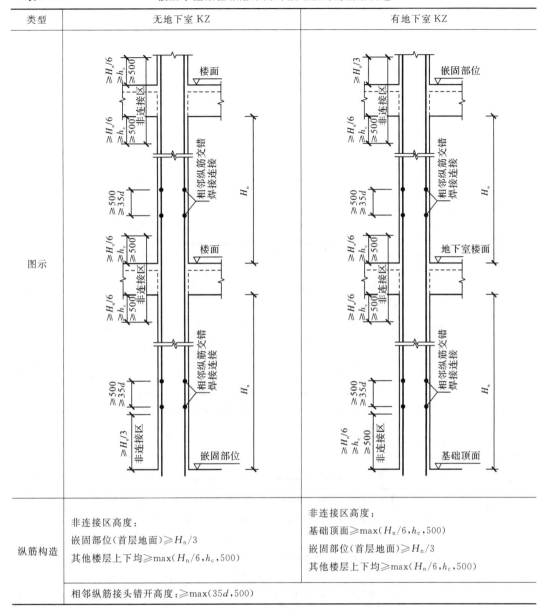	
纵筋构造	非连接区高度： 嵌固部位(首层地面)≥$H_n/3$ 其他楼层上下均≥$\max(H_n/6, h_c, 500)$	非连接区高度： 基础顶面≥$\max(H_n/6, h_c, 500)$ 嵌固部位(首层地面)≥$H_n/3$ 其他楼层上下均≥$\max(H_n/6, h_c, 500)$
	相邻纵筋接头错开高度：≥$\max(35d, 500)$	

由表 3-14 钢筋构造可得焊接连接柱纵筋长度计算公式为

柱纵筋(低位钢筋)长度＝层高－本层柱下端非连接区长度＋上层柱下端非连接区长度

柱纵筋(高位钢筋)长度＝层高－本层柱下端非连接区长度－本层接头错开长度＋上层柱下端非连接区长度＋上层接头错开长度

【例 3-6】　计算例 3-4 中间层中柱钢筋的长度。

解：计算过程见表 3-15。

表 3-15 柱钢筋计算过程

<table>
<tr>
<td rowspan="4">1 层</td>
<td rowspan="2">低位钢筋</td>
<td>柱纵筋长度＝层高－本层柱下端非连接区长度＋上层柱下端非连接区长度＋上层 l_{lE}

搭接长度 $l_{lE} = 56d = 56 \times 22 = 1\ 232$ mm
本层柱下端非连接区长度＝$H_n/3 = (7\ 800 + 700 - 700)/3 = 2\ 600$ mm
伸入 2 层的非连接区长度（上层柱下端非连接区长度）＝$\max(H_n/6, h_c, 500) = \max[(7\ 200 - 700)/6, 500, 500] = 1\ 083$ mm</td>
</tr>
<tr>
<td>柱纵筋长度＝$(7\ 800 + 700) - 2\ 600 + 1\ 083 + 1\ 232 = 8\ 215$ mm</td>
</tr>
<tr>
<td rowspan="2">高位钢筋</td>
<td>钢筋简图：　　　　8 215</td>
</tr>
<tr>
<td>柱纵筋长度＝层高－本层柱下端非连接区长度－本层 $1.3l_{lE}$＋上层柱下端非连接区长度＋上层 $2.3l_{lE}$
柱纵筋长度＝$(7\ 800 + 700) - 2\ 600 - 1.3 \times 1\ 232 + 1\ 083 + 2.3 \times 1\ 232 = 8\ 215$ mm

钢筋简图：　　　　8 215</td>
</tr>
<tr>
<td rowspan="4">2 层</td>
<td rowspan="2">低位钢筋</td>
<td>柱纵筋长度＝层高－本层柱下端非连接区长度＋上层柱下端非连接区长度＋上层 l_{lE}

本层柱下端非连接区长度＝$\max(H_n/6, h_c, 500) = \max[(7\ 200 - 700)/6, 500, 500] = 1\ 083$ mm
伸入 3 层的非连接区长度（上层柱下端非连接区长度）＝$\max(H_n/6, h_c, 500) = \max[(6\ 600 - 700)/6, 500, 500] = 983$ mm</td>
</tr>
<tr>
<td>柱纵筋长度＝$7\ 200 - 1\ 083 + 983 + 1\ 232 = 8\ 332$ mm

钢筋简图：　　　　8 332</td>
</tr>
<tr>
<td rowspan="2">高位钢筋</td>
<td>柱纵筋（高位钢筋）长度＝层高－本层柱下端非连接区长度－本层 $1.3l_{lE}$＋上层柱下端非连接区长度＋上层 $2.3l_{lE}$
柱纵筋长度＝$7\ 200 - 1\ 083 - 1.3 \times 1\ 232 + 983 + 2.3 \times 1\ 232 = 8\ 332$ mm</td>
</tr>
<tr>
<td>钢筋简图：　　　　8 332</td>
</tr>
<tr>
<td rowspan="4">3 层</td>
<td rowspan="2">低位钢筋</td>
<td>柱纵筋长度＝层高－本层柱下端非连接区长度＋上层柱下端非连接区长度＋上层 l_{lE}

本层柱下端非连接区长度＝$\max(H_n/6, h_c, 500) = \max[(6\ 600 - 700)/6, 500, 500] = 983$ mm
伸入 4 层的非连接区长度（上层柱下端非连接区长度）＝$\max(H_n/6, h_c, 500) = \max[(6\ 600 - 1\ 000)/6, 500, 500] = 933$ mm</td>
</tr>
<tr>
<td>柱纵筋长度＝$6\ 600 - 983 + 933 + 1\ 232 = 7\ 782$ mm

钢筋简图：　　　　7 782</td>
</tr>
<tr>
<td rowspan="2">高位钢筋</td>
<td>柱纵筋长度＝层高－本层柱下端非连接区长度－本层 $1.3l_{lE}$＋上层柱下端非连接区长度＋上层 $2.3l_{lE}$
柱纵筋长度＝$6\ 600 - 983 - 1.3 \times 1\ 232 + 933 + 2.3 \times 1\ 232 = 7\ 782$ mm</td>
</tr>
<tr>
<td>钢筋简图：　　　　7 782</td>
</tr>
</table>

【**例 3-7**】 计算例 3-5 中间层中柱钢筋的长度。

解：计算过程见表 3-16。

表 3-16 柱钢筋计算过程

-1层	低位钢筋	柱纵筋长度＝层高－本层柱下端非连接区长度＋上层柱下端非连接区长度
		本层柱下端非连接区长度＝$\max(H_n/6,h_c,500)＝\max[(3\ 900-700)/6,500,500]＝$533 mm
		伸入1层的非连接区长度(上层柱下端非连接区长度)＝$H_n/3＝(4\ 200-700)/3＝$1 167 mm
		柱纵筋长度＝3 900－533＋1 167＝4 534 mm
		钢筋简图：_____4 534_____
	高位钢筋	柱纵筋长度＝层高－本层柱下端非连接区长度－本层接头错开长度＋上层柱下端非连接区长度＋上层接头错开长度
		柱纵筋长度＝3 900－533－$\max(35d,500)$＋1 167＋$\max(35d,500)$＝4 534 mm
		钢筋简图：_____4 534_____
1层	低位钢筋	柱纵筋长度＝层高－本层柱下端非连接区长度＋上层柱下端非连接区长度
		本层柱下端非连接区长度＝$H_n/3＝(4\ 200-700)/3＝1\ 167$ mm
		伸入2层的非连接区长度(上层柱下端非连接区长度)＝$\max(H_n/6,h_c,500)＝$$\max[(3\ 600-700)/6,500,500]＝500$ mm
		柱纵筋长度＝4 200－1 167＋500＝3 533 mm
		钢筋简图：_____3 533_____
	高位钢筋	柱纵筋长度＝层高－本层柱下端非连接区长度－本层接头错开长度＋上层柱下端非连接区长度＋上层接头错开长度
		柱纵筋长度＝4 200－1 167－$\max(35d,500)$＋500＋$\max(35d,500)$＝3 533 mm
		钢筋简图：_____3 533_____
2层	低位钢筋	柱纵筋长度＝层高－本层柱下端非连接区长度＋上层柱下端非连接区长度
		本层柱下端非连接区长度＝$\max(H_n/6,h_c,500)＝\max[(3\ 600-700)/6,500,500]＝$500 mm
		伸入3层的非连接区长度(上层柱下端非连接区长度)＝$\max(H_n/6,h_c,500)＝$$\max[(3\ 600-700)/6,500,500]＝500$ mm
		柱纵筋长度＝3 600－500＋500＝3 600 mm
		钢筋简图：_____3 600_____
	高位钢筋	柱纵筋长度＝层高－本层柱下端非连接区长度－本层接头错开长度＋上层柱下端非连接区长度＋上层接头错开长度
		柱纵筋长度＝3 600－500－$\max(35d,500)$＋500＋$\max(35d,500)$＝3 600 mm
		钢筋简图：_____3 600_____

4. 框架柱中间层变截面钢筋构造与计算

（1）KZ柱变截面位置纵筋构造与计算

KZ柱变截面位置纵筋构造，见表3-17和表3-18。

表 3-17　　　　　　　　　　　　　**KZ 柱变截面位置纵向钢筋非直通构造**

情况	$\Delta/h_b > 1/6$	不考虑 Δ/h_b
图示	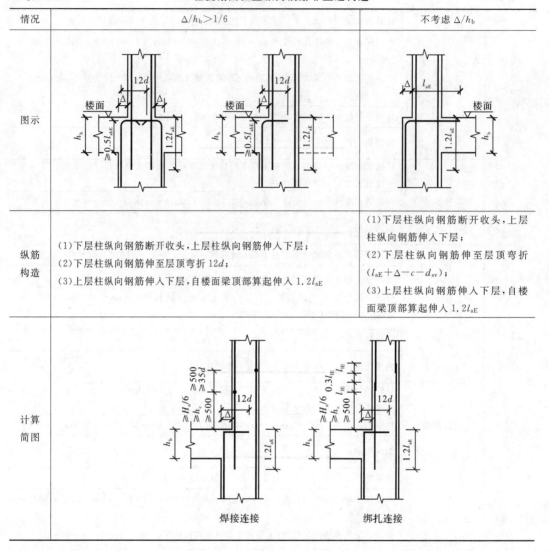	
纵筋构造	(1)下层柱纵向钢筋断开收头,上层柱纵向钢筋伸入下层; (2)下层柱纵向钢筋伸至层顶弯折 12d; (3)上层柱纵向钢筋伸入下层,自楼面梁顶部算起伸入 $1.2l_{aE}$	(1)下层柱纵向钢筋断开收头,上层柱纵向钢筋伸入下层; (2)下层柱纵向钢筋伸至层顶弯折 $(l_{aE}+\Delta-c-d_{sv})$; (3)上层柱纵向钢筋伸入下层,自楼面梁顶部算起伸入 $1.2l_{aE}$
计算简图	焊接连接　　　　绑扎连接	

从表 3-17 中可知,本层纵筋弯锚计算方法如下:

①采用焊接连接

柱纵筋(低位钢筋)长度＝本层层高－柱下端非连接区长度－柱顶保护层厚度＋柱顶弯折长度

柱纵筋(高位钢筋)长度＝本层层高－柱下端非连接区长度－接头错开长度－柱顶保护层厚度＋柱顶弯折长度

②采用绑扎连接

柱纵筋(低位钢筋)长度＝本层层高－柱下端非连接区长度－柱顶保护层厚度＋柱顶弯折长度

柱纵筋(高位钢筋)长度＝本层层高－柱下端非连接区长度－本层 $1.3l_{lE}$－柱顶保护层厚度＋柱顶弯折长度

上层纵筋反插,插筋长度计算如下:

①采用焊接连接

插筋(低位钢筋)长度=伸入下层的长度$1.2l_{aE}$+本层下端非连接区长度

插筋(高位钢筋)长度=伸入下层的长度$1.2l_{aE}$+本层下端非连接区长度+接头错开长度

②采用绑扎连接

插筋(低位钢筋)长度=伸入下层的长度$1.2l_{aE}$+本层下端非连接区长度+本层$1.3l_{lE}$

插筋(高位钢筋)长度=伸入下层的长度$1.2l_{aE}$+本层下端非连接区长度+本层$2.3l_{lE}$

表 3-18 　　　　　　　　　　　　　　KZ 柱变截面位置纵筋直通构造

情况	$\Delta/h_b \leq 1/6$	
图示	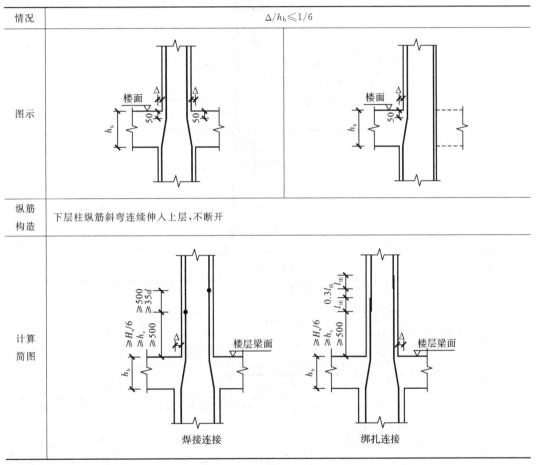	
纵筋构造	下层柱纵筋斜弯连续伸入上层,不断开	
计算简图	焊接连接	绑扎连接

【例 3-8】　如图 3-17 所示某框架结构建筑物,一级抗震等级,混凝土强度等级为 C30,纵筋采用焊接连接,求变截面位置纵筋的长度。

层号	顶标高	层高	顶梁高
4	16.150	3.900	600
3	12.250	3.900	600
2	8.350	4.200	600
1	4.150	4.200	600
基础	−0.950	基础:800	—

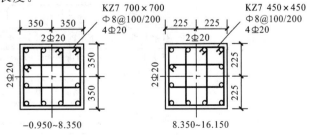

图 3-17　框架柱中间层变截面平法施工图

解:①计算简图,如图 3-18 所示。

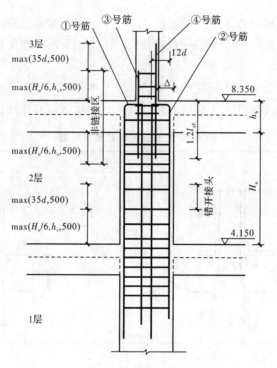

图 3-18 KZ7 计算简图

②计算过程。$\Delta/h_b=125/600>1/6$,故采用非直通构造,见表 3-19。

表 3-19   柱钢筋计算过程

2 层纵筋	①号筋(低位钢筋)	柱纵筋长度=本层层高−柱下端非连接区长度−柱顶保护层厚度+柱顶弯折长度 12d
		柱下端非连接区长度=max($H_n/6,h_c,500$)=max[(4 200−600)/6,700,500]=700 mm
		柱纵筋长度=4 200−700−20+12×20=3 720 mm
		钢筋简图:┌─── 3 480 ─── ⌐240
	②号筋(高位钢筋)	柱纵筋长度=本层层高−柱下端非连接区长度−接头错开长度−柱顶保护层厚度+柱顶弯折长度 12d
		柱下端非连接区长度=max($H_n/6,h_c,500$)=max[(4 200−600)/6,700,500]=700 mm
		接头错开长度=max($35d,500$)=max($35×20,500$)=700 mm
		柱纵筋长度=4 200−700−700−20+12×20=3 020 mm
		钢筋简图:┌─── 2 780 ─── ⌐240
3 层纵筋	③号筋(低位钢筋)	插筋长度=伸入下层的长度 1.2l_{aE}+本层下端非连接区长度
		本层下端非连接区长度=max($H_n/6,h_c,500$)=max[(3 900−600)/6,450,500]=550 mm
		插筋长度=1.2×33×20+550=1 342 mm
		钢筋简图:──── 1 342

3层纵筋	④号筋(高位钢筋)	插筋长度=伸入下层的长度 $1.2l_{aE}$ +本层下端非连接区长度+接头错开长度
		本层下端非连接区长度=$\max(H_n/6,h_c,500)=\max[(3\,900-600)/6,450,500]=550$ mm
		插筋长度=$1.2l_{aE}+550+\max(35d,500)=1.2\times33\times20+550+35\times20=2\,042$ mm
		钢筋简图：　　　　　　　　2 042

(2)KZ柱纵筋变化截面钢筋构造与计算

KZ柱纵筋变化截面钢筋构造,见表3-20。

表 3-20　　　　　　　　　　KZ柱纵筋变化截面钢筋构造

类型	上柱钢筋比下柱钢筋根数多	上柱钢筋比下柱钢筋直径大	下柱钢筋比上柱钢筋根数多	下柱钢筋比上柱钢筋直径大
图示	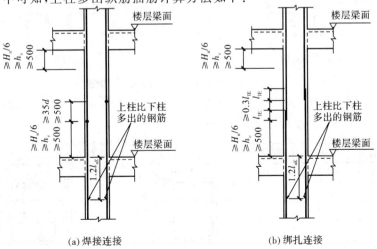			
纵筋构造	上柱多出的钢筋伸入下层,自楼面梁顶部算起伸入 $1.2l_{aE}$	上柱大直径钢筋伸入下层,在下层的上端非连接区以下位置与下层小直径的钢筋连接	下柱多出的钢筋伸入上层,自楼面梁底部算起伸入 $1.2l_{aE}$	下柱大直径钢筋伸入上层,在上层的下端非连接区以上位置与上层小直径的钢筋连接

从图3-19中可知,上柱多出纵筋插筋计算方法如下:

(a)焊接连接　　　　　　　　(b)绑扎连接

图 3-19　抗震柱变纵筋构造节点(上柱钢筋比下柱钢筋根数多)

①采用焊接连接

柱插筋(低位钢筋)长度＝上柱下端非连接区长度＋伸入下层的长度$1.2l_{aE}$

柱插筋(高位钢筋)长度＝上柱下端非连接区长度＋伸入下层的长度$1.2l_{aE}$＋接头错开长度

②采用绑扎连接

柱插筋(低位钢筋)长度＝上柱下端非连接区长度＋伸入下层的长度$1.2l_{aE}$＋本层l_{lE}

柱插筋(高位钢筋)长度＝上柱下端非连接区长度＋伸入下层的长度$1.2l_{aE}$＋本层$2.3l_{lE}$

从图3-20中可知,下柱多出纵筋插筋计算方法如下:

①采用焊接连接

下柱纵筋(低位钢筋)长度＝下柱层高－下柱下端非连接区长度－梁高＋伸入上层的长度$1.2l_{aE}$

下柱纵筋(高位钢筋)长度＝下柱层高－下柱下端非连接区长度－接头错开长度－梁高＋伸入上层的长度$1.2l_{aE}$

②采用绑扎连接

下柱纵筋(低位钢筋)长度＝下柱层高－下柱下端非连接区长度－梁高＋伸入上层的长度$1.2l_{aE}$

下柱纵筋(高位钢筋)长度＝下柱层高－下柱下端非连接区长度－本层$1.3l_{lE}$－梁高＋伸入上层的长度$1.2l_{aE}$

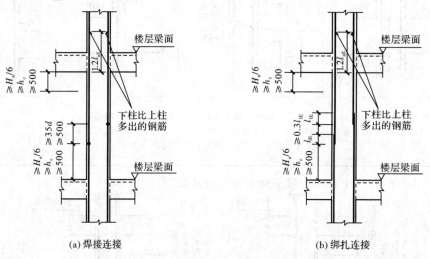

图3-20 抗震柱变纵筋构造节点(下柱钢筋比上柱钢筋根数多)

【例3-9】 如图3-21所示某框架结构建筑物,一级抗震等级,混凝土强度等级为C35,纵筋采用焊接连接,求纵向钢筋变化截面钢筋的长度。

层号	顶标高	层高	顶梁高
4	18.270	4.800	700
3	13.470	4.800	700
2	8.670	4.200	700
1	4.470	4.500	700
基础	-0.980	基础:800	—

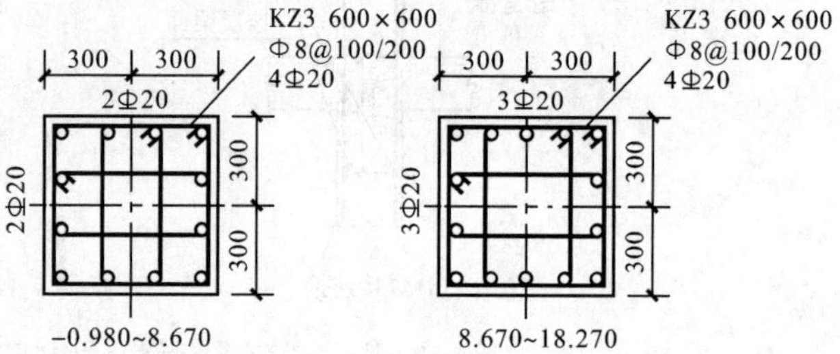

图3-21 框架柱中间层钢筋变化截面平法施工图

解:①计算简图,如图 3-22 所示。

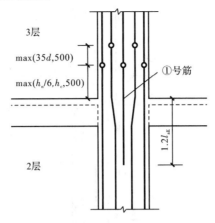

图 3-22　KZ3 计算简图

②计算过程。见表 3-21。

表 3-21　　　　　　　　　　　　　　柱钢筋计算过程

①号筋	插筋(低位钢筋)长度=本层非连接区长度+伸入下层的长度 $1.2l_{aE}$
	本层(3层)非连接区长度=$\max(H_n/6,h_c,500)=\max[(4\ 800-700)/6,600,500]=683$ mm
	伸入下层的长度=$1.2l_{aE}=1.2\times31\times20=744$ mm
	插筋(低位钢筋)长度=683+744=1 427 mm
	钢筋简图:　　　　　　1 427
	插筋(高位钢筋)长度=伸入下层的长度 $1.2l_{aE}$+本层下端非连接区长度+接头错开长度
	伸入下层的长度=$1.2l_{aE}=1.2\times31\times20=744$ mm
	本层下端非连接区长度=$\max(H_n/6,h_c,500)=\max[(4\ 800-700)/6,600,500]=683$ mm
	接头错开长度=$\max(35d,500)=\max(35\times20,500)=700$ mm
	插筋(高位钢筋)长度=744+683+700=2 127 mm
	钢筋简图:　　　　　　2 127

【例 3-10】　如图 3-23 所示某框架结构建筑物,二级抗震等级,混凝土强度等级为 C35,纵筋采用绑扎连接,钢筋搭接接头面积百分率为 50%,求纵向钢筋变化截面钢筋的长度。

层号	顶标高	层高	顶梁高
4	28.170	6.600	600
3	21.570	6.900	600
2	14.670	7.200	600
1	7.470	7.500	600
基础	-0.930	基础:800	—

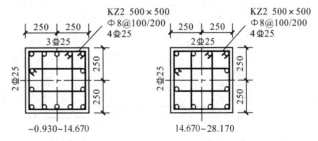

图 3-23　框架柱中间层钢筋变化截面平法施工图

解:(1)计算简图,如图 3-24 所示。

127

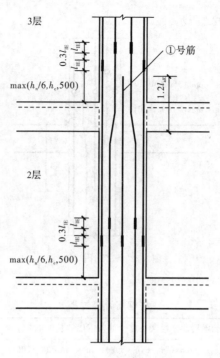

图 3-24 KZ2 计算简图

（2）计算过程。见表 3-22。

表 3-22   柱钢筋计算过程

①号筋	下柱纵筋（低位钢筋）长度＝下柱层高－下柱下端非连接区长度－梁高＋伸入上层的长度 $1.2l_{aE}$
	下柱下端非连接区长度（2 层）＝max$(H_n/6,h_c,500)$＝max$[(7\,200-600)/6,500,500]$＝1 100 mm
	伸入上层的长度＝$1.2l_{aE}$＝$1.2\times37\times25$＝1 110 mm
	下柱纵筋（低位钢筋）长度＝7 200－1 100－600＋1 110＝6 610 mm
	钢筋简图： ———————— 6 610
	下柱纵筋（高位钢筋）长度＝下柱层高－下柱下端非连接区长度－本层 $1.3l_{lE}$－梁高＋伸入上层的长度 $1.2l_{aE}$
	下柱下端非连接区长度（2 层）＝max$(H_n/6,h_c,500)$＝max$[(7\,200-600)/6,500,500]$＝1 100 mm
	本层 $1.3l_{lE}$＝$1.3\times52d$＝$1.3\times52\times25$＝1 690 mm
	伸入上层的长度＝$1.2l_{aE}$＝$1.2\times37\times25$＝1 110 mm
	下柱纵筋（高位钢筋）长度＝7 200－1 100－1 690－600＋1 110＝4 920 mm
	钢筋简图： ———————— 4 920

【例 3-11】 如图 3-25 所示某框架结构建筑物，二级抗震等级，混凝土强度等级为 C35，纵筋采用焊接连接，求纵向钢筋变化截面钢筋的长度。

层号	顶标高	层高	顶梁高
4	15.870	3.600	600
3	12.270	3.600	600
2	8.670	4.200	600
1	4.470	4.500	600
基础	−0.930	基础：800	—

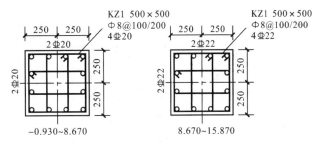

图3-25 框架柱中间层钢筋变化截面平法施工图

解：①计算简图，如图3-26所示。

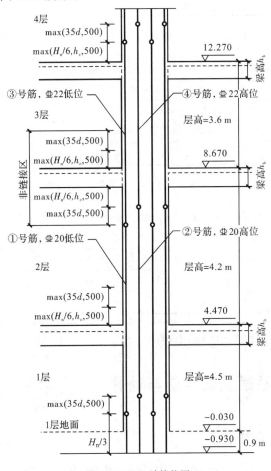

图3-26 KZ1计算简图

②计算过程。见表3-23。

表 3-23 柱钢筋计算过程

①号筋 Φ 20（低位钢筋）	计算公式＝1层层高＋1层地面至基础顶面高度−1层下部非连接区长度＋2层层高−2层顶梁高−2层上部非连接区长度−接头错开长度
	1层下部非连接区长度＝$H_n/3$＝(4 500＋900−600)/3＝1 600 mm
	2层上部非连接区长度＝$\max(H_n/6, h_c, 500)$＝$\max[(4 200−600)/6, 500, 500]$＝600 mm
	接头错开长度＝$\max(35d, 500)$＝$\max(35 \times 20, 500)$＝700 mm
	总长＝4 500＋900−1 600＋4 200−600−600−700＝6 100 mm

129

续表

①号筋 ⽥ 20(低位钢筋)	钢筋简图：　　　　　　6 100
②号筋 ⽥ 20(高位钢筋)	计算公式＝1层层高＋1层地面至基础顶面高度－1层下部非连接区长度－接头错开长度＋2层层高－2层顶梁高－2层上部非连接区长度
	1层下部非连接区长度＝$H_n/3$＝(4 500＋900－600)/3＝1 600 mm
	2层上部非连接区长度＝$\max(H_n/6,h_c,500)$＝$\max[(4\ 200－600)/6,500,500]$＝600 mm
	接头错开长度＝$\max(35d,500)$＝$\max(35×20,500)$＝700 mm
	总长＝4 500＋900－1 600－700＋4 200－600－600＝6 100 mm
	钢筋简图：　　　　　　6 100
③号筋 ⽥ 22(低位钢筋)与①号筋连接	计算公式＝3层层高＋(2层顶梁高＋2层上部非连接区长度＋接头错开长度)＋伸入4层的非连接区长度
	2层上部非连接区＝$\max(H_n/6,h_c,500)$＝$\max[(4\ 200－600)/6,500,500]$＝600 mm
	接头错开长度＝$\max(35d,500)$＝$\max(35×20,500)$＝700 mm
	伸入4层的非连接区长度＝$\max(H_n/6,h_c,500)$＝$\max[(3\ 600－600)/6,500,500]$＝500 mm
	总长＝3 600＋(600＋600＋700)＋500＝6 000 mm
	钢筋简图：　　　　　　6 000
④号筋 ⽥ 22(高位钢筋)与②号筋连接	计算公式＝3层层高＋(2层顶梁高＋2层上部非连接区长度)＋(伸入4层的非连接区长度＋接头错开长度)
	2层上部非连接区＝$\max(H_n/6,h_c,500)$＝$\max[(4\ 200－600)/6,500,500]$＝600 mm
	接头错开长度＝$\max(35d,500)$＝$\max(35×20,500)$＝700 mm
	伸入4层的非连接区长度＝$\max(H_n/6,h_c,500)$＝$\max[(3\ 600－600)/6,500,500]$＝500 mm
	总长＝3 600＋(600＋600)＋(500＋700)＝6 000 mm
	钢筋简图：　　　　　　6 000

特别说明：d 为相互连接两根钢筋中较小直径。

3.3.3　柱顶钢筋构造与计算

1.顶层边柱、角柱与中柱

顶层框架柱根据柱所在平面位置的不同,分为边柱、角柱和中柱,如图 3-27 和表 3-24 所示。因此,框架柱顶层钢筋构造分为中柱柱顶纵筋构造和边柱、角柱柱顶纵筋构造。

图 3-27　边柱、角柱与中柱

表 3-24　　　　　　　　　　　　　　　　柱顶节点特征

柱类型	钢筋构造分类	特征
边柱	一侧纵筋为外侧纵筋,三侧纵筋为内侧纵筋	柱三边有梁
角柱	两侧纵筋为外侧纵筋,两侧纵筋为内侧纵筋	柱两边有梁
中柱	全部纵筋均为内侧纵筋	柱四边有梁

2. 顶层中柱钢筋构造与计算

中柱柱顶的钢筋弯锚立体图,如图 3-28 所示。

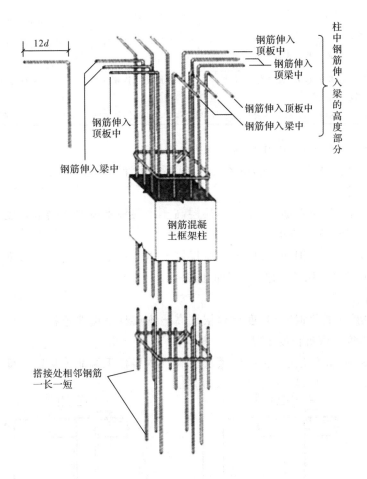

图 3-28　中柱柱顶钢筋弯锚立体图

KZ 中柱柱顶纵筋构造见表 3-25。

表 3-25 KZ 中柱柱顶纵向钢筋构造

类型	弯锚		直锚
图示	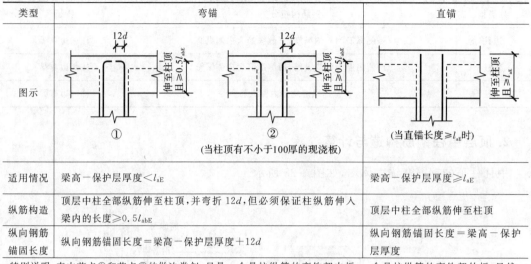		
	①	② (当柱顶有不小于100厚的现浇板)	(当直锚长度≥l_{aE}时)
适用情况	梁高－保护层厚度<l_{aE}		梁高－保护层厚度≥l_{aE}
纵筋构造	顶层中柱全部纵筋伸至柱顶，并弯折 $12d$，但必须保证柱纵筋伸入梁内的长度≥$0.5l_{abE}$		顶层中柱全部纵筋伸至柱顶
纵向钢筋锚固长度	纵向钢筋锚固长度＝梁高－保护层厚度＋$12d$		纵向钢筋锚固长度＝梁高－保护层厚度

特别说明：表中节点①和节点②的做法类似，只是一个是柱纵筋的弯钩朝内折，一个是柱纵筋的弯钩朝外折，显然，"弯钩朝外折"的做法更有利些。

当然，节点②需要一定的条件：顶层为现浇混凝土板，板厚≥100 mm，但是这样的"条件"一般工程都能够满足

（1）当直锚长度小于 l_{aE} 时，中柱纵筋弯折 $12d$

图 3-29 为顶层中柱纵筋弯锚，由图可知，纵筋长度计算方法如下：

①采用焊接连接

顶层中柱纵筋（低位钢筋）长度＝顶层层高－本层柱下端非连接区长度 max($H_n/6, h_c$, 500)－保护层厚度＋弯折长度 $12d$

顶层中柱纵筋（高位钢筋）长度＝顶层层高－本层柱下端非连接区长度 max($H_n/6, h_c$, 500)－接头错开长度－保护层厚度＋弯折长度 $12d$

②采用绑扎连接

顶层中柱纵筋（低位钢筋）长度＝顶层层高－本层柱下端非连接区长度 max($H_n/6, h_c$, 500)－保护层厚度＋弯折长度 $12d$

顶层中柱纵筋（高位钢筋）长度＝顶层层高－本层柱下端非连接区长度 max($H_n/6, h_c$, 500)－本层 $1.3l_{lE}$－保护层厚度＋弯折长度 $12d$

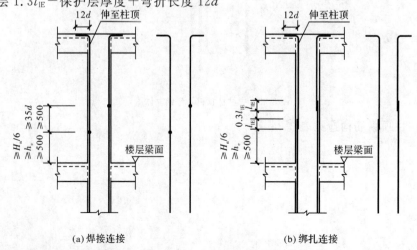

(a) 焊接连接　　　　　(b) 绑扎连接

图 3-29　顶层中柱纵筋弯锚

（2）当直锚长度不小于 l_{aE} 时，中柱纵筋直接伸至柱顶截断

图 3-30 为顶层中柱纵筋直锚，由图可知，纵筋长度计算方法如下：

①采用焊接连接

顶层中柱纵筋（低位钢筋）长度＝顶层层高－本层柱下端非连接区长度 $\max(H_n/6, h_c, 500)$－保护层厚度

顶层中柱纵筋（高位钢筋）长度＝顶层层高－本层柱下端非连接区长度 $\max(H_n/6, h_c, 500)$－接头错开长度－保护层厚度

②采用绑扎连接

顶层中柱纵筋（低位钢筋）长度＝顶层层高－本层柱下端非连接区长度 $\max(H_n/6, h_c, 500)$－保护层厚度

顶层中柱纵筋（高位钢筋）长度＝顶层层高－本层柱下端非连接区长度 $\max(H_n/6, h_c, 500)$－本层 $1.3l_{lE}$－保护层厚度

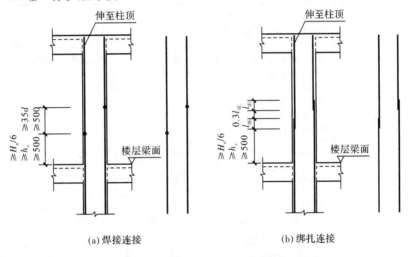

(a) 焊接连接　　　　(b) 绑扎连接

图 3-30　顶层中柱纵筋直锚

【例 3-12】　计算例 3-4 顶层中柱钢筋的长度。

解：计算过程见表 3-26。

表 3-26　　　　　　　　　　　　例 3-4 顶层中柱钢筋计算过程

4 层	锚固方式判别	梁高－保护层厚度＝1 000－20＝980 mm＞l_{aE}＝40d＝40×22＝880 mm 故中柱所有纵筋伸入顶层梁板内直锚
	低位钢筋	顶层中柱纵筋长度＝顶层层高－本层柱下端非连接区长度 $\max(H_n/6, h_c, 500)$－柱顶保护层厚度
		本层柱下端非连接区长度＝$\max(H_n/6, h_c, 500)$＝$\max[(6\ 600－1\ 000)/6, 500, 500]$＝933 mm
		柱纵筋长度＝6 600－933－20＝5 647 mm
		钢筋简图：　　　　5 647

续表

4 层	高位钢筋	顶层中柱纵筋长度＝顶层层高－本层柱下端非连接区长度 $\max(H_n/6,h_c,500)$ －本层 $1.3l_{lE}$ －柱顶保护层厚度
		本层柱下端非连接区长度＝$\max(H_n/6,h_c,500)=\max[(6\ 600-1\ 000)/6,500,500]=$ 933 mm 搭接长度 $l_{lE}=56d=56\times22=1\ 232$ mm
		柱纵筋长度＝6 600－933－1.3×1 232－20＝4 045 mm
		钢筋简图： 4 045

【例 3-13】 计算例 3-5 顶层中柱钢筋的长度。

解：计算过程见表 3-27。

表 3-27　　　　　　　　　　　　　例 3-5 顶层柱钢筋计算过程

	锚固方式判别	梁高－保护层厚度＝700－20＝680 mm<$l_{aE}=40d=40\times25=1\ 000$ mm 故中柱所有纵筋伸入顶层梁板内弯锚
4 层	低位钢筋	顶层中柱纵筋（低位钢筋）长度＝顶层层高－本层柱下端非连接区长度 $\max(H_n/6,h_c,500)$ －保护层厚度＋弯折长度 $12d$
		本层柱下端非连接区长度＝$\max(H_n/6,h_c,500)=\max[(3\ 600-700)/6,500,500]=$ 500 mm 弯折长度＝$12d=12\times25=300$ mm
		柱纵筋长度＝3 600－500－20＋300＝3 380 mm
		钢筋简图： 3 080 300
	高位钢筋	顶层中柱纵筋（高位钢筋）长度＝顶层层高－本层柱下端非连接区长度 $\max(H_n/6,h_c,500)$ －接头错开长度－保护层厚度＋弯折长度 $12d$
		本层柱下端非连接区长度＝$\max(H_n/6,h_c,500)=\max[(3\ 600-700)/6,500,500]=$ 500 mm 接头错开长度＝$\max(35d,500)=\max(35\times25,500)=875$ mm 弯折长度＝$12d=12\times25=300$ mm
		柱纵筋长度＝3 600－500－875－20＋300＝2 505 mm
		钢筋简图： 2 205 300

3.顶层边柱和角柱钢筋构造

顶层边柱和角柱的钢筋构造，先要区分内侧钢筋和外侧钢筋，区分的依据是角柱有两条外侧面，边柱只有一条外侧面。边柱、角柱柱顶的钢筋弯锚立体图，如图 3-31 所示。

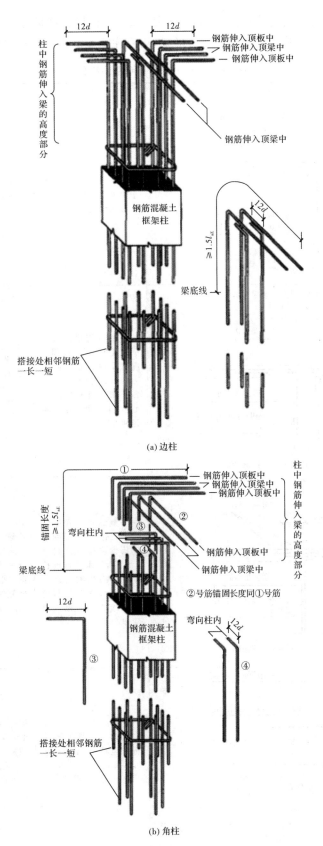

图 3-31　柱顶钢筋弯锚立体图

顶层边柱、角柱的钢筋构造有五种形式,见表 3-28,进行钢筋算量时,选用哪一种形式,应按照实际施工图确定,不管选用哪一种构造形式,均要注意屋面框架梁钢筋要与之匹配。

表 3-28　　　　　　　　　　KZ 边柱和角柱柱顶纵向钢筋构造

节点	图示	钢筋构造	纵向钢筋锚固长度
①	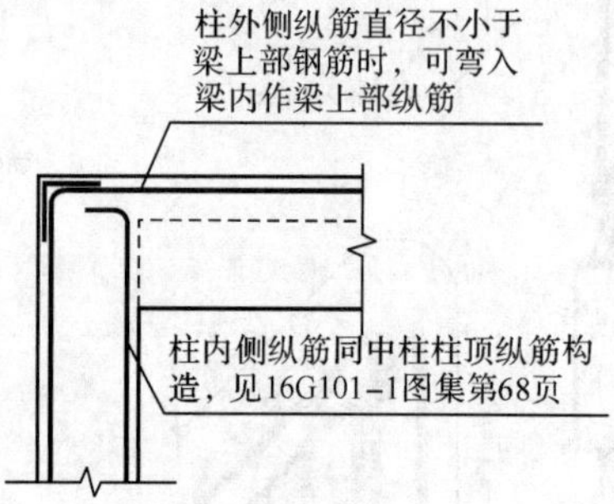 柱外侧纵筋直径不小于梁上部钢筋时,可弯入梁内作梁上部纵筋 柱内侧纵筋同中柱柱顶纵筋构造,见16G101-1图集第68页 柱筋作为梁上部钢筋使用	柱外侧纵筋直径不小于梁上部钢筋时,可弯入梁内作梁上部纵筋	外侧纵筋锚固长度=梁高－保护层厚度＋弯入梁内长度
②	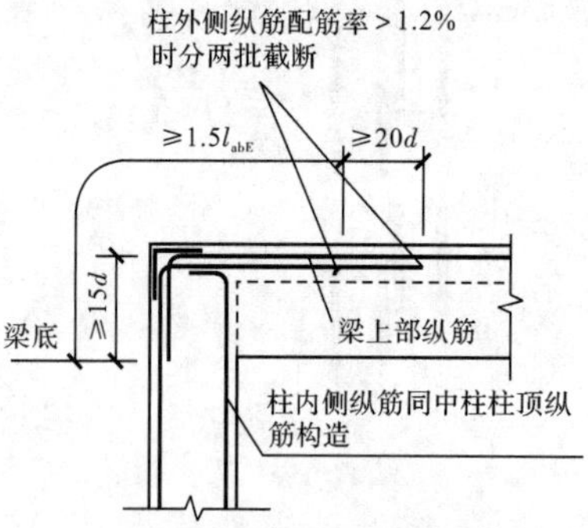 柱外侧纵筋配筋率＞1.2%时分两批截断 ≥1.5l_{abE}　≥20d ≥15d 梁底 梁上部纵筋 柱内侧纵筋同中柱柱顶纵筋构造 从梁底算起1.5l_{abE}超过柱内侧边缘	柱外侧纵筋锚入屋面框架梁的顶部,锚固长度从梁底位置算起≥1.5l_{abE};当配筋率＞1.2%时,钢筋分两批截断,第二批截断点再延伸20d	第一批截断: 外侧纵筋锚固长度=1.5l_{abE} 第二批截断: 外侧纵筋锚固长度=1.5l_{abE}＋20d
③	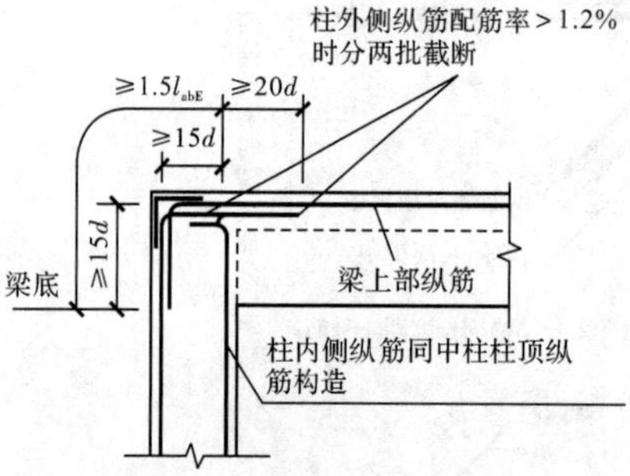 柱外侧纵筋配筋率＞1.2%时分两批截断 ≥1.5l_{abE}　≥20d ≥15d ≥15d 梁底 梁上部纵筋 柱内侧纵筋同中柱柱顶纵筋构造 从梁底算起1.5l_{abE}超过柱内侧边缘	柱外侧纵筋锚入屋面框架梁的顶部,锚固长度从梁底位置算起≥1.5l_{abE},且水平弯折长度≥15d;当配筋率＞1.2%时,钢筋分两批截断,第二批截断点再延伸20d	第一批截断: 外侧纵筋锚固长度＝max(1.5l_{abE},梁高－保护层厚度＋15d) 第二批截断: 外侧纵筋锚固长度＝max(1.5l_{abE},梁高－保护层厚度＋15d)＋20d
④	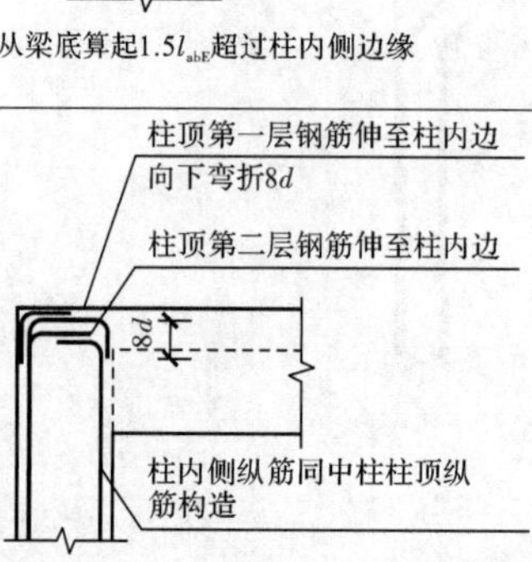 柱顶第一层钢筋伸至柱内边向下弯折8d 柱顶第二层钢筋伸至柱内边 8d 柱内侧纵筋同中柱柱顶纵筋构造 (用于①、②或③节点未伸入梁内的柱外侧钢筋锚固)当现浇板厚度不小于100时也可按②节点方式伸入板内锚固,且伸入板内长度不宜小于15d	柱顶第一层柱外侧纵筋伸至柱内侧向下弯折8d;柱顶第二层柱外侧纵筋伸至柱内侧	第一层外侧纵筋锚固长度=梁高－保护层厚度＋柱宽－2×保护层厚度＋8d 第二层外侧纵筋锚固长度=梁高－保护层厚度＋柱宽－2×保护层厚度

续表

节点	图示	钢筋构造	纵向钢筋锚固长度
⑤	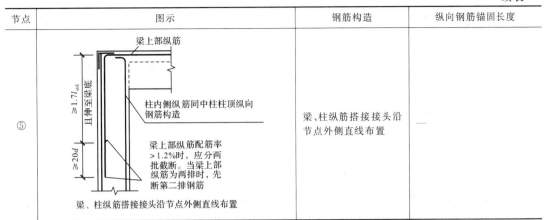	梁、柱纵筋搭接接头沿节点外侧直线布置	—

注:1. 节点①、②、③、④应配合使用,节点④不应单独使用(仅用于未伸入梁内的柱外侧纵筋锚固),伸入梁内的柱外侧纵筋不宜少于柱外侧全部纵筋面积的 65%。可选择②+④或③+④或①+②+④或①+③+④的做法。

2. 节点⑤用于梁、柱纵筋接头沿节点柱顶外侧直线布置的情况,可与节点①组合使用。

以如图 3-32 所示的"②+④"节点做法进行分析:边角柱外侧面积 65% 的①号纵筋伸入梁内锚固,其余可在柱内弯折锚固;②号纵筋为外侧第一层纵筋,伸至柱内侧后向下弯折 $8d$;③号纵筋为柱外侧第二层纵筋,伸至柱内侧后截断;④号纵筋为柱内侧纵筋,当直锚长度$<l_{aE}$时,弯折 $12d$;⑤号纵筋为柱内侧纵筋,当直锚长度$\geqslant l_{aE}$时伸至柱顶后截断。

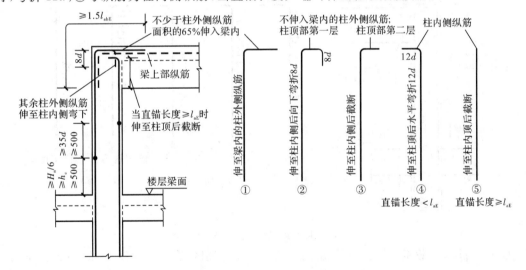

图 3-32 顶层边角柱焊接连接时纵筋示意图

从图 3-32 中可知,焊接连接时纵筋长度计算方法如下:

①号纵筋(低位钢筋)长度＝顶层层高－柱下端非连接区长度 $\max(H_n/6, h_c, 500)$－梁高＋伸入梁板内长度 $1.5l_{abE}$

①号纵筋(高位钢筋)长度＝顶层层高－柱下端非连接区长度 $\max(H_n/6, h_c, 500)$－接头错开长度 $\max(35d, 500)$－梁高＋伸入梁板内长度 $1.5l_{abE}$

②号纵筋(低位钢筋)长度＝顶层层高－柱下端非连接区长度 $\max(H_n/6, h_c, 500)$－柱顶保护层厚度＋(柱宽－柱保护层厚度×2)＋弯折长度 $8d$

②号纵筋(高位钢筋)长度＝顶层层高－柱下端非连接区长度 $\max(H_n/6, h_c, 500)$－接头

错开长度 max(35d,500)－柱顶保护层厚度＋(柱宽－柱保护层厚度×2)＋弯折长度 8d

③号纵筋(低位钢筋)长度＝顶层层高－柱下端非连接区长度 max(H_n/6,h_c,500)－柱顶保护层厚度＋(柱宽－柱保护层厚度×2)

③号纵筋(高位钢筋)长度＝顶层层高－柱下端非连接区长度 max(H_n/6,h_c,500)－接头错开长度 max(35d,500)－柱顶保护层厚度＋(柱宽－柱保护层厚度×2)

④号纵筋(低位钢筋)长度＝顶层层高－柱下端非连接区长度 max(H_n/6,h_c,500)－柱顶保护层厚度＋弯折长度 12d

④号纵筋(高位钢筋)长度＝顶层层高－柱下端非连接区长度 max(H_n/6,h_c,500)－接头错开长度 max(35d,500)－柱顶保护层厚度＋弯折长度 12d

⑤号纵筋(低位钢筋)长度＝顶层层高－柱下端非连接区长度 max(H_n/6,h_c,500)－柱顶保护层厚度

⑤号纵筋(高位钢筋)长度＝顶层层高－柱下端非连接区长度 max(H_n/6,h_c,500)－接头错开长度 max(35d,500)－柱顶保护层厚度

图 3-33 为顶层边角柱绑扎连接时纵筋示意图,由图可知,绑扎连接时纵筋长度计算方法如下:

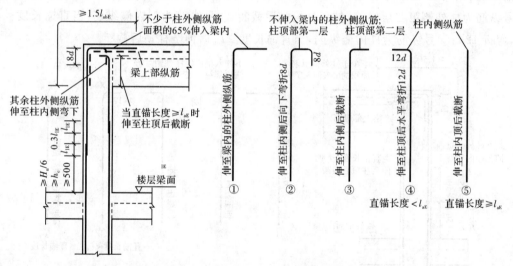

图 3-33　顶层边角柱绑扎连接时纵筋示意图

①号纵筋(低位钢筋)长度＝顶层层高－柱下端非连接区长度 max(H_n/6,h_c,500)－梁高＋伸入梁板内长度 1.5l_{abE}

①号纵筋(高位钢筋)长度＝顶层层高－柱下端非连接区长度 max(H_n/6,h_c,500)－1.3l_{lE}－梁高＋伸入梁板内长度 1.5l_{abE}

②号纵筋(低位钢筋)长度＝顶层层高－柱下端非连接区长度 max(H_n/6,h_c,500)－柱顶保护层厚度＋(柱宽－柱保护层厚度×2)＋弯折长度 8d

②号纵筋(高位钢筋)长度＝顶层层高－柱下端非连接区长度 max(H_n/6,h_c,500)－1.3l_{lE}－柱顶保护层厚度＋(柱宽－柱保护层厚度×2)＋弯折长度 8d

③号纵筋(低位钢筋)长度＝顶层层高－柱下端非连接区长度 max(H_n/6,h_c,500)－柱顶保护层厚度＋(柱宽－柱保护层厚度×2)

③号纵筋(高位钢筋)长度＝顶层层高－柱下端非连接区长度 $\max(H_n/6,h_c,500)$－$1.3l_{lE}$－柱顶保护层厚度＋(柱宽－柱保护层厚度×2)

④号纵筋(低位钢筋)长度＝顶层层高－柱下端非连接区长度 $\max(H_n/6,h_c,500)$－柱顶保护层厚度＋弯折长度 $12d$

④号纵筋(高位钢筋)长度＝顶层层高－柱下端非连接区长度 $\max(H_n/6,h_c,500)$－$1.3l_{lE}$－柱顶保护层厚度＋弯折长度 $12d$

⑤号纵筋(低位钢筋)长度＝顶层层高－柱下端非连接区长度 $\max(H_n/6,h_c,500)$－柱顶保护层厚度

⑤号纵筋(高位钢筋)长度＝顶层层高－柱下端非连接区长度 $\max(H_n/6,h_c,500)$－$1.3l_{lE}$－柱顶保护层厚度

【例 3-14】　如图 3-34 所示某框架结构建筑物,二级抗震等级,混凝土强度等级为 C35,角柱纵筋为 12Φ25,纵筋采用焊接连接,按"②＋④"节点计算顶层角柱钢筋的长度。

层号	顶标高	层高	顶梁高
4	16.450	3.900	700
3	12.550	3.900	700
2	8.650	4.200	700
1	4.450	4.500	700
基础	−0.950	基础厚:850	—

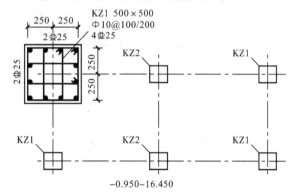

图 3-34　KZ1 柱平法施工图

解:(1)外侧钢筋与内侧钢筋

外侧钢筋总根数为 7 根,内侧钢筋根数为 5 根;内、外侧钢筋中的第一层、第二层钢筋,以及伸入梁板内不同长度的钢筋,如图 3-35 所示。

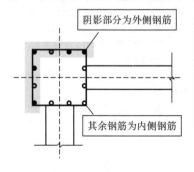

1号筋	●	不少于65%的柱外侧钢筋伸入梁内 7×65%=5根
2号筋	◎	其余外侧钢筋中, 位于第一层的, 伸至柱内侧边下弯8d, 共1根
3号筋	●	其余外侧钢筋中, 位于第二层的, 伸至柱内侧边, 共1根
4号筋	◎	内侧钢筋, 共5根

图 3-35　第一层、第二层钢筋示意图

(2)计算每一种钢筋

①号钢筋计算简图如图 3-36 所示,计算过程见表 3-29。

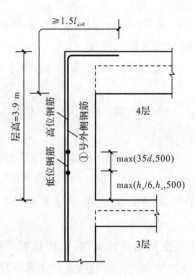

图 3-36 ①号钢筋计算简图

表 3-29   ①号钢筋计算过程

①号钢筋	低位钢筋	纵筋长度＝顶层层高－柱下端非连接区长度 $\max(H_n/6, h_c, 500)$ －梁高＋伸入梁板内长度 $1.5l_{abE}$
		柱下端非连接区长度 $= \max(H_n/6, h_c, 500) = \max[(3\ 900-700)/6, 500, 500] = 533$ mm
		伸入梁板内长度 $= 1.5l_{abE} = 1.5 \times 37 \times 25 = 1\ 388$ mm
		纵筋长度 $= 3\ 900-533-700+1\ 388 = 4\ 055$ mm
		钢筋简图： 3 347 708
	高位钢筋	纵筋长度＝顶层层高－柱下端非连接区长度 $\max(H_n/6, h_c, 500)$ －接头错开长度 $\max(35d, 500)$ －梁高＋伸入梁板内长度 $1.5l_{aE}$
		柱下端非连接区长度 $= \max(H_n/6, h_c, 500) = \max[(3\ 900-700)/6, 500, 500] = 533$ mm
		接头错开长度 $= \max(35d, 500) = \max(35 \times 25, 500) = 875$ mm
		伸入梁板内长度 $= 1.5l_{abE} = 1.5 \times 37 \times 25 = 1\ 388$ mm
		纵筋长度 $= 3\ 900-533-875-700+1\ 388 = 3\ 180$ mm
		钢筋简图： 2 472 708

②号钢筋计算简图如图 3-37 所示，计算过程见表 3-30。

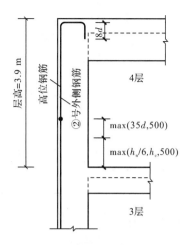

图3-37　②号钢筋计算简图

表 3-30　　　　　　　　　　　②号钢筋计算过程

说明:②号钢筋只有1根,根据其所在位置,为高位钢筋

②号钢筋	高位钢筋	纵筋长度=顶层层高-柱下端非连接区长度 $\max(H_n/6,h_c,500)$-接头错开长度 $\max(35d,500)$-柱顶保护层厚度+(柱宽-柱保护层厚度×2)+弯折长度 $8d$
		柱下端非连接区长度 $=\max(H_n/6,h_c,500)=\max[(3\,900-700)/6,500,500]=533$ mm
		接头错开长度 $=\max(35d,500)=\max(35\times25,500)=875$ mm
		柱宽-柱保护层厚度×2$=500-(20+10)\times2=440$ mm(柱箍筋直径为 10 mm)
		弯折长度$=8\times25=200$ mm
		纵筋长度$=3\,900-533-875-20+440+200=3\,112$ mm
		钢筋简图:　　　2 472　　　200　　440

③号钢筋计算简图如图 3-38 所示,计算过程见表 3-31。

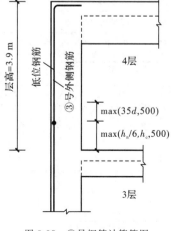

图3-38　③号钢筋计算简图

表 3-31 ③号钢筋计算过程

说明：③号钢筋只有 1 根,根据其所在位置,为低位钢筋

③号钢筋	低位钢筋	纵筋长度＝顶层层高－柱下端非连接区长度 $\max(H_n/6,h_c,500)$－柱顶保护层厚度＋（柱宽－柱保护层厚度×2）
		柱下端非连接区长度＝$\max(H_n/6,h_c,500)$＝$\max[(3\,900-700)/6,500,500]$＝533 mm
		柱宽－柱保护层厚度×2＝500－（20＋10）×2＝440 mm
		纵筋长度＝3 900－533－20＋440＝3 787 mm
		钢筋简图： 3 347 ⌐440

④号钢筋计算简图如图 3-39 所示,计算过程见表 3-32。

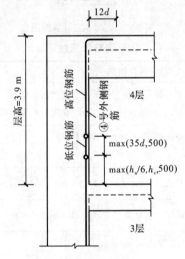

图 3-39　④号钢筋计算简图

表 3-32 ④号钢筋计算过程

④号钢筋	锚固方式判别	梁高－保护层厚度＝700－20＝680 mm$<l_{aE}$＝37d＝37×25＝925 mm 故角柱内侧纵筋伸入顶层梁板内弯锚
	低位钢筋	纵筋长度＝顶层层高－柱下端非连接区长度 $\max(H_n/6,h_c,500)$－柱顶保护层厚度＋弯折长度12d
		本层柱下端非连接区长度＝$\max(H_n/6,h_c,500)$＝$\max[(3\,900-700)/6,500,500]$＝533 mm
		弯折长度＝12d＝12×25＝300 mm
		柱纵筋长度＝3 900－533－20＋300＝3 647 mm
		钢筋简图： 3 347 ⌐300
	高位钢筋	纵筋长度＝顶层层高－柱下端非连接区长度 $\max(H_n/6,h_c,500)$－接头错开长度 $\max(35d,500)$－柱顶保护层厚度＋弯折长度12d
		本层柱下端非连接区长度＝$\max(H_n/6,h_c,500)$＝$\max[(3\,900-700)/6,500,500]$＝533 mm
		接头错开长度＝$\max(35d,500)$＝$\max(35×25,500)$＝875 mm
		弯折长度＝12d＝12×25＝300 mm
		柱纵筋长度＝3 900－533－875－20＋300＝2 772 mm
		钢筋简图： 2 472 ⌐300

顶层边柱的钢筋计算与顶层角柱的钢筋计算相同,只是外侧钢筋和内侧钢筋的根数不同,如图 3-40 所示。

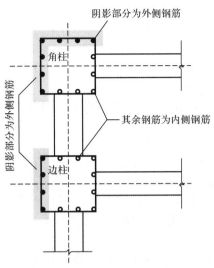

图 3-40　顶层角柱与边柱内、外侧钢筋示意图

4. 边柱、角柱柱顶等截面伸出时纵筋构造与计算

边柱、角柱柱顶等截面伸出时纵筋构造,见表 3-33。

表 3-33　　　　　　　　　　　　　边柱、角柱柱顶等截面伸出时纵筋构造

类型	直锚	弯锚
图示	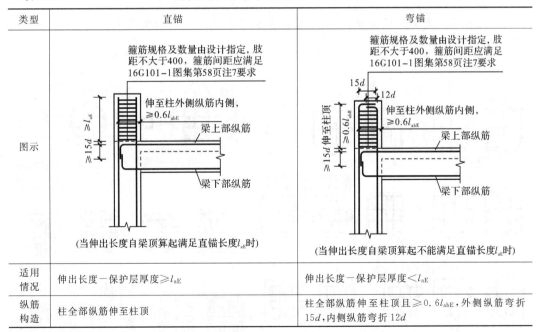 (当伸出长度自梁顶算起满足直锚长度 l_{aE} 时)	(当伸出长度自梁顶算起不能满足直锚长度 l_{aE} 时)
适用情况	伸出长度－保护层厚度 $\geq l_{aE}$	伸出长度－保护层厚度 $< l_{aE}$
纵筋构造	柱全部纵筋伸至柱顶	柱全部纵筋伸至柱顶且 $\geq 0.6 l_{abE}$,外侧纵筋弯折 $15d$,内侧纵筋弯折 $12d$

(1)当直锚长度不小于 l_{aE} 时,边柱、角柱纵筋直接伸至柱顶截断

从表 3-33 中可知,纵筋长度计算方法如下:

①采用焊接连接

顶层中柱纵筋(低位钢筋)长度＝顶层层高－本层柱下端非连接区长度 $\max(H_n/6, h_c,$ 500)＋伸出长度－保护层厚度

顶层中柱纵筋(高位钢筋)长度＝顶层层高－本层柱下端非连接区长度 max($H_n/6,h_c$，500)－接头错开长度＋伸出长度－保护层厚度

②采用绑扎连接

顶层中柱纵筋(低位钢筋)长度＝顶层层高－本层柱下端非连接区长度 max($H_n/6,h_c$，500)＋伸出长度－保护层厚度

顶层中柱纵筋(高位钢筋)长度＝顶层层高－本层柱下端非连接区长度 max($H_n/6,h_c$，500)－本层 $1.3l_{lE}$＋伸出长度－保护层厚度

(2)当直锚长度小于 l_{aE} 时,边柱、角柱纵筋弯折 $15d$(外侧纵筋)、$12d$(内侧纵筋)

从表 3-33 中可知,纵筋长度计算方法如下:

①采用焊接连接

顶层中柱纵筋(低位钢筋)长度＝顶层层高－本层柱下端非连接区长度 max($H_n/6,h_c$，500)＋伸出长度－保护层厚度＋弯折长度

顶层中柱纵筋(高位钢筋)长度＝顶层层高－本层柱下端非连接区长度 max($H_n/6,h_c$，500)－接头错开长度＋伸出长度－保护层厚度＋弯折长度

②采用绑扎连接

顶层中柱纵筋(低位钢筋)长度＝顶层层高－本层柱下端非连接区长度 max($H_n/6,h_c$，500)＋伸出长度－保护层厚度＋弯折长度

顶层中柱纵筋(高位钢筋)长度＝顶层层高－本层柱下端非连接区长度 max($H_n/6,h_c$，500)－本层 $1.3l_{lE}$＋伸出长度－保护层厚度＋弯折长度

3.3.4 柱内箍筋构造

框架柱箍筋一般分为两大类:非复合箍筋和复合箍筋。常见的矩形复合箍筋的复合方式如图 3-41 所示。

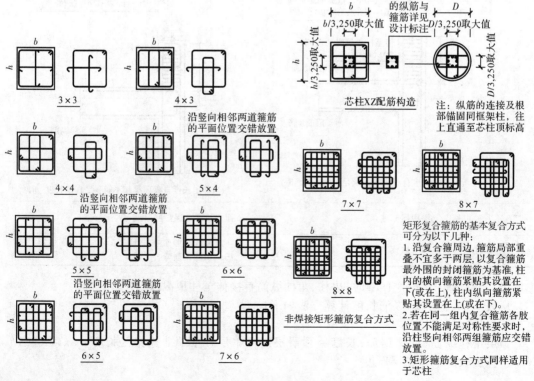

3×3   4×3

沿竖向相邻两道箍筋的平面位置交错放置

4×4   5×4

沿竖向相邻两道箍筋的平面位置交错放置

5×5   6×6

沿竖向相邻两组箍筋的平面位置交错放置

6×5   7×6

芯柱配置的纵筋与箍筋详见设计标注

$b/3,250$取大值 $D/3,250$取大值

$h/3,250$取大值 $D/3,250$取大值

芯柱XZ配筋构造

注:纵筋的连接及根部锚固同框架柱,往上直通至芯柱顶标高

7×7   8×7

矩形复合箍筋的基本复合方式可分为以下几种:
1.沿复合箍周边,箍筋局部重叠不宜多于两层,以复合箍筋最外围的封闭箍筋为基准,柱内的横向箍筋紧贴其设置在下(或在上),柱内纵向箍筋紧贴其设置在上(或在下)。
2.若在同一组内复合箍筋各肢位置不能满足对称性要求时,沿柱竖向相邻两组箍筋应交错放置。
3.矩形箍筋复合方式同样适用于芯柱

8×8

非焊接矩形箍筋复合方式

图 3-41 常见的矩形复合箍筋的复合方式

箍筋加密区范围构造见表 3-34。

表 3-34   箍筋加密区范围构造

类型	无地下室 KZ	有地下室 KZ
图例	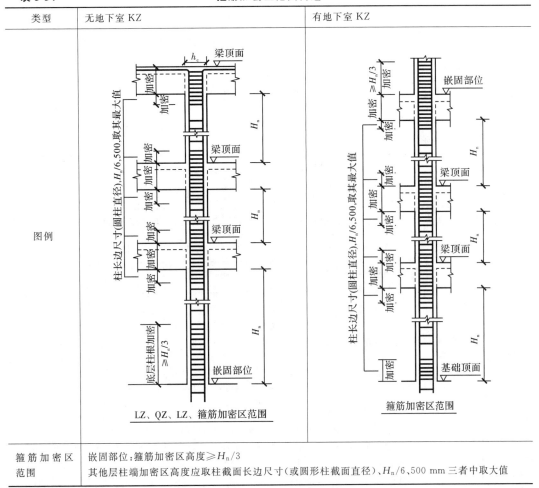	
箍筋加密区范围	嵌固部位:箍筋加密区高度≥$H_n/3$ 其他层柱端加密区高度应取柱截面长边尺寸(或圆形柱截面直径)、$H_n/6$、500 mm 三者中取大值	

从表 3-34 中可知,箍筋根数计算方法如下:

(1)嵌固部位层

加密区箍筋根数=$(H_n/3-50)$/加密区间距+1

上部加密区箍筋根数=$[\max(H_n/6,h_c,500)+$梁高]/加密区间距+1

中间非加密区箍筋根数=(层高-嵌固部位加密区长度-上部加密区长度)/非加密区间距-1

(2)其他层

柱下部加密区箍筋根数=$[\max(H_n/6,h_c,500)-50]$/加密区间距+1

上部加密区箍筋根数=$[\max(H_n/6,h_c,500)+$梁高]/加密区间距+1

中间非加密区箍筋根数=(层高-下部加密区长度-上部加密区长度)/非加密区间距-1

【例 3-15】 计算例 3-4 柱箍筋的长度和根数。

解:计算过程见表 3-35。

表 3-35 柱内钢筋计算过程

箍筋长度	外封闭箍筋 (大双肢箍)	箍筋长度 $=2(b+h)-8c+\max(27.13d,150+7.13d)=2\times(500+500)-8\times20+\max(27.13\times10,150+7.13\times10)=2\ 111\ \text{mm}$
	竖向内封闭箍筋 (小双肢箍)	内箍长度 $=2(h-2c)+2\{[(b-2c-2d-D)/$间距个数$]\times$内箍占间距个数$+D+2d\}+\max(27.13d,150+7.13d)=2(500-2\times20)+2\{[(500-2\times20-2\times10-22)/3]\times1+22+2\times10\}+\max(27.13\times10,150+7.13\times10)=1\ 554\ \text{mm}$
	水平向内封闭箍筋 (小双肢箍)	内箍长度 $=2(b-2c)+2\{[(h-2c-2d-D)/$间距个数$]\times$内箍占间距个数$+D+2d\}+\max(27.13d,150+7.13d)=2(500-2\times20)+2\{[(500-2\times20-2\times10-22)/3]\times1+22+2\times10\}+\max(27.13\times10,150+7.13\times10)=1\ 554\ \text{mm}$
	箍筋简图	大双肢箍: 596 / 460 / 460 / 598 小双肢箍: 317 / 460 / 181 / 596
箍筋根数	基础内 (大双肢箍)	箍筋根数 $=\max\{2,(h_j-$基础保护层厚度$-$底板钢筋网高度$-100)/500+1\}$
		箍筋根数 $=\max\{2,(1\ 100-40-12\times2-100)/500+1\}=3$ 根
	一层	钢筋搭接长度 $l_{lE}=56d=56\times22=1\ 232\ \text{mm}$ 一层柱根加密区箍筋根数 $=[(H_n/3+2.3l_{lE})-50]/100+1=[(7\ 800/3+2.3\times1\ 232)-50]/100+1=55$ 根 上部加密区根数 $=[\max(7\ 800/6,500,500)+700]/100+1=21$ 根 中间非加密区根数 $=[(7\ 800+700)-(7\ 800/3+2.3\times1\ 232)-(7\ 800/6+700)]/200-1=5$ 根 合计:$55+21+5=81$ 根
	二层	下部加密区根数 $=[\max(6\ 500/6,500,500)+2.3\times1\ 232-50]/100+1=40$ 根 上部加密区根数 $=[\max(6\ 500/6,500,500)+700]/100+1=19$ 根 中间非加密区根数 $=[7\ 200-(6\ 500/6+2.3\times1\ 232)-(6\ 500/6+700)]/200-1=7$ 根 合计:$40+19+7=66$ 根
	三层	下部加密区根数 $=[\max(5\ 900/6,500,500)+2.3\times1\ 232-50]/100+1=39$ 根 上部加密区根数 $=[\max(5\ 900/6,500,500)+700]/100+1=18$ 根 中间非加密区根数 $=[6\ 600-(5\ 900/6+2.3\times1\ 232)-(5\ 900/6+700)]/200-1=5$ 根 合计:$39+18+5=62$ 根
	四层	下部加密区根数 $=[\max(5\ 600/6,500,500)+2.3\times1\ 232-50]/100+1=39$ 根 上部加密区根数 $=[\max(5\ 600/6,500,500)+1\ 000]/100+1=21$ 根 中间非加密区根数 $=[6\ 600-(5\ 600/6+2.3\times1\ 232)-(5\ 600/6+1\ 000)]/200-1=4$ 根 合计:$39+21+4=64$ 根

【**例 3-16**】　某框架结构建筑物地上三层,地下一层,梁高均为 700 mm,二级抗震等级,混凝土强度 C35,二 a 类环境,基础保护层厚度 40 mm,基础底板钢筋网为 $\Phi14$,中柱 KZ2 截面图如图 3-42 所示,采用机械连接,求柱内钢筋长度及根数。

层号	顶标高	层高	顶梁高
3	11.650	3.600	700
2	8.050	3.900	700
1	4.150	4.200	700
−1	−0.050	4.200	800
基础	−4.250	基础厚:700	—

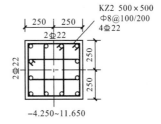

图 3-42　KZ2 平法施工图

解:柱内钢筋计算过程见表 3-36。

表 3-36　　　　　　　　　　　　　　柱内钢筋计算过程

抗震锚固长度		$l_{aE}=37d=37\times22=814$ mm, $l_{abE}=37d=37\times22=814$ mm
柱基础插筋	基础内插筋长度	直锚长度$=700-40-14\times2=632$ mm$<l_{aE}=814$ mm 且 $>\max(0.6l_{abE},20d)=\max$ $(0.6\times814,20\times22)=488$ mm 基础插筋的弯钩长度$=15d=15\times22=330$ mm 基础内插筋长度$=h_j-$基础保护层厚度$-$底板钢筋网高度$+15d=700-40-14\times2+$ $330=962$ mm
	插筋伸出基础的长度	低位钢筋伸出长度$=$非连接区长度 $\max(H_n/6,h_c,500)=\max(3\,400/6,500,500)=$ 567 mm 高位钢筋伸出长度$=$非连接区长度 $\max(H_n/6,h_c,500)+$相邻纵筋错开高度 $35d=$ $\max(3\,400/6,500,500)+35\times22=1\,337$ mm
	基础插筋长度(低位)	基础插筋(低位钢筋)长度$=$基础内插筋长度$+$非连接区长度$=962+567=1\,529$ mm (6 根) 钢筋简图:　330　┃　　　1 190
	基础插筋长度(高位)	基础插筋(高位钢筋)长度$=$基础内插筋长度$+$非连接区长度$+35d=962+1\,337=$ $2\,299$ mm(6 根) 钢筋简图:　330　┃　　　1 969
地下一层柱纵筋	地下一层非连接区长度	$\max(H_n/6,h_c,500)=\max(3\,400/6,500,500)=567$ mm
	一层非连接区长度	$H_n/3=(4\,200-700)/3=3\,500/3=1\,167$ mm
	地下一层纵筋长度	纵筋长度$=4\,200-567+1\,167=4\,800$ mm(12 根) 钢筋简图:　　　　4 800
一层柱纵筋	一层非连接区长度	$H_n/3=(4\,200-700)/3=3\,500/3=1\,167$ mm
	第二层非连接区长度	$\max(H_n/6,h_c,500)=\max(3\,200/6,500,500)=533$ mm
	一层纵筋长度	纵筋长度$=4\,200-1\,167+533=3\,566$ mm(12 根) 钢筋简图:　　　3 566

二层柱纵筋	第二层非连接区长度	$\max(H_n/6,h_c,500)=\max(3\,200/6,500,500)=533$ mm
	第三层非连接区长度	$\max(H_n/6,h_c,500)=\max(2\,900/6,500,500)=500$ mm
	二层纵筋长度	纵筋长度$=3\,900-533+500=3\,867$ mm(12 根)
		钢筋简图: _____ 3 867
柱顶层纵筋	顶层非连接区长度	$\max(H_n/6,h_c,500)=\max(2\,900/6,500,500)=500$ mm
	柱顶的锚固长度	$h_b-c=700-25=675$ mm$<l_{aE}=814$ mm,弯锚 锚固长度$=700-25+12\times22=939$ mm
	顶层纵筋长度(低位)	纵筋长度$=3\,600-500-700+939=3\,339$ mm(6 根)
		钢筋简图: 3 075 ⌐ 264
	顶层纵筋长度(高位)	相邻纵筋错开高度$=35d=\ 35\times22=770$ mm
		纵筋长度$=3\,339-770=2\,569$ mm(6 根)
		钢筋简图: 2 305 ⌐ 264
箍筋长度	外封闭箍筋(大双肢箍)	箍筋长度$=2(b+h)-8c+\max(27.13d,150+7.13d)=2\times(500+500)-8\times25+\max(27.13\times8,150+7.13\times8)=2\,017$ mm
	竖向小封闭箍筋(小双肢箍)	内箍长度$=2(h-2c)+2\{[(b-2c-2d-D)/$间距个数$]\times$内箍占间距个数$+D+2d\}+\max(27.13d,150+7.13d)=2(500-2\times25)+2\{[(500-2\times25-2\times8-22)/3]\times1+22+2\times8\}+\max(27.13\times8,150+7.13\times8)=1\,468$ mm
	水平向小封闭箍筋(小双肢箍)	内箍长度$=2(b-2c)+2\{[(h-2c-2d-D)/$间距个数$]\times$内箍占间距个数$+D+2d\}+\max(27.13d,150+7.13d)=2(500-2\times25)+2\{[(500-2\times25-2\times8-22)/3]\times1+22+2\times8\}+\max(27.13\times8,150+7.13\times8)=1\,468$ mm
	箍筋简图	大双肢箍 559 / 450 / 558 / 450 小双肢箍 284 / 450 / 559 / 175
箍筋根数	基础内(大双肢箍)	$\max\{2,(700-40-14\times2-100)/500+1\}=3$ 根
	地下一层	下部加密区根数$=[\max(3\,400/6,500,500)-50]/100+1=7$ 根 上部加密区根数$=[\max(3\,400/6,500,500)+800]/100+1=15$ 根 中间非加密区根数$=[4\,200-3\,400/6-(3\,400/6+800)]/200-1=11$ 根 合计:$7+15+11=33$ 根
	一层	一层柱根加密区箍筋根数$=(3\,500/3-50)/100+1=13$ 根 上部加密区根数$=[\max(3\,500/6,500,500)+700]/100+1=14$ 根 中间非加密区根数$=[4\,200-3\,500/3-(3\,500/6+700)]/200-1=8$ 根 合计:$13+14+8=35$ 根

续表

箍筋根数	二层	下部加密区根数＝[max(3 200/6,500,500)－50]/100＋1＝6 根 上部加密区根数＝[max(3 200/6,500,500)＋700]/100＋1＝14 根 中间非加密区根数＝(3 900－533－1 233)/200－1＝10 根 合计:6＋14＋10＝30 根
	三层	下部加密区根数＝[max(2 900/6,500,500)－50]/100＋1＝6 根 上部加密区根数＝[max(2 900/6,500,500)＋700]/100＋1＝13 根 中间非加密区根数＝(3 600－500－1 200)/200－1＝9 根 合计:6＋13＋9＝28 根

复习思考题

1.简述常见柱的类型及相关概念。

2.柱平法施工图常采用哪两种注写方式? 阐述各自特点。

3.框架柱纵筋在基础内的锚固长度如何确定?

4.简述不同情况下框架柱纵筋非连接区范围。

5.简述框架柱中间层变截面纵筋构造要求。

6.简述框架柱中柱柱顶锚固构造。

7.简述框架柱柱顶梁端节点柱插筋和梁插筋两种做法的特点。

8.框架柱加密区范围如何确定?

习　题

1.如图 3-43 所示某框架结构建筑物,地下一层,地上三层,梁高均为 700 mm,二级抗震等级,混凝土强度等级为 C30,中柱纵筋为 12 Φ 25,框架柱下为独立基础,独立基础的总高度为 900 mm,基础底板钢筋网为 Φ12,基础保护层厚度为 40 mm,纵筋采用绑扎连接,钢筋搭接接头面积百分率为 50%,求柱内钢筋长度及根数,如不满足钢筋构造要求,请选择纵筋的连接方案。

层号	顶标高	层高	梁高
3	11.670	3.600	700
2	8.070	3.900	700
1	4.170	4.200	700
−1	−0.030	3.900	700
基础	−3.930	基础厚:900	—

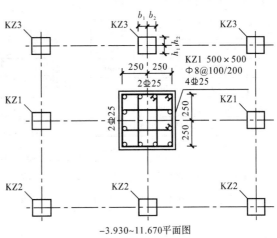

−3.930~11.670平面图

图 3-43　KZ1 平法施工图

2. 如图 3-44 所示某框架结构建筑物,二级抗震等级,混凝土强度等级为 C35,中柱纵筋为 12⨴22,框架柱下为独立基础,独立基础的总高度为 1 100 mm,基础底板钢筋网为⨴14,基础保护层厚度为 40 mm,纵筋采用焊接连接,求柱内钢筋长度及根数。

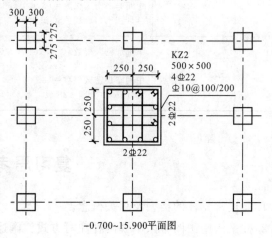

层号	顶标高	层高	梁高
4	15.900	3.600	1 000
3	12.300	3.600	700
2	8.700	4.200	700
1	4.500	4.500	700
基础	−0.700	基础厚:1 100	—

图 3-44　KZ2 平法施工图

3. 如图 3-45 所示某框架结构建筑物,地下一层,地上四层,梁高均为 600 mm,二级抗震等级,混凝土强度等级为 C30,框架柱下为独立基础,独立基础的总高度为 800 mm,基础底板钢筋网为⨴14,基础保护层厚度为 40 mm,纵筋采用机械连接,求柱内钢筋长度及根数。

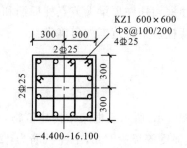

层号	顶标高	层高	顶梁高
4	16.100	3.600	600
3	12.500	3.900	600
2	8.600	4.200	600
1	4.400	4.500	600
−1	−0.100	4.300	600
基础	−4.400	基础厚:800	—

图 3-45　KZ1 平法施工图

4. 如图 3-46 所示某框架结构建筑物,一级抗震等级,混凝土强度等级为 C35,纵筋采用焊接连接,求变截面位置纵筋的长度。

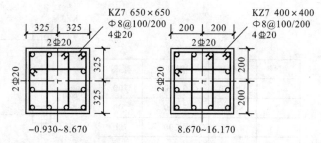

层号	顶标高	层高	顶梁高
4	16.170	3.600	600
3	12.570	3.900	600
2	8.670	4.200	600
1	4.470	4.500	600
基础	−0.930	基础厚:900	—

图 3-46　框架柱中间层变截面平法施工图

5. 如图 3-47 所示某框架结构建筑物,一级抗震等级,混凝土强度等级为 C30,纵筋采用绑扎连接,钢筋搭接接头面积百分率为 50%,求纵筋变化截面钢筋的长度。

层号	顶标高	层高	顶梁高
4	28.470	6.900	700
3	21.570	6.900	700
2	14.670	7.200	700
1	7.470	7.500	700
基础	−0.930	基础厚：700	—

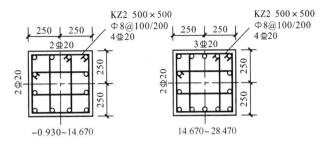

图 3-47　框架柱中间层钢筋变化截面平法施工图

6. 如图 3-48 所示某框架结构建筑物，一级抗震等级，混凝土强度等级为 C35，纵筋采用焊接连接，求纵筋变化截面钢筋的长度。

层号	顶标高	层高	顶梁高
4	16.170	3.600	800
3	12.570	3.900	800
2	8.670	4.200	800
1	4.470	4.500	800
基础	−0.980	基础厚：800	—

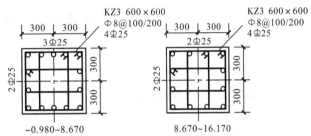

图 3-48　框架柱中间层钢筋变化截面构造

7. 如图 3-49 所示某框架结构建筑物，二级抗震等级，混凝土强度等级为 C30，纵筋采用机械连接，求纵筋变化截面钢筋的长度。

层号	顶标高	层高	顶梁高
4	16.170	3.600	650
3	12.570	3.900	650
2	8.670	4.200	650
1	4.470	4.500	650
基础	−0.930	基础厚：800	—

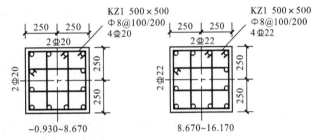

图 3-49　框架柱中间层钢筋变化截面平法施工图

8. 如图 3-50 所示某框架结构建筑物，二级抗震等级，混凝土强度等级为 C30，纵筋采用焊接连接，按"②＋④"节点计算顶层角柱钢筋的长度。

层号	顶标高	层高	顶梁高
4	16.470	3.900	800
3	12.570	3.900	800
2	8.670	4.200	800
1	4.470	4.500	800
基础	−0.930	基础厚：700	—

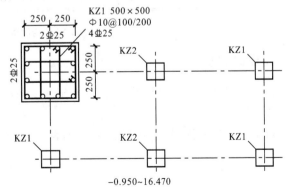

图 3-50　KZ1 平法施工图

第4章

板构件平法识图与钢筋计算

微课3

4.1　板构件基本知识

4.1.1　板构件知识体系

板构件知识体系可概括为三个方面:板的分类、板钢筋的分类、板的各种情况,如图 4-1 所示。

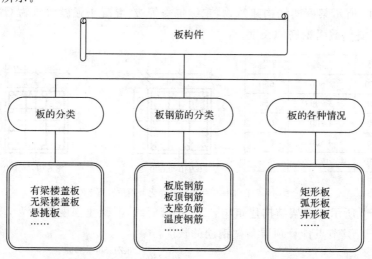

图 4-1　板构件知识体系

1.板的分类

板是房屋结构中的水平承重构件,并把所受荷载传递给梁或墙。当为无梁楼盖时,板荷载直接传递给柱。

板按照不同的依据,对板进行分类,见表 4-1。

表 4-1　　　　　　　　　　　　　　　　　　　　　　板的分类

分类依据	板的名称	特点
按板所在位置分	屋面板	屋顶面板
	楼面板	各楼层面板
	延伸悬挑板	延伸悬挑板的上部受力筋应与相邻跨内板的上部纵筋贯通布置
	纯悬挑板	纯悬挑板的上部受力筋单独布置,锚固在根部梁内
按板的受力方式分	单向板	短跨方向布置受力钢筋,长跨方向布置分布钢筋,分布钢筋配置在受力钢筋内侧
	双向板	两个互相垂直的方向均布置受力钢筋,长跨钢筋配置在短跨钢筋内侧
按板的配筋方式分	单层布筋板	板的下部布置贯通纵筋,板的上部周边布置支座负筋
	双层布筋板	板的上部和下部均布置贯通纵筋

图 4-2 为钢筋混凝土板所在位置,图 4-3 为板底单层布筋和板底、板顶双层布筋。

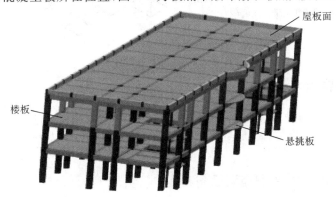

图 4-2　钢筋混凝土板所在位置

(a) 板底单层布筋

(b) 板底、板顶双层布筋

图 4-3　钢筋混凝土板布筋形式

2. 板钢筋的分类

板内钢筋可根据其功能、部位和具体构造要素不同,分为受力钢筋和构造钢筋两大部分,见表 4-2。钢筋混凝土双向板配筋如图 4-4 所示。

表 4-2　　　　　　　　　　　　　　　　　　　　　　板构件钢筋

钢筋类型	受力钢筋			构造钢筋			
钢筋名称	板底钢筋	板顶钢筋	支座负筋	分布钢筋	温度筋	角部附加放射筋	洞口附加筋

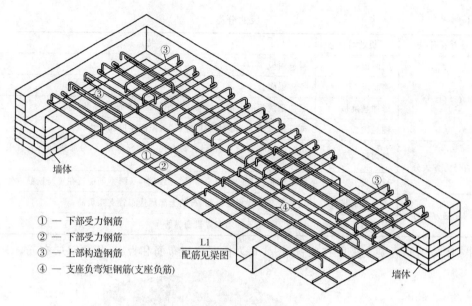

① — 下部受力钢筋
② — 下部受力钢筋
③ — 上部构造钢筋
④ — 支座负弯矩钢筋(支座负筋)

L1
配筋见梁图

墙体

图 4-4　钢筋混凝土双向板配筋

3. 板的各种情况

当板的平面位置(与梁、墙的关系)不同时,由于受力不同,配筋构造也不同,因此就会有各种情况的板。

4.1.2　板平法施工图概述

1. 板传统施工图的表达方式

现浇钢筋混凝土板的结构施工图常用配筋平面图和断面图表示。配筋平面图可直接在平面图上绘制,每种规格的钢筋只需画出一根并标出规格、间距,同时画出一个重合断面,表示板的形状、板厚及板的标高。也可不画重合断面,但需要在合适的位置注明板厚和板的结构标高等信息。图 4-5 是传统制图标准绘制的楼板结构施工图。

2. 板平法施工图的表达方式

板平法施工图是在板平面布置图上,直接标注板的各项数据。图 4-6 为图 4-5 的平面注写方式,楼板上钢筋的规格、数量和尺寸分成了集中标注和原位标注两部分。

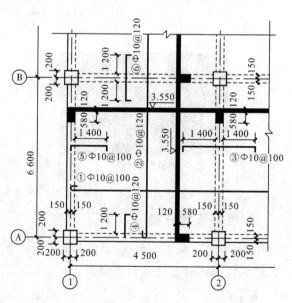

图 4-5　传统制图标准绘制的楼板结构施工图

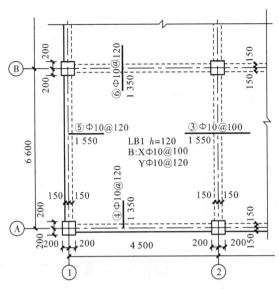

图 4-6　平法制图楼板结构施工图

4.2　板构件平法识图

本书主要讲解有梁楼盖板的平法识图。有梁楼盖板是指以梁为支座的楼面板与屋面板。

4.2.1　有梁楼盖板平法施工图的表达方式

有梁楼盖板平法施工图,是在楼面板和屋面板布置图上,采用平面注写的表达方式。板平面注写主要包括板块集中标注和板支座原位标注,如图 4-7 所示。

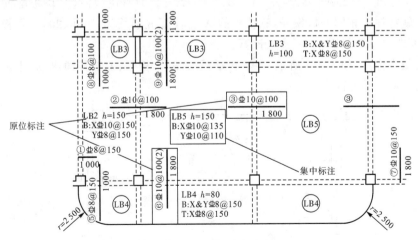

图 4-7　板平面注写方式

为方便设计表达和施工识图,规定结构平面的坐标方向如下:

(1)当两向轴网正交布置时,图面从左至右为 X 向,从下至上为 Y 向。

(2)当轴网转折时,局部坐标方向顺轴网转折角做相应转折。

(3)当轴网向心布置时,切向为 X 向,径向为 Y 向。

此外,对于平面布置比较复杂的区域,如轴网转折交界区域、向心布置的核心区域等,其平面坐标方向应由设计者另行规定并在图上明确表示。

4.2.2 板块集中标注

有梁楼盖中的集中标注,按"板块"进行划分,"板块"是指板的配筋以"一块板"为一个单元。对于普通楼面,两向(X 和 Y 两个方向)均以一跨为一板块;对于密肋楼盖,两向主梁(框架梁)均以一跨为一板块(非主梁密肋不计)。所有板块应逐一编号,相同编号的板块可择其一做集中标注,其他仅注写置于圆圈内的板编号,以及当板面标高不同时的标高高差,如图 4-8 所示。

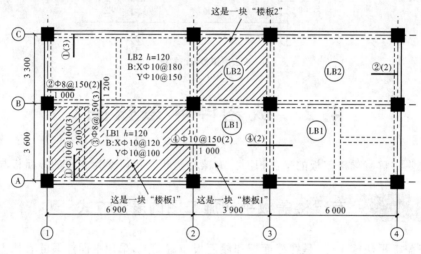

图 4-8 "板块"划分

由图 4-8 可知,1—2/A—B、2—3/A—B、3—4/A—B 为三块板,这三块板配筋相同,在平法施工图上就标注为相同的板编号,三块板的 X 方向板底筋均为 10@120,而且板厚、标高均相同,板底筋既可分跨锚固,也可通长计算。

板块的集中标注,如图 4-9 所示,内容包括板块编号、板厚、上部贯通纵筋、下部纵筋,以及当板面标高不同时的标高高差。

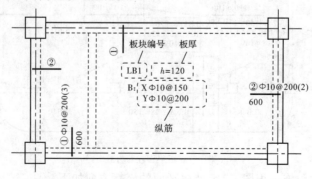

图 4-9 板块的集中标注

1. 板块编号

板块编号由代号和序号组成,见表4-3。

表 4-3　　　　　　　　　　　　　　　板块编号

板类型	代号	序号
楼面板	LB	××
屋面板	WB	××
悬挑板	XB	××

2. 板厚

板厚注写$h=×××$(垂直于板面的厚度);当悬挑板的端部改变截面厚度时,用斜线分隔根部与端部的高度值,注写$h=×××/×××$;当设计已在图注中统一注明板厚时,此项可不注。

3. 纵筋

纵筋按板块的下部纵筋和上部贯通纵筋分别注写(当板块上部不设贯通纵筋时则不注),并以 B 代表下部纵筋,以 T 代表上部贯通纵筋,B&T 代表下部与上部;X 向纵筋以 X 打头,Y 向纵筋以 Y 打头,两向纵筋配置相同时则以 X&Y 打头。

当为单向板时,分布筋可不必注写,而在图中统一注明。

当在某些板内(例如在悬挑板 XB 的下部)配置有构造钢筋时,则 X 向以 Xc,Y 向以 Yc 打头注写。

当 Y 向采用放射配筋时(切向为 X 向,径向为 Y 向),设计者应注明配筋间距的定位尺寸。

当纵筋采用两种规格钢筋"隔一布一"方式时,表达为φXX/YY@×××,表示直径为 XX 的钢筋和直径为 YY 的钢筋二者之间的间距为×××,直径 XX 的钢筋的间距为×××的 2 倍,直径 YY 的钢筋的间距为×××的 2 倍

板构件的贯通纵筋,有"单层"/"双层"和"单向"/"双向"的配筋方式。

【例 4-1】　有一楼面板块标注:

LB3　$h=110$

B:Yφ8@120

表示 3 号楼面板,板厚为 110 mm,板下部配置的纵筋 Y 向为φ8@120,X 向分布筋可不必注写,而在施工图中统一注明。

【例 4-2】　有一楼面板块注写:

LB2　$h=120$

B:XΦ12@100;YΦ10@120

表示 2 号楼面板,板厚为 120 mm,板下部配置的纵筋 X 向为Φ12@100;Y 向为Φ10@120;板上部未配置贯通纵筋。

【例 4-3】　有一屋面板块标注:

WB2　$h=120$

B:XΦ10/12@120;YΦ10@130

表示 2 号屋面板,板厚为 120 mm,板下部配置的纵筋 X 向为 ϕ 10、ϕ 12 隔一布一,10 与 12 之间的间距为 120;Y 向为 ϕ 10@130;板上部未配置贯通纵筋。

【例 4-4】 有一楼面板块标注:

LB1 $h = 110$

B:X&Y ϕ 10@120

表示 1 号楼面板,板厚为 110 mm,板下部配置的纵筋双向均为 ϕ 10@120;板上部未配置贯通纵筋。

【例 4-5】

XB3 $h = 150 \;/\; 110$

B:Xc&Yc ϕ 8@200

表示 3 号延伸悬挑板,板根部厚为 150 mm,端部厚为 110 mm,板下部配置构造钢筋双向均为 8@200(上部受力钢筋见板支座原位标注)。

【例 4-6】 有一楼面板块标注:

LB3 $h = 110$

B:X ϕ 12@110;Y ϕ 10@130

T:X ϕ 12@130;Y ϕ 10@150

表示 3 号楼面板,板厚为 110 mm,板下部配置的纵筋 X 向为 ϕ 12@110;Y 向为 ϕ 10@130。板上部配置的贯通纵筋 X 向为 ϕ 12@130;Y 向为 ϕ 10@150。

【例 4-7】 有一楼面板块标注:

LB5 $h = 120$

B:X&Y ϕ 10@120

T:X ϕ 8@140

表示 5 号楼面板,板厚为 120 mm,板下部配置的纵筋 X 向和 Y 向均为 ϕ 10@120。板上部配置的贯通纵筋 X 向为 ϕ 8@140;Y 向分布筋可不必注写,而在施工图中统一注明。

特别提示:同一编号板块的类型、板厚和贯通纵筋均应相同,但板面标高、跨度、平面形状以及板支座上部非贯通纵筋可以不同,如同一编号板块的平面形状可为矩形、多边形及其他形状等。施工预算时,应根据其实际平面形状,分别计算各块板的混凝土与钢材用量。

4. 板面标高高差

板面标高高差是指相对于结构层楼面标高的高差,应将其注写在括号内,且有高差则注,无高差不注。

例如:(−0.050)表示本板块比本层楼面标高低 0.050 m。

4.2.3 板支座原位标注

板支座原位标注的内容:板支座上部非贯通纵筋和悬挑板上部受力钢筋。

1. 板支座上部非贯通纵筋

板支座原位标注的钢筋,应在配置相同跨的第一跨表达(当在梁悬挑部位单独配置时则在原位标注)。在配置相同跨的第一跨(或梁悬挑部位),垂直于板支座(梁或墙)绘制一段适宜长度的中粗实线(当该筋通长设置在悬挑板或短跨板上部时,实线段应画至对边或贯通短跨),以该线段代表支座上部非贯通纵筋;并在线段上方注写钢筋编号(如①、②等),配筋值,横向连续布置的跨数(注写在括号内,且当为一跨时可不注),以及是否横向布置到梁的悬挑端;板支座上部非贯通筋自支座中线向跨内的伸出长度,注写在线段的下方位置,如图4-10所示。

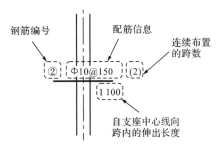

图4-10　有梁楼盖板原位标注

例如:(××)为横向布置的跨数,(××A)为横向布置的跨数及一端的悬挑梁部位,(××B)为横向布置的跨数及两端的悬挑梁部位。

原位标注的板上部非贯通纵筋(支座负筋),按梁跨进行标注,如图4-11所示。

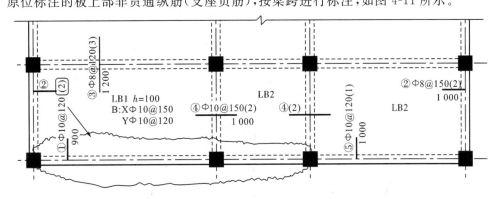

图4-11　支座负筋的跨数

根据图4-11,注意理解有梁楼盖板的集中标注与原位标注的划分方式,集中标注按"板块"划分,原位标注与"板块"无关,按梁跨布置。

当中间支座上部非贯通纵筋向支座两侧对称延伸时,可仅在支座一侧线段下方注延伸长度,另一侧不注,如图4-12(a)所示。当向支座两侧非对称延伸时,应分别在支座两侧线段下方注写延伸长度,如图4-12(b)所示。对线段画至对边贯通全跨或贯通全悬挑长度的上部通长纵筋,贯通全跨或延伸至全悬挑一端的长度值不注,只注明非贯通筋另一侧的延伸长度值,如图4-12(c)所示。

当板支座为弧形,支座上部非贯通纵筋呈放射状分布时,设计者应注明配筋间距的度量位置并加注"放射分布"四字,必要时应补绘平面配筋图,如图4-13所示。

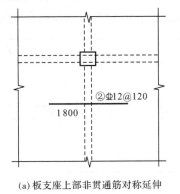

(a) 板支座上部非贯通筋对称延伸

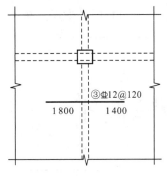

(b) 板支座上部非贯通筋非对称延伸

图4-12　板支座上部非贯通筋的注写方式

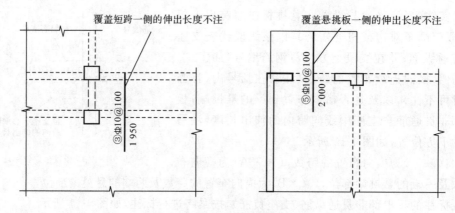

(c) 板支座上部非贯通筋贯通全跨或延伸至悬挑端

续图 4-12　板支座上部非贯通筋的注写方式

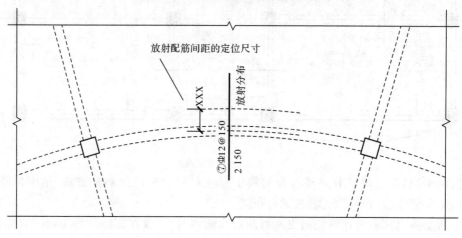

图 4-13　弧形支座处放射配筋

2. 悬挑板上部受力钢筋

悬挑板支座非贯通筋的注写方式如图 4-14 所示。当悬挑板端部厚度不小于 150 mm 时，设计者应指定端部封边构造方式，当采用 U 形钢筋封边时，还应指定 U 形钢筋的规格、直径。

在板平面布置图中，不同部位的板支座上部非贯通纵筋及悬挑板上部受力钢筋，可仅在一个部位注写，对其他相同者则仅需在代表钢筋的线段上注写编号及横向连续布置的跨数即可。

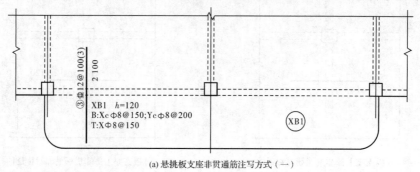

(a) 悬挑板支座非贯通筋注写方式（一）

图 4-14　悬挑板注写方式

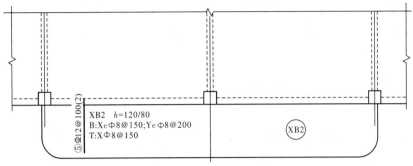

XB2 h=120/80
B:XcΦ8@150;YcΦ8@200
T:XΦ8@150

⑤Φ12@100(2)

XB2

(b) 悬挑板支座非贯通筋注写方式（二）

续图 4-14 悬挑板注写方式

【例 4-8】 在板平面布置图某部位,横跨支承梁绘制的对称线段上注有⑦Φ12@100(5A)和1 500,表示支座上部⑦号非贯通纵筋为Φ12@100,从该跨起沿支承梁连续布置 5 跨加梁一端的悬挑端,该筋自支座中线向两侧跨内的伸出长度均为1 500 mm。在同一板平面布置图的另一部位横跨梁支座绘制的对称线段上注有⑦(2)者,表示该筋同⑦号纵筋,沿支承梁连续布置 2 跨,且无梁悬挑端布置。

此外,与板支座上部非贯通纵筋垂直且绑扎在一起的构造钢筋或分布钢筋,应由设计者在图中注明。

当板的上部已配置有贯通纵筋,但需要增配板支座上部非贯通纵筋时,应结合已配置贯通纵筋的直径与间距采取"隔一布一"方式配置。

"隔一布一"方式为非贯通纵筋的标注间距与贯通纵筋相同,两者组合后的实际间距为各自标注间距的1/2。当设定贯通纵筋为纵筋总截面面积的50%时,两种钢筋应取相同直径;当设定贯通纵筋大于或小于总截面面积的50%时,两种钢筋则取不同直径。

【例 4-9】 板上部已配置贯通纵筋Φ12@250,该跨同向配置的上部支座非贯通纵筋为⑤Φ12@250,表示在该支座上部设置的纵筋实际为Φ12@125,其中 1/2 为贯通纵筋,1/2 为⑤号非贯通纵筋,如图 4-15(a)所示。板上部已配置贯通纵筋Φ10@250,该跨配置的上部同向支座非贯通纵筋为③Φ12@250,表示该跨实际设置的上部纵筋为Φ10 和Φ12 间隔布置,两者的间距为125 mm,如图 4-15(b)所示。

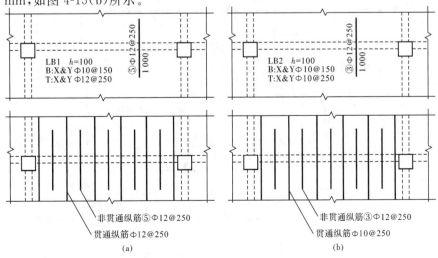

图 4-15 贯通纵筋与非贯通纵筋"隔一布一"排布方式

161

施工应注意：当支座一侧设置了上部贯通纵筋（在板集中标注中以 T 打头），而在支座另一侧仅设置了上部非贯通纵筋时，如果支座两侧设置的纵筋直径、间距相同，应将两者连通，避免各自在支座上部分别锚固。

4.2.4 相关构造识图

与楼板相关的构造通常有纵筋加强带、后浇带、柱帽、局部升降板、板加腋、板开洞、板翻边、角部加强筋、悬挑板阳角放射筋、抗冲切箍筋、抗冲切弯起筋，其平法表达方式是在板平法施工图上采用直接引注方式表达。

楼板相关构造类型与编号，见表 4-4。

表 4-4　　　　　　　　　　　　楼板相关构造类型与编号

构造类型	代号	序号	说明
纵筋加强带	JQD	××	以单向加强纵筋取代原位置配筋
后浇带	HJD	××	有不同的留筋方式
柱帽	ZMx	××	适用于无梁楼盖
局部升降板	SJB	××	板厚及配筋与所在板相同；构造升降高度≤300
板加腋	JY	××	腋高与腋宽可选注
板开洞	BD	××	最大边长或直径<1 m；加强筋长度有全垮贯通和自洞边锚固两种
板翻边	FB	××	翻边高度≤300
角部加强筋	Crs	××	以上部双向非贯通加强钢筋取代原位置的非贯通配筋
悬挑板阳角放射筋	Ces	××	板悬挑阳角上部放射
抗冲切箍筋	Rh	××	通常用于无柱帽无梁楼盖的柱顶
抗冲切弯起筋	Rb	××	通常用于无柱帽无梁楼盖的柱顶

对板构件相关构造知识的识图，本节不一一展开讲解，只取"板开洞"为例，简单讲解，如图4-16 所示。

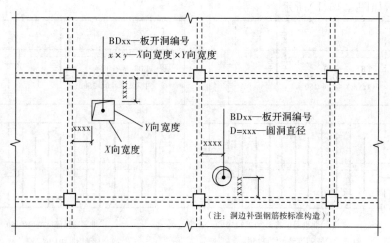

图 4-16　板开洞 BD 直接引注

采用平面注写方式表达的楼面板平法施工图示例如图 4-17 所示。

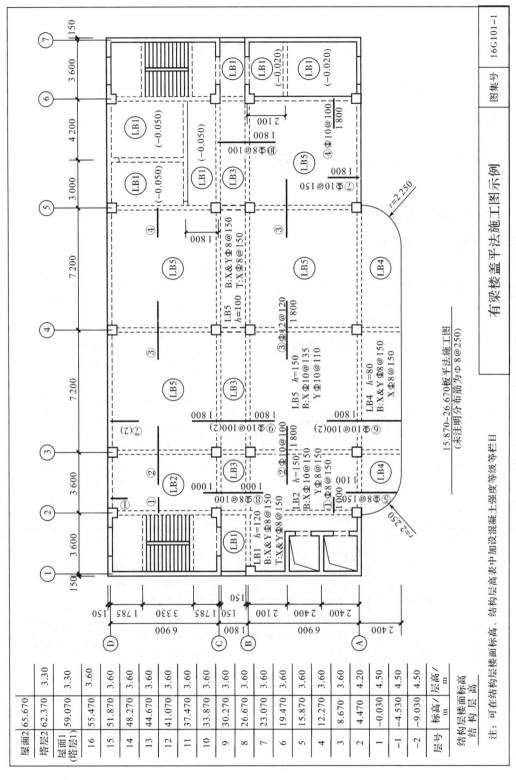

有梁楼盖平法施工图示例

图集号	16G101-1

图4-17　采用平面注写方式表达的楼面板平法施工图示例

4.3 板构件钢筋构造与计算

板构件钢筋构造是指板构件的各种钢筋在实际工程中可能出现的各种构造情况。
板构件可分为有梁板和无梁板,本书主要讲解有梁板构件中的主要构造钢筋。

4.3.1 板底钢筋构造与计算

1. 端部支座锚固构造

板底钢筋端部支座锚固构造,见表 4-5。

表 4-5 板底钢筋端部支座锚固构造

端部支座名称	图示	构造要求	锚固长度
梁	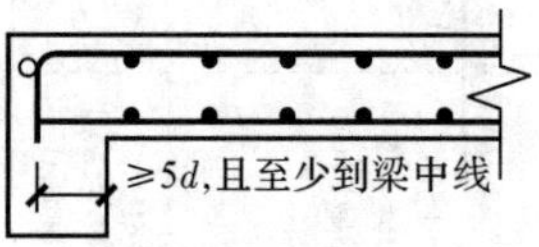 普通楼屋面板	下部钢筋应伸入支座长度 $\geq 5d$,且至少到梁中线	梁支座锚固长度 = max(梁宽/2,5d)
	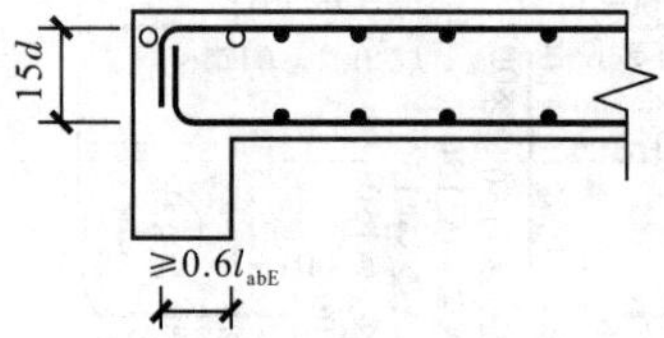 用于梁板式转换层的楼面板	下部钢筋应伸至梁支座外侧纵筋内侧后弯折 15d,当平直段长度 $\geq l_{aE}$ 时可不弯折	梁支座锚固长度 = 梁宽 - 保护层厚度 - 梁角筋直径 + 15d
剪力墙 (中间层)	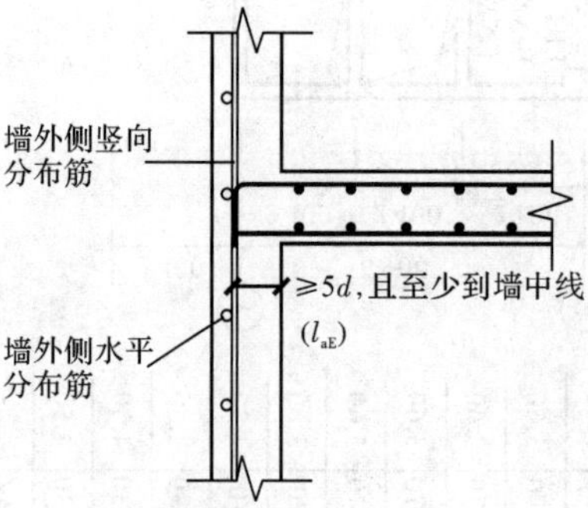 端部支座为剪力墙中间层	下部钢筋应伸入墙支座长度 $\geq 5d$,且至少到墙中线; 括号内的数值用于梁板式转换层的板,当板下部纵筋直锚长度不足时,可弯锚	墙支座锚固长度 = max(墙厚/2,5d)

续表

端部支座名称	图示	构造要求	锚固长度
剪力墙 （墙顶）	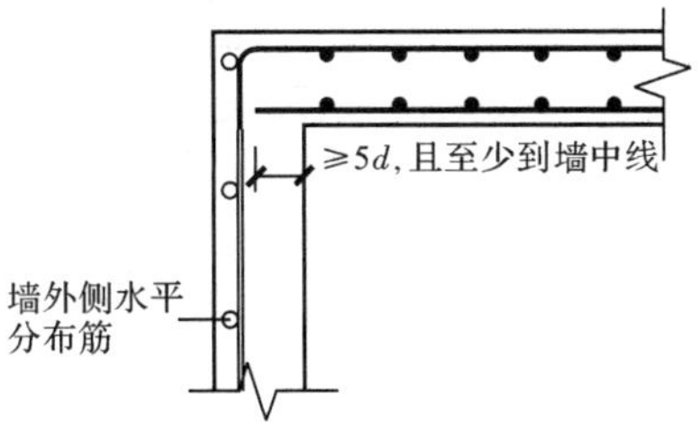 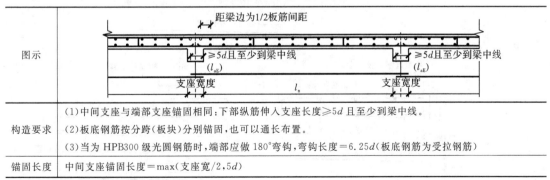 （a）板端按铰接设计时 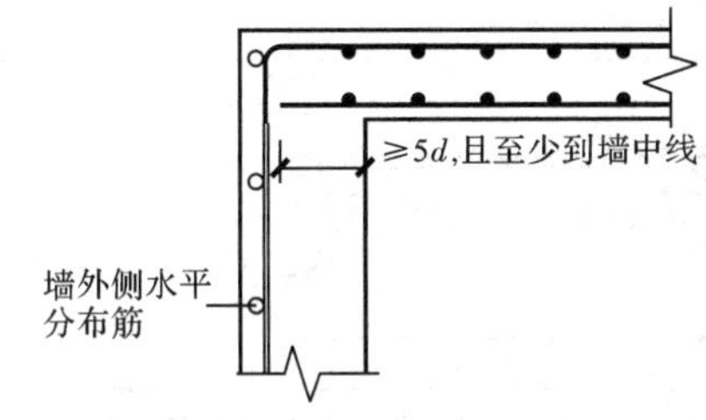 （b）板端上部纵筋按充分利用钢筋的抗拉强度时 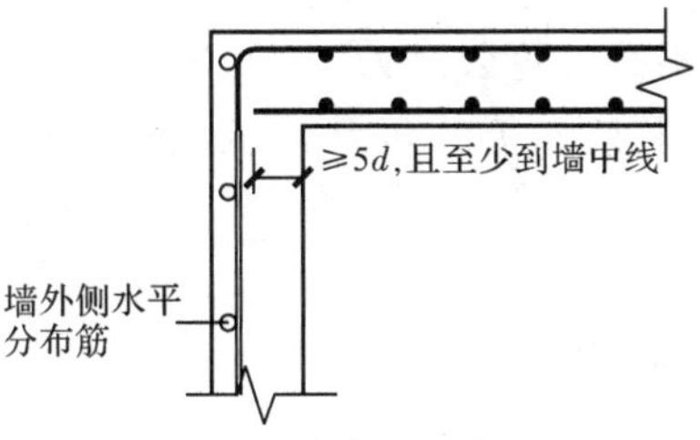 （c）搭接连接	下部钢筋应伸入墙支座长度为≥5d且至少到墙中线	墙支座锚固长度＝ max（墙厚/2,5d）

2. 中间支座锚固构造

板底钢筋中间支座锚固构造，见表 4-6。

表 4-6　　　　　　　　　　　　　　板底钢筋中间支座锚固构造

图示	
构造要求	（1）中间支座与端部支座锚固相同：下部纵筋伸入支座长度≥5d且至少到梁中线。 （2）板底钢筋按分跨（板块）分别锚固，也可以通长布置。 （3）当为 HPB300 级光圆钢筋时，端部应做 180°弯钩，弯钩长度＝6.25d（板底钢筋为受拉钢筋）
锚固长度	中间支座锚固长度＝max（支座宽/2,5d）

3. 板底钢筋长度计算

由图 4-18 得出

板底钢筋长度＝板净跨长度＋端支座锚固长度＋弯钩长度

注：当板底钢筋为非光圆钢筋时，则端部弯钩长度取消。

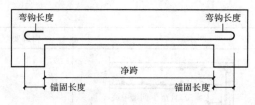

图 4-18 板底钢筋长度计算

4. 板底钢筋根数计算

板底钢筋构造,见表 4-7。

表 4-7   板底钢筋构造

图示	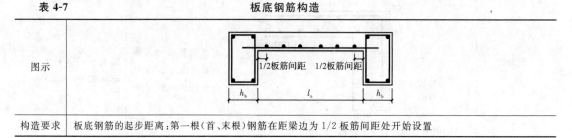
构造要求	板底钢筋的起步距离:第一根(首、末根)钢筋在距梁边为 1/2 板筋间距处开始设置

由表 4-7 板底钢筋构造可得板底钢筋根数计算公式为

板底钢筋根数＝(板净跨长度－板筋间距)／板筋间距＋1

5. 悬挑板底部钢筋构造与计算

延伸悬挑板和纯悬挑板底部钢筋构造,见表 4-8。

表 4-8   延伸悬挑板和纯悬挑板底部钢筋构造

图示	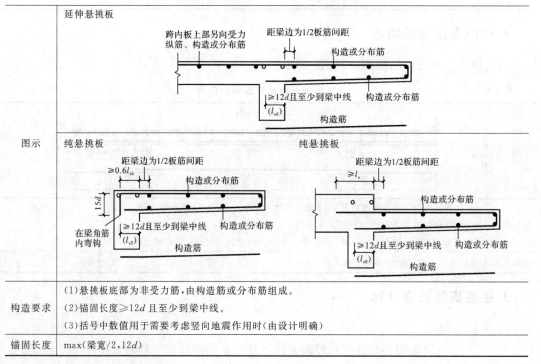
构造要求	(1)悬挑板底部为非受力筋,由构造筋或分布筋组成。 (2)锚固长度≥12d 且至少到梁中线。 (3)括号中数值用于需要考虑竖向地震作用时(由设计明确)
锚固长度	max(梁宽/2,12d)

由表 4-8 延伸悬挑板和纯悬挑板底部钢筋构造可得板底构造筋计算公式为

$$钢筋长度＝(l－c)＋\max(梁宽/2,12d)$$

式中　l——板悬挑长度。

【例 4-10】　如图 4-19 所示为一现浇楼面板,混凝土强度等级 C30,梁和板的保护层厚度分别为 20 mm 和 15 mm,钢筋定尺长度为 9 000 mm,求板底钢筋长度及根数。

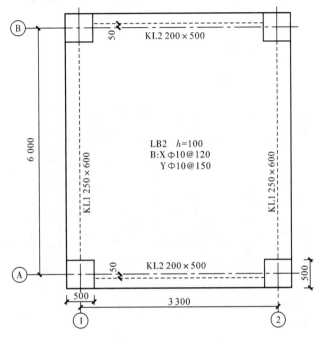

图 4-19　LB2 板平法施工图

解:计算过程见表 4-9。

表 4-9　　　　　　　　　　　　　　LB2 板底钢筋计算过程

X Φ 10@120	长度	总长＝板净跨长度＋端支座锚固长度＋弯钩长度
		端支座锚固长度＝$\max(h_b/2,5d)＝\max(250/2,5\times10)＝125$ mm
		180°弯钩长度＝$6.25d＝6.25\times10＝62.5$ mm
		总长＝$3\,300＋125\times2＋62.5\times2＝3\,675$ mm
		钢筋简图:　　　　　　3 550
	根数	总根数＝(板净跨长度－板筋间距)/ 板筋间距＋1
		$(6\,000＋50\times2－120)/120＋1＝51$ 根
Y Φ 10@150	长度	总长＝板净跨长度＋端支座锚固长度＋弯钩长度
		端支座锚固长度＝$\max(h_b/2,5d)＝\max(200/2,5\times10)＝100$ mm
		180°弯钩长度＝$6.25d＝6.25\times10＝62.5$ mm
		总长＝$6\,000＋50\times2＋100\times2＋62.5\times2＝6\,425$ mm
		钢筋简图:　　　　　　6 300
	根数	总根数＝(板净跨长度－板筋间距)/ 板筋间距＋1
		$(3\,300－150)/150＋1＝22$ 根

【例 4-11】 如图 4-20 所示为一现浇楼屋面板,混凝土强度等级为 C35,梁和板的保护层厚度分别为 20 mm 和 15 mm,钢筋定尺长度为 9 000 mm,板底筋为分跨锚固,求板底钢筋长度及根数。

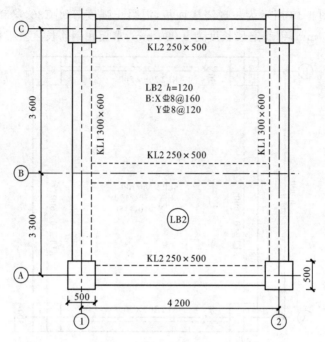

图 4-20 LB2 板平法施工图

解:计算过程见表 4-10。

表 4-10   LB2 板底钢筋计算过程

B−C轴	X⏀8@160	长度	总长=板净跨长度+端支座锚固长度+弯钩长度
			端支座锚固长度=max($h_b/2,5d$)= max(300/2,5×8)=150 mm
			弯钩长度=0(非光圆钢筋)
			总长=4 200−150×2+150×2+0=4 200 mm
			钢筋简图: _____4 200_____
		根数	总根数=(板净跨长度−板筋间距)/ 板筋间距+1
			(3 600−125×2−160)/160+1=21 根
	Y⏀8@120	长度	总长=板净跨长度+端支座锚固长度+弯钩长度
			端支座锚固长度=max($h_b/2,5d$)= max(250/2,5×8)=125 mm
			弯钩长度=0(非光圆钢筋)
			总长=3 600−125×2+125×2+0=3 600 mm
			钢筋简图: _____3 600_____
		根数	总根数=(板净跨长度−板筋间距)/ 板筋间距+1
			(4 200−150×2−120)/120+1=33 根

A—B轴	X⑧8@160	长度	总长＝板净跨长度＋端支座锚固长度＋弯钩长度
			端支座锚固长度＝max($h_b/2,5d$)＝max(300/2,5×8)＝150 mm
			弯钩长度＝0(非光圆钢筋)
			总长＝4 200－150×2＋150×2＋0＝4 200 mm
			钢筋简图：＿＿＿＿4 200＿＿＿＿
		根数	总根数＝(板净跨长度－板筋间距)/板筋间距＋1
			(3 300－125×2－160)/160＋1＝20 根
	Y⑧8@120	长度	总长＝板净跨长度＋端支座锚固长度＋弯钩长度
			端支座锚固长度＝max($h_b/2,5d$)＝max(250/2,5×8)＝125 mm
			弯钩长度＝0(非光圆钢筋)
			总长＝3 300－125×2＋125×2＋0＝3 300 mm
			钢筋简图：＿＿＿＿3 300＿＿＿＿
		根数	总根数＝(板净跨长度－板筋间距)/板筋间距＋1
			(4 200－150×2－120)/120＋1＝33 根

【例 4-12】 如图 4-21 所示为一现浇楼面异形板,混凝土强度等级为 C30,梁和板的保护层厚度分别为 20 mm 和 15 mm,钢筋定尺长度为 9 000 mm,求板底钢筋长度及根数。

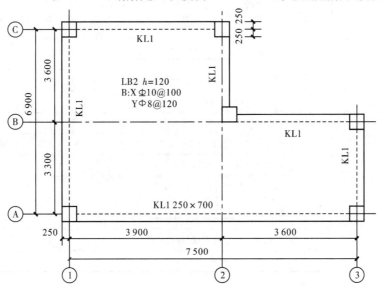

图 4-21 LB2 板平法施工图

解:计算过程见表 4-11。

表 4-11   **LB2 板底钢筋计算过程**

A—B轴	X Φ10@100 ①~③	长度	总长＝板净跨长度＋端支座锚固长度＋弯钩长度
			端支座锚固长度＝$\max(h_b/2, 5d)$＝$\max(250/2, 5\times10)$＝125 mm
			弯钩长度＝0(非光圆钢筋)
			总长＝7 500＋125×2＝7 750 mm
			钢筋简图： 7 750
		根数	总根数＝(板净跨长度－板筋间距)/ 板筋间距＋1
			(3 300－100)/100＋1＝33 根
	Y Φ8@120 ②~③	长度	总长＝板净跨长度＋端支座锚固长度＋弯钩长度
			端支座锚固长度＝$\max(h_b/2, 5d)$＝$\max(250/2, 5\times8)$＝125 mm
			180°弯钩长度＝$6.25d$＝6.25×8＝50 mm
			总长＝3 300＋125×2＋50×2＝3 650 mm
			钢筋简图： 3 550
		根数	总根数＝板净跨长度/板筋间距
			3 600/120＝30 根
A—C轴	Y Φ8@120 ①~②	长度	总长＝板净跨长度＋端支座锚固长度＋弯钩长度
			端支座锚固长度＝$\max(h_b/2, 5d)$＝$\max(250/2, 5\times8)$＝125 mm
			180°弯钩长度＝$6.25d$＝6.25×8＝50 mm
			总长＝6 900＋125×2＋50×2＝7 250 mm
			钢筋简图： 7 250
		根数	总根数＝(板净跨长度－板筋间距)/ 板筋间距＋1
			(3 900－120)/120＋1＝33 根
B—C轴	X Φ10@100 ①~②	长度	总长＝板净跨长度＋端支座锚固长度＋弯钩长度
			端支座锚固长度＝$\max(h_b/2, 5d)$＝$\max(250/2, 5\times10)$＝125 mm
			弯钩长度＝0(非光圆钢筋)
			总长＝3 900＋125×2＝4 150 mm
			钢筋简图： 4 150
		根数	总根数＝板净跨长度/板筋间距
			3 600/100＝36 根

4.3.2   板顶钢筋构造与计算

1. 端部支座锚固构造

板顶钢筋端部支座锚固构造,见表 4-12。

表 4-12   板底钢筋端部支座锚固构造

端部支座名称	图示	构造要求	锚固长度
梁	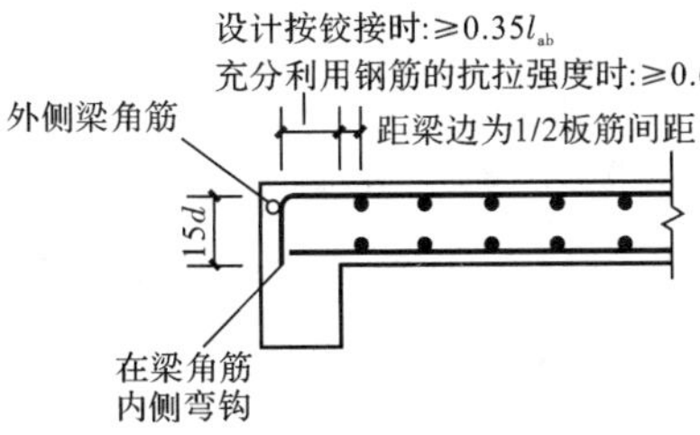 普通楼屋面板	上部钢筋在端支座应伸至梁支座外侧梁角筋内侧后弯折 $15d$，当平直段长度 $\geq l_a$ 时可不弯折	(1)先计算直锚长度＝梁宽－保护层厚度－梁角筋直径 (2)若直锚长度 $\geq l_a$ 则不弯折；否则弯直钩 $15d$ (3)端支座弯锚长度＝梁宽－保护层厚度－梁角筋直径＋$15d$
	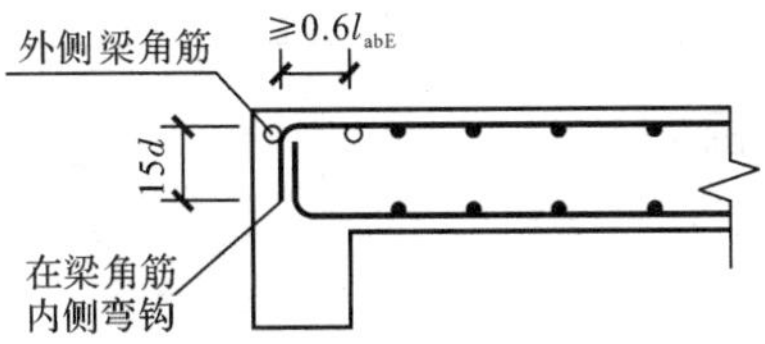 用于梁板式转换层的楼面板	上部钢筋在端支座应伸至梁支座外侧梁角筋内侧后弯折 $15d$，当平直段长度 $\geq l_{aE}$ 时可不弯折	端支座弯锚长度＝梁宽－保护层厚度－梁角筋直径＋$15d$
剪力墙（中间层）	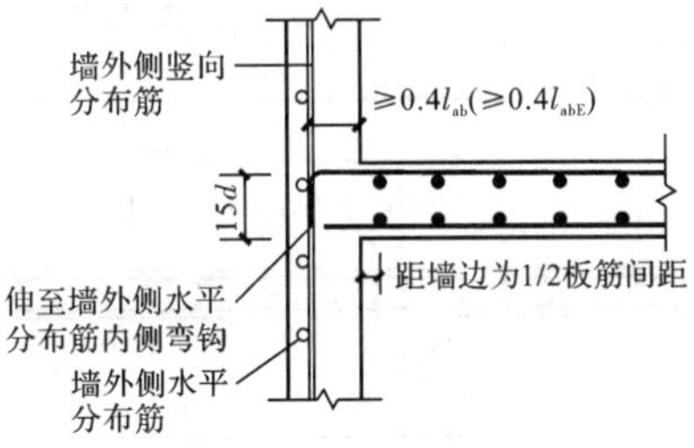 端部支座为剪力墙中间层	上部钢筋在端支座应伸至墙支座外侧水平分布筋内侧后弯折 $15d$。当直段长度 $\geq l_a$、$\geq l_{aE}$ 时可不弯折	(1)先计算直锚长度＝墙厚－保护层厚度－墙外侧水平分布筋直径 (2)若直锚长度 $\geq l_a$ 则不弯折；否则弯直钩 $15d$ (3)端支座弯锚长度＝墙厚－保护层厚度－墙外侧水平分布筋直径＋$15d$
剪力墙（墙顶）	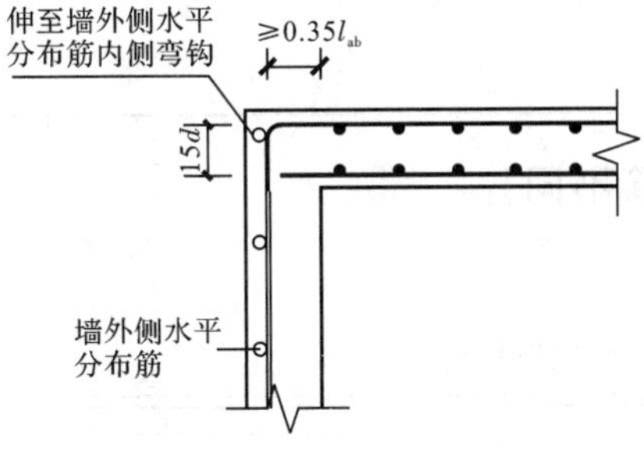 （a）板端按铰接设计时 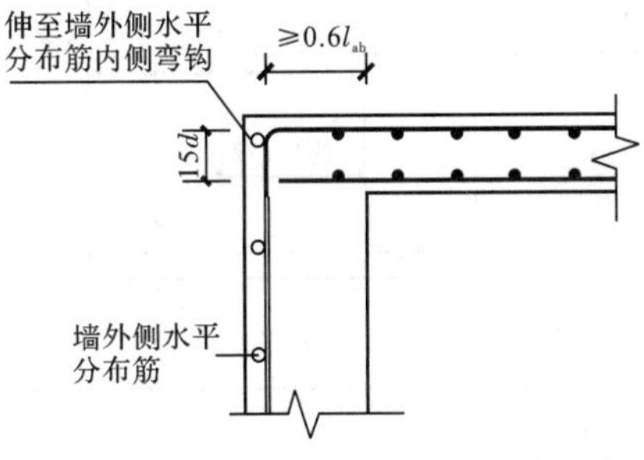 （b）板端上部纵筋按充分利用钢筋的抗拉强度时	上部钢筋在端支座应伸至墙外侧水平分布钢筋内侧后弯折 $15d$，当平直段长度 $\geq l_a$ 时可不弯折	端支座弯锚长度＝墙厚－保护层厚度－墙外侧水平分布筋直径＋$15d$

171

续表

端部支座名称	图示	构造要求	锚固长度
Ⅱ剪力墙（墙顶）	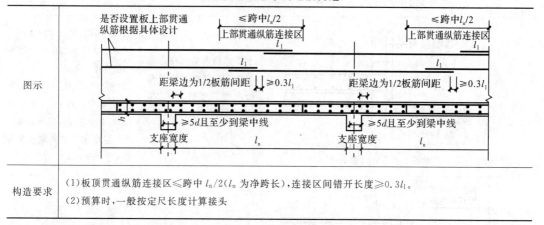 (c)搭接连接	墙外侧竖向分布筋伸至墙顶后弯折 $15d$，板上部钢筋与其搭接，搭接长度为 l_1，断点位置低于板底	端支座锚固长度 $= l_1 +$（墙厚－保护层厚度－墙外侧水平分布筋直径－$15d$）

2. 板顶贯通纵筋中间连接（相邻跨配筋相同）

板顶贯通纵筋中间连接构造，见表 4-13。

表 4-13   板顶贯通纵筋中间连接构造

图示	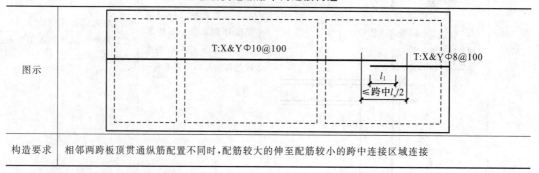
构造要求	（1）板顶贯通纵筋连接区≤跨中 $l_n/2$（l_n 为净跨长），连接区间错开长度≥$0.3l_1$。 （2）预算时，一般按定尺长度计算接头

3. 板顶贯通纵筋中间连接（相邻跨配筋不同）

板顶贯通纵筋中间连接构造，见表 4-14。

表 4-14   板顶贯通纵筋中间连接构造

图示	T:X&YΦ10@100 T:X&YΦ8@100 l_1 ≤跨中 $l_n/2$
构造要求	相邻两跨板顶贯通纵筋配置不同时，配筋较大的伸至配筋较小的跨中连接区域连接

4. 悬挑板顶部钢筋构造

延伸悬挑板和纯悬挑板顶部钢筋构造，见表 4-15。

表 4-15 延伸悬挑板和纯悬挑板顶部钢筋构造

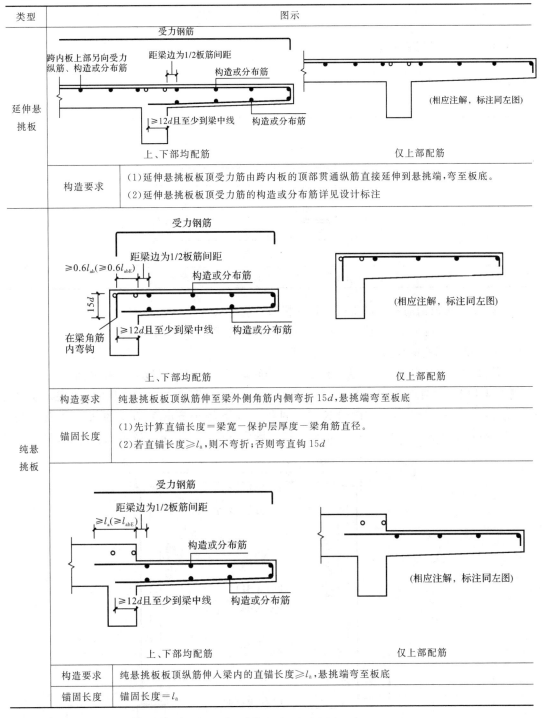

类型	图示

延伸悬挑板

构造要求：
(1)延伸悬挑板板顶受力筋由跨内板的顶部贯通纵筋直接延伸到悬挑端,弯至板底。
(2)延伸悬挑板板顶受力筋的构造或分布筋详见设计标注

纯悬挑板

构造要求：纯悬挑板板顶纵筋伸至梁外侧角筋内侧弯折 $15d$,悬挑端弯至板底

锚固长度：
(1)先计算直锚长度＝梁宽－保护层厚度－梁角筋直径。
(2)若直锚长度$\geqslant l_a$,则不弯折;否则弯直钩 $15d$

构造要求：纯悬挑板板顶纵筋伸入梁内的直锚长度$\geqslant l_a$,悬挑端弯至板底

锚固长度：锚固长度＝l_a

5. 板顶钢筋长度计算

由板顶钢筋的锚固构造可以得出：

（1）普通板

$$板顶钢筋长度＝板净跨长度＋端支座锚固长度$$

（2）悬挑板

板顶钢筋长度＝板悬挑长度＋一端支座锚固长度－保护层厚度＋悬挑远端下弯长度

6. 板顶钢筋根数计算

板顶钢筋构造,见表 4-16。

表 4-16

板顶钢筋构造

图示	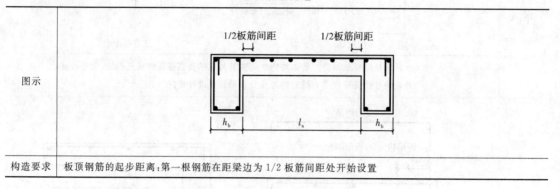
构造要求	板顶钢筋的起步距离:第一根钢筋在距梁边为 1/2 板筋间距处开始设置

由表 4-16 板顶钢筋构造可得板顶钢筋根数计算公式为

$$板顶钢筋根数＝（板净跨长度－板筋间距）/ 板筋间距＋1$$

悬挑板受力钢筋的构造或分布筋的根数为

$$构造或分布筋的根数＝（悬挑长度－板筋间距/2－保护层厚度 c）/ 板筋间距＋1$$

【例 4-13】 如图 4-22 所示为一现浇楼板,混凝土强度等级为 C30,梁和板的保护层厚度分别为 20 mm 和 15 mm,X 方向的 KL2 上部纵筋直径为 20 mm,Y 方向的 KL1 上部纵筋直径为 22 mm,梁箍筋直径为 10 mm,钢筋定尺长度为 9 000 mm,求板顶钢筋长度及根数。

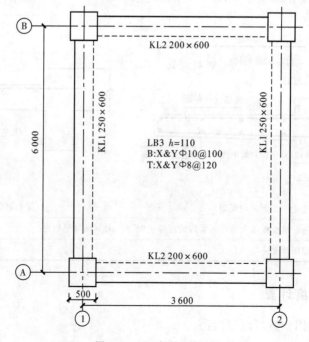

LB3 $h=110$
B:X&YΦ10@100
T:X&YΦ8@120

图 4-22 LB3 板平法施工图

解:计算过程见表4-17。

表 4-17　　　　　　　　　　　　　　　**LB3 板顶钢筋计算过程**

X Φ 8@120	长度	总长＝板净跨长度＋端支座锚固长度
		梁纵筋保护层厚度＝梁箍筋保护层厚度＋梁箍筋直径＝20＋10＝30 mm 支座直锚长度＝梁宽－纵筋保护层厚度－梁角筋直径＝250－30－22＝198 mm＜l_a＝30d＝30×8＝240 mm,且＞0.6l_{ab}＝0.6×30d＝0.6×240＝144 mm 故采用弯锚
		总长＝3 600－125×2＋(198＋15×8)×2＝3 986 mm
		钢筋简图: 120 ⌐――3 746――⌐ 120
	根数	总根数＝(板净跨长度－板筋间距)/间距＋1
		(6 000－100×2－120)/120＋1＝49 根
Y Φ 8@120	长度	总长＝板净跨长度＋端支座锚固长度
		梁纵筋保护层厚度＝梁箍筋保护层厚度＋梁箍筋直径＝20＋10＝30 mm 支座直锚长度＝梁宽－纵筋保护层厚度－梁角筋直径＝200－30－20＝150 mm＜l_a＝30d＝30×8＝240 mm,且＞0.6l_{ab}＝0.6×30d＝0.6×240＝144 mm 故采用弯锚
		总长＝6 000－100×2＋(150＋15×8)×2＝6 340 mm
		钢筋简图: 120 ⌐――6 100――⌐ 120
	根数	总根数＝(板净跨长度－板筋间距)/间距＋1
		(3 600－125×2－120)/120＋1＝28 根

【**例 4-14**】　如图 4-23 所示为一现浇楼面板,混凝土强度等级为 C35,梁和板的保护层厚度分别为 20 mm 和 15 mm,X 方向的 KL1 上部纵筋直径为 25 mm,Y 方向的 KL2 上部纵筋直径为 20 mm,梁箍筋直径为 10 mm,钢筋定尺长度为 9 000 mm,钢筋直径相同者采用对焊连接,钢筋直径不同者采用绑扎搭接,求板顶钢筋长度及根数。

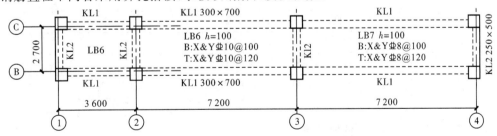

图 4-23　LB6 和 LB7 板平法施工图

解:(1)计算过程见表 4-18。

表 4-18   **LB6 和 LB7 板顶钢筋计算过程**

LB6	X ϕ 10@120 （1—2跨贯通计算）	长度	总长＝板净跨长度＋端支座锚固长度
			梁纵筋保护层厚度＝梁箍筋保护层厚度＋梁箍筋直径＝20＋10＝30 mm 支座直锚长度＝梁宽－纵筋保护层厚度－梁角筋直径＝250－30－20＝200 mm ＜l_a＝32d＝32×10＝320 mm，且＞0.6l_{ab}＝0.6×32d＝0.6×320＝192 mm 故采用弯锚
			总长＝3 600＋7 200－125＋（200＋15×10）＋（7 200/2＋51×10/2）＝14 880 mm
			接头个数＝14 880/9 000－1＝1
			钢筋简图：$\overline{150}$ ⌐⎯⎯⎯⎯⎯⎯⎯ 14 730
		根数	总根数＝（板净跨长度－板筋间距）/间距＋1
			（2 700－150×2－120）/120＋1＝20 根
	Y ϕ 10@120	长度	总长＝板净跨长度＋端支座锚固长度
			梁纵筋保护层厚度＝梁箍筋保护层厚度＋梁箍筋直径＝20＋10＝30 mm 支座直锚长度＝梁宽－纵筋保护层厚度－梁角筋直径＝300－30－25＝245 mm ＜l_a＝32d＝32×10＝320 mm，且＞0.6l_{ab}＝0.6×32d＝0.6×320＝192 mm 故采用弯锚
			总长＝2 700－150×2＋（245＋15×10）×2＝3 190 mm
			钢筋简图：$\overline{150}$ ⌐⎯⎯⎯ 2 890 ⎯⎯⎯⌐ $\overline{150}$
		根数	总根数＝（板净跨长度－板筋间距）/间距＋1
			1—2 轴线＝（3 600－125×2－120）/120＋1＝28 根
			2—3 轴线＝（7 200－125×2－120）/120＋1＝58 根
LB7	X ϕ 8@120	长度	总长＝1/2 净跨长度＋左端与相邻跨伸过来的钢筋搭接＋右端支座锚固长度
			梁纵筋保护层厚度＝梁箍筋保护层厚度＋梁箍筋直径＝20＋10＝30 mm 支座直锚长度＝梁宽－纵筋保护层厚度－梁角筋直径＝250－30－20＝200 mm ＜l_a＝32d＝32×8＝256 mm，且＞0.6l_{ab}＝0.6×32d＝0.6×256＝153.6 mm 故采用弯锚
			总长＝（7 200－125×2）/2＋51×8/2＋（200＋15×8）＝3 999 mm
			钢筋简图：⎯⎯⎯⎯ 3 879 ⎯⎯⎯⌐ $\overline{120}$
		根数	总根数＝（板净跨长度－板筋间距）/间距＋1
			（2 700－150×2－120）/120＋1＝20 根
	Y ϕ 8@120	长度	总长＝板净跨长度＋端支座锚固长度
			梁纵筋保护层厚度＝梁箍筋保护层厚度＋梁箍筋直径＝20＋10＝30 mm 支座直锚长度＝梁宽－纵筋保护层厚度－梁角筋直径＝300－30－25＝245 mm ＜l_a＝32d＝32×8＝256 mm，且＞0.6l_{ab}＝0.6×32d＝0.6×256＝153.6 mm 故采用弯锚
			总长＝2 700－150×2＋（245＋15×8）×2＝3 130 mm
			钢筋简图：$\overline{120}$ ⌐⎯⎯⎯ 2 890 ⎯⎯⎯⌐ $\overline{120}$
		根数	总根数＝（板净跨长度－板筋间距）/间距＋1
			3—4 轴线＝（7 200－150×2－120）/120＋1＝58 根

(2)计算结果分析,如图 4-24 所示。

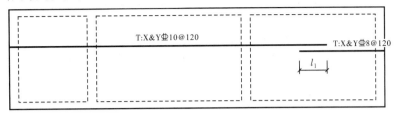

图 4-24　LB6 和 LB7 计算结果分析

16G101-1 第 99 页规定了相邻两板顶配置不同时的构造:当相邻等跨或不等跨的上部贯通纵筋配置不同时,应将配置较大者越过其标注的跨数终点或起点伸出至相邻跨的跨中连接区域连接。

【例 4-15】　如图 4-25 所示为一现浇屋面板,混凝土强度等级为 C30,梁和板的保护层厚度分别为 20 mm 和 15 mm,X 方向的 L1 上部纵筋直径为 22 mm,Y 方向的 L2 上部纵筋直径为 20 mm,梁箍筋直径为 10 mm,钢筋定尺长度为 9 000 mm,求板顶钢筋长度及根数。

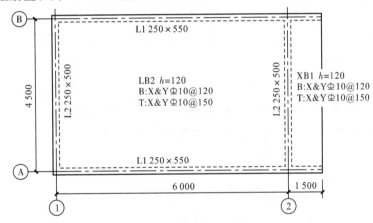

图 4-25　LB2 和 XB1 板平法施工图

解:(1)计算过程见表 4-19。

表 4-19　　　　　　　　　　　　　　　　LB2 和 XB1 板顶钢筋计算过程

LB2 — XB1	X Φ10@150	长度	总长=净跨长度+左端支座锚固长度+悬挑远端下弯长度
			梁纵筋保护层厚度=梁箍筋保护层厚度+梁箍筋直径=20+10=30 mm
			支座直锚长度=梁宽-纵筋保护层厚度-梁角筋直径=250-30-20=200 mm <l_a=29d=29×10=290 mm,且>0.6l_{ab}=0.6×29d=0.6×290=174 mm
			故采用弯锚
			悬挑远端下弯长度=120-15×2=90 mm
			总长=(6 000-125)+(200+15×10)+(1 500-15+90)=7 800 mm
			钢筋简图: 150 ⌐ 7 560 ⌐ 90
		根数	总根数=(板净跨长度-板筋间距)/间距+1
			(4 500-125×2-150)/150+1=29 根

177

续表

LB2	Yϕ10@150	长度	总长＝板净跨长度＋端支座锚固长度
			梁纵筋保护层厚度＝梁箍筋保护层厚度＋梁箍筋直径＝20＋10＝30 mm 支座直锚长度＝梁宽－纵筋保护层厚度－梁角筋直径＝250－30－22＝198 mm $<l_a=29d=29\times10=290$ mm，且$>0.6l_{ab}=0.6\times29d=0.6\times290=174$ mm 故采用弯锚
			总长＝4 500－125×2＋(198＋15×10)×2＝4 946 mm
			钢筋简图：150 ⌐4 646⌐ 150
		根数	总根数＝(板净跨长度－板筋间距)/间距＋1
			(6 000－125×2－150)/150＋1＝39 根
XB1	Yϕ10@150	长度	同 LB2
			钢筋简图：150 ⌐4 646⌐ 150
		根数	总根数＝(板净跨长度－板筋间距/2－板保护层厚度)/间距＋1
			(1 500－125－75－15)/150＋1＝10 根

(2)计算结果分析如图 4-26 所示。

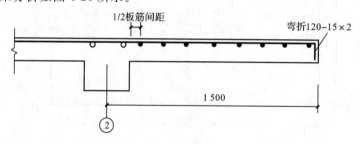

图 4-26　XB1 计算结果分析

4.3.3　板支座负筋及分布筋构造与计算

1. 板支座负筋构造与计算

板支座负筋可分为端支座负筋和中间支座负筋两种情况。板支座负筋构造见表 4-20。

表 4-20　　　　　　　　　　　　　　　　　板支座负筋构造

支座负筋名称	端支座负筋	中间支座负筋
图示	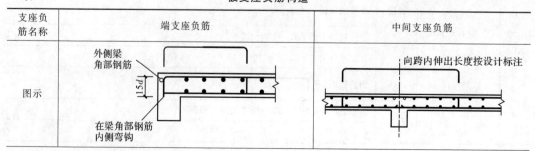	

续表

支座负筋名称	端支座负筋	中间支座负筋
钢筋三维图示	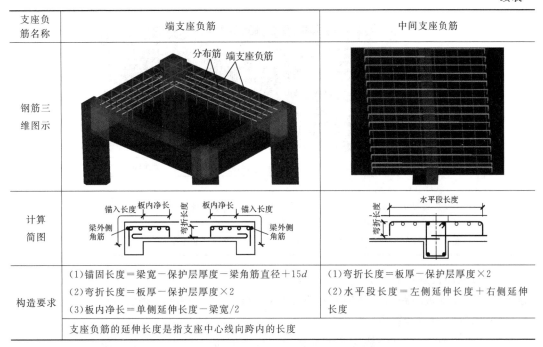	
计算简图		
构造要求	(1)锚固长度＝梁宽－保护层厚度－梁角筋直径＋15d (2)弯折长度＝板厚－保护层厚度×2 (3)板内净长＝单侧延伸长度－梁宽/2	(1)弯折长度＝板厚－保护层厚度×2 (2)水平段长度＝左侧延伸长度＋右侧延伸长度
	支座负筋的延伸长度是指支座中心线向跨内的长度	

（1）负筋长度计算

$$端支座负筋长度＝锚固长度＋伸入板内净长＋弯折长度$$
$$中间支座负筋长度＝水平段长度＋弯折长度$$

（2）支座负筋根数计算

$$支座负筋根数＝（板净跨长度－板筋间距）/\ 板筋间距＋1$$

2.支座负筋的分布钢筋构造与计算

支座负筋的分布钢筋构造见表 4-21。

表 4-21　　　　　　　　　　　支座负筋的分布钢筋构造

图示	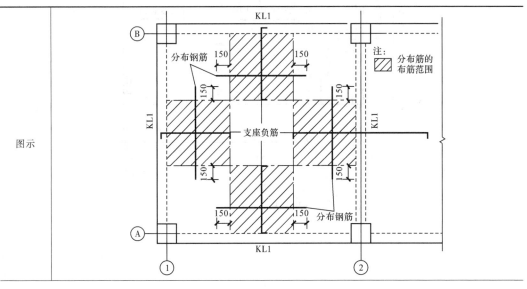

续表

图示	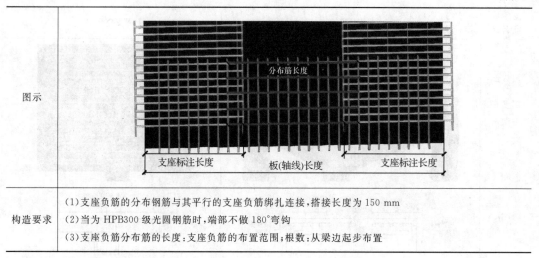
构造要求	(1)支座负筋的分布钢筋与其平行的支座负筋绑扎连接,搭接长度为150 mm (2)当为HPB300级光圆钢筋时,端部不做180°弯钩 (3)支座负筋分布筋的长度:支座负筋的布置范围;根数:从梁边起步布置

(1)分布钢筋长度计算

分布钢筋长度=板净跨长-一侧支座钢筋板内净长-另一侧支座钢筋板内净长+150×2

(2)分布钢筋根数计算

一侧分布钢筋根数=(一侧支座钢筋板内净长-板筋间距/2)/板筋间距+1

【例4-16】 如图4-27所示为一现浇楼面板,混凝土强度等级为C30,梁和板的保护层厚度分别为20 mm和15 mm,X方向的KL2上部纵筋直径为20 mm,Y方向的KL1上部纵筋直径为25 mm,梁箍筋直径为10 mm;板分布筋为φ6@200,钢筋定尺长度为9 000 mm,求支座负筋长度及根数和分布筋长度及根数。

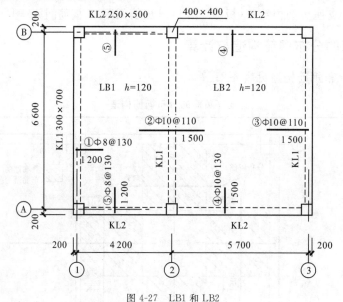

图4-27 LB1和LB2

解:①轴支座负筋和分布筋计算过程见表4-22。

表 4-22		①轴支座负筋和分布筋计算过程
①号端支座负筋Φ8@130	长度	长度＝支座锚固长度＋板内净长＋弯折长度
		梁纵筋保护层厚度＝梁箍筋保护层厚度＋梁箍筋直径＝20＋10＝30 mm
		支座锚固长度＝梁宽－纵筋保护层厚度－梁角筋直径＋15d＝300－30－25＋15×8＝365 mm
		弯折长度＝h－15×2＝120－30＝90 mm
		总长＝365＋(1 200－150)＋90＝1 505 mm
		钢筋简图：120⌐ 1 295 ⌐90
	根数	总根数＝(板净跨长度－板筋间距)/ 板筋间距＋1
		根数＝(6 600－50×2－130)/130＋1＝50 根
①号端支座负筋的分布筋Φ6@200	长度	分布筋长度＝板净跨长－一侧支座钢筋板内净长－另一侧支座钢筋板内净长＋150×2
		总长＝(6 600－50×2)－(1 200－125)×2＋150×2＝4 650 mm
		钢筋简图： 4 650
	根数	一侧分布筋根数＝(一侧支座钢筋板内净长－板筋间距/2)/ 板筋间距＋1
		根数＝(1 200－150－100)/200＋1＝6 根

②轴支座负筋和分布筋计算过程见表 4-23。

表 4-23		②轴支座负筋和分布筋计算过程
②号支座负筋Φ10@110	长度	长度＝水平段长度＋两端弯折长度
		弯折长度＝h－15×2＝120－30＝90 mm
		总长＝1 500×2＋90×2＝3 180 mm
		钢筋简图：90⌐ 3 000 ⌐90
	根数	总根数＝(板净跨长度－板筋间距)/ 板筋间距＋1
		(6 600－50×2－110)/110＋1＝60 根
②号支座负筋的分布筋Φ6@200	长度	分布筋长度＝板净跨长－一侧支座钢筋板内净长－另一侧支座钢筋板内净长＋150×2
		左侧分布筋长度＝(6 600－50×2)－(1 200－125)×2＋150×2＝4 650 mm
		右侧分布筋长度＝(6 600－50×2)－(1 500－125)×2＋150×2＝4 050 mm
	根数	一侧分布筋根数＝(一侧支座钢筋板内净长－板筋间距/2)/ 板筋间距＋1
		一侧根数＝(1 500－150－100)/200＋1＝8 根,两侧根数＝8×2＝16 根

③轴支座负筋和分布筋计算过程见表 4-24。

表 4-24 ③轴支座负筋和分布筋计算过程

③号端支座负筋φ10@110	长度	长度＝支座锚固长度＋板内净长＋弯折长度
		梁纵筋保护层厚度＝梁箍筋保护层厚度＋梁箍筋直径＝20＋10＝30 mm
		支座锚固长度＝梁宽－纵筋保护层厚度－梁角筋直径＋15d＝300－30－25＋15×10＝395 mm
		弯折长度＝h－15×2＝120－30＝90 mm
		总长＝395＋(1 500－150)＋90＝1 835′mm
		钢筋简图：90⌐ 1 595 ⌐150
	根数	总根数＝(板净跨长度－板筋间距)/ 板筋间距＋1
		根数＝(6 600－50×2－110)/110＋1＝60 根
③号端支座负筋的分布筋φ6@200	长度	分布筋长度＝板净跨长－一侧支座钢筋板内净长－另一侧支座钢筋板内净长＋150×2
		总长＝(6 600－50×2)－(1 500－125)×2＋150×2＝4 050 mm
	根数	一侧分布筋根数＝(一侧支座钢筋板内净长－板筋间距/2)/ 板筋间距＋1
		根数＝(1 500－150－100)/200＋1＝8 根

A 轴/①～②轴、B 轴/①～②轴支座负筋和分布筋计算过程见表 4-25。

表 4-25 A 轴/①～②轴、B 轴/①～②轴支座负筋和分布筋计算过程

⑤号端支座负筋φ8@130	长度	长度＝支座锚固长度＋板内净长＋弯折长度
		梁纵筋保护层厚度＝梁箍筋保护层厚度＋梁箍筋直径＝20＋10＝30 mm
		支座锚固长度＝梁宽－纵筋保护层厚度－梁角筋直径＋15d＝250－30－20＋15×8＝320 mm
		弯折长度＝h－15×2＝120－30＝90 mm
		总长＝320＋(1 200－125)＋90＝1 485 mm
		钢筋简图：120⌐ 1 275 ⌐90
	根数	总根数＝(板净跨长度－板筋间距)/ 板筋间距＋1
		一侧根数＝(4 200－100－150－130)/130＋1＝31 根
		两侧根数＝31×2＝62 根
⑤号端支座负筋的分布筋φ6@200	长度	分布筋长度＝板净跨长－一侧支座钢筋板内净长－另一侧支座钢筋板内净长＋150×2
		总长＝(4 200－100－150)－(1 200－150)－(1 500－150)＋150×2＝1 850 mm
		钢筋简图： 1 850
	根数	一侧分布筋根数＝(一侧支座钢筋板内净长－板筋间距/2)/ 板筋间距＋1
		一侧根数＝(1 200－125－100)/200＋1＝6 根
		二侧根数＝6×2＝12 根

A 轴/②～③轴、B 轴/②～③轴支座负筋和分布筋计算过程见表 4-26。

表 4-26		A 轴/②～③轴、B 轴/②～③轴支座负筋和分布筋计算过程	
④号端支座负筋Φ10@130	长度	长度＝支座锚固长度＋板内净长＋弯折长度	
		梁纵筋保护层厚度＝梁箍筋保护层厚度＋梁箍筋直径＝20＋10＝30 mm	
		支座锚固长度＝梁宽－纵筋保护层厚度－梁角筋直径＋15d＝250－30－20＋15×10＝350 mm	
		弯折长度＝h－15×2＝120－30＝90 mm	
		总长＝350＋(1 500－125)＋90＝1 815 mm	
		钢筋简图： 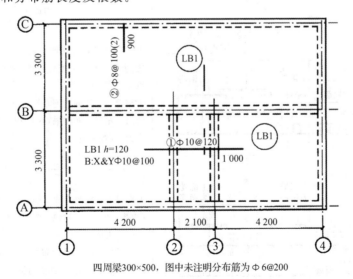	
	根数	总根数＝(板净跨长度－板筋间距)/ 板筋间距＋1	
		一侧根数＝(5 700－150－100－130)/130＋1＝42 根	
		二侧根数＝42×2＝84 根	
④号端支座负筋的分布筋Φ6@200	长度	分布筋长度＝板净跨长－一侧支座钢筋板内净长－另一侧支座钢筋板内净长＋150×2	
		总长＝(5 700－150－100)－(1 500－150)－(1 500－150)＋150×2＝3 050 mm	
		钢筋简图：　3 050	
	根数	一侧分布筋根数＝(一侧支座钢筋板内净长－板筋间距/2)/ 板筋间距＋1	
		一侧根数＝(1 500－125－100)/200＋1＝8 根	
		二侧根数＝8×2＝16 根	

【例 4-17】　如图 4-28 所示为一现浇楼面板,混凝土强度等级 C30,一类环境,求跨板支座负筋长度及根数和分布筋长度及根数。

四周梁300×500,图中未注明分布筋为Φ6@200

图 4-28　板平法施工图

解:跨板支座负筋和分布筋计算过程见表 4-27。

表 4-27　　　　　　　　　　　　　**跨板支座负筋和分布筋计算过程**

①号支座负筋	长度	总长度＝跨长＋延伸长度＋弯折长度
		弯折长度＝$h-15\times2=120-30=90$ mm
		总长度＝$2\ 100+1\ 000\times2+90\times2=4\ 280$ mm
		钢筋简图：⊂⊃ 90 ┃ 4 100 ┃ 90
	根数	总根数＝（板净跨长度－板筋间距）/ 板筋间距＋1
		根数＝（$3\ 300-150\times2-120$）/$120+1=25$ 根
①号支座负筋 的分布筋	长度	负筋布置范围长度＝$3\ 300-150\times2=3\ 000$ mm
		钢筋简图：——— 3 000 ———
	根数	一侧分布钢筋根数＝（一侧支座钢筋板内净长－板筋间距/2）/ 板筋间距＋1
		一侧根数＝（$1\ 000-150-100$）/$200+1=5$ 根
		中间根数＝（$2\ 100-150\times2-200$）/$200+1=9$ 根
		总根数＝$5\times2+9=19$ 根

4.3.4　单（双）向板配筋构造

单（双）向板配筋构造见表 4-28。

表 4-28　　　　　　　　　　　　　**单（双）向板配筋构造**

配筋方式	图示	构造要求
分离式 配筋		上部受力钢筋为支座负筋（扣筋），布置在板的周边，上部中央可能配置抗裂、抗温度钢筋；下部受力钢筋为贯通纵筋。 上部受力钢筋的内侧布置分布钢筋；下部受力钢筋的内侧布置分布钢筋（单向板）或内侧布置下部受力钢筋（双向板）
部分贯通 式配筋		上部受力钢筋为贯通纵筋，还可能再配置支座负筋（扣筋），例如采用"隔一布一"方式布置；下部受力钢筋为贯通纵筋。 上部受力钢筋的内侧布置分布钢筋或内侧布置另一方向贯通钢筋；下部受力钢筋的内侧布置分布钢筋（单向板）或内侧布置下部受力钢筋（双向板）

注：1.抗裂构造钢筋，抗温度筋自身及其与受力主筋搭接长度为 l_l。

　　2.板上、下贯通筋可兼作抗裂构造筋和抗温度钢筋。当下部贯通筋兼作抗温度钢筋时，其在支座的锚固由设计者确定。

　　3.分布筋自身及与受力主筋、构造钢筋的搭接长度为 150；当分布筋兼作抗温度钢筋时，其自身及与受力主筋、构造钢筋的搭接长度为 l_l，其在支座的锚固按受拉要求考虑。

4.3.5　板其他钢筋构造

1. 板开洞

板开洞钢筋构造见表4-29。

表 4-29　　　　　　　　　　板开洞钢筋构造

洞口补强钢筋

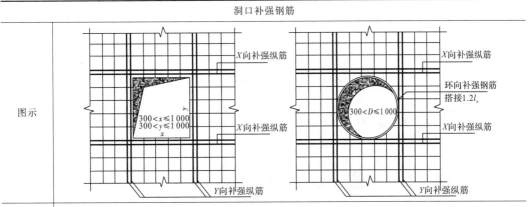

图示	
构造要求	(1)板洞小于300 mm时,不设补强钢筋。 (2)大于300 mm但不大于1 000 mm时,洞边增加补强钢筋,其规格、数量与长度为按设计标注;当设计未注写时,X向、Y向分别按每边配置两根直径不小于12 mm且不小于同向被切断纵向钢筋总面积的50%补强,补强钢筋与被切断钢筋布置在同一层面,两根补强钢筋之间的净距离为30 mm;环向上、下各配置一根直径不小于10 mm的补强钢筋。 (3)补强钢筋的强度等级与被切断钢筋相同。 (4)X向、Y向补强纵筋伸入支座的锚固方式同板中钢筋,当不伸入支座时,设计应标注

洞边被切断钢筋端部构造

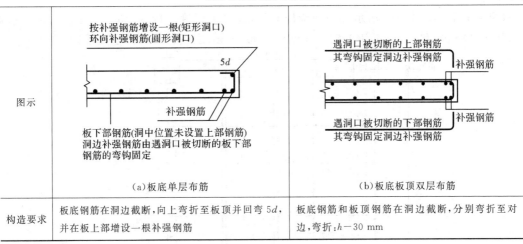

(a)板底单层布筋　　　　　　　　　　　(b)板底板顶双层布筋

构造要求	板底钢筋在洞边截断,向上弯折至板顶回弯$5d$,并在板上部增设一根补强钢筋	板底钢筋和板顶钢筋在洞边截断,分别弯折至对边,弯折:$h-30$ mm

2. 温度筋

板温度筋构造见表4-30。

表 4-30   板温度筋构造

图示	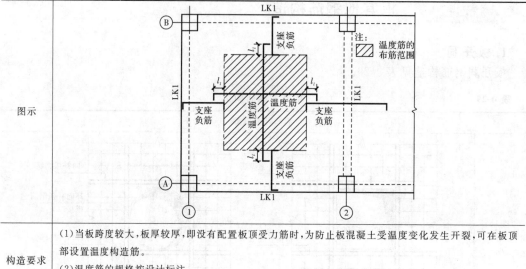
构造要求	(1)当板跨度较大,板厚较厚,即没有配置板顶受力筋时,为防止板混凝土受温度变化发生开裂,可在板顶部设置温度构造筋。 (2)温度筋的规格按设计标注。 (3)温度筋两端与支座负筋连接,其搭接长度为 l_l

由板温度筋构造可以得出:

(1)温度筋的长度计算

温度筋长度=板净跨长度－一侧支座钢筋板内净长－另一侧支座钢筋板内净长+l_l×2+弯折长度

(2)温度筋的根数计算

温度筋根数=(板净跨长度－一侧支座钢筋板内净长－另一侧支座钢筋板内净长)/板筋间距－1

【例 4-18】 如图 4-29 所示为一现浇楼面板,混凝土强度等级为 C30,梁和板的保护层厚度分别为 20 mm 和 15 mm,钢筋定尺长度为 9 000 mm,求板底钢筋长度及根数。

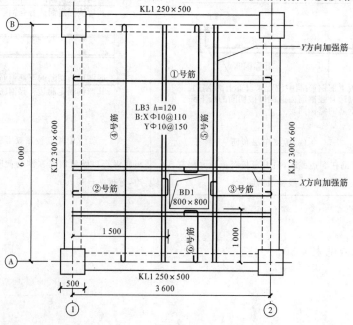

图 4-29   LB3

解：(1)计算过程见表 4-31。

表 4-31　LB3 板底钢筋计算过程

①Xϕ10@110	长度	总长＝板净跨长度＋端支座锚固长度＋弯钩长度
		端支座锚固长度＝max($h_b/2,5d$)＝max(300/2,5×10)＝150 mm
		180°弯钩长度＝6.25d＝6.25×10＝62.5 mm
		总长＝3 600－300＋150×2＋62.5×2＝3 725 mm
		钢筋简图：⌐────3 600────⌐
	根数	总根数＝(板净跨长度－板筋间距/2－c)/板筋间距＋1
		洞口下边：(1 000－125－110/2－15)/110＋1＝9 根
		洞口上边：(6 000－1 000－800－125－110/2－15)/110＋1＝38 根
②Xϕ10@110（右端在洞边上弯回折）	长度	总长＝板净跨长度＋左端支座锚固长度＋弯钩长度＋右端上弯回折长度＋弯钩长度
		端支座锚固长度＝max($h_b/2,5d$)＝ max(300/2,5×10)＝150 mm
		180°弯钩长度＝6.25d＝6.25×10＝62.5 mm
		右端上弯回折长度＝(120－15×2)＋5×10＝140 mm
		总长＝(1 500－150－15)＋(150＋62.5)＋(140＋62.5)＝1 750 mm
		钢筋简图：⌐───1 485───⌐ 50 / 90
	根数	总根数＝Y 向洞口尺寸/板筋间距－1
		800/110－1＝7 根
③Xϕ10@110（左端在洞边上弯回折）	长度	总长＝板净跨长度＋右端支座锚固长度＋弯钩长度＋左端上弯回折长度＋弯钩长度
		端支座锚固长度＝max($h_b/2,5d$)＝ max(300/2,5×10)＝150 mm
		180°弯钩长度＝6.25d＝6.25×10＝62.5 mm
		左端上弯回折长度＝120－15×2＋5×10＝140 mm
		总长＝(3 600－1 500－800－150－15)＋(150＋62.5)＋(140＋62.5)＝1 550 mm
		钢筋简图：50 / 90 ⌐───1 285───⌐
	根数	总根数＝Y 向洞口尺寸/板筋间距－1
		800/110－1＝7 根
④Yϕ10@150	长度	总长＝板净跨长度＋端支座锚固长度＋弯钩长度
		端支座锚固长度＝max($h_b/2,5d$)＝ max(250/2,5×10)＝125 mm
		180°弯钩长度＝6.25d＝6.25×10＝62.5 mm
		总长＝6 000－250＋125×2＋62.5×2＝6 125 mm
		钢筋简图：⌐────6 000────⌐
	根数	总根数＝(板净跨长度－板筋间距/2－c)/板筋间距＋1
		洞口左边：(1 500－150－150/2－15)/150＋1＝10 根
		洞口右边：(3 600－1 500－800－150－150/2－15)/150＋1＝9 根

续表

⑤Yϕ10@150 （下端在洞边上 弯回折）	长度	总长＝板净跨长度＋上端支座锚固长度＋弯钩长度＋下端上弯回折长度＋弯钩长度
		端支座锚固长度＝$\max(h_b/2,5d)=\max(250/2,5\times10)=125$ mm
		180°弯钩长度＝$6.25d=6.25\times10=62.5$ mm
		下端上弯回折长度＝$120-15\times2+5\times10=140$ mm
		总长＝$(6\,000-1\,000-800-125-15)+(125+62.5)+(140+62.5)=4\,450$ mm
		钢筋简图： 50 90□____ 4 185 _____
	根数	总根数＝X向洞口尺寸/板筋间距－1
		800/150－1＝5 根
⑥Yϕ10@150 （上端在洞边上 弯回折）	长度	总长＝板净跨长度＋下端支座锚固长度＋弯钩长度＋上端上弯回折长度＋弯钩长度
		端支座锚固长度＝$\max(h_b/2,5d)=\max(250/2,5\times10)=125$ mm
		180°弯钩长度＝$6.25d=6.25\times10=62.5$ mm
		上端上弯回折长度＝$120-15\times2+5\times10=140$ mm
		总长＝$(1\,000-125-15)+(125+62.5)+(140+62.5)=1\,250$ mm
		钢筋简图： 50 ___ 985 ___□90
	根数	总根数＝X向洞口尺寸/板筋间距－1
		800/150－1＝5 根
X 方向洞口加 强筋ϕ12	长度	总长＝板净跨长度＋端支座锚固长度＋弯钩长度
		端支座锚固长度＝$\max(h_b/2,5d)=\max(300/2,5\times12)=150$ mm
		180°弯钩长度＝$6.25d=6.25\times12=75$ mm
		总长＝$3\,600-150-150+(150+75)\times2=3\,750$ mm
		钢筋简图： ____ 3 600 ____
	根数	4 根
Y 方向洞口加 强筋ϕ12	长度	总长＝板净跨长度＋端支座锚固长度＋弯钩长度
		端支座锚固长度＝$\max(h_b/2,5d)=\max(250/2,5\times12)=125$ mm
		180°弯钩长度＝$6.25d=6.25\times12=75$ mm
		总长＝$6\,000-125-125+(125+75)\times2=6\,150$ mm
		钢筋简图： ____ 6 000 ____
	根数	4 根

（2）计算结果分析，板底筋在洞口边上弯和补强钢筋，如图 4-30 所示。

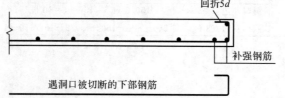

图 4-30 板筋洞边构造

【例4-19】 试计算例4-16题LB1和LB2板顶的温度筋长度及根数,温度筋为$\phi 8@200$。

解:计算过程见表4-32。

表 4-32 　　　　　　　　　　　**LB1和LB2板顶的温度筋计算过程**

①~②轴 X ϕ 8@200	长度	长度=板净跨长度－一侧支座钢筋板内净长－另一侧支座钢筋板内净长+$l_1 \times 2$+弯折长度
		$l_1=48d=48 \times 8=384$ mm
		弯折长度=$h-15 \times 2=120-30=90$ mm
		总长=(4 200－100－150)－(1 200－150)－(1 500－150)+384×2+90×2=2 498 mm
		钢筋简图:⌐ 2318 ⌐
	根数	根数=(板净跨长度－一侧支座钢筋板内净长－另一侧支座钢筋板内净长)/板筋间距－1
		[(6 600－50－50)－(1 200－125)－(1 200－125)]/200－1=21 根
①~②轴 Y 8@200	长度	长度=板净跨长度－一侧支座钢筋板内净长－另一侧支座钢筋板内净长+$l_1 \times 2$+弯折长度
		$l_1=48d=48 \times 8=384$ mm
		弯折长度=$h-15 \times 2=120-30=90$ mm
		总长=(6 600－50－50)－(1 200－125)－(1 200－125)+384×2+90×2=5 298 mm
		钢筋简图:⌐ 5118 ⌐
	根数	根数=(板净跨长度－一侧支座钢筋板内净长－另一侧支座钢筋板内净长)/板筋间距－1
		[(4 200－100－150)－(1 200－150)－(1 500－150)]/200－1=7 根
②~③轴 X ϕ 8@200	长度	长度=板净跨长度－一侧支座钢筋板内净长－另一侧支座钢筋板内净长+$l_1 \times 2$+弯折长度
		$l_1=48d=48 \times 8=384$ mm
		弯折长度=$h-15 \times 2=120-30=90$ mm
		总长=(5 700－150－100)－(1 500－150)－(1 500－150)+384×2+90×2=3 698 mm
		钢筋简图:⌐ 3518 ⌐
	根数	根数=(板净跨长度－一侧支座钢筋板内净长－另一侧支座钢筋板内净长)/板筋间距－1
		[(6 600－50－50)－(1 500－125)－(1 500－125)]/200－1=18 根
②~③轴 Y ϕ 8@200	长度	长度=板净跨长度－一侧支座钢筋板内净长－另一侧支座钢筋板内净长+$l_1 \times 2$+弯折长度
		$l_1=48d=48 \times 8=384$ mm
		弯折长度=$h-15 \times 2=120-30=90$ mm
		总长=(6 600－50－50)－(1 500－125)－(1 500－125)+384×2+90×2=4 698 mm
		钢筋简图:⌐ 4518 ⌐
	根数	根数=(板净跨长度－一侧支座钢筋板内净长－另一侧支座钢筋板内净长)/板筋间距－1
		[(5 700－150－100)－(1 500－150)－(1 500－150)]/200－1=13 根

4.3.6 钢筋计算总结

1. 板底筋计算总结

板底筋计算总结见表 4-33。

表 4-33 板底筋计算总结

长度	端支座	梁	$\geqslant 5d$,且至少到梁中线
		剪力墙	$\geqslant 5d$,且至少到墙中线
	中间支座	梁	$\geqslant 5d$,且至少到梁中线
		剪力墙	$\geqslant 5d$,且至少到墙中线
	洞口边	伸到洞口边上弯回折 $5d$	$h-c\times 2+5d$
	悬挑板	梁支座	$\geqslant 12d$,且至少到梁中线
		板底筋伸至悬挑远端	$l-c$
根数	起步距离	1/2 板筋间距	

2. 板顶筋计算总结

板顶筋计算总结见表 4-34。

表 4-34 板顶筋计算总结

长度	两端支座锚固	梁	直锚:l_a
		剪力墙	弯锚:支座宽－纵筋保护层厚度－梁角筋直径$+15d$
	连接	跨中 $l_n/2$	
	两邻跨板顶筋配置不同	配置较大的钢筋越过其标注的跨数终点或起点伸出至相邻跨的跨中连接区连接	
	洞口边	伸到洞口边弯折	$h-c\times 2$
	悬挑板	梁支座	与支座负筋连通或在支座内锚固
		板顶筋伸至悬挑远端,下弯	$h-c\times 2$
	支座负筋替代板顶筋的分布筋	双层配筋的板上有配置支座负筋时,支座负筋可替代同行的板顶筋的分布筋	
	抗裂构造钢筋、抗温度钢筋	抗裂构造钢筋、抗温度钢筋自身及其与受力主筋搭接长度为 l_l,钢筋两端下弯,下弯长度为 $h-c\times 2$	
	分布筋	分布筋自身及与受力主筋、构造钢筋的搭接长度为 150 mm	
根数	起步距离	1/2 板筋间距	

3. 支座负筋计算总结

支座负筋计算总结见表 4-35。

表 4-35　　　　　　　　　　　　支座负筋计算总结

端支座	基本公式＝锚固长度＋伸入板内净长＋弯折	锚固长度	梁宽$-c-$角钢筋直径$+15d$
		弯折长度	$h-c\times2$
中间支座	基本公式＝延伸长度＋弯折	延伸长度	自支座中心线向跨内的延伸长度
		弯折长度	$h-c\times2$
	转角处分布筋扣减	分布筋与之相交的支座负筋搭接 150 mm	
	两侧与不同长度的支座负筋相交	其两侧分布筋分别按各自的相交情况计算	
	板顶筋替代负筋分布筋	双层配筋，又配置支座负筋时，板顶筋可替代同向的负筋分布筋	
跨板支座	跨长＋延伸长度＋弯折		

复习思考题

1. 简述板块集中标注的内容，B、T、B&T 表达的含义。
2. 简述板支座上部非贯通筋标注的特点。
3. 简述不同情况下板在端部支座的钢筋构造。
4. 简述板下部钢筋在中间支座的钢筋构造要求。
5. 简述板支座负筋的特点及相关钢筋的构造
6. 简述板内分布钢筋的特点及相关构造。
7. 简述板内开洞时的钢筋构造。

习　题

1. 如图 4-31 所示为一现浇楼面板，混凝土强度等级 C30，梁和板的保护层厚度分别为 20 mm 和 15 mm，钢筋定尺长度为 9 000 mm，求板底钢筋长度及根数。

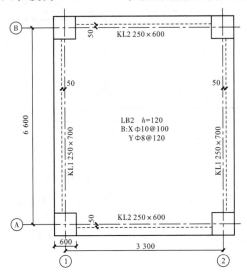

图 4-31　LB2 板平法施工图

2.如图 4-32 所示为一现浇楼面板,混凝土强度等级 C30,梁和板的保护层厚度分别为 20 mm 和 15 mm,钢筋定尺长度为 9 000 mm,板底筋为分跨锚固,求板底钢筋长度及根数。

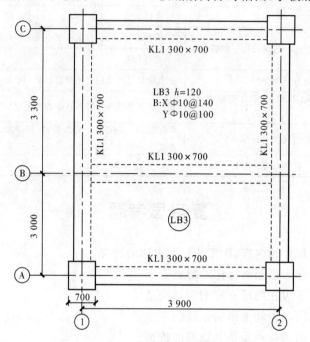

图 4-32 LB3 板平法施工图

3.如图 4-33 所示为一现浇楼面板,混凝土强度等级 C35,梁和板的保护层厚度分别为 20 mm 和 15 mm,钢筋定尺长度为 9 000 mm,求板底钢筋长度及根数。

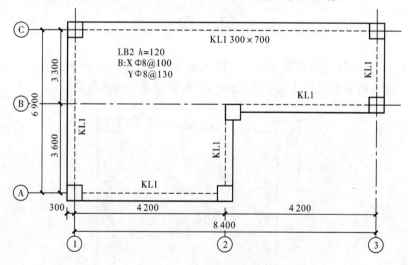

图 4-33 LB2 板平法施工图

4.如图 4-34 所示为一现浇屋面板,混凝土强度等级 C30,梁和板的保护层厚度分别为 20 mm 和 15 mm,X 方向的 KL2 上部纵筋直径为 22 mm,Y 方向的 KL1 上部纵筋直径为 25 mm,梁箍筋直径为 10 mm,钢筋定尺长度为 9 000 mm,求板顶钢筋长度及根数。

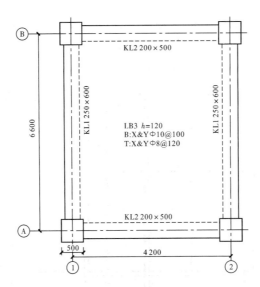

图 4-34　LB3 板平法施工图

5.如图 4-35 所示为一现浇楼面板,混凝土强度等级 C30,梁和板的保护层厚度分别为 20 mm 和 15 mm,X 方向的 KL1 上部纵筋直径为 25 mm,Y 方向的 KL2 上部纵筋直径为 20 mm,梁箍筋直径为 10 mm,钢筋定尺长度为 9 000 mm,采用绑扎搭接,求板顶钢筋长度及根数。

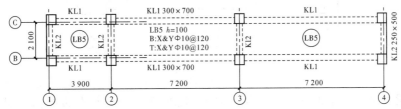

图 4-35　LB5 板平法施工图

6.如图 4-36 所示为一现浇楼面板,混凝土强度等级 C30,梁和板的保护层厚度分别为 20 mm 和 15 mm,X 方向的 KL1 上部纵筋直径为 22 mm,Y 方向的 KL2 上部纵筋直径为 20 mm,梁箍筋直径为 10 mm,钢筋定尺长度为 9 000 mm,求板顶钢筋长度及根数。

注：未注明分布筋为Φ6@200

图 4-36　LB2 和 XB1 板平法施工图

193

7.如图 4-37 所示为一现浇楼面板,混凝土强度等级 C30,梁和板的保护层厚度分别为 20 mm 和 15 mm,X 方向的 KL1 上部纵筋直径为 20 mm,Y 方向的 KL2 上部纵筋直径为 25 mm,梁箍筋直径为 10 mm;筋定尺长度为 9 000 mm,求板钢筋长度及根数。

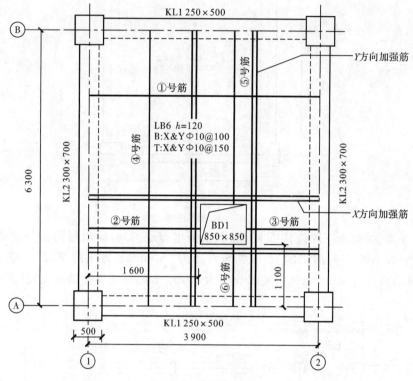

图 4-37　LB6 板平法施工图

8.某有梁板平法标注如图 4-38 所示,混凝土强度等级 C30,梁和板的保护层厚度分别为 30 mm 和 15 mm,梁宽均为 300 mm,梁角筋直径为 25 mm,梁箍筋直径为 8 mm,分布筋为 φ6 @200,温度筋为 φ8@200,钢筋定尺长度为 9 000 mm,绑扎连接,接头百分率为 100%,求:(1)支座负筋长度及根数和分布筋长度及根数。(2)板内温度筋长度及根数。

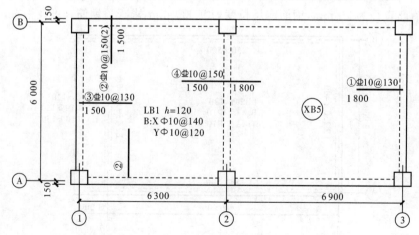

图 4-38　板平法施工图

9.如图 4-39 所示为一现浇楼面板,各轴线居中,梁宽均为 300 mm,混凝土强度等级 C30, 梁和板的保护层厚度分别为 20 mm 和 15 mm,X 方向和 Y 方向的上部纵筋直径均为 20 mm;

板分布钢筋为φ6@250,钢筋定尺长度为 9 000 mm,板顶筋绑扎搭接,板底筋分跨锚固,求板钢筋长度及根数。

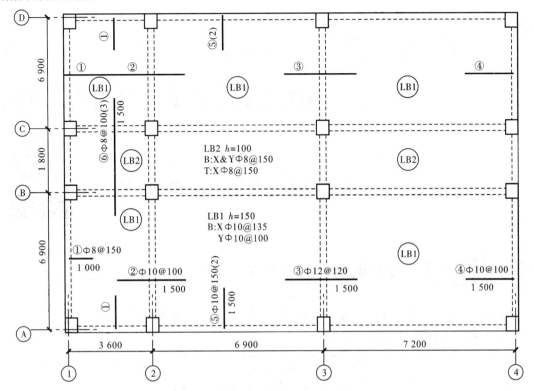

图 4-39 LB1 和 LB2 板平法施工图

第 5 章

剪力墙平法识图与钢筋计算

微课4

5.1 剪力墙构件基本知识

5.1.1 剪力墙构件知识体系

剪力墙构件知识体系可概括为三方面:剪力墙构件组成、剪力墙钢筋的分类、剪力墙的工程情况,如图 5-1 所示。

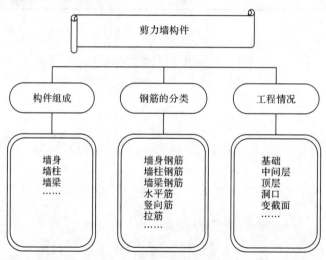

图 5-1 剪力墙构件知识体系

1. 剪力墙的构件组成

剪力墙的构件组成有一墙、二柱、三梁,即一种墙身、两种墙柱、三种墙梁,剪力墙的构件组成及钢筋如图 5-2 所示。

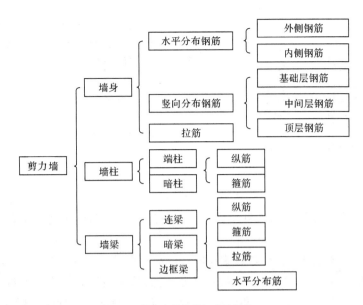

图 5-2　剪力墙的构件组成及钢筋

（1）一种墙身

剪力墙的墙身就是一道混凝土墙，常见的厚度在 200 mm 以上，一般配置两排钢筋网。当然，更厚的墙也可能配置三排及以上的钢筋网，如图 5-3 所示。

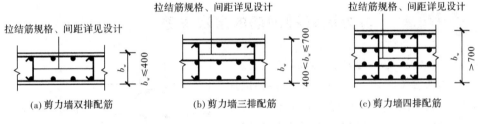

（a）剪力墙双排配筋　　　　（b）剪力墙三排配筋　　　　（c）剪力墙四排配筋

图 5-3　剪力墙身配筋

剪力墙的设计主要考虑水平地震力的作用，其水平分布筋是剪力墙身的受力主筋，放在竖向分布筋的外侧。水平分布筋除了抗拉以外，主要的作用是抗剪，所以剪力墙水平分布筋必须伸到墙肢的尽端，即伸到边缘构件（暗柱和端柱）外侧纵筋的内侧，而不能只伸入暗柱一个锚固长度，暗柱虽然有箍筋，但是暗柱的箍筋不能承担墙身的抗剪功能。

剪力墙身竖向分布筋也可能受拉，但是墙身竖向分布筋不抗剪。一般墙身竖向分布筋按构造设置。

（2）两种墙柱

《建筑抗震设计规范》（GB 50011—2010）（2016 年版）规定：抗震墙两端和洞口两侧应设置边缘构件。边缘构件即剪力墙柱，可分为暗柱和端柱两种。暗柱的宽度等于墙的厚度，所以暗柱是隐藏在墙内看不见的。端柱宽度大于墙厚而突出墙面。暗柱包括端部（L 形）暗柱、翼墙暗柱和转角墙暗柱。端柱包括端柱端部墙、端柱翼墙和端柱转角墙。

剪力墙边缘构件又划分为"构造边缘构件"和"约束边缘构件"两大类。

（3）三种墙梁

三种剪力墙梁即连梁（LL）、暗梁（AL）、边框梁（BKL），剪力墙梁配筋如图 5-4 所示。

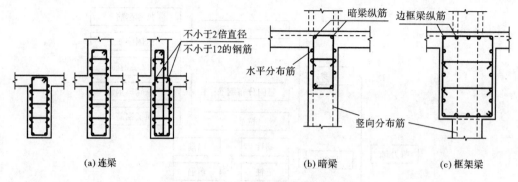

图 5-4 剪力墙梁配筋

①连梁(LL)是一种特殊的墙身，它是上、下楼层窗(门)洞口之间的那部分水平的窗(门)间墙。

②暗梁(AL)与暗柱相似，都是隐藏在墙身内部看不见的构件，它们也是墙身的组成部分。剪力墙的暗梁和砖混结构的圈梁有些共同之处，它们都是墙身的一个水平线性"加强带"。大量暗梁存在于剪力墙中，暗梁一般和楼板整浇在一起，且暗梁的顶标高一般与板顶标高齐平。

③边框梁(BKL)与暗梁有很多共同之处，边框梁也一般是设置在楼板以下的部位。边框梁的配筋是按照截面配筋图所标注的钢筋截面全长贯通布置。边框梁和暗梁比较，主要区别是它的截面宽度比暗梁宽，形成凸出剪力墙墙面的一个边框，有边框梁就不必设暗梁。

5.1.2 剪力墙各种钢筋的层次关系

根据剪力墙身、剪力墙柱、剪力墙梁的功能、部位、具体构造等要素，综合分析剪力墙各种钢筋的层次关系：第一层次的钢筋有水平分布筋、暗柱箍筋；第二层次的钢筋有竖向分布筋、暗柱纵筋、暗梁箍筋和连梁箍筋；第三层次的钢筋有暗梁纵筋、连梁纵筋。

例如，暗梁中的钢筋层次关系如图 5-5 所示。

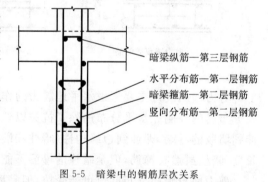

图 5-5 暗梁中的钢筋层次关系

5.2 剪力墙构件平法识图

剪力墙平法施工图是在剪力墙平面布置图上采用列表注写方式或截面注写方式表达。

剪力墙平面布置图可采用适当比例单独绘制，也可与柱或梁平面布置图合并绘制。当剪力墙较复杂或采用截面注写方式时，应按标准层分别绘制剪力墙平面布置图。

按照平法设计制图规则完成的剪力墙结构施工图包括两部分内容：

第一部分为专门绘制的剪力墙平面布置图。在平面布置图上绘制墙身、墙柱、墙梁配筋，或列表分别表达其配筋，构成剪力墙平法施工图。

第二部分为剪力墙平法施工图中未包括的构件构造和节点构造设计详图，该部分内容以标准构造详图的方式统一提供(参见 16G101)，不需要设计工程师设计绘制。

5.2.1　剪力墙编号

剪力墙按墙柱、墙身、墙梁三类构件分别编号。

1. 墙柱编号

墙柱编号由墙柱类型代号和序号组成，表达形式应符合表5-1的规定。编号时，当墙柱的截面尺寸与配筋均相同，仅截面与轴线的关系不同时，可将其编为同一墙柱号。

表5-1　　　　　　　　　　　　　　墙柱编号

墙柱类型	代号	序号
约束边缘构件	YBZ	××
构造边缘构件	GBZ	××
非边缘暗柱	AZ	××
扶壁柱	FBZ	××

注：约束边缘构件包括约束边缘暗柱、约束边缘端柱、约束边缘翼墙、约束边缘转角墙四种(图5-6)。构造边缘构件包括构造边缘暗柱、构造边缘端柱、构造边缘翼墙、构造边缘转角墙四种(图5-7)。

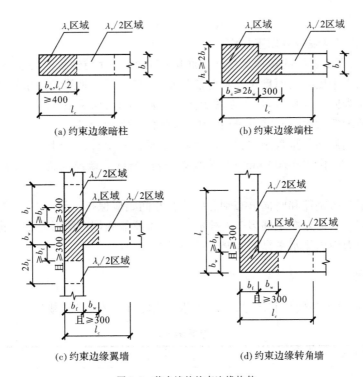

图5-6　剪力墙的约束边缘构件

λ_v—约束边缘构件配箍特征值；l_c—约束边缘构件沿墙肢的长度；b_w—横墙的厚度；

b_c—约束边缘端柱的长度；h_c—约束边缘端柱的宽度；b_f—纵墙的厚度

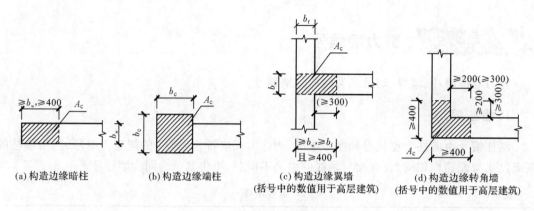

(a) 构造边缘暗柱　　　(b) 构造边缘端柱　　　(c) 构造边缘翼墙　　　(d) 构造边缘转角墙
(括号中的数值用于高层建筑)　(括号中的数值用于高层建筑)

图 5-7　剪力墙的构造边缘构件

A_c—构造边缘构件区；b_w—横墙的厚度；b_c—构造边缘端柱的长度；h_c—构造边缘端柱的宽度；b_f—纵墙的厚度

构造边缘构件只有"阴影部分"，而约束边缘构件除了"阴影部分"（$λ_v$ 区域）以外，还有一个"虚线部分"（$λ_v/2$ 区域）。

2. 墙身编号

墙身编号由墙身代号、序号以及墙身所配置的水平与竖向分布筋的排数组成，其中，排列注写在括号内。表达形式为

$$Q××（×排）$$

平法对墙柱和墙身编号有以下规定：

（1）在编号中：当干墙柱的截面尺寸与配筋均相同，仅截面与轴线的关系不同时，可将其编为同一墙柱号；当若干墙身的厚度尺寸和配筋均相同，仅墙厚与轴线的关系不同或墙身长度不同时，也可将其编为同一墙身号，但应在图中注明与轴线的几何关系。

（2）当墙身所设置的水平与竖向分布钢筋的排数为 2 时可不注。

（3）对于分布钢筋网的排数规定：当剪力墙厚度不大于 400 mm 时，应配置双排；当剪力墙厚度大于 400 mm，但不大于 700 mm 时，应配置三排；当剪力墙厚度大于 700 mm 时，应配置四排。

（4）各排水平分布钢筋和竖向分布钢筋的直径与间距应保持一致。

（5）当剪力墙配置的分布钢筋多于两排时，剪力墙拉筋两端应同时勾住外排水平纵筋和竖向纵筋，还应与剪力墙内排水平纵筋和竖向纵筋绑扎在一起。

3. 墙梁编号

墙梁编号由墙梁类型代号和序号组成，表达形式应符合表 5-2 的规定。

表 5-2　　　　　　　　　　墙梁编号

墙梁类型	代号	序号
连梁	LL	××
连梁（对角暗撑配筋）	LL(JC)	××
连梁（交叉斜筋配筋）	LL(JX)	××

续表

墙梁类型	代号	序号
连梁(集中对角斜筋配筋)	LL(DX)	××
连梁(跨高比不小于5)	LLK	××
暗梁	AL	××
边框梁	BKL	××

注:1.在具体工程中,当某些墙身需设置暗梁或边框梁时,宜在剪力墙平法施工图中绘制暗梁或边框梁的平面布置图并编号,以明确其具体位置。

2.跨高比不小于5的连梁按框架梁设计时,代号为LLK。

5.2.2　列表注写方式

列表注写方式是分别在剪力墙柱表、剪力墙身表和剪力墙梁表中,对应于剪力墙平面布置图上的编号,用绘制截面配筋图并注写几何尺寸与配筋具体数值的方式,来表达剪力墙平法施工图。

1.剪力墙柱表

剪力墙柱表(举例)见表5-3。

表5-3　　　　　　　　　　　　　剪力墙柱表(举例)

截面	950	1 050	900	800	1 000
编号	GBZ1	GBZ2	GBZ3	GBZ4	GBZ5
标高	−0.030~7.970 7.970~49.970	−0.030~7.970 7.970~49.970	−0.030~7.970 7.970~49.970	−0.030~7.970 7.970~49.970	−0.030~7.970 7.970~49.970
纵筋	24 Φ 22 24 Φ 20	24 Φ 22 24 Φ 20	20 Φ 22 20 Φ 20	18 Φ 25 18 Φ 22	22 Φ 25 22 Φ 22
箍筋	Φ 10@100 Φ 10@150	Φ 10@100 Φ 10@150	Φ 10@100 Φ 10@150	Φ 10@100 Φ 10@100/200	Φ 10@100 Φ 10@100/200

注:未注明的尺寸按标准构造详图。

剪力墙柱表中表达的内容有如下规定:

(1)注写墙柱编号(表5-1),绘制该墙柱的截面配筋图,标注墙柱几何尺寸。

①约束边缘构件(图5-6)需注明阴影部分尺寸。

注:剪力墙平面布置图中应注明约束边缘构件沿墙肢长度l_c(约束边缘翼墙中沿墙肢长度尺寸为$2b_f$时不注)。

②构造边缘构件(图5-7)需注明阴影部分尺寸。

③扶壁柱和非边缘暗柱需标注几何尺寸。

(2)注写各段墙柱的起止标高,自墙柱根部往上以变截面位置或截面未变但配筋改变处为界分段注写。墙柱根部标高一般指基础顶面标高(部分框支剪力墙结构则为框支梁顶面标高)。

（3）注写各段墙柱的纵向钢筋和箍筋，注写值应与在表中绘制的截面配筋图对应一致。纵向钢筋注总配筋值；墙柱箍筋的注写方式与柱箍筋相同。

设计施工时应注意：

（1）在剪力墙平面布置图中需注写约束边缘构件非阴影区内布置的拉筋或箍筋直径，与阴影区箍筋直径相同时，可不注。

（2）当约束边缘构件体积配箍率计算中计入墙身水平分布钢筋时，设计者应注明。施工时，墙身水平分布钢筋应注意采用相应的构造做法。

（3）16G101-1图集约束边缘构件非阴影区拉筋是沿剪力墙竖向分布钢筋逐根设置。施工时应注意，非阴影区外圈设置箍筋时，箍筋应包住阴影区内第二列竖向纵筋。当设计采用与构造详图不同的做法时，应另行注明。

（4）当非底部加强部位构造边缘构件不设置外圈封闭箍筋时，设计者应注明。施工时，墙身水平分布钢筋应注意采用相应的构造做法。

2. 剪力墙身表

剪力墙身表（举例）见表5-4。

表 5-4　　　　　　　　　　　　　　剪力墙身表（举例）

编号	标高	墙厚/mm	水平分布筋	竖向分布筋	拉筋
Q1(2排)	−0.030～30.270	300	Φ12@250	Φ12@250	Φ6@500
	30.270～59.070	250	Φ10@250	Φ10@250	Φ6@500
Q2(2排)	−0.030～30.270	250	Φ10@250	Φ10@250	Φ6@500
	30.270～59.070	200	Φ10@250	Φ10@250	Φ6@500

剪力墙身表中表达的内容有如下规定：

（1）注写墙身编号（含水平与竖向分布钢筋的排数）。

（2）注写各段墙身起止标高，自墙身根部往上以变截面位置或截面未变但配筋改变处为界分段注写。墙身根部标高一般指基础顶面标高（部分框支剪力墙结构则为框支梁的顶面标高）。

（3）注写水平分布钢筋、竖向分布钢筋和拉结筋的具体数值。注写数值为一排水平分布钢筋和竖向分布钢筋的规格与间距，具体设置几排已经在墙身编号后面表达。

拉结筋应注明布置方式"矩形"或"梅花"布置，用于剪力墙分布钢筋的拉结，如图5-8所示（图5-8中 a 为竖向分布钢筋间距，b 为水平分布钢筋间距）。

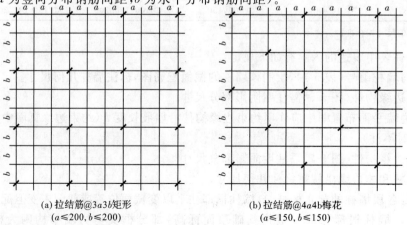

(a) 拉结筋@$3a3b$矩形　　　　　　　(b) 拉结筋@$4a4b$梅花
($a \leqslant 200, b \leqslant 200$)　　　　　　　　($a \leqslant 150, b \leqslant 150$)

图 5-8　拉结筋设置示意

3. 剪力墙梁表

剪力墙梁表(举例)见表5-5。

表 5-5　　　　　　　　　　　　　　剪力墙梁表(举例)

编号	楼层号	梁顶相对标高高差	梁截面 $b \times h$	上部纵筋	下部纵筋	侧面纵筋	箍筋
LL1	2~9	0.800	300×2 000	4 Φ 25	4 Φ 25	同 Q1 水平分布筋	Φ 10@100(2)
	10~16	0.800	250×2 000	4 Φ 22	4 Φ 2		Φ 10@100(2)
	屋面		250×1 200	4 Φ 20	4 Φ 20		Φ 10@100(2)
LL2	3	−1.200	300×2 500	4 Φ 25	4 Φ 25	同 Q1 水平分布筋	Φ 10@150(2)
	4~9	−0.950	300×1 800	4 Φ 22	4 Φ 22		Φ 10@150(2)
	10~屋面	−0.950	250×1 800	3 Φ 22	3 Φ 22		Φ 10@150(2)

剪力墙梁表中表达的内容有如下规定:

(1)注写墙梁编号,例如 LL3,LL(DX)12,LLK6 等。

(2)注写墙梁所在楼层号。

(3)注写墙梁顶面标高高差,是指相对于墙梁所在结构层楼面标高的高差值。高于者为正值,低于者为负值,当无高差时不注。

(4)注写墙梁截面 $b \times h$,上部纵筋、下部纵筋和箍筋的具体数值。

(5)当连梁设有对角暗撑时,注写暗撑的截面尺寸(箍筋外皮尺寸);注写一根暗撑的全部纵筋,并标注×2表明有两根暗撑相互交叉;注写暗撑箍筋的具体数值。

(6)当连梁设有交叉斜筋时,注写连梁一侧对角斜筋的配筋值,并标注×2表明对称设置;注写对角斜筋在连梁端部设置的拉筋根数、强度级别及直径,并标注×4表示四个角都设置;注写连梁一侧折线筋配筋值,并标注×2表明对称设置。

(7)当连梁设有集中对角斜筋时,注写一条对角线上的对角斜筋,并标注×2表明对称设置。

(8)跨高比不小于5的连梁,按框架梁设计时,采用平面注写方式,注写规则同框架梁,可采用适当比例单独绘制,也可与剪力墙平法施工图合并绘制。

墙梁侧面纵筋的配置,当墙身水平分布钢筋满足连梁、暗梁及边框梁的梁侧面纵向构造钢筋的要求时,该筋配置同墙身水平分布钢筋,表中不注,施工按标准构造详图的要求即可。当墙身水平分布钢筋不满足连梁、暗梁及边框梁的梁侧面纵向构造钢筋的要求时,应在表中补充注明梁侧面纵筋的具体数值;当为 LLK 时,平面注写方式以大写字母"N"打头。梁侧面纵向钢筋在支座内锚固要求同连梁中受力钢筋。

4. 施工图示例

图 5-9 和图 5-10 是采用列表注写方式表达的剪力墙平法施工图示例。限于图幅,无法同时将一个剪力墙的墙梁、墙身、墙柱在教材的一页同时表达出来,而是分在两页上。实际进行设计时,仅需一张图纸即可完整表达包括所有墙梁、墙身、墙柱的剪力墙平法施工图。

剪力墙梁表

编号	所在楼层号	梁顶相对标高高差	梁截面 b×h	上部纵筋	下部纵筋	箍筋
LL1	2~9	0.800	300×2 000	4Φ22	4Φ22	Φ10@100(2)
	10~16	0.800	250×2 000	4Φ20	4Φ20	Φ10@100(2)
	层面1		250×1 200	4Φ20	4Φ20	Φ10@100(2)
LL2	3	-1.200	300×2 520	4Φ22	4Φ22	Φ10@150(2)
	4	-0.900	300×2 070	4Φ22	4Φ22	Φ10@150(2)
	5~9	-0.900	300×1 770	4Φ22	4Φ22	Φ10@150(2)
	10~层面1	-0.900	250×1 770	3Φ22	3Φ22	Φ10@150(2)
LL3	2		300×2 070	4Φ22	4Φ22	Φ10@100(2)
	3		300×1 770	4Φ22	4Φ22	Φ10@100(2)
	4~9		250×1 770	4Φ22	4Φ22	Φ10@100(2)
	10~层面1		250×1 170	4Φ22	4Φ22	Φ10@100(2)
LL4	2		250×2 070	4Φ20	4Φ20	Φ10@120(2)
	3		250×1 770	4Φ20	4Φ20	Φ10@120(2)
	4~层面1		250×1 170	4Φ22	4Φ22	Φ10@120(2)
AL1	2~9		300×600	3Φ20	3Φ20	Φ8@150(2)
	10~16		250×500	3Φ18	3Φ18	Φ8@150(2)
BKL1	层面1		500×750	4Φ22	4Φ22	Φ10@150(2)

剪力墙身表

编号	标高	墙厚	水平分布筋	垂直分布筋	拉筋(双向)
Q1	-0.030~30.270	300	Φ12@100	Φ12@100	Φ6@600@600
	30.270~59.070	250	Φ10@100	Φ10@100	Φ6@600@600
Q2	-0.030~30.270	250	Φ10@100	Φ10@100	Φ6@600@600
	30.270~59.070	200	Φ10@100	Φ10@100	Φ6@600@600

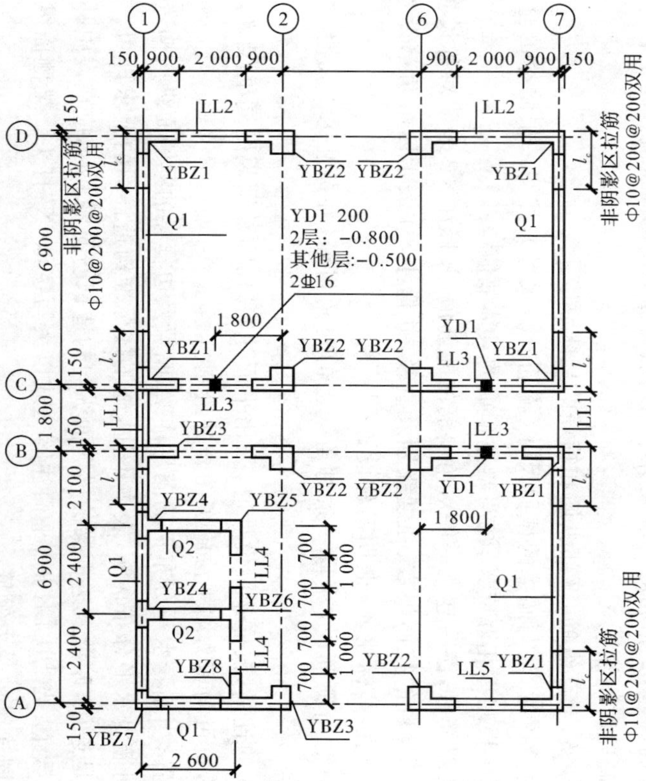

-0.030~12.270剪力墙平法施工图
(剪力墙柱表见下页)

结构层楼面标高 结构层高

层号	标高/m	层高/m
屋面2(塔层2)	65.670	
塔层2	62.370	3.30
屋面1(塔层1)	59.070	3.30
16	55.470	3.60
15	51.870	3.60
14	48.270	3.60
13	44.670	3.60
12	41.070	3.60
11	37.470	3.60
10	33.870	3.60
9	30.270	3.60
8	26.670	3.60
7	23.070	3.60
6	19.470	3.60
5	15.870	3.60
4	12.270	3.60
3	8.670	4.20
2	4.470	4.50
1	-0.030	4.50
-1	-4.530	4.50
-2	-9.030	

上部结构嵌固部位:-0.030

1. 可在结构层楼面标高、结构层高表中加设混凝土强度等级等栏目。
2. 本示例中,为约束边缘构件沿墙肢的伸出长度(实际工程中应注明具体值,约束边缘构件非阴影区拉筋除图中有标注外),竖向与水平钢筋交点处均设置,直径Φ8。

图5-9 剪力墙平法施工图列表注写方式示例(墙梁与墙身)

剪力墙柱表

截面				
编号	YBZ1	YBZ2	YBZ3	YBZ4
标高	-0.030~12.270	-0.030~12.270	-0.030~12.270	-0.030~12.270
纵筋	24Φ20	22Φ20	18Φ20	20Φ20
箍筋	Φ10@100	Φ10@100	Φ10@100	Φ10@100
截面				
编号	YBZ5	YBZ6	YBZ7	
标高	-0.030~12.270	-0.030~12.270	-0.030~12.270	
纵筋	20Φ20	23Φ20	16Φ20	
箍筋	Φ10@100	Φ10@100	Φ10@100	

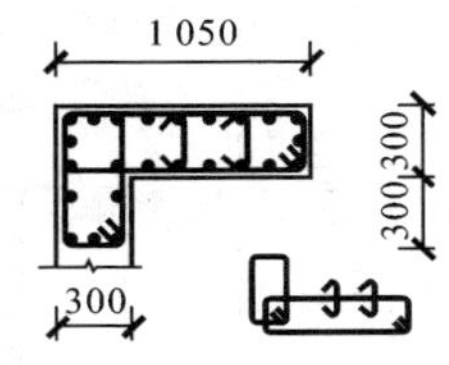

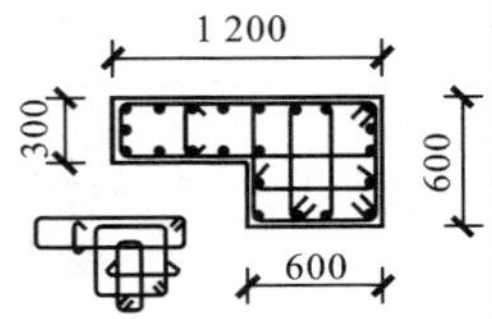

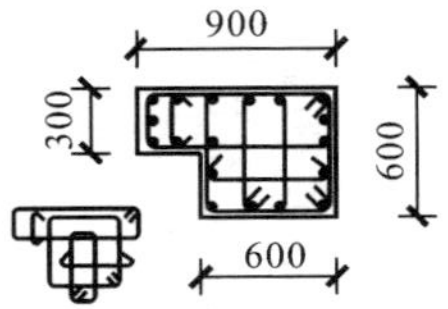

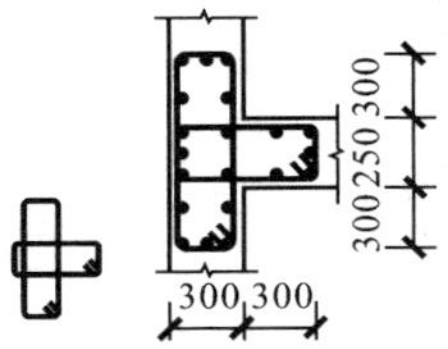

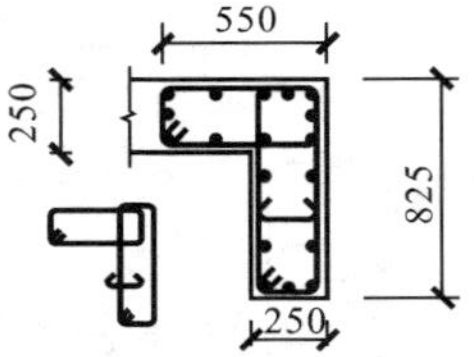

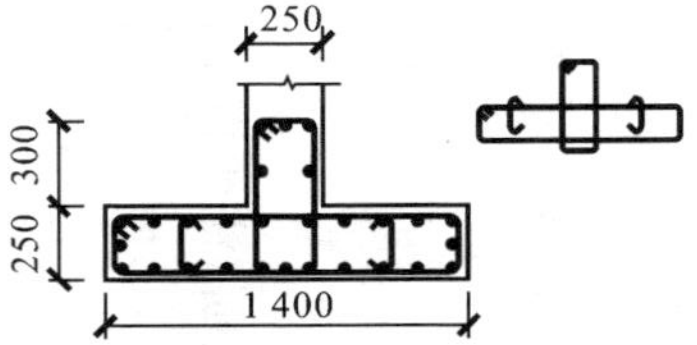

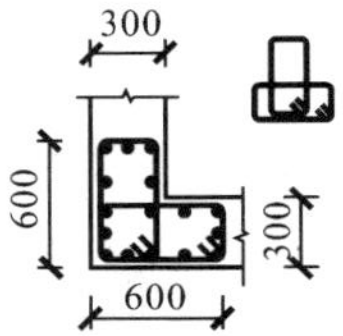

-0.030~12.270剪力墙平法施工图(部分剪力墙表)

图5-10 剪力墙平法施工图列表注写方式示例（墙柱）

层号	标高/m	层高/m
屋面2	65.670	3.30
塔层2	62.370	3.30
屋面1(塔层1)	59.070	3.60
16	55.470	3.60
15	51.870	3.60
14	48.270	3.60
13	44.670	3.60
12	41.070	3.60
11	37.470	3.60
10	33.870	3.60
9	30.270	3.60
8	26.670	3.60
7	23.070	3.60
6	19.470	3.60
5	15.870	3.60
4	12.270	3.60
3	8.670	3.60
2	4.470	4.20
1	-0.030	4.50
-1	-4.530	4.50
-2	-9.030	4.50

结构层楼面标高
结构层高
上部结构嵌固部位：-0.030

205

图 5-9 和图 5-10 在表中表达剪力墙梁、墙身、墙柱的几何尺寸和配筋,而且直接在剪力墙平面布置图上表达墙洞的内容,这表明在实际设计时,可以根据具体情况,灵活地混合采用不同表达方式。

5.2.3 截面注写方式

截面注写方式是在分标准层绘制的剪力墙平面布置图上,以直接在墙柱、墙身、墙梁上注写截面尺寸和配筋具体数值的方式来表达剪力墙平法施工图。

选用适当比例原位放大绘制剪力墙平面布置图,其中对墙柱绘制配筋截面图;对所有墙柱、墙身、墙梁分别按规定进行编号,并分别在相同编号的墙柱、墙身、墙梁中选择一根墙柱、一道墙身、一根墙梁、一处洞口进行注写,其他相同者仅需标注编号及所在层数即可。

注写方式按以下规定进行:

1.剪力墙柱的截面注写

从相同编号的墙柱中选择一个截面,注明以下内容:

(1)墙柱编号,见表 5-1。

(2)几何尺寸。

(3)墙柱全部纵筋的具体数值。

(4)箍筋的具体数值。

注:约束边缘构件(图 5-6)除需注明阴影部分具体尺寸外,还需注明约束边缘构件沿肢墙长度 l_c,约束边缘翼墙中沿墙肢长度尺寸为 $2b_f$ 时可不注。

图 5-11 为剪力墙约束边缘端柱 YBZ 和构造边缘端柱 GBZ 的截面注写示意。

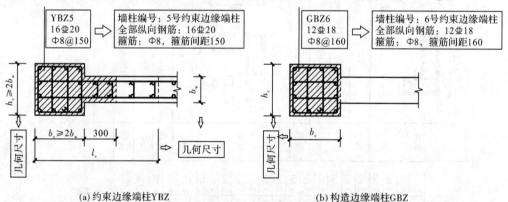

(a) 约束边缘端柱YBZ (b) 构造边缘端柱GBZ

图 5-11 剪力墙约束边缘端柱 YBZ 和构造边缘端柱 GBZ 的截面注写示意

2.剪力墙身的截面注写

从相同编号的墙身中选择一道墙身,证明以下内容:

(1)墙身编号:Q××(××排)。

(2)墙厚尺寸。

(3)水平分布钢筋的具体数值。

(4)竖向分布钢筋的具体数值。

(5)拉筋的具体数值。

剪力墙身注写示意,如图 5-12 所示。

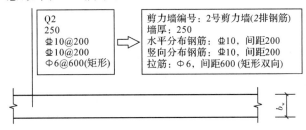

图 5-12 剪力墙身注写示意

3. 剪力墙梁的截面注写

从相同编号的墙梁中选择一根墙梁,注明以下内容:

(1)墙梁编号,见表 5-2;墙梁截面尺寸 $b×h$;墙梁箍筋的具体数值;上部纵筋和下部纵筋的具体数值;墙梁顶面标高高差的具体数值。

其中,墙梁顶面标高高差的注写规定同本节"5.2.2 列表注写方式"。

(2)当连梁设有对角暗撑时,代号为 LL(JG)××,注写规定同本节"5.2.2 列表注写方式"。

(3)当连梁设有交叉斜筋时,代号为 LL(JX)××,注写规定同本节"5.2.2 列表注写方式"。

(4)当连梁设有集中对角斜筋时,代号为 LL(DX)××,注写规定同本节"5.2.2 列表注写方式"。

(5)跨高比不小于 5 的连梁,按框架梁设计时,代号为 LLk××,注写规定同本节"5.2.2 列表注写方式"。

当墙身水平分布钢筋不能满足连梁、暗梁及边框梁的梁测面纵向构造钢筋的要求时,应补充注明梁侧面纵筋的具体数值;注写时,以大写字母 N 打头,接续注写直径与间距。其在支座内的锚固要求同连梁中受力钢筋。

【例 5-1】 N⊈10@150,表示墙梁两个侧面纵筋对称配置,强度级别为 HRB400,钢筋直径为 10 mm,间距为 150 mm。

剪力墙梁注写示意如图 5-13 所示。

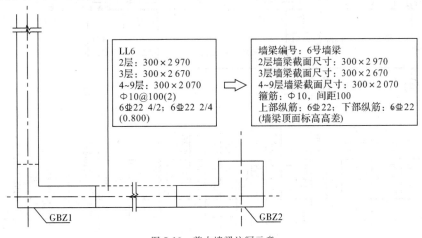

图 5-13 剪力墙梁注写示意

4. 施工图示例

剪力墙平法施工图截面注写方式示例如图 5-14 所示。

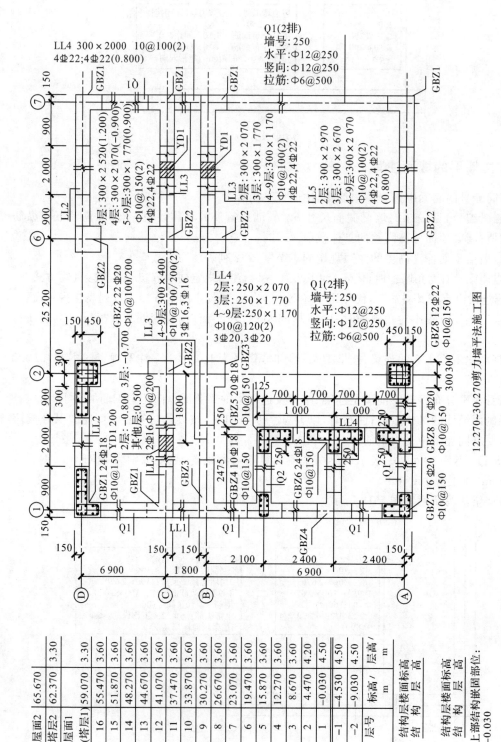

图5-14 剪力墙平法施工图截面注写方式示例

5.2.4 剪力墙平法识图要点

前面讲解了剪力墙的平法表达方式分列表注写和截面注写两种形式,这两种表达方式所表达的数据项是相同的,这里,就讲解这些数据项在阅读和识图时的具体要点。

1. 结构层高及楼面标高识图要点

对于一、二级抗震设计的剪力墙结构,有一个"底部加强部位",注写在"结构层高与结构层楼面标高"表中,如图 5-15 所示。

2. 墙梁识图要点

(1)墙梁标高与层高

墙梁的识图要点:墙梁标高与层高的关系,如图 5-16 所示。

在图 5-16 中,通过对照连梁表与结构层高标高表,就能得出各层连梁 LL2 的标高位置。

(2)墙梁的分类

剪力墙的墙梁分为连梁、暗梁、边框梁,墙梁比较容易区分,本小节前面讲解剪力墙构件组成时就进行了讲解。

层号	标高/m	层高/m
屋面2	65.670	
塔层2	62.370	3.30
屋面1(塔层1)	59.070	3.30
16	55.470	3.60
15	51.870	3.60
14	48.270	3.60
13	44.670	3.60
12	41.070	3.60
11	37.470	3.60
10	33.870	3.60
9	30.270	3.60
8	26.670	3.60
7	23.070	3.60
6	19.470	3.60
5	15.870	3.60
4	12.270	3.60
3	8.670	3.60
2	4.470	4.20
1	-0.030	4.50
-1	-4.530	4.50
-2	-9.030	4.50

结构层楼面标高
结 构 层 高

图 5-15 底部加强部位

剪力墙梁表

编号	所在楼层号	梁顶相对标高高差	梁截面 b×h	上部纵筋	下部纵筋	箍 筋
LL2	3	-1.200	300×2520	4Φ22	4Φ22	Φ10@150(2)
	4	-0.900	300×2070	4Φ22	4Φ22	Φ10@150(2)
	5~9	-0.900	300×1770	4Φ22	4Φ22	Φ10@150(2)
	10~层面	-0.900	250×1770	3Φ22	3Φ22	Φ10@150(2)

层号	标高/m	层高/m
屋面2	65.670	
10	33.870	3.60
9	30.270	3.60
8	26.670	3.60
7	23.070	3.60
6	19.470	3.60
5	15.870	3.60
4	12.270	3.60
3	8.670	3.60
2	4.470	4.20
1	-0.030	4.50
-1	-4.530	4.50
-2	-9.030	4.50

图 5-16 墙梁表的识图要点

3. 墙柱识图要点

(1)墙柱箍筋组合

剪力墙的墙柱箍筋通常是复合箍筋,识图时,应注意箍筋的组合,也就是要注意什么是一根箍筋,只有分

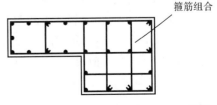

箍筋组合

图 5-17 墙柱箍筋组合

清了一根箍筋,才能计算其长度,如图 5-17 所示。

(2)墙柱的分类

墙柱编号见表 5-1,对于墙柱的分类,本教材将剪力墙的墙柱从两个角度划分:一个角度分为端柱和暗柱;另一个角度分为约束性柱和构造性柱。

4. 墙身识图要点

墙身识图要点要注意墙身与墙柱及墙梁的位置关系,如图 5-18 所示。

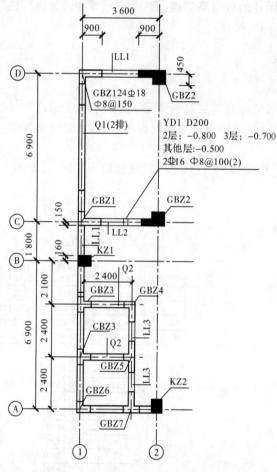

图 5-18 －0.030～37.470 剪力墙平法施工图

5.2.5 剪力墙洞口的表示方法

无论采用列表注写方式还是截面注写方式,剪力墙上的洞口均可在剪力墙平面布置图上原位表达。

洞口的具体表示方法如下:

1.在剪力墙平面布置图上绘制洞口示意,并标注洞口中心的平面定位尺寸。

例如,图 5-14 中,每层有 3 个洞,编号均为 YD1。洞口中心的平面定位尺寸为①～②,轴线之间的 YD1 在 c 轴线上,距②轴线尺寸为 1 800 mm。

2.在洞口中心位置引注:洞口编号;洞口几何尺寸;洞口中心相对标高;洞口每边补强钢

筋,共四项内容。

具体规定如下:

(1)洞口编号:矩形洞口为 JD××(××为序号),圆形洞口为 YD××(××为序号)。比如 JD2、YD3。

(2)洞口几何尺寸:矩形洞口为洞宽×洞高($b×h$),圆形洞口为洞口直径 D。例如图 5-14 中的 YD1 的原位标注的第二项内容:$D=200$ mm。

(3)洞口中心相对标高:相对于结构层楼(地)面标高的洞口中心高度。当其高于结构层楼面时为正值,低于结构层楼面时为负值。例如图 5-14 中的 YD1 的原位标注的第三项内容:2 层:-0.800;3 层:-0.700;其他层:-0.500。

(4)洞口每边补强钢筋,分以下几种不同情况:

①当矩形洞口的洞宽、洞高均不大于 800 mm 时,此项注写为洞口每边补强钢筋的具体数值,如果按标准构造详图设置补强钢筋时可不注。当洞宽、洞高方向补强钢筋不一致时,分别注写洞宽方向、洞高方向补强钢筋,以"/"分隔。

【例 5-2】　矩形洞口原位注写为 JD2　400×300　+3.100　3Φ14

表示 2 号矩形洞口,洞宽为 400 mm,洞高为 300 mm,洞口中心距本结构层楼面为 3 100 mm,洞口每边补强钢筋为 3Φ14。

【例 5-3】　矩形洞口原位注写为 JD3　300×400　−0.800

表示 3 号矩形洞口,洞宽为 300 mm,洞高为 400 mm,洞口中心低于本结构层楼面为 800 mm,洞口每边补强钢筋按构造配置。

【例 5-4】　矩形洞口原位注写为 JD4　800×300　+3.100　3Φ18/3Φ14

表示 4 号矩形洞口,洞宽为 800 mm,洞高为 300 mm,洞口中心距本结构层楼面为 3 100 mm,洞宽方向补强钢筋为 3Φ18,洞高方向补强钢筋为 3Φ14。

②当矩形或圆形洞口的洞宽或直径大于 800 时,在洞口的上、下需要设置补强暗梁。此项注写为洞口上、下每边暗梁的纵筋与箍筋的具体数值(在标准构造详图中,补强暗梁梁高一律定为 400 mm,施工时按标准构造详图取值,设计不注。当设计者采用与该构造详图不同的做法时,应另行注明),圆形洞口时需要注明环向加强钢筋的具体数值;当洞口上、下边为剪力墙连梁时,此项免注;洞口竖向两侧设置边缘构件时,也不在此项表达(当洞口两侧不设置边缘构件时,设计者应给出具体做法)。

【例 5-5】　矩形洞口原位注写为 JD5　1 000×900　+1.400　6Φ20　Φ8@150

表示 5 号矩形洞口,洞宽为 1 000 mm,洞高为 900 mm,洞口中心距本结构层楼面为 1 400 mm,洞口上、下设置补强暗梁,每边暗梁纵筋为 6Φ20,箍筋为 Φ8@150。

【例 5-6】　圆形洞口原位注写为 YD5　1 100　+1.700　6Φ20　Φ8@150(2)　2Φ18

表示 5 号圆形洞口,直径为 1 100 mm,洞口中心距本结构层楼面为 1 700 mm,洞口上、下设置补强暗梁,每边暗梁纵筋为 6Φ20,双肢箍筋为 Φ8@150,环向加强钢筋为 2Φ18。

③当圆形洞口设置在连梁中部 1/3 范围(且圆洞直径不应大于 1/3 梁高)时,需注写在圆洞上、下水平设置的每边补强纵筋或箍筋。

④当圆形洞口设置在墙身或暗梁、边框梁位置,且洞口直径不大于 300 时,此项注写为洞口上、下左右每边布置的补强纵筋的具体数值。

⑤当圆形洞口直径大于 300 mm,但不大于 800 mm 时,此项注写为洞口上、下、左、右每边布置的补强钢筋的具体数值,以及环向加强钢筋的具体数值。

【例 5-7】　圆形洞口原位注写为 YD5　600　+1.800　2Φ20　2Φ16

表示 5 号圆形洞口,直径为 600 mm,洞口中心距本结构层楼面为 1 800 mm,洞口每边补强为 2Φ20,环向加强钢筋为 2Φ16。

5.2.6 地下室外墙的表示方法

1.地下室外墙仅适用于起挡土作用的地下室外围护墙。地下室外墙中墙柱、连梁及洞口等的表示方法同地上剪力墙。

2.地下室外墙编号,由墙身代号、序号组成。表达为

$$DWQ\times\times$$

3.地下室外墙平面注写方式,包括集中标注墙体编号、厚度、贯通筋、拉筋等和原位标注附加非贯通筋等两部分内容。当仅设置贯通筋,未设置附加非贯通筋时,则仅做集中标注。

4.地下室外墙的集中标注,规定如下:

(1)注写地下室外墙编号,包括代号、序号、墙身长度(注为$\times\times\sim\times\times$轴)。

(2)注写地下室外墙厚度$b_w=\times\times\times$。

(3)注写地下室外墙的外侧、内侧贯通筋和拉筋。

①以 OS 代表外墙外侧贯通筋。其中,外侧水平贯通筋以 H 打头注写,外侧竖向贯通筋以 V 打头注写。

②以 IS 代表外墙内侧贯通筋。其中,内侧水平贯通筋以 H 打头注写,内侧竖向贯通筋以 V 打头注写。

③以 tb 打头注写拉结筋直径、强度等级及间距,并注明"矩形"或"梅花"。

【例 5-8】 DWQ2(①～⑥),$b_w=300$

OS:H Φ 18@200,V Φ 20@200

IS:H Φ 16@200,V Φ 18@200

tb ϕ 6@400@400 矩形

表示 2 号外墙,长度范围为①～⑥,墙厚为 300 mm;外侧水平贯通筋为Φ18@200,竖向贯通筋为Φ20@200;内侧水平贯通筋为Φ16@200,竖向贯通筋为Φ18@200;拉结筋为ϕ6,矩形布置,水平间距为 400 mm,竖向间距为 400 mm。

5.地下室外墙的原位标注,主要表示在外墙外侧配置的水平非贯通筋或竖向分贯通筋。

当配置水平非贯通筋时,在地下室墙体平面图上原位标注。在地下室外墙外侧绘制粗实线段代表水平非贯通筋,在其上注写钢筋编号并以 H 打头注写钢筋强度等级、直径、分布间距,以及自支座中线向两边跨内的伸出长度值。当自支座中线向两侧对称伸出时,另一侧不注,此种情况下非贯通筋总长度为标注长度的 2 倍。边支座处非贯通筋的伸出长度值从支座外边缘算起。

地下室外墙外侧非贯通筋通常采用"隔一布一"方式与集中标注的贯通筋间隔布置,其标注间距与贯通筋相同,两者组合后的实际分布间距为各自标注间距的 1/2。

当在地下室外墙外侧底部、顶部、中层楼板位置配置竖向非贯通筋时,应补充绘制地下室外墙竖向剖面图并在其上原位标注。表示方法为在地下室外墙竖向剖面图外侧绘制粗实线段代表竖向非贯通筋,在其上注写钢筋编号并以 V 打头注写钢筋强度等级、直径、分布间距,以及向上(下)层的伸出长度值,并在外墙竖向剖面图名下注明分布范围($\times\times\sim\times\times$轴)。

注:竖向非贯通筋向层内伸出长度值注写方式:

①地下室外墙底部非贯通钢筋向层内的伸出长度值从基础底板顶面算起。

②地下室外墙顶部非贯通钢筋向层内的伸出长度值从顶板底面算起。

③中层楼板处非贯通钢筋向层内的伸出长度值从板中间算起,当上、下两侧伸出长度值相同时可仅注写一侧。

地下室外墙外侧水平、竖向非贯通筋配置相同者,可仅选择一处注写,其他可仅注写编号。

当在地下室外墙顶部设置水平通长加强钢筋时应注明。

设计时应注意:

1)设计者应根据具体情况判定扶壁柱或内墙是否作为墙身水平方向的支座,以选择合理的配筋方式。

2)在"顶板作为外墙的简支支承""顶板作为外墙的弹性嵌固支承(墙外侧竖向钢筋与板上部纵向受力钢筋搭接连接)"两种做法中,设计者应在施工图中指定选用何种做法。

6.地下室剪力墙平法施工图平面注写示例如图5-19所示。

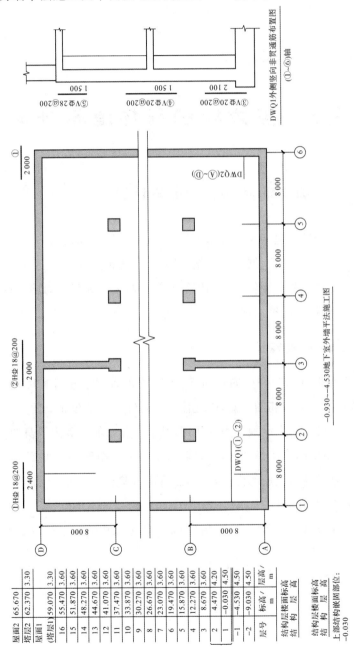

图5-19　地下室剪力墙平法施工图平面注写示例

5.2.7 其他

(1)在剪力墙平法施工图中应注明底部加强部位高度范围,以使施工人员明确在该范围内应按照加强部位的构造要求进行施工。

(2)当剪力墙中有偏心受拉墙肢时,无论采用何种直径的竖向钢筋,均应采用机械连接或焊接接长,设计者应在剪力墙平法施工图中加以说明。

(3)抗震等级为一级的剪力墙,水平施工缝处需设置附加竖向插筋时,设计应注明构件位置,并注写附加竖向插筋规格、数量及间距。竖向插筋沿墙身均匀布置。

5.3 剪力墙钢筋构造与计算

5.3.1 剪力墙身钢筋构造与计算

剪力墙身内的钢筋设置包括水平分布钢筋、竖向分布钢筋和拉筋。

一般剪力墙身设置两层或两层以上的钢筋网,而各排钢筋网的钢筋直径和间距是一致的。剪力墙身采用拉结筋把外侧钢筋网和内侧钢筋网连接起来。如果剪力墙身设置三排或更多排的钢筋网,拉结筋还要把中间排的钢筋网固定起来。

1.剪力墙身水平钢筋构造

墙身钢筋网为水平分布筋和竖向分布筋(垂直分布筋),布置钢筋时,水平分布筋放在外侧,竖向分布筋放在水平分布筋的内侧,因此保护层是针对水平分布筋的。

剪力墙的设计主要考虑水平地震力的作用,其水平分布筋是剪力墙身的受力主筋,水平分布筋除了抗拉以外,主要的作用是抗剪,所以剪力墙水平分布筋必须伸到墙肢的尽端,即伸到边缘构件(暗柱和端柱)外侧纵筋的内侧,而不能只伸入暗柱一个锚固长度,暗柱虽然有箍筋,但是暗柱的箍筋不能承担墙身的抗剪功能。

剪力墙设有端柱、翼墙、转角墙、边缘暗柱、无暗柱边缘构造等。剪力墙水平分布钢筋构造要求应符合表5-6中的规定。

表 5-6 　　　　　　　　　　　　　　剪力墙水平分布钢筋构造

构造类型	图示	钢筋构造
剪力墙多排配筋构造	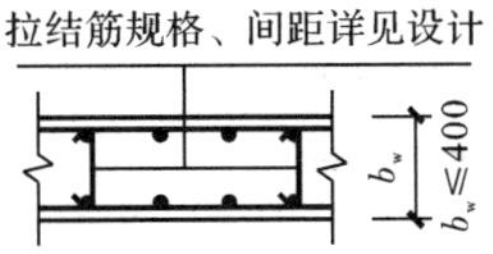 拉结筋规格、间距详见设计 $b_w \le 400$ 剪力墙双排配筋 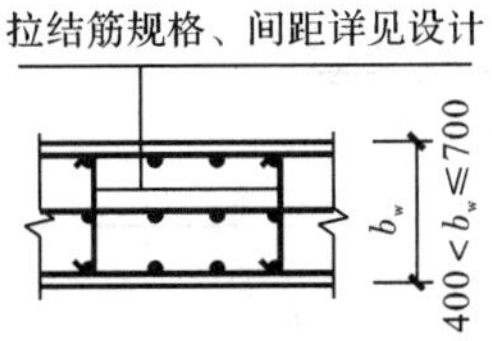 拉结筋规格、间距详见设计 $400 < b_w \le 700$ 剪力墙三排配筋 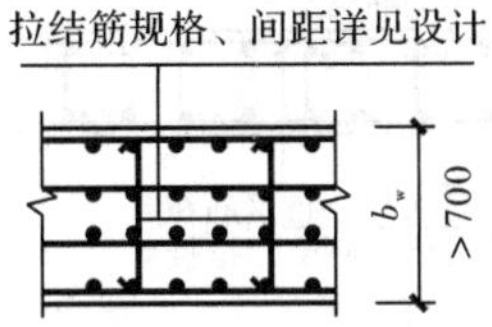 拉结筋规格、间距详见设计 $b_w > 700$ 剪力墙四排配筋	当剪力墙厚度不大于 400 mm 时，宜配置两排；当剪力墙厚度大于 400 mm 但不大于 700 mm 时，宜配置三排；当剪力墙厚度大于 700 mm 时，宜配置四排
剪力墙水平分布钢筋交错搭接构造	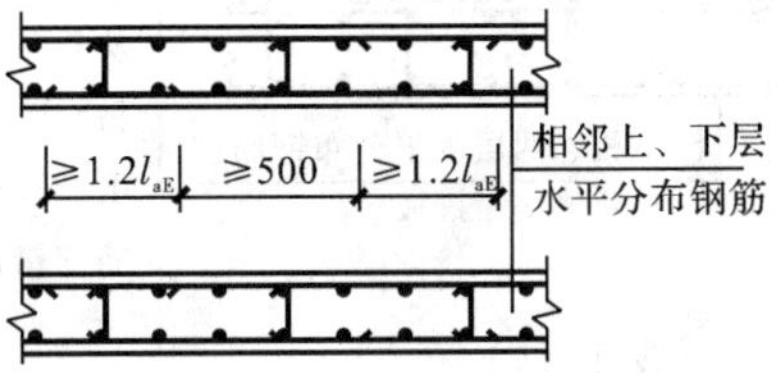 $\ge 1.2l_{aE}$　≥ 500　$\ge 1.2l_{aE}$ 相邻上、下层水平分布钢筋	剪力墙水平分布钢筋的搭接长度不小于 $1.2l_{aE}$，沿高度每隔一根错开搭接，相邻两个搭接区之间错开的距离不小于 500 mm
端部无暗柱时剪力墙水平分布钢筋端部构造	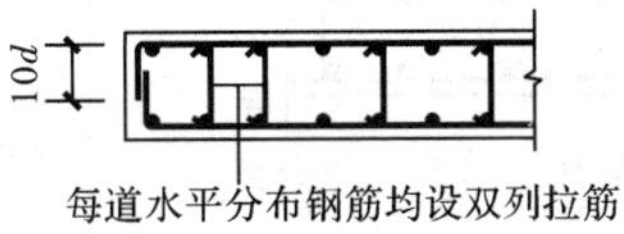 $10d$ 每道水平分布钢筋均设双列拉筋	墙身两侧水平钢筋伸至墙端，并向内弯折 $10d$，墙端部设置双列拉筋。实际工程中，剪力墙墙肢的端部一般都设置边缘构件（暗柱或端柱），墙肢端部无暗柱情况不多见。 剪力墙分布钢筋配置若多于两排，中间排水平分布钢筋端部构造同内侧钢筋

续表

构造类型	图示	钢筋构造
端部暗柱	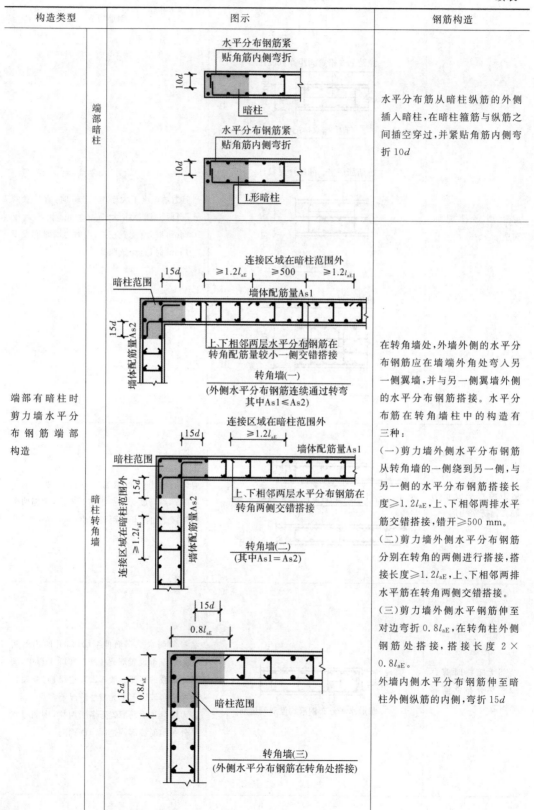	水平分布筋从暗柱纵筋的外侧插入暗柱,在暗柱箍筋与纵筋之间插空穿过,并紧贴角筋内侧弯折10d
端部有暗柱时剪力墙水平分布钢筋端部构造		在转角墙处,外墙外侧的水平分布钢筋应在墙端外角处穿入另一侧翼墙,并与另一侧翼墙外侧的水平分布钢筋搭接。水平分布筋在转角墙柱中的构造有三种: (一)剪力墙外侧水平分布钢筋从转角墙的一侧绕到另一侧,与另一侧的水平分布钢筋搭接长度≥1.2l_{aE},上、下相邻两排水平筋交错搭接,错开≥500 mm。 (二)剪力墙外侧水平分布钢筋分别在转角的两侧进行搭接,搭接长度≥1.2l_{aE},上、下相邻两排水平筋在转角两侧交错搭接。 (三)剪力墙外侧水平钢筋伸至对边弯折0.8l_{aE},在转角柱外侧钢筋处搭接,搭接长度2×0.8l_{aE}。 外墙内侧水平分布钢筋伸至暗柱外侧纵筋的内侧,弯折15d

续表

构造类型		图示	钢筋构造
端部有暗柱时剪力墙水平分布钢筋端部构造	斜交转角墙	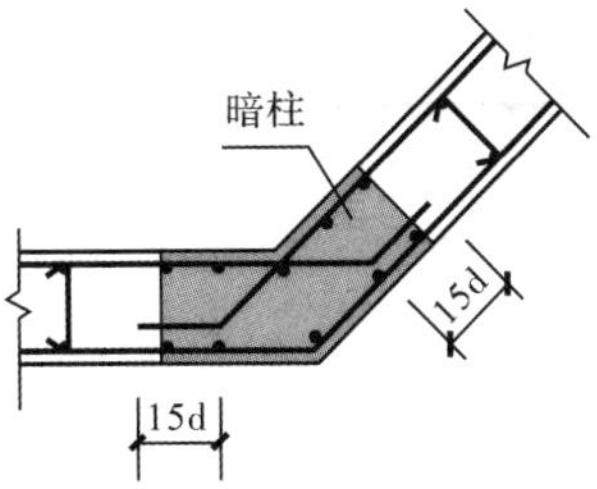	墙内侧水平分布钢筋在斜交处伸至对边(竖向分布钢筋内侧),并分别向两侧弯折15d。外侧水平分布钢筋斜弯连续通过,不断开
	翼墙暗柱	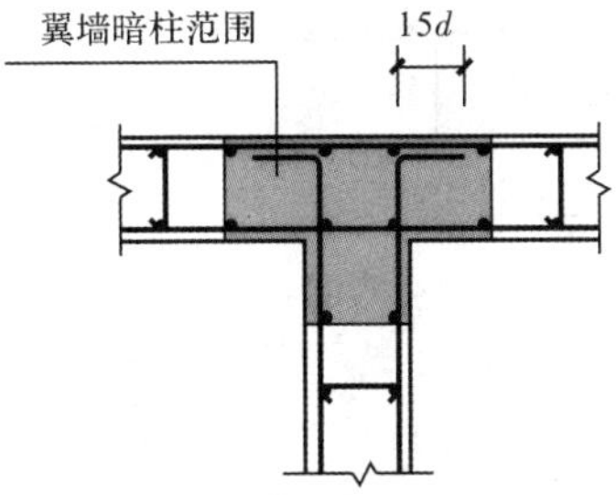 翼墙(一) 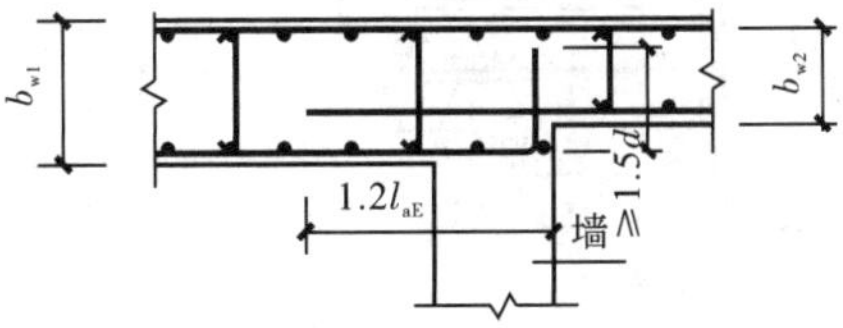 翼墙(一) $b_{w1} > b_{w2}$ 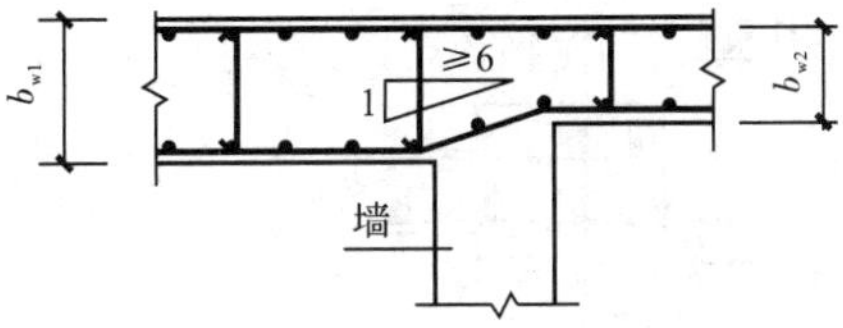 翼墙(一) $b_{w1} > b_{w2}$	(一)端部有翼墙,内墙两侧和外墙内侧的水平分布钢筋应伸至翼墙或转角外边(竖向分布钢筋内侧),并分别向两侧弯折15d。剪力墙分布钢筋配置若多于两排,中间排水平分布钢筋端部构造同上述构造钢筋。 (二)翼墙外侧平齐,当$(b_{w1}-b_{w2})$/墙厚度>1/6时,b_{w1}翼墙内侧水平分布钢筋伸至内墙外边(竖向分布钢筋内侧)弯折15d,b_{w2}翼墙内侧水平分布钢筋直锚入b_{w1}翼墙内$1.2l_{aE}$。 (三)翼墙外侧平齐,当$(b_{w1}-b_{w2})$/墙厚度≤1/6时,b_{w1}翼墙内侧水平分布钢筋斜弯连续伸入b_{w2}翼墙内,不断开
	斜交翼墙	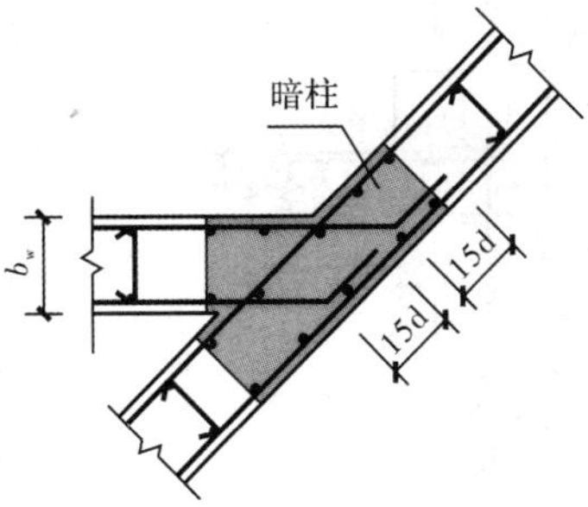	内墙两侧水平分布钢筋伸至翼墙外边(竖向分布钢筋内侧),并分别弯折15d

构造类型	图示	钢筋构造
端柱端部墙	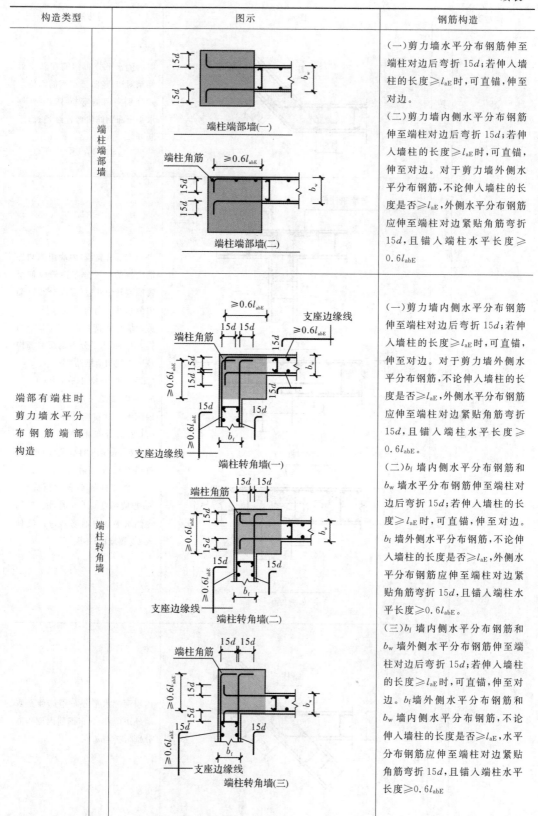	（一）剪力墙水平分布钢筋伸至端柱对边后弯折15d；若伸入墙柱的长度≥l_{aE}时，可直锚，伸至对边。 （二）剪力墙内侧水平分布钢筋伸至端柱对边后弯折15d；若伸入墙柱的长度≥l_{aE}时，可直锚，伸至对边。对于剪力墙外侧水平分布钢筋，不论伸入墙柱的长度是否≥l_{aE}，外侧水平分布钢筋应伸至端柱对边紧贴角筋弯折15d，且锚入端柱水平长度≥$0.6l_{abE}$
端部有端柱时剪力墙水平分布钢筋端部构造 端柱转角墙		（一）剪力墙内侧水平分布钢筋伸至端柱对边后弯折15d；若伸入墙柱的长度≥l_{aE}时，可直锚，伸至对边。对于剪力墙外侧水平分布钢筋，不论伸入墙柱的长度是否≥l_{aE}，外侧水平分布钢筋应伸至端柱对边紧贴角筋弯折15d，且锚入端柱水平长度≥$0.6l_{abE}$。 （二）b_f墙内侧水平分布钢筋和b_w墙水平分布钢筋伸至端柱对边后弯折15d；若伸入墙柱的长度≥l_{aE}时，可直锚，伸至对边。b_f墙外侧水平分布钢筋，不论伸入墙柱的长度是否≥l_{aE}，外侧水平分布钢筋应伸至端柱对边紧贴角筋弯折15d，且锚入端柱水平长度≥$0.6l_{abE}$。 （三）b_f墙内侧水平分布钢筋和b_w墙外侧水平分布钢筋伸至端柱对边后弯折15d；若伸入墙柱的长度≥l_{aE}时，可直锚，伸至对边。b_f墙外侧水平分布钢筋和b_w墙内侧水平分布钢筋，不论伸入墙柱的长度是否≥l_{aE}，水平分布钢筋应伸至端柱对边紧贴角筋弯折15d，且锚入端柱水平长度≥$0.6l_{abE}$

续表

构造类型		图示	钢筋构造
端部有暗柱时剪力墙水平分布钢筋端部构造	端柱翼墙	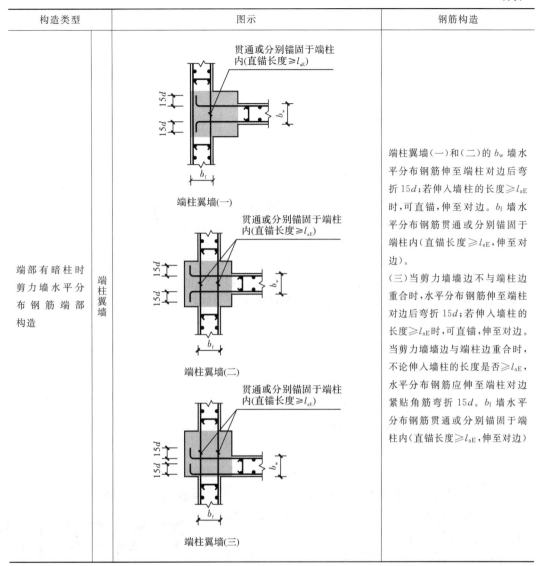	端柱翼墙(一)和(二)的b_w墙水平分布钢筋伸至端柱对边后弯折$15d$;若伸入墙柱的长度$\geqslant l_{aE}$时,可直锚,伸至对边。b_f墙水平分布钢筋贯通或分别锚固于端柱内(直锚长度$\geqslant l_{aE}$,伸至对边)。 (三)当剪力墙墙边不与端柱边重合时,水平分布钢筋伸至端柱对边后弯折$15d$;若伸入墙柱的长度$\geqslant l_{aE}$时,可直锚,伸至对边。当剪力墙墙边与端柱边重合时,不论伸入墙柱的长度是否$\geqslant l_{aE}$,水平分布钢筋应伸至端柱对边紧贴角筋弯折$15d$。b_f墙水平分布钢筋贯通或分别锚固于端柱内(直锚长度$\geqslant l_{aE}$,伸至对边)

注:伸至对边

2. 剪力墙身水平钢筋长度的计算

(1)剪力墙端部既无暗柱也无端柱时水平钢筋长度的计算

墙身两侧水平钢筋伸至墙端弯折$10d$,墙端部设置双列拉筋,如图 5-20 所示,水平分布钢筋长度的计算公式为

$$墙水平筋长度 = l - 2 \times c + 2 \times 10d$$

式中　l——墙长度;

　　　c——墙保护层厚度;

　　　d——水平分布钢筋直径。

注:如果墙长大于钢筋定尺长度,需要加上钢筋的搭接长度,光圆钢筋末端180°的弯钩。

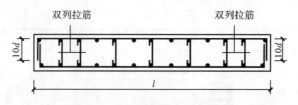

图 5-20　水平分布钢筋无暗柱计算简图

(2)剪力墙端部为暗柱时水平钢筋的计算

剪力墙的水平分布钢筋从暗柱纵筋的外侧插入暗柱,伸至暗柱端部外侧纵筋内侧,并紧贴角筋内侧弯折 $10d$,如图 5-21 所示。

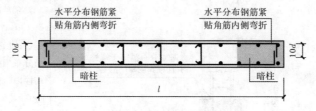

图 5-21　水平分布筋边缘暗柱计算简图

墙两端为一字形(L 形)暗柱时,水平分布钢筋长度的计算公式为

$$墙水平分布筋长度 = l-(2c+d_{21}+d_{22})-(d_{11}+d_{12})+2\times10d$$

式中　c——墙保护层厚度;

　　　d_{21}——一侧暗柱箍筋直径;

　　　d_{22}——另一侧暗柱箍筋直径;

　　　d_{11}——一侧暗柱外侧钢筋直径;

　　　d_{12}——另一侧暗柱外侧钢筋直径;

　　　d——水平分布钢筋直径。

注:如果墙长大于钢筋定尺长度,需要加上钢筋的搭接长度。

(3)剪力墙水平钢筋在翼墙中的计算

翼墙柱两侧的水平分布筋伸至翼墙暗柱外侧纵筋内侧弯折,弯折后直段长度为 $15d$,如图 5-22 所示。

墙两端均为 T 字形暗柱时,如图 5-23 所示,b_w 墙水平分布钢筋长度的计算公式如下:

①当水平分布筋直径 $d_f\leqslant$ 箍筋直径时

$$墙水平筋长度 = l-(2c+d_{21}+d_{22})-(d_{11}+d_{12})+2\times15d_w$$

②当水平分布筋直径 $d_f>$ 箍筋直径时

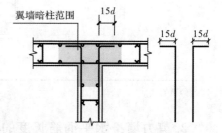

图 5-22　水平分布筋翼墙锚固构造

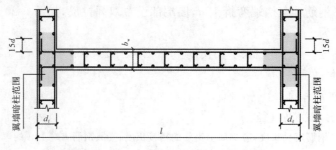

图 5-23　水平分布筋翼墙计算简图

$$墙水平筋长度 = l - 2 \times (c + d_f) - (d_{11} + d_{12}) + 2 \times 15 d_w$$

式中　c——墙保护层厚度；

　　　d_w——b_w 墙厚水平分布钢筋直径；

　　　d_f——b_f 墙厚水平分布钢筋直径；

　　　d_{21}——一侧暗柱箍筋直径；

　　　d_{22}——另一侧暗柱箍筋直径；

　　　d_{11}——一侧暗柱外侧钢筋直径；

　　　d_{12}——另一侧暗柱外侧钢筋直径。

（4）剪力墙水平钢筋在转角墙中的计算

如图 5-24 所示，剪力墙水平分布筋（As1≤As2）在转角墙柱中的构造要点如下：

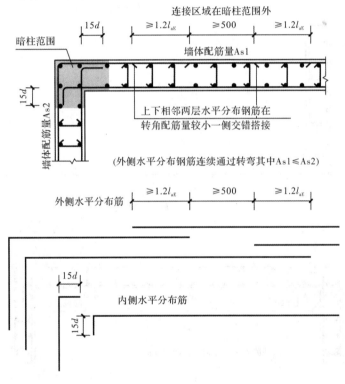

图 5-24　水平分布筋转角墙锚固构造（As1≤As2）

①剪力墙内侧的水平分布筋伸至暗柱外侧纵筋内侧弯折，弯折后直段长度为 $15d$；

②剪力墙外侧水平分布筋从转角墙暗柱纵筋的外侧绕道另一侧，与另一侧的水平分布筋搭接≥$1.2 l_{aE}$，上、下相邻两排水平筋交错搭接，错开长度≥500 mm。

如图 5-25 所示的 L 形暗柱，当 Δ＝0 时水平分布钢筋长度的计算公式为

内侧水平筋长度 ＝ $l_1 - 2c - \max(d_f, d_{21}) - d_{22} - d_{12} + 2 \times 10d$

内侧水平筋长度 ＝ $l_2 - 2c - \max(d_f, d_{21}) - d_{22} - d_{12} + 2 \times 10d$

纵向外侧（l_2）水平筋长度（短筋）＝ $l_2 - 2c - d_{22} - d_{12} + (b - c) + 1.2 l_{aE} + 10 d_f + \Delta$

纵向外侧（l_2）水平筋长度（长筋）＝ $l_2 - 2c - d_{22} - d_{12} + (b - c) + 2.4 l_{aE} + 500 + 10 d_f + \Delta$

横向外侧（l_1）水平筋长度（短筋）＝ $l_1 - c - d_{22} - d_{12} - b - 1.2 l_{aE} - 500 + 10 d_w - \Delta$

横向外侧（l_1）水平筋长度（长筋）＝ $l_1 - c - d_{22} - d_{12} - b + 10 d_w - \Delta$

如图 5-26 所示的转角墙，纵、横墙外侧水平分布钢筋的直径相等，水平分布钢筋长度的计

221

算公式为

$$外侧水平筋长度 = l - 2c + 2 \times 0.8 l_{aE}$$

$$内侧水平筋长度 = l - 2c - \max(d, d_{21}) - \max(d, d_{22}) - (d_{11} + d_{12}) + 2 \times 15d$$

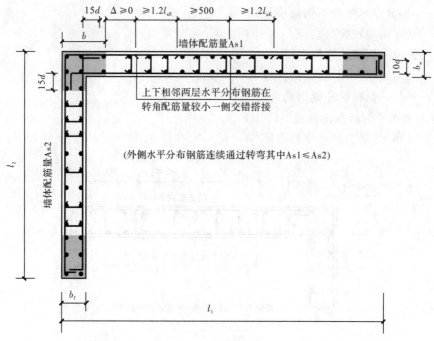

图 5-25　水平分布筋转角墙计算简图

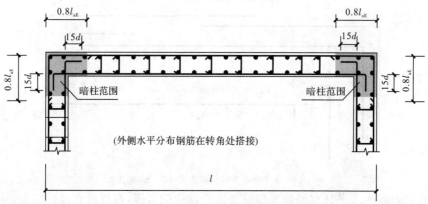

图 5-26　水平分布筋转角墙计算简图

(5)剪力墙水平钢筋在端柱中的计算

①弯锚

位于端柱纵向钢筋内侧的墙水平分布钢筋伸入端柱内的长度 $< l_{aE}$ 时，剪力墙水平分布钢筋应伸至墙柱对边紧贴角筋弯折，弯折后直段长度为 $15d$，如图 5-27 所示。

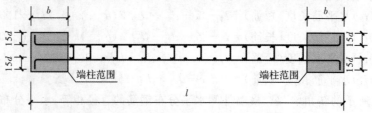

　图 5-27　水平分布钢筋端柱计算简图(弯锚)

剪力墙水平钢筋伸至对边＜l_{aE}时的水平钢筋计算公式为

墙水平筋长度＝$l-2c-(d_{21}+d_{22})-(d_{11}+d_{12})+2\times 15d$

②直锚

位于端柱纵向钢筋内侧的墙水平分布钢筋伸入端柱内的长度≥l_{aE}时,可直锚,但必须伸至端柱对边竖向钢筋内侧位置,即 $\Delta=b-c-d_{21}(d_{22})-d_{11}(d_{12})≥l_{aE}$,如图 5-28 所示。

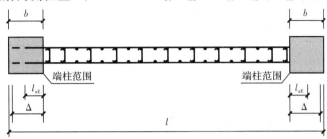

图 5-28　水平分布钢筋端柱计算简图(直锚)

剪力墙水平钢筋伸至对边 $\Delta≥l_{aE}$ 时的水平钢筋计算公式为

$$墙水平筋长度＝(l-2b)+2\Delta＝l_0+2\Delta$$

式中　l_0——墙净长。

如图 5-29 所示的剪力墙,当剪力墙墙边与端柱边重合时,不论伸入墙柱的长度是否≥l_{aE},与端柱边重合一侧水平分布钢筋应伸至端柱对边紧贴角筋弯折 15d,且锚入端柱水平长度≥$0.6l_{abE}$。

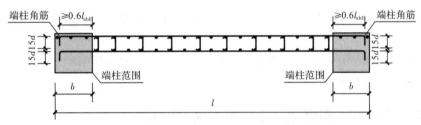

图 5-29　水平分布钢筋端柱计算简图

水平分布钢筋长度的计算公式为

与端柱边重合一侧水平筋长度＝$l-2\times c-(d_{21}+d_{22})-(d_{11}+d_{12})d_1+2\times 15d$

与端柱边不重合一侧水平筋长度同图 5-27 弯锚和图 5-28 直锚的计算。

3. 剪力墙身水平钢筋根数构造

剪力墙身水平钢筋根数构造,见表 5-7。

表 5-7　　　　　　　　　　　　剪力墙身水平钢筋根数构造

构造类型	图示	钢筋构造
基础层	基础顶面 间距≤500,且不少于两道	(1)墙身水平筋基础内根数:间距≤500 mm,且不少于两道; (2)基础顶面起步距离 50 mm; (3)当边墙外侧插筋保护层厚度≤5d 时,应设置锚固区横向钢筋

构造类型	图示	钢筋构造
中间层	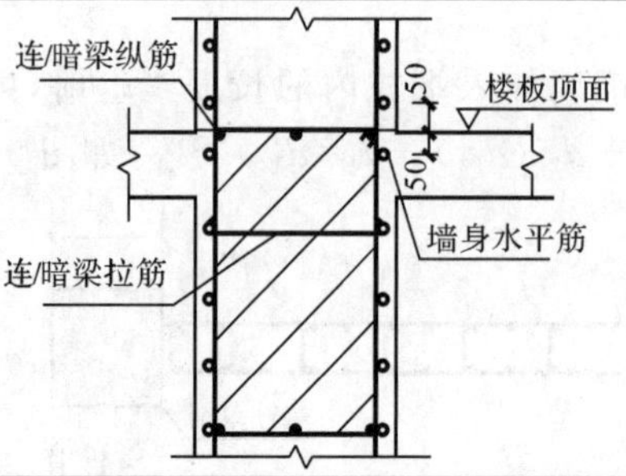	(1)墙身水平筋在连梁、暗梁箍筋外侧连续布置; (2)墙身水平筋在楼面位置起步距离为50 mm
顶层	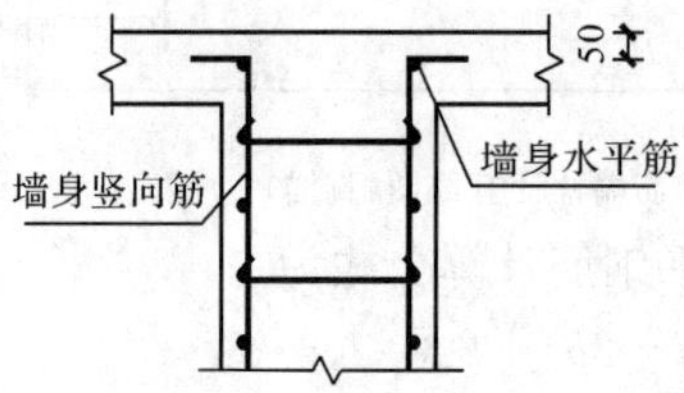	(1)墙身水平筋在楼板、屋面板连续布置; (2)墙身水平筋在屋面位置起步距离为50 mm

4.剪力墙身水平钢筋根数的计算

水平分布钢筋根数的计算公式为

基础层水平分布筋单侧根数＝$\max\{2,(h_\text{j}-$基础保护层厚度－底板钢筋网高度－$100)/500+1\}$

中间层及顶层水平分布筋单侧根数＝(层高－100)/水平分布筋间距＋1

水平分布筋总根数＝单侧根数×排数

5.剪力墙身竖向分布钢筋在基础中的锚固构造

墙身竖向分布筋在基础中的锚固分为两类,其中锚固构造图 5-30(a)和图 5-30(b)为第一类,称为墙身竖向分布筋在基础直接锚固;锚固构造图 5-30(c)为第二类,称为墙外侧竖向分布筋与底板纵筋搭接。

(1)墙身竖向分布筋在基础直接锚固

锚固构造图 5-30(a)和锚固构造图 5-30(b)及其断面图一般按两种情况进行划分:一种是按墙身竖向分布筋保护层厚度＞$5d$ 或墙身竖向分布筋保护层厚度≤$5d$ 来划分;另一种是按墙身竖向分布钢筋伸入基础内的长度≥l_aE 或＜l_aE 来划分。

①墙身竖向分布筋在基础中锚固构造[图 5-30(a)]

基础高度满足直锚(1-1),墙身竖向分布筋"隔二下一"伸至基础板底部,支承在底板钢筋网片上,也可支承在筏形基础的中间层钢筋网片上,弯折 $6d$ 且≥150 mm;而且,墙身竖向分布筋在基础内设置间距≤500 mm 且不少于两道水平分布钢筋与拉筋。

基础高度不满足直锚(1a-1a),墙身竖向分布筋伸至基础板底部,支承在底板钢筋网片上,锚固垂直段≥$0.6l_\text{abE}$ 且≥$20d$,弯折 $15d$;而且,墙身竖向分布筋在基础内设置间距≤500 mm 且不少于两道水平分布钢筋与拉筋。

②墙身竖向分布筋在基础中锚固构造[图 5-30(b)]

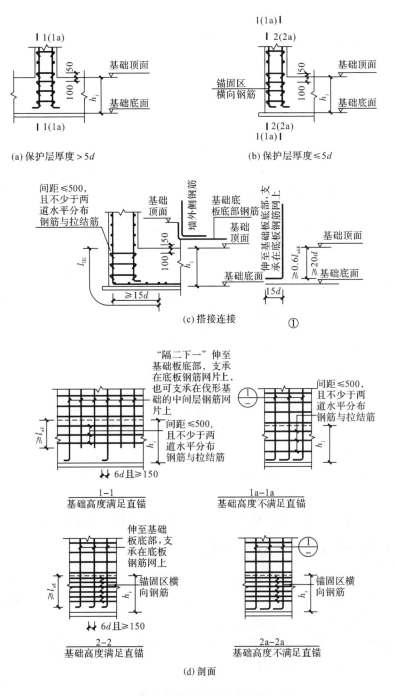

图 5-30　剪力墙身竖向分布筋在基础中的锚固

墙身内侧竖向分布筋构造见 1-1 和 1a-1a 剖面(同上)。

基础高度满足直锚(2-2),墙身竖向分布筋伸至基础板底部,支承在底板钢筋网片上,弯折 $6d$ 且 $\geqslant 150$ mm;而且,墙身竖向分布筋在基础内设置锚固区横向钢筋。

基础高度不满足直锚(2a-2a),墙身竖向分布筋伸至基础板底部,支承在底板钢筋网片上,锚固垂直段 $\geqslant 0.6 l_{abE}$ 且 $\geqslant 20d$,弯折 $15d$;而且,墙身竖向分布筋在基础内设置锚固区横向钢筋。

锚固区横向钢筋应满足直径 $\geqslant d/4$(d 为竖向分布筋最大直径),间距 $\leqslant 10d$(d 为竖向分布筋最小直径)且≤100 mm 的要求。

（2）墙身外侧竖向分布筋与底板纵筋搭接

墙身竖向分布筋在基础中锚固构造[图 5-29（c）]：

基础底板下部钢筋弯折段应伸至基础顶面标高处，墙外侧竖向分布筋伸至基础板底部后弯锚，与底板下部纵筋搭接 l_{IE}，且弯折水平段长度≥15d；而且，墙竖向分布筋在基础内设置间距≤500 mm 且不少于两道水平分布筋与拉筋。

墙内侧的竖向分布筋构造同上。当选用本构造[图 5-29（c）]时，设计人员应在图纸中注明。

三种剪力墙身竖向分布筋锚固构造可以通过对比分析来学习和记忆，见表 5-8。

表 5-8　　　　　　　　　　　　三种剪力墙身竖向分布筋锚固构造

锚固构造	构造（a）		构造（b）[内侧同构造（a）]		构造（c）
c 与 $5d$ 比较	$c > 5d$		$c \leqslant 5d$		墙外侧竖向分布筋与底板下部纵筋搭接 l_{IE}，且外侧竖向分布筋伸至基础板底钢筋后弯折≥15d
钢筋伸入基础内的竖向长度与 l_{aE} 比较	钢筋伸入基础内的竖向长度≥l_{aE}	钢筋伸入基础内的竖向长度<l_{aE}	钢筋伸入基础内的竖向长度≥l_{aE}	钢筋伸入基础内的竖向长度<l_{aE}	
竖向长度	$h_j - c - d_x - d_y$ 注意"隔二下一"构造	$h_j - c - d_x - d_y$ ≥$0.6l_{abE}$ 且 ≥20d	$h_j - c - d_x - d_y$	$h_j - c - d_x - d_y$ ≥$0.6l_{abE}$ 且 ≥20d	
弯折长度	6d 且≥150 mm	15d	6d 且≥150 mm	15d	
锚固区横向钢筋	间距≤500 mm 且不少于两道水平分布钢筋与拉筋		直径≥d/4（d 为竖向分布筋最大直径），间距≤10d（d 为竖向分布筋最小直径）且≤100 mm		间距≤500 mm 且不少于两道水平分布钢筋与拉筋

从表 5-8 中可得

剪力墙身基础中锚固（纵筋）长度＝竖向长度＋弯折长度

6. 剪力墙身竖向分布筋构造与计算

（1）剪力墙身竖向分布钢筋连接构造

剪力墙身竖向分布钢筋的构造包括墙身竖向分布钢筋连接构造、墙身变截面处竖向分布钢筋连接构造、墙身顶部竖向分布钢筋构造。

剪力墙身竖向分布钢筋通长采用绑扎搭接、机械连接和焊接三种连接方式。剪力墙竖向分布钢筋构造要求应符合表 5-9 中的规定。

表 5-9　　　　　　　　　　　　剪力墙身竖向分布钢筋连接构造

类型	图示		构造要求
绑扎搭接	$\geqslant 1.2l_{aE}$ $\geqslant 500$ $\geqslant 1.2l_{aE}$	一、二级抗震等级剪力墙底部加强部位竖向分布钢筋搭接构造 楼板顶面 基础顶面	一、二级抗震等级剪力墙底部加强部位竖向分布钢筋搭接构造：伸出基础（楼板）顶面的搭接长度≥$1.2l_{aE}$，交错搭接，相邻搭接点错开距离为 500 mm

类型	图示	构造要求
绑扎搭接（接头不错开）	一、二级抗震等级剪力墙非底部加强部位或三、四级抗震等级剪力墙竖向分布钢筋可在同一部位搭接 楼板顶面 基础顶面 $\geqslant 1.2l_{aE}$	一、二级抗震等级剪力墙非底部加强部位或三、四级抗震等级剪力墙竖向分布钢筋可在同一部位搭接,伸出基础(楼板)顶面的搭接长度$\geqslant 1.2l_{aE}$
机械连接	相邻钢筋交错机械连接 各级抗震等级剪力墙竖向分布钢筋机械连接构造 楼板顶面 基础顶面 $\geqslant 500$ $35d$	各级抗震等级剪力墙竖向分布钢筋机械连接构造:第一个连接点距基础(楼板)顶面$\geqslant 500$ mm,相邻钢筋交错机械连接,错开距离$\geqslant 35d$
焊接	相邻钢筋交错焊接 各级抗震等级剪力墙竖向分布钢筋焊接构造 楼板顶面 基础顶面 $\geqslant 500$ $35d$ $\geqslant 500$	各级抗震等级剪力墙竖向分布钢筋焊接构造:第一个连接点距基础(楼板)顶面$\geqslant 500$ mm,相邻钢筋交错焊接,错开距离$\geqslant 35d$且$\geqslant 500$ mm

（2）剪力墙身竖向分布钢筋的计算

各级抗震等级剪力墙竖向分布钢筋连接计算简图如图 5-31 所示。

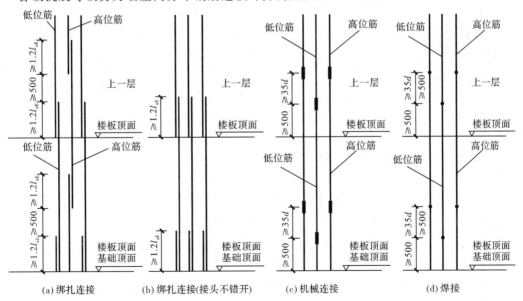

(a) 绑扎连接　(b) 绑扎连接(接头不错开)　(c) 机械连接　(d) 焊接

图 5-31　剪力墙竖向分布钢筋连接计算简图

1)基础插筋长度的计算

①绑扎连接

当伸入基础内的竖向长度$\geqslant l_{aE}$时,由图 5-30(a)和图 5-30(b)可得计算公式为

基础插筋长度(低位筋)＝h_j－保护层厚度－底层钢筋直径＋弯折长度 $\max(6d,150)$＋搭接长度 $1.2l_{aE}$

基础插筋长度(高位筋)＝h_j－保护层厚度－底层钢筋直径＋弯折长度 $\max(6d,150)$＋接头错开长度 500＋搭接长度 $2.4l_{aE}$

当伸入基础内的竖向长度$< l_{aE}$时,由图 5-30(a)和图 5-30(b)可得计算公式为

基础插筋长度(低位筋)＝h_j－保护层厚度－底层钢筋直径＋弯折长度 $15d$＋搭接长度 $1.2l_{aE}$

基础插筋长度(高位筋)＝h_j－保护层厚度－底层钢筋直径＋弯折长度 $15d$＋接头错开长度 500＋搭接长度 $2.4l_{aE}$

②机械连接

当伸入基础内的竖向长度$\geqslant l_{aE}$时,由图 5-30(c)可得计算公式为

基础插筋长度(低位筋)＝h_j－保护层厚度－底层钢筋直径＋弯折长度 $\max(6d,150)$＋500

基础插筋长度(高位筋)＝h_j－保护层厚度－底层钢筋直径＋弯折长度 $\max(6d,150)$＋500＋接头错开长度 $35d$

当伸入基础内的竖向长度$< l_{aE}$时,由图 5-30(c)可得计算公式为

基础插筋长度(低位筋)＝h_j－保护层厚度－底层钢筋直径＋弯折长度 $15d$＋500

基础插筋长度(高位筋)＝h_j－保护层厚度－底层钢筋直径＋弯折长度 $15d$＋500＋接头错开长度 $35d$

③焊接

当伸入基础内的竖向长度$\geqslant l_{aE}$时,由图 5-30(d)可得计算公式为

基础插筋长度(低位筋)＝h_j－保护层厚度－底层钢筋直径＋弯折长度 $\max(6d,150)$＋500

基础插筋长度(高位筋)＝h_j－保护层厚度－底层钢筋直径＋弯折长度 $\max(6d,150)$＋500＋接头错开长度 $\max(35d,500)$

当伸入基础内的竖向长度$< l_{aE}$时,由图 5-30(d)可得计算公式为

基础插筋长度(低位筋)＝h_j－保护层厚度－底层钢筋直径＋弯折长度 $15d$＋500

基础插筋长度(高位筋)＝h_j－保护层厚度－底层钢筋直径＋弯折长度 $15d$＋500＋接头错开长度 $\max(35d,500)$

2)中间竖向分布钢筋长度的计算

①绑扎连接

接头错开时,由图 5-30(a)可得计算公式为

墙身竖向分布钢筋(低位筋)长度＝层高＋上层 $1.2l_{aE}$

墙身竖向分布钢筋(高位筋)长度＝层高－本层 $1.2l_{aE}$＋上层 $2.4l_{aE}$

接头不错开时,由图 5-30(b)可得计算公式为

墙身所有竖向分布钢筋长度＝层高＋上层 $1.2l_{aE}$

②机械连接

机械连接时,由图 5-30(c)可得计算公式为

墙身竖向分布钢筋(低位筋)长度＝层高－本层连接点距离($\geqslant 500$)＋上层连接点距离($\geqslant$

500)

墙身竖向分布钢筋(高位筋)长度＝层高－本层连接点距离(≥500)＋上层连接点距离(≥500)－本层接头错开长度(≥35d)＋上层接头错开长度(≥35d)

③焊接

焊接连接时,由图5-30(d)可得计算公式为

墙身竖向分布钢筋(低位筋)长度＝层高－本层连接点距离(≥500)＋上层连接点距离(≥500)

墙身竖向分布钢筋(高位筋)长度＝层高－本层连接点距离(≥500)＋上层连接点距离(≥500)－本层接头错开长度 max(≥35d,≥500)＋上层接头错开长度 max(≥35d,≥500)

(3)剪力墙身竖向分布钢筋顶部构造

剪力墙身竖向分布钢筋顶部构造,见表5-10。

表 5-10　　　　　　　　　　　剪力墙身竖向分布钢筋顶部构造

类型	图示	构造要求
屋面板或楼板		(1)剪力墙竖向钢筋弯锚入屋面板或楼板内,从板底开始伸入屋面板顶部后弯折12d,当考虑屋面板上部钢筋与剪力墙外侧竖向钢筋搭接传力时弯折15d。 (2)锚固长度＝板厚－保护层厚度＋12d(15d)
边框梁		(1)梁高－保护层厚度≥l_{aE}时,直锚锚固长度＝l_{aE}。 (2)梁高－保护层厚度＜l_{aE}时,弯锚锚固长度＝梁高－保护层厚度＋12d

(4)剪力墙身顶部竖向分布钢筋的计算

各级抗震等级剪力墙顶层竖向分布钢筋连接计算简图如图5-32所示。

1)绑扎连接

①接头错开时,由图5-32(a)可得计算公式为

墙身竖向分布钢筋(低位筋)长度＝层高－顶层板厚(梁高)＋锚固长度

墙身竖向分布钢筋(高位筋)长度＝层高－搭接长度(≥$1.2l_{aE}$)－顶层连接点距离(≥500)－顶层板厚(梁高)＋锚固长度

②接头不错开时,由图5-32(b)可得计算公式为

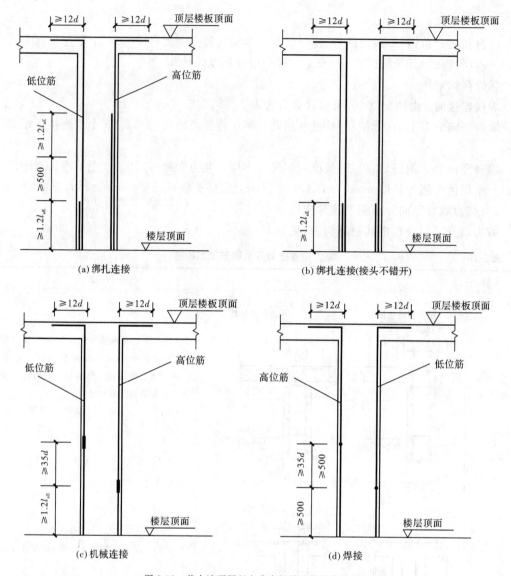

图 5-32　剪力墙顶层竖向分布钢筋连接计算简图

墙身所有竖向分布钢筋长度＝层高－顶层板厚(梁高)＋锚固长度

2)机械连接

机械连接时,由图 5-32(c)可得计算公式为

墙身竖向分布钢筋(低位筋)长度＝层高－顶层连接点距离(≥500)－顶层板厚(梁高)＋锚固长度

墙身竖向分布钢筋(高位筋)长度＝层高－顶层连接点距离(≥500)－顶层接头错开长度(≥35d)－顶层板厚(梁高)＋锚固长度

3)焊接

焊接连接时,由图 5-32(d)可得计算公式为

墙身竖向分布钢筋(低位筋)长度＝层高－顶层连接点距离(≥500)－顶层板厚(梁高)＋锚固长度

墙身竖向分布钢筋(高位筋)长度＝层高－顶层连接点距离(≥500)－顶层接头错开长度

$\max(\geqslant 35d, \geqslant 500) -$ 顶层板厚(梁高)$+$锚固长度

注:锚固长度见表 5-10。

(5)剪力墙变截面处竖向分布钢筋构造

剪力墙变截面处竖向分布钢筋构造,见表 5-11。

表 5-11 剪力墙变截面处竖向分布钢筋构造

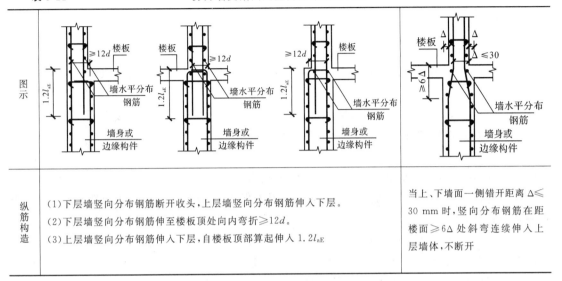

图示	
纵筋构造	(1)下层墙竖向分布钢筋断开收头,上层墙竖向分布钢筋伸入下层。 (2)下层墙竖向分布钢筋伸至楼板顶处向内弯折$\geqslant 12d$。 (3)上层墙竖向分布钢筋伸入下层,自楼板顶部算起伸入 $1.2l_{aE}$	当上、下墙面一侧错开距离 $\Delta \leqslant$ 30 mm 时,竖向分布钢筋在距楼面$\geqslant 6\Delta$ 处斜弯连续伸入上层墙体,不断开

(6)剪力墙变截面处非直通竖向分布钢筋的计算

各级抗震等级剪力墙身变截面处竖向分布钢筋连接计算简图如图 5-33 所示。

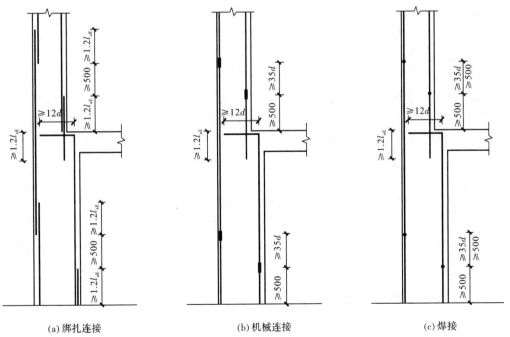

(a) 绑扎连接　　　　　　(b) 机械连接　　　　　　(c) 焊接

图 5-33 剪力墙身变截面处竖向分布钢筋连接计算简图

1)下层竖向分布钢筋弯锚计算

①绑扎连接

由图 5-33(a)可得下层竖向分布钢筋计算公式为

墙身竖向分布钢筋(低位筋)长度＝层高－板顶保护层厚度＋板顶弯折长度

墙身竖向分布钢筋(高位筋)长度＝层高－板顶保护层厚度－下层搭接长度($\geqslant 1.2l_{aE}$)－下层连接点距离($\geqslant 500$)＋板顶弯折长度

②机械连接

由图 5-33(b)可得下层竖向分布钢筋计算公式为

墙身竖向分布钢筋(低位筋)长度＝层高－板顶保护层厚度－下层连接点距离($\geqslant 500$)＋板顶弯折长度

墙身竖向分布钢筋(高位筋)长度＝层高－板顶保护层厚度－下层连接点距离($\geqslant 500$)－下层接头错开长度($\geqslant 35d$)＋板顶弯折长度

③焊接

由图 5-33(c)可得下层竖向分布钢筋计算公式为

墙身竖向分布钢筋(低位筋)长度＝层高－板顶保护层厚度－下层连接点距离($\geqslant 500$)＋板顶弯折长度

墙身竖向分布钢筋(高位筋)长度＝层高－板顶保护层厚度－下层连接点距离($\geqslant 500$)－下层接头错开长度 $\max(\geqslant 35d, \geqslant 500)$＋板顶弯折长度

2)上层竖向分布钢筋反插,插筋长度计算

①绑扎连接

由图 5-33(a)可得上层竖向分布钢筋计算公式为

插筋(低位筋)长度＝锚固长度($\geqslant 1.2l_{aE}$)＋搭接长度($\geqslant 1.2l_{aE}$)

插筋(高位筋)长度＝锚固长度($\geqslant 1.2l_{aE}$)＋搭接长度($\geqslant 1.2l_{aE}$)＋上层连接点距离($\geqslant 500$)＋搭接长度($\geqslant 1.2l_{aE}$)

②机械连接

由图 5-33(b)可得上层竖向分布钢筋计算公式为

插筋(低位筋)长度＝锚固长度($\geqslant 1.2l_{aE}$)＋上层连接点距离($\geqslant 500$)

插筋(高位筋)长度＝锚固长度($\geqslant 1.2l_{aE}$)＋上层连接点距离($\geqslant 500$)＋上层接头错开长度($\geqslant 35d$)

③焊接

由图 5-33(c)可得上层竖向分布钢筋计算公式为

插筋(低位筋)长度＝锚固长度($\geqslant 1.2l_{aE}$)＋上层连接点距离($\geqslant 500$)

插筋(高位筋)长度＝锚固长度($\geqslant 1.2l_{aE}$)＋上层连接点距离($\geqslant 500$)＋上层接头错开长度 $\max(\geqslant 35d, \geqslant 500)$

7.剪力墙身拉筋构造与计算

(1)剪力墙身拉筋构造

剪力墙身的拉筋应设置在水平分布筋和竖向分布筋的交叉点处,并同时钩住水平分布筋与竖向分布筋,把外侧钢筋网和内侧钢筋网连接起来。如果剪力墙身设置三排或更多排的钢筋网,拉筋还要把中间排的钢筋网固定起来。

墙身拉筋根数构造,见表 5-12。

表 5-12　　　　　　　　　　　墙身拉筋根数构造

图示

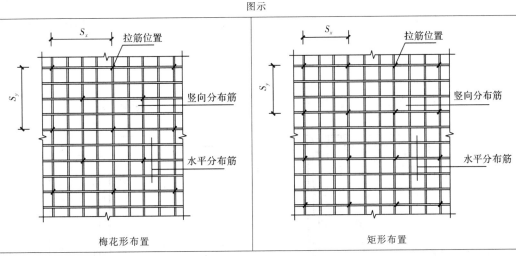

梅花形布置　　　　　　　　　　矩形布置

墙身拉筋根数构造和拉筋布置

(1)墙身拉筋有梅花形和矩形布置两种构造,如设计未明确注明,一般采用梅花形布置。

(2)S_x 为拉筋水平间距,S_y 为拉筋竖向间距。

(3)墙身拉筋布置。

①在层高范围:从楼面往上第二排墙身水平筋,至顶板往下第一排墙身水平筋。

②在墙身宽度范围:从端部的墙柱边第一排墙身竖向钢筋开始布置。

③连梁、暗梁和边框梁范围内的墙身水平筋,也要布置拉筋。

(4)一般情况下,墙拉筋间距是墙水平筋或竖向筋间距的 2 倍

（2）拉筋长度计算

剪力墙的保护层是对于剪力墙身水平分布筋而言的。这样,剪力墙的厚度减去保护层厚度就到了水平分布筋的外侧,而拉筋钩在水平分布筋之外。

根据上述分析,拉筋直段长度的计算公式为

$$拉筋直段长度 = b_w - 2c + 2d$$

式中　b_w——墙厚;

　　　c——保护层厚度;

　　　d——拉筋直径。

知道了拉筋的直段长度,再加上拉筋弯钩长度,就得到拉筋的每根长度。由表 1-7 可知,当拉筋直径 $d < 8$ mm 时,两个弯钩增加长度为$(150 + 7.13d)$,当拉筋直径 $d \geqslant 8$ mm 时,两个弯钩增加长度为 $27.13d$。

拉筋每根长度的计算公式如下:

①当拉筋直径 $d < 8$ mm 时,有

$$拉筋每根长度 = b_w - 2c + 2d + (150 + 7.13d) = b_w - 2c + 9.13d + 150$$

②当拉筋直径 $d \geqslant 8$ mm 时,有

$$拉筋每根长度 = b_w - 2c + 2d + 27.13d = b_w - 2c + 29.13d$$

③拉筋根数的计算公式为

$$拉筋根数 = 墙净面积/拉筋的布置面积$$

墙净面积要扣除暗柱、端柱及洞口的面积;拉筋布置面积是指拉筋水平间距 S_x×竖向间距 S_y。

【**例 5-9**】 某剪力墙结构建筑物,二级抗震等级,混凝土强度等级为 C30,一类环境,基础底板钢筋网为Φ14,基础保护层厚度为 40 mm,钢筋直径≤14 mm 时采用绑扎连接,钢筋直径＞14 mm 时采用焊接,试计算 A、D、7 轴墙身 Q1 的钢筋量。

(1)各层剪力墙平面图

各层剪力墙平面图如图 5-34 所示。

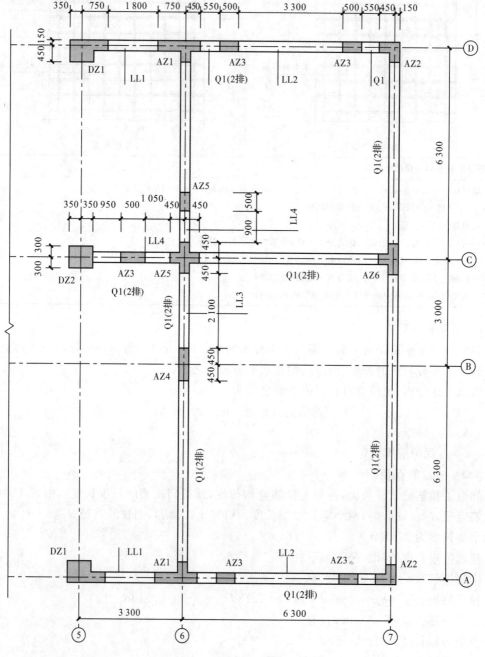

图 5-34　各层剪力墙平面图

（2）层高标高表、各层暗梁平面布置图、墙基础

层高标高表、各层暗梁平面布置图和墙基础，如图 5-35 所示。

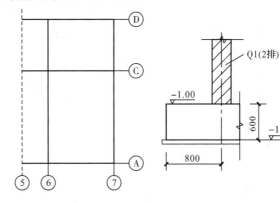

层面	10.750		
3	7.150	3.600	120
2	3.550	3.600	120
1	−0.050	3.600	120
层号	底标高/mm	层高/m	板厚/mm

(a) 层高标高表   (b) 各层暗梁平面布置图   (c) 墙基础

图 5-35 层高标高表、各层暗梁平面布置图和墙基础

（3）剪力墙身表

剪力墙身表见表 5-13。

表 5-13　　　　　　　　　　　　　　　　剪力墙身表

编号	标高/m	墙厚/mm	水平分布筋	竖向分布筋	拉筋
Q1	−1.000～10.750	300	$\phi 12@200$	$\phi 12@200$	$\phi 6@400×400$

（4）剪力墙柱表

剪力墙柱表见表 5-14。

表 5-14　　　　　　　　　　　　　　　　剪力墙柱表

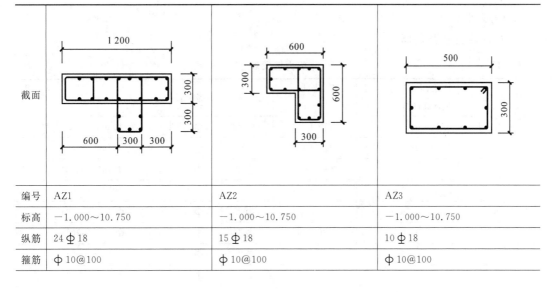

截面			
编号	AZ1	AZ2	AZ3
标高	−1.000～10.750	−1.000～10.750	−1.000～10.750
纵筋	24ϕ18	15ϕ18	10ϕ18
箍筋	ϕ10@100	ϕ10@100	ϕ10@100

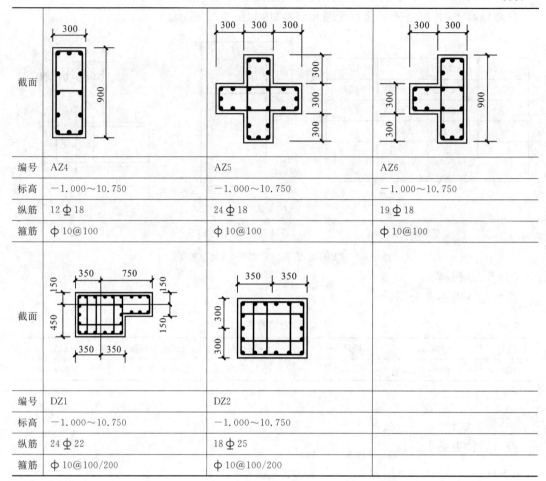

编号	AZ4	AZ5	AZ6
标高	$-1.000\sim10.750$	$-1.000\sim10.750$	$-1.000\sim10.750$
纵筋	12Φ18	24Φ18	19Φ18
箍筋	Φ10@100	Φ10@100	Φ10@100

编号	DZ1	DZ2	
标高	$-1.000\sim10.750$	$-1.000\sim10.750$	
纵筋	24Φ22	18Φ25	
箍筋	Φ10@100/200	Φ10@100/200	

(5)剪力墙梁表

剪力墙梁表见表 5-15。

表 5-15 剪力墙梁表

编号	层号	墙梁顶相当于本层顶标高的高差/m	梁截面 b/mm× h/mm	上部纵筋	下部纵筋	箍筋
LL1	1	0.900	300×1 600	4Φ22	4Φ22	Φ0@100(2)
	2	0.900	300×1 600	4Φ22	4Φ22	Φ10@100(2)
	3	0.000	300×700	4Φ22	4Φ22	Φ10@100(2)
LL2	1	0.900	300×1 600	4Φ22	4Φ22	Φ10@100(2)
	2	0.900	300×1 600	4Φ22	4Φ22	Φ10@100(2)
	3	0.000	300×700	4Φ22	4Φ22	Φ10@100(2)
LL3	1	0.000	300×900	4Φ22	4Φ22	Φ10@100(2)
	2	0.000	300×900	4Φ22	4Φ22	Φ10@100(2)
	3	0.000	300×900	4Φ22	4Φ22	Φ10@100(2)

续表

编号	层号	墙梁顶相当于本层顶标高的高差/m	梁截面 $b/mm \times h/mm$	上部纵筋	下部纵筋	箍筋
LL4	1	0.000	300×1 200	4 Φ 22	4 Φ 22	Φ 10@100(2)
	2	0.000	300×1 200	4 Φ 22	4 Φ 22	Φ 10@100(2)
	3	0.000	300×1 200	4 Φ 22	4 Φ 22	Φ 10@100(2)
AL1	1	0.000	300×500	4 Φ 20	4 Φ 20	Φ 10@150(2)
	2	0.000	300×500	4 Φ 20	4 Φ 20	Φ 10@150(2)
	3	0.000	300×500	4 Φ 20	4 Φ 20	Φ 10@150(2)

解:(1)A、D、7 轴墙身 Q1 水平分布筋计算

因为 A、D、7 轴的墙身 Q1 形成一圈外墙,所以外侧钢筋贯通(转角处采用连续贯通的构造)。

①计算参数

墙身 Q1 水平分布筋计算参数见表 5-16。

表 5-16　　　　　　　　墙身 Q1 水平分布筋计算参数

参数	数值	出处
墙保护层厚度 c/mm	15	图集 16G101-1 第 56 页
l_{aE}	$l_{aE} = 35d$	图集 16G101-1 第 58 页
l_{lE}	$1.2l_{aE}$	图集 16G101-1 第 73 页
墙身水平分布筋起步距离/mm	基础顶面起步距离为 50	图集 16G101-3 第 64 页
	楼面起步距离为 50	图集 16G101-1 第 73 页

②图纸分析

剪力墙构件的钢筋计算较为复杂,因为它由墙身、墙柱、墙梁和洞口等组成,所以学生要求具有较强的空间理解力,将墙身在空间上与墙柱、墙梁的关系理清。

A、D 轴线墙身水平分布筋分析(A、D 轴钢筋相同),如图 5-36 所示。

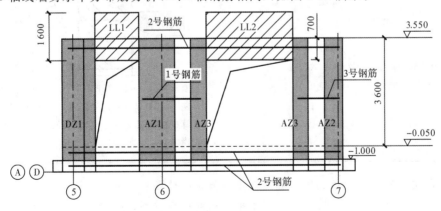

图 5-36　A、D 轴线墙身水平分布筋分析

7 轴线墙身水平分布筋分析,如图 5-37 所示。

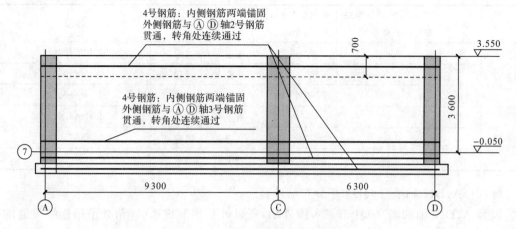

图 5-37　7 轴线墙身水平分布筋分析

③A、D 轴 1 号水平分布筋计算

A、D 轴 1 号水平分布筋计算过程,见表 5-17。

表 5-17　　　　　　　　　　　A、D 轴 1 号水平分布筋计算过程

钢筋	计算过程	说明
①号钢筋	墙身水平分布筋在暗柱内锚固长度: 伸至对边弯折 $10d$	图集 16G101-1 第 71 页
	1 号钢筋长度(内侧和外侧相同)$=l-(2c+d_{21}+d_{22})$ $-(d_{11}+d_{12})+2\times10d+2\times6.25d=(750+450+$ $550+500)-(2\times15+10+10)-(18+18)+2\times10\times$ $12+2\times6.25\times12=2\,554$ mm	钢筋计算示意图: AZ1　　　　AZ3 1号钢筋 ⑥
	钢筋简图 120　　2 164　　120	连/暗梁纵筋 50 50 墙身水平筋 连/暗梁拉筋
	1 号钢筋一侧根数$=(3\,600-700-50)/200=15$ 根 内、外层总根数$=15+15=30$ 根	墙身水平分布筋以层计算,楼面起步距离为 50 mm,本例中,连梁以下和连梁范围水平分布筋分开计算,计算根数时,连梁以下的 1 号钢筋未加 1,在计算连梁范围内的 2 号筋时加 1

④A、D 轴 3 号水平分布筋接 7 轴 4 号水平分布筋计算

A、D 轴 3 号水平分布筋接 7 轴 4 号水平分布筋计算过程,见表 5-18。

表 5-18　　　　　　　　　A、D 轴 3 号水平分布筋接 7 轴 4 号水平分布筋计算过程

钢筋	计算过程	说明
	墙身水平分布筋在暗柱内锚固长度： AZ3 伸至对边弯折 $10d$ AZ2 伸至对边弯折 $15d$	图集 16G101-1 第 71 页
3 号外侧水平分布筋接 4 号外侧水平分布筋	A、D 轴 3 号外侧水平分布筋接 4 号外侧水平分布筋的钢筋长度计算： 横向外侧 (l_1) 4 号水平分布筋长度 $= 8\,850 + 2 \times 6.25 \times 12 = 9\,000$ mm(4 号筋取定长尺寸,反算 3 号筋长度) 钢筋简图： 4 号钢筋根数 $=(3\,600 - 700 - 50)/200 = 15$ 根 纵向外侧 (l_2) 3 号水平分布筋长度(短筋) $= l_2 - 2c - d_{21} - d_{11} + (b - c) + 1.2l_{aE} + 10d + 2 \times 6.25d + \Delta = (500 + 550 + 450 + 150) - 2 \times 15 - 10 - 18 + (600 - 15) + 1.2 \times 35 \times 12 + 10 \times 12 + 2 \times 6.25 \times 12 + 2\,438 = 5\,389$ mm 纵向外侧 (l_2) 3 号水平分布筋长度(长筋) $= l_2 - 2c - d_{21} - d_{11} + (b - c) + 2.4l_{aE} + 500 + 10d + 2 \times 6.25d + \Delta = (500 + 550 + 450 + 150) - 2 \times 15 - 10 - 18 + (600 - 15) + 2.4 \times 35 \times 12 + 500 + 10 \times 12 + 2 \times 6.25 \times 12 + 2\,438 = 6\,393$ mm 钢筋简图： A、D 轴 3 号钢筋根数： 短筋 $=(3\,600 - 700 - 50)/200 = 15$ 根 长筋 $=(3\,600 - 700 - 50)/200 = 15$ 根	钢筋计算示意图： d——水平分布筋直径； d_{21}——AZ3 柱箍筋直径； d_{11}——AZ3 柱纵筋直径
3 号内侧水平分布筋	A、D 轴 3 号内侧水平分布筋长度 $= l_2 - c - d_{21} - d_{11} + 10d - c - \max(d, d_{22}) - d_{12} + 15d + 2 \times 6.25d = (500 + 550 + 450 + 150) - 15 - 10 - 18 + 10 \times 12 - 15 - 12 - 18 + 15 \times 12 + 2 \times 6.25 \times 12 = 2\,012$ mm 钢筋简图： 3 号内侧钢筋根数 $=(3\,600 - 700 - 50)/200 = 15$ 根(A、D 轴各 15 根)	AZ3 伸至对边弯折 $10d$ AZ2 伸至对边弯折 $15d$ d_{12}——AZ2 柱纵筋直径； d_{22}——AZ2 柱箍筋直径

续表

钢筋	计算过程	说明
7轴内侧水平分布筋	7轴内侧水平分布筋长度＝$l_1-2c-2\times\max(d,d_{22})-2d_{12}+2\times15d+2\times6.25d=(2\times6\,300+3\,000+2\times150)-2\times15-2\times12-2\times18+2\times15\times12+2\times6.25\times12=16\,320$ mm 接头数量＝16 320/9 000－1＝1 个 7轴内侧水平分布筋总长度＝16 320＋1.2l_{aE}＋2×6.25d＝16 320＋1.2×35×12＋2×6.25×12＝16 974 mm	AZ2 伸至对边弯折 15d
	钢筋简图：⌐80 ___ 8 157 ___⌐（可交错接头）	
	7轴内侧钢筋接头一侧根数＝(3 600－700－50)/200＝15 根 总根数＝15×2＝30 根	

⑤A、D 轴 2 号外侧水平分布筋接 7 轴 4 号水平分布筋计算

A、D 轴 2 号外侧水平分布筋接 7 轴外侧水平分布筋计算过程，见表 5-19。

表 5-19　　　　A、D 轴 2 号外侧水平分布筋接 7 轴外侧水平分布筋计算过程

钢筋	计算过程	说明
A、D、7轴外侧水平分布筋	墙身水平分布筋在端柱内锚固长度： 墙身外皮与端柱外皮平齐，DZ1 外侧水平分布筋伸至对边弯折 15d	《16G101-1》第 72 页
	DZ1：700－15－10－22＝653 mm＞0.6l_{abE}＝0.6×35d＝0.6×35×12＝252 mm，满足要求	钢筋计算示意图： 外侧钢筋连续通过转角 墙身钢筋连接按定尺长度计算，不考虑钢筋的实际连接位置
	外侧水平分布筋长度＝2×(350＋3 300＋6 300＋150－2×15－10－22＋15×12)＋6 300×2＋3 000＋2×150－2×15＋2×6.25×12＝36 456 mm 搭接数量＝36 456/9 000－1＝4 个 搭接长度＝4×(1.2l_{aE}＋2×6.25d)＝4×(1.2×35×12 ＋2×6.25×12)＝2 616 mm 墙身外侧钢筋总长度＝36 456＋2 616＝39 072 mm	
	钢筋根数＝(700－50)/200＋1＝5 根	

⑥A、D 轴 2 号内侧水平分布筋、7 轴内侧水平分布筋长度计算

A、D 轴 2 号内侧水平分布筋、7 轴内侧水平分布筋长度计算过程，见表 5-20。

表 5-20 A、D 轴 2 号内侧水平分布筋、7 轴内侧水平分布筋计算过程

钢筋	计算过程	说明
	墙身内侧水平分布筋在端柱内锚固长度： 直锚：伸至对边；弯锚：伸至对边折 $15d$ 墙身内侧水平分布筋在转角处暗柱内锚固长度： 伸至对边弯折 $15d$	图集 16G101-1 第 71、72 页
A、D、7 轴外侧水平分布筋	DZ1：$1\ 100-15-10-22=1\ 053$ mm$>l_{aE}=35d=35\times12=420$ mm，因此采用直锚 锚固长度为伸至对边 A 轴内侧水平分布筋长度$=350+3\ 300+6\ 300+150-2\times15-10-22+15d-d-18+2\times6.25d=350+3\ 300+6\ 300+150-2\times15-10-22+15\times12-12-18+2\times6.25\times12=10\ 338$ mm 搭接数量$=10\ 338/9\ 000-1=1$ 个 搭接长度$=1.2l_{aE}+2\times6.25d=1.2\times35\times12+2\times6.25\times12=654$ mm 墙身内侧钢筋总长度$=10\ 338+654=10\ 992$ mm	钢筋计算示意图： 内侧钢筋暗柱锚固 端柱内锚固 墙身钢筋连接按定尺长度计算，不考虑钢筋的实际连接位置
	D 轴内侧钢筋总长度同 A 轴	
	7 轴内侧水平分布筋长度$=6\ 300\times2+3\ 000+2\times150-2\times15-2d-2\times18+2\times15d+2\times6.25\ d=6\ 300\times2+3\ 000+2\times150-2\times15-2\times12-2\times18+2\times15\times12+2\times6.25\times12=16\ 320$ mm 搭接数量$=16\ 320/9\ 000-1=1$ 个 搭接长度$=1.2l_{aE}+2\times6.25d=1.2\times35\times12+2\times6.25\times12=654$ mm 墙身外侧钢筋总长度$=16\ 320+654=16\ 974$ mm	
	钢筋根数$=(700-50)/200+1=5$ 根	

⑦A、D 轴墙身水平分布筋根数

前文，以一个楼层为例讲解了 A、D 轴墙身水平分布筋的计算，下面讲解从基础到屋顶的墙身水平分布筋布置，见表 5-21。7 轴墙身水平分布筋布置请自行整理。

表 5-21 A、D 轴墙身水平分布筋根数

位置	钢筋编号及根数	说明
位置5	1 号、3 号筋：$(3\ 600-1\ 600)/200=10$ 根	2、3 层门洞高度范围内水平分布筋根数
位置4	2 号筋：$(900-50)/200=5$ 根	2、3 层底部梁高度范围内水平分布筋根数
位置3	2 号筋：$700/200+1=5$ 根	各层顶部连梁高度范围内水平分布筋根数
位置2	1 号、3 号筋：$(3\ 600-700-50)/200=15$ 根	3 号筋外侧钢筋接 7 轴外侧钢筋
位置1	1 号、3 号筋：$(1\ 000-50-100)/200=5$ 根	基础顶面起步距离 1/2 水平分布筋间距
位置0	2 号筋：2 根	基础内布置 2 道水平分布筋

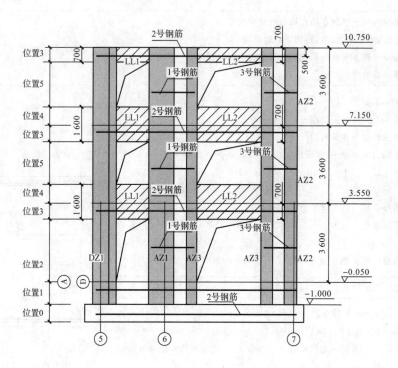

（2）A、D、7 轴墙身 Q1 竖向分布筋计算

（1）计算参数

墙身 Q1 水平分布筋计算参数见表 5-22。

表 5-22 墙身 Q1 水平分布筋计算参数

参数	数值	出处
墙保护层厚度 c/mm	15	图集 16G101-1 第 56 页
l_{aE}	$l_{aE} = 35d$	图集 16G101-1 第 58 页
l_{lE}	$1.2 l_{aE}$	图集 16G101-1 第 73 页
钢筋错开连接距离/mm	500	图集 16G101-1 第 73 页
墙身竖向分布筋起步距离	1 个竖向钢筋距离	—
基础底部保护层厚度/mm	40	图集 16G101-3 第 57 页

②A、D、7 轴墙身 Q1 竖向分布筋计算

A、D、7 轴墙身 Q1 竖向分布筋计算过程，见表 5-23。

表 5-23　　　　　　　　　　　　**A、D、7 轴墙身 Q1 竖向分布筋计算过程**

钢筋	计算过程	说明
A、D、7 轴竖向分布筋	钢筋伸入基础内的竖向长度 $=h_j-c-d_x-d_y=600-40-14-14=532\ \text{mm}>l_{aE}=35d=35\times12=420\ \text{mm}$ 底部弯折长度 $=\max(6d,150)=\max(6\times12,150)=150\ \text{mm}$	—
	基础插筋长度(低位筋)$=h_j-$保护层厚度$-$底层钢筋直径$+$弯折长度 $\max(6d,150)+$搭接长度 $1.2l_{aE}+2\times6.25d=600-40-14-14+150+1.2\times35\times12+2\times6.25\times12=1\ 336\ \text{mm}$	$1.2l_{aE}$ 为伸出基础的连接区。 墙身竖向水平分布筋为 HPB300 级,端部加 180° 弯钩
	基础插筋长度(高位筋)$=h_j-$保护层厚度$-$底层钢筋直径$+$弯折长度 $\max(6d,150)+$接头错开长度 $500+$搭接长度 $2.4l_{aE}+2\times6.25d=600-40-14-14+150+500+2.4\times35\times12+2\times6.25\times12=2\ 340\ \text{mm}$	"500"为错开连接的高度
	墙身竖向分布钢筋(低位筋)长度 $=$层高$+$上层 $1.2l_{aE}+2\times6.25d=3\ 600+1.2\times35\times12+2\times6.25\times12=4\ 254\ \text{mm}$	
	墙身竖向分布钢筋(高位筋)长度 $=$层高$-$本层 $1.2l_{aE}+$上层 $2.4l_{aE}+2\times6.25d=3\ 600-1.2\times35\times12+2.4\times35\times12+2\times6.25\times12=4\ 254\ \text{mm}$	
A、D、7 轴竖向分布筋	三层(顶层)墙身竖向分布钢筋(低位筋)长度 $=$层高$-$顶层板厚$+$锚固长度$+2\times6.25d=3\ 600-120+(120-15+12\times12)+2\times6.25\times12=3\ 879\ \text{mm}$	锚固长度 $=$板厚$-$保护层厚度$+12d$ 板厚 $=120\ \text{mm}$
	三层(顶层)墙身竖向分布钢筋(高位筋)长度 $=$层高$-$搭接长度($\geqslant1.2l_{aE}$)$-$顶层连接点距离($\geqslant500$)$-$顶层板厚(梁高)$+$锚固长度$+2\times6.25d=3\ 600-1.2\times35\times12-500-120+(120-15+12\times12)+2\times6.25\times12=2\ 875\ \text{mm}$	
首层门底竖向分布筋	竖向分布钢筋长度 $=600-40-14-14+150+(1000-50)-15+12d+2\times6.25d=600-40-14-14+150+(1\ 000-50)-15+12\times12+2\times6.25\times12=1\ 911\ \text{mm}$	—

③A、D、7 轴墙身 Q1 竖向分布筋根数

A、D、7 轴墙身 Q1 竖向分布筋根数计算过程,见表 5-24。

243

表 5-24　　　　　　　　　**A、D、7 轴墙身 Q1 竖向分布筋根数计算过程**

位置	示意图和计算
A、D 轴	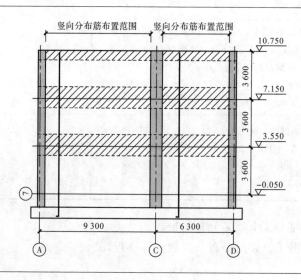

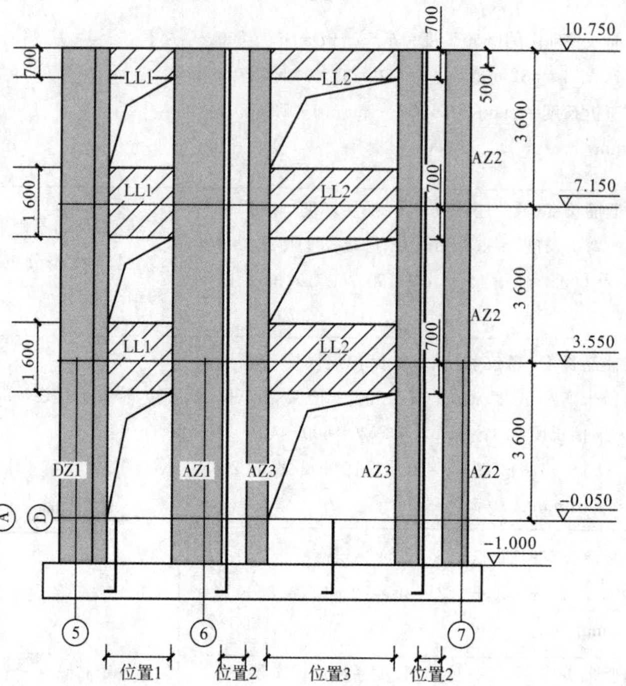

位置 1:竖向分布筋根数=(1 800−2×100)/200+1=9 根

位置 2:竖向分布筋根数=(550−2×100)/200+1=3 根

位置 3:竖向分布筋根数=(3 300−2×100)/200+1=17 根

本例中,墙竖向分布筋起步距离按 1/2 间距计算

7 轴	

A～C 轴竖向分布筋根数=(6 300+3 000−450−450−2×100)/200+1=42 根

C～D 轴竖向分布筋根数=(6 300−450−450−2×100)/200+1=27 根

本例中,墙竖向分布筋起步距离按 1/2 间距计算

（3）拉筋计算

A、D、7 轴墙身 Q1 拉筋计算，按矩形布置，见表 5-25。

表 5-25   **A、D、7 轴墙身 Q1 拉筋计算**

位置	墙身水平分布筋根数	墙身竖向分布筋根数	拉筋根数
A、D 轴拉筋根数			
位置 5	墙身水平分布筋＝10 根 拉筋竖向根数＝10/2＝5 根	墙身竖向分布筋根数＝3 根（两处共 6 根） 拉筋横向根数＝3/2＝2 根（两处共 4 根）	拉筋根数＝5×4＝20 根
位置 4	墙身水平分布筋＝5 根 拉筋竖向根数＝5/2＝3 根	同位置 5	拉筋根数＝3×4＝12 根 连梁 LL1 和 LL2 内的墙身水平筋要设置拉筋： LL1 内拉筋水平方向根数＝(1 800－2×100)/200＋1＝9 根 LL1 内拉筋总根数＝3×9＝27 根 LL2 内拉筋水平方向根数＝(3 300－2×100)/200＋1＝17 根 LL2 内拉筋总根数＝3×17＝51 根 位置 4 拉筋总根数＝12＋27＋51＝90 根
位置 3	墙身水平分布筋＝5 根 拉筋竖向根数＝5/2＝3 根	同位置 5	拉筋根数＝3×4＝12 根 连梁 LL1 和 LL2 内的墙身水平筋要设置拉筋： LL1 内拉筋水平方向根数＝(1 800－2×100)/200＋1＝9 根 LL1 内拉筋总根数＝3×9＝27 根 LL2 内拉筋水平方向根数＝(3 300－2×100)/200＋1＝17 根 LL2 内拉筋总根数＝3×17＝51 根 位置 4 拉筋总根数＝12＋27＋51＝90 根
位置 2	墙身水平分布筋＝13 根 拉筋竖向根数＝13/2＝7 根	墙身竖向分布筋根数＝3 根（两处共 6 根） 拉筋横向根数＝3/2＝2 根（两处共 4 根）	拉筋根数＝7×4＝28 根
位置 1	墙身水平分布筋＝5 根 拉筋竖向根数＝5/2＝3 根	墙身竖向分布筋根数＝32 根 拉筋横向根数＝32/2＝16 根	拉筋根数＝3×16＝48 根
位置 0	墙身水平分布筋＝2 根 拉筋竖向根数＝2 根	墙身竖向分布筋根数＝32 根 拉筋横向根数＝32/2＝16 根	拉筋根数＝2×16＝32 根

续表

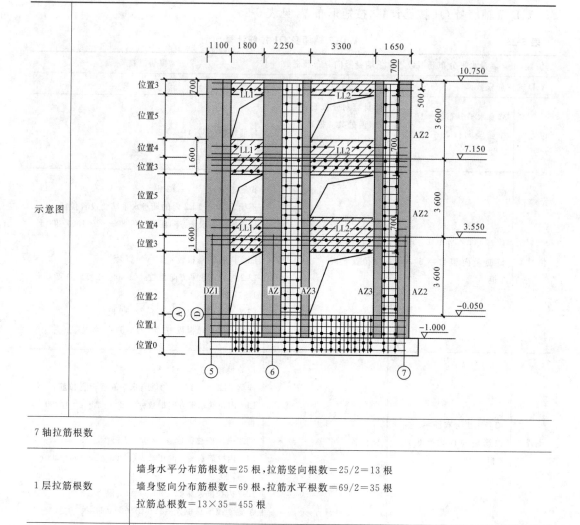

示意图	7 轴拉筋根数

7 轴拉筋根数	
1 层拉筋根数	墙身水平分布筋根数＝25 根,拉筋竖向根数＝25/2＝13 根 墙身竖向分布筋根数＝69 根,拉筋水平根数＝69/2＝35 根 拉筋总根数＝13×35＝455 根
2、3 拉筋根数	墙身水平分布筋根数＝20 根,拉筋竖向根数＝20/2＝10 根 墙身竖向分布筋根数＝69 根,拉筋水平根数＝69/2＝35 根 拉筋总根数＝10×35＝350 根
拉筋长度	拉筋每根长度＝$b_w - 2c + 9.13d + 150 = 300 - 2×15 + 9.13×6 + 150 = 475$ mm

【例 5-10】 如图 5-35 所示为变截面剪力墙,一级抗震等级,混凝土强度等级为 C30,一类环境,剪力墙竖向分布筋为Φ12,基础底板钢筋网为Φ12,基础保护层厚度为 40 mm,焊接连接,试求竖向分布筋长度。

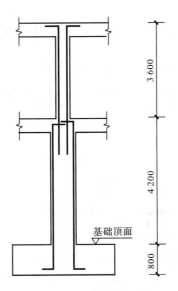

图 5-35　变截面剪力墙

解：竖向分布筋计算过程见表 5-26。

表 5-26　　　　　　　　　　　　　　　竖向分布筋计算过程

抗震锚固长度	$l_{aE}=40d=40\times12=480$ mm
基础内插筋长度	$h_j-40-12-12=800-40-12-12=736$ mm$>l_{aE}=480$ mm 基础插筋的弯钩长度$=\max(6d,150)=\max(6\times12,150)=150$ mm 基础内插筋长度$=h_j-$基础保护层厚度$-$底板钢筋网高度$+\max(6d,150)=800-40-12\times2+150=886$ mm
基础插筋长度	基础插筋(低位钢筋)长度$=$基础内插筋长度$+$底层连接点距离$(\geqslant500)=886+500=1\,386$ mm
	基础插筋(高位钢筋)长度$=$基础内插筋长度$+$底层连接点距离$(\geqslant500)+$底层接头错开长度$\max(\geqslant35d,\geqslant500)=886+500+500=1\,886$ mm
一层竖向分布筋长度	一层竖向分布筋(低位钢筋)长度$=$层高$-$板顶保护层厚度$-$下层连接点距离$(\geqslant500)+$板顶弯折长度$(\geqslant12d)=4\,200-15-500+12\times12=3\,829$ mm
	一层竖向分布钢筋(高位筋)长度$=$层高$-$板顶保护层厚度$-$下层连接点距离$(\geqslant500)-$下层接头错开长度$\max(\geqslant35d,\geqslant500)+$板顶弯折长度$(\geqslant12d)=4\,200-15-500-500+12\times12=3\,329$ mm
顶层竖向分布筋长度	顶层竖向分布钢筋长度$=$锚固长度$(\geqslant1.2l_{aE})+$层高$-$板顶保护层厚度$+$板顶弯折长度$(\geqslant12d)=1.2\times40\times12+3\,600-15+12\times12=4\,305$ mm

5.3.2　剪力墙柱钢筋构造与计算

　　剪力墙柱分为暗柱和端柱，暗柱的钢筋设置包括暗柱的纵筋、箍筋和拉筋，端柱的钢筋设置也是包括端柱的纵筋、箍筋和拉筋。在框架-剪力墙结构中，剪力墙的端柱经常担当框架结构中的框架柱的作用，所以端柱的钢筋构造应该遵循框架柱的钢筋构造。但暗柱的钢筋构造与端柱不同，一部分遵循剪力墙身竖向钢筋构造，另一部分遵循框架柱的钢筋构造。

1. 构造边缘构件 GBZ、扶壁柱 FBZ、非边缘暗柱 AZ 构造

构造边缘构件 GBZ、扶壁柱 FBZ、非边缘暗柱 AZ 构造见表 5-27。

表 5-27　　　　　　　构造边缘构件 GBZ、扶壁柱 FBZ、非边缘暗柱 AZ 构造

类型	图示	构造要求
构造边缘暗柱	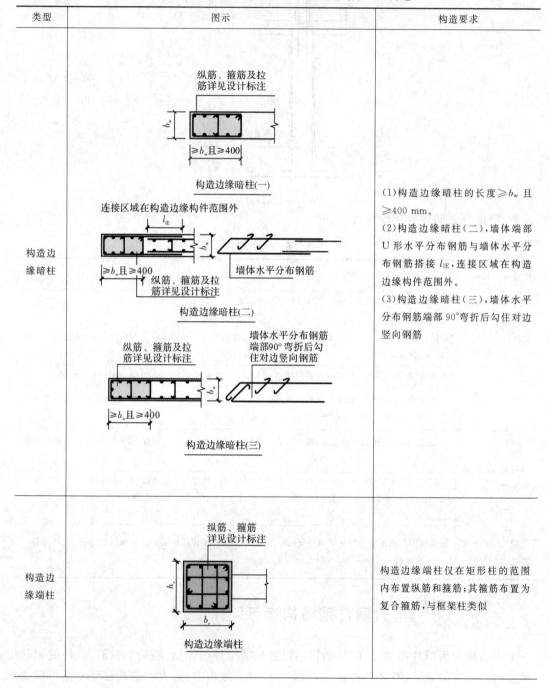	(1) 构造边缘暗柱的长度 $\geqslant b_w$ 且 $\geqslant 400$ mm。 (2) 构造边缘暗柱 (二)，墙体端部 U 形水平分布钢筋与墙体水平分布钢筋搭接 l_{lE}，连接区域在构造边缘构件范围外。 (3) 构造边缘暗柱 (三)，墙体水平分布钢筋端部 90° 弯折后勾住对边竖向钢筋
构造边缘端柱		构造边缘端柱仅在矩形柱的范围内布置纵筋和箍筋；其箍筋布置为复合箍筋，与框架柱类似

续表

类型	图示	构造要求
构造边缘翼墙	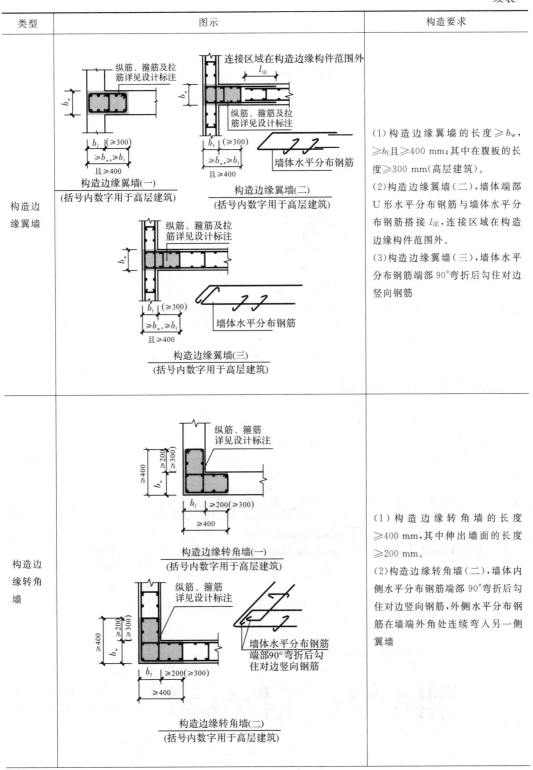	(1)构造边缘翼墙的长度≥b_w,≥b_f且≥400 mm;其中在腹板的长度≥300 mm(高层建筑)。 (2)构造边缘翼墙(二),墙体端部U形水平分布钢筋与墙体水平分布钢筋搭接l_{IE},连接区域在构造边缘构件范围外。 (3)构造边缘翼墙(三),墙体水平分布钢筋端部90°弯折后勾住对边竖向钢筋
构造边缘转角墙		(1)构造边缘转角墙的长度≥400 mm,其中伸出墙面的长度≥200 mm。 (2)构造边缘转角墙(二),墙体内侧水平分布钢筋端部90°弯折后勾住对边竖向钢筋,外侧水平分布钢筋在墙端外角处连续弯入另一侧翼墙

续表

类型	图示	构造要求
扶壁柱 FBZ	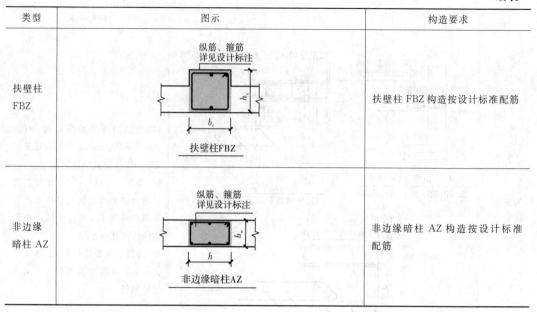	扶壁柱 FBZ 构造按设计标准配筋
非边缘暗柱 AZ		非边缘暗柱 AZ 构造按设计标准配筋

注:1. 构造边缘构件(二)、(三)用于非底部加强部位,当构造边缘构件内箍筋、拉筋位置(标高)与墙体水平分布钢筋相同时采用,此构造做法应由设计者指定后使用。

2. 构造边缘暗柱(二)、构造边缘翼墙(二)中墙体水平分布钢筋宜在构造边缘构件范围外错开搭接。

2. 约束边缘构件 YBZ 构造

约束边缘构件 YBZ 构造见表 5-28。

表 5-28 约束边缘构件 YBZ 构造

类型	图示	构造要求
约束边缘暗柱	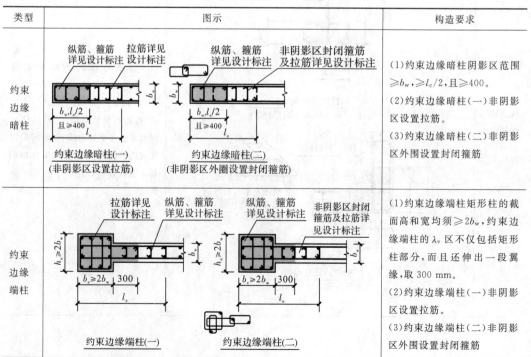	(1)约束边缘暗柱阴影区范围 $\geqslant b_w$,$\geqslant l_c/2$,且$\geqslant 400$。 (2)约束边缘暗柱(一)非阴影区设置拉筋。 (3)约束边缘暗柱(二)非阴影区外围设置封闭箍筋
约束边缘端柱		(1)约束边缘端柱矩形柱的截面高和宽均须$\geqslant 2b_w$,约束边缘端柱的λ_v区不仅包括矩形柱部分,而且还伸出一段翼缘,取 300 mm。 (2)约束边缘端柱(一)非阴影区设置拉筋。 (3)约束边缘端柱(二)非阴影区外围设置封闭箍筋

续表

类型	图示	构造要求
约束边缘翼墙	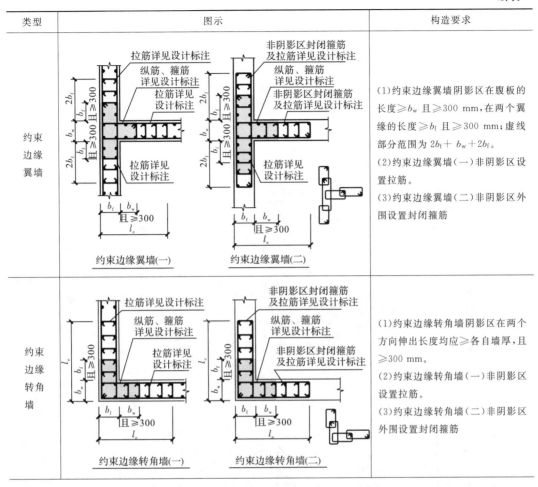 约束边缘翼墙(一)　约束边缘翼墙(二)	(1)约束边缘翼墙阴影区在腹板的长度≥b_w且≥300 mm,在两个翼缘的长度≥b_f且≥300 mm;虚线部分范围为$2b_f + b_w + 2b_f$。 (2)约束边缘翼墙(一)非阴影区设置拉筋。 (3)约束边缘翼墙(二)非阴影区外围设置封闭箍筋
约束边缘转角墙	约束边缘转角墙(一)　约束边缘转角墙(二)	(1)约束边缘转角墙阴影区在两个方向伸出长度均应≥各自墙厚,且≥300 mm。 (2)约束边缘转角墙(一)非阴影区设置拉筋。 (3)约束边缘转角墙(二)非阴影区外围设置封闭箍筋

1.约束边缘端柱与构造边缘端柱的共同点和不同点

它们的共同点是在矩形柱的范围内布置纵筋和箍筋。其纵筋和箍筋布置与框架柱类似,尤其是在框架-剪力墙结构中端柱往往会兼当框架柱的作用。

约束边缘端柱与构造边缘端柱的不同点如下:

(1)约束边缘端柱的"λ_v区域",也就是阴影部分(配箍区域),不但包括矩形柱的部分,而且伸出一段翼缘,伸出翼缘的净长度为300 mm。

(2)约束边缘端柱还有一个"$\lambda_v/2$区域",即图中的虚线部分,此处配筋特点为加密拉筋:普通墙身拉筋是"隔一拉一"或"隔二拉一",而在虚线区域内是每个竖向分布筋都设置拉筋。

2.约束边缘暗柱与构造边缘暗柱的共同点和不同点

它们的共同点是在暗柱的端部或角部都有一个阴影部分(配箍区域)。

约束边缘暗柱与构造边缘暗柱的不同点如下:

约束边缘暗柱除了阴影部分(配箍区域)以外,在阴影部分与墙身之间还存在一个"非阴影区",这个"非阴影"有两种配筋方式:

(1)非阴影区设置拉筋

此时,非阴影区的配筋特点为加密拉筋,普通墙身的拉筋是"隔一拉一"或"隔二拉一",而在这个非阴影区是每个竖向分布筋都设置拉筋。

(2)非阴影区外围设置封闭箍筋

表5-29中给出了一个"非阴影区外围设置封闭箍筋"的构造,并且还按照约束边缘暗柱、约束边缘端柱、约束边缘翼墙和约束边缘转角墙分别画出非阴影区设置的封闭箍筋和阴影区的钢筋的相互关系示意图。

3. 剪力墙水平分布钢筋计入约束边缘构件体积配箍率的构造做法

剪力墙水平分布钢筋计入约束边缘构件体积配箍率的构造做法见表 5-29。

表 5-29　　　　剪力墙水平分布钢筋计入约束边缘构件体积配箍率的构造做法

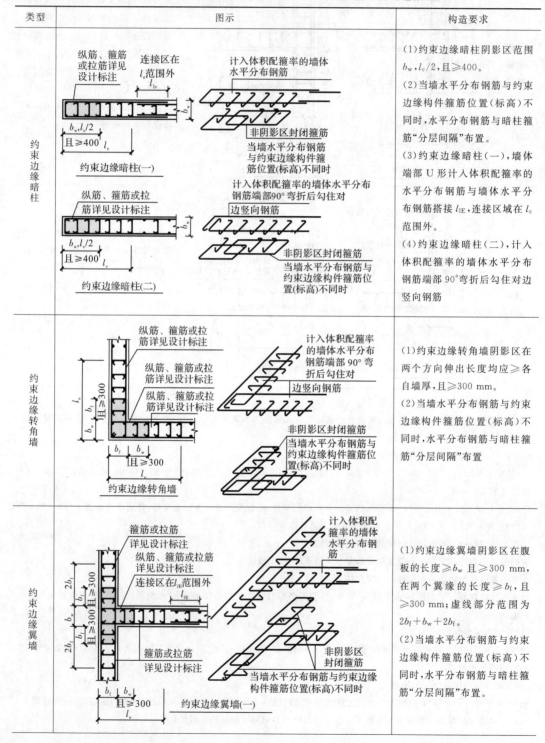

类型	图示	构造要求
约束边缘暗柱		(1)约束边缘暗柱阴影区范围 b_w，$l_c/2$，且≥400。 (2)当墙水平分布钢筋与约束边缘构件箍筋位置(标高)不同时,水平分布钢筋与暗柱箍筋"分层间隔"布置。 (3)约束边缘暗柱(一),墙体端部 U 形计入体积配箍率的水平分布钢筋与墙体水平分布钢筋搭接 l_{lE},连接区域在 l_c 范围外。 (4)约束边缘暗柱(二),计入体积配箍率的墙体水平分布钢筋端部 90°弯折后勾住对边竖向钢筋
约束边缘转角墙		(1)约束边缘转角墙阴影区在两个方向伸出长度均应≥各自墙厚,且≥300 mm。 (2)当墙水平分布钢筋与约束边缘构件箍筋位置(标高)不同时,水平分布钢筋与暗柱箍筋"分层间隔"布置。
约束边缘翼墙		(1)约束边缘翼墙阴影区在腹板的长度≥b_w 且≥300 mm,在两个翼缘的长度≥b_f,且≥300 mm;虚线部分范围为 $2b_f+b_w+2b_f$。 (2)当墙水平分布钢筋与约束边缘构件箍筋位置(标高)不同时,水平分布钢筋与暗柱箍筋"分层间隔"布置。

续表

类型	图示	构造要求
约束边缘翼墙	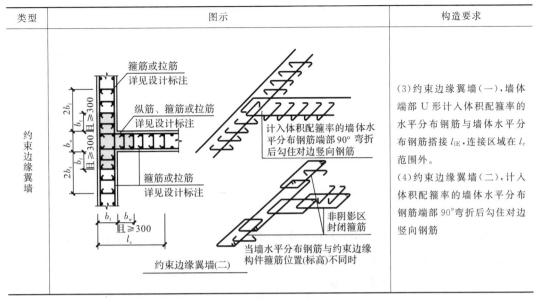 约束边缘翼墙(二)	(3)约束边缘翼墙(一),墙体端部 U 形计入体积配箍率的水平分布钢筋与墙体水平分布钢筋搭接 l_{lE},连接区域在 l_c 范围外。 (4)约束边缘翼墙(二),计入体积配箍率的墙体水平分布钢筋端部 90°弯折后勾住对边竖向钢筋

注:1.计入的墙水平分布钢筋的体积配箍率不应大于总体积配箍率的 30%。

   2.约束边缘端柱水平分布钢筋的构造做法参照约束边缘暗柱。

4. 边缘构件纵向钢筋在基础中构造

边缘构件纵向钢筋在基础中构造,同框架柱。

5. 剪力墙边缘构件纵向钢筋连接构造

剪力墙边缘构件纵向钢筋连接构造如图 5-38 所示,其适用于约束边缘构件阴影部分和构造边缘构件的纵向钢筋。

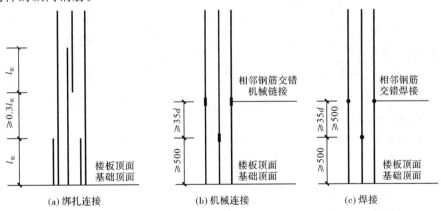

图 5-38 剪力墙边缘构件纵向钢筋连接构造

6.剪力墙边缘构件钢筋的计算

(1)剪力墙边缘构件纵向钢筋的计算

端柱纵向钢筋的计算同第3章框架柱纵向钢筋的计算,暗柱纵筋的计算同墙身竖向钢筋的计算。

(2)剪力墙边缘构件箍筋的计算

①端柱箍筋的计算

端柱箍筋的计算同第3章框架柱箍筋的计算。

②暗柱箍筋的计算

剪力墙的保护层是针对水平分布筋,而不是针对暗柱纵筋的,所以在计算暗柱箍筋宽度时,不能套用"框架柱箍筋宽度＝柱截面宽度－2×保护层厚度"这样的算法。

由于暗柱箍筋与水平分布筋处于同一垂直层面,因此暗柱纵筋与混凝土保护层之间,同时隔着暗柱箍筋和墙身水平分布筋。

当箍筋直径小于水平分布筋直径时,有

$$暗柱箍筋宽度＝墙厚－2×保护层厚度－2×(d_1－d)$$

当箍筋直径大于等于水平分布筋直径时,有

$$暗柱箍筋宽度＝墙厚－2×保护层厚度$$

式中 d_1——水平分布筋直径;

　　　　d——箍筋直径。

【例 5-11】 例 5-9 中墙柱钢筋计算。

墙柱钢筋计算过程,见表 5-30。

表 5-30　　　　　　　　　　　　　墙柱钢筋计算过程

柱类型	计算方法		说明
端柱	纵筋:同框架柱		见本书第3章柱构件相关内容
	箍筋:同框架柱		
暗柱	纵筋:同墙身竖向分布筋		详见本小节墙身竖向分布筋相关内容
	箍筋长度		详见本书第3章柱构件相关内容
	基础内根数＝2 根 基础顶至底层根数＝(4 550－50)/100＋1＝46 根 二层根数＝(3 600－50)/100＋1＝37 根 三层根数＝(3 600－50)/100＋1＝37 根 箍筋根数:2＋46＋37×2＝122 根		

5.3.3　剪力墙梁钢筋构造与计算

1.剪力墙暗梁 AL 钢筋构造

剪力墙暗梁的钢筋设置包括纵向钢筋、箍筋、拉筋和暗梁侧面的水平分布筋。

16G101 图集关于剪力墙暗梁钢筋构造只有在图集第 79 页的一个断面图,所以可以认为暗梁的纵筋是沿墙肢方向贯通布置的,而暗梁的箍筋也是沿墙肢方向全长布置的,而且是均匀布置的,不存在箍筋加密区和非加密区。

暗梁是剪力墙的一部分,暗梁对剪力墙有阻止开裂的作用,是剪力墙上一道水平线性加强带。暗梁一般设置在剪力墙靠近楼板底部的位置,就像砖混结构的圈梁那样。

注意:暗梁的概念不能与剪力墙洞口补强暗梁混为一谈。剪力墙洞口补强暗梁的纵筋仅布置在洞口两侧 l_{aE} 处,而暗梁的纵筋贯通整个墙肢;剪力墙洞口补强暗梁仅在洞口范围内布置箍筋(从洞口侧壁 50 mm 处开始布置第一个箍筋),而暗梁的箍筋在整个墙肢范围内都要布置。

剪力墙暗梁钢筋的构造分类见表 5-31。

表 5-31 剪力墙暗梁钢筋的构造分类

类型	示意图	构造要点
墙身水平分布筋	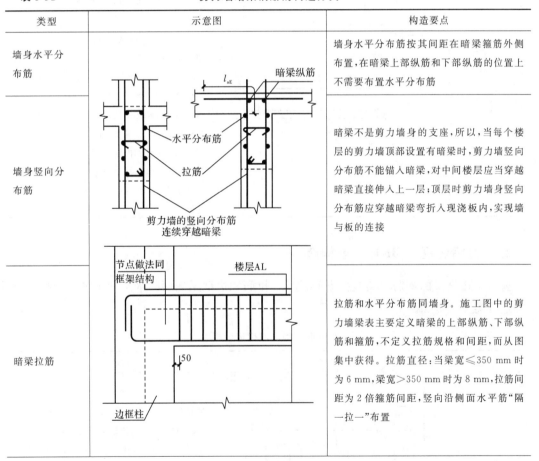	墙身水平分布筋按其间距在暗梁箍筋外侧布置,在暗梁上部纵筋和下部纵筋的位置上不需要布置水平分布筋
墙身竖向分布筋		暗梁不是剪力墙身的支座,所以,当每个楼层的剪力墙顶部设置有暗梁时,剪力墙竖向分布筋不能锚入暗梁,对中间楼层应当穿越暗梁直接伸入上一层;顶层时剪力墙竖向分布筋应穿越暗梁弯折入现浇板内,实现墙与板的连接
暗梁拉筋		拉筋和水平分布筋同墙身。施工图中的剪力墙梁表主要定义暗梁的上部纵筋、下部纵筋和箍筋,不定义拉筋规格和间距,而从图集中获得。拉筋直径:当梁宽≤350 mm 时为 6 mm,梁宽>350 mm 时为 8 mm,拉筋间距为 2 倍箍筋间距,竖向沿侧面水平筋"隔一拉一"布置

类型	示意图	构造要点
暗梁箍筋	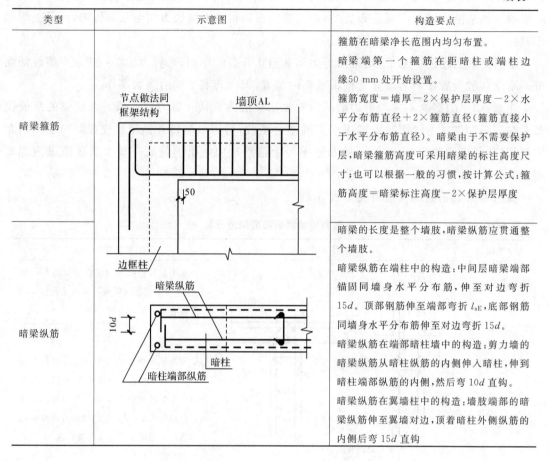	箍筋在暗梁净长范围内均匀布置。 暗梁端第一个箍筋在距暗柱或端柱边缘50 mm处开始设置。 箍筋宽度＝墙厚－2×保护层厚度－2×水平分布筋直径＋2×箍筋直径(箍筋直接小于水平分布筋直径)。暗梁由于不需要保护层,暗梁箍筋高度可采用暗梁的标注高度尺寸;也可以根据一般的习惯,按计算公式:箍筋高度＝暗梁标注高度－2×保护层厚度
暗梁纵筋		暗梁的长度是整个墙肢,暗梁纵筋应贯通整个墙肢。 暗梁纵筋在端柱中的构造:中间层暗梁端部锚固同墙身水平分布筋,伸至对边弯折15d。顶部钢筋伸至端部弯折l_{aE},底部钢筋同墙身水平分布筋伸至对边弯折15d。 暗梁纵筋在端部暗柱墙中的构造:剪力墙的暗梁纵筋从暗柱纵筋的内侧伸入暗柱,伸到暗柱端部纵筋的内侧,然后弯10d直钩。 暗梁纵筋在翼墙柱中的构造:墙肢端部的暗梁纵筋伸至翼墙对边,顶着暗柱外侧纵筋的内侧后弯15d直钩

2. 剪力墙边框梁 BKL 钢筋构造

剪力墙边框梁的钢筋种类包括纵筋、箍筋、拉筋和边框梁侧面的水平分布筋。边框梁钢筋的构造分类见表5-32。

表 5-32　　　　　　　　　　　边框梁钢筋的构造分类

类型	示意图	构造要点
边框梁的纵筋		虽然框架梁延伸入剪力墙内,就成为剪力墙中的边框梁,但是边框梁钢筋设置还是与框架梁大不相同:框架梁的上部纵筋分为上部通长筋、非通长筋和架立筋,而边框梁的上部纵筋和下部纵筋都是通长筋。 边框梁纵筋在端柱中的构造:节点做法同框架结构

续表

类型	示意图	构造要点
边框梁的箍筋	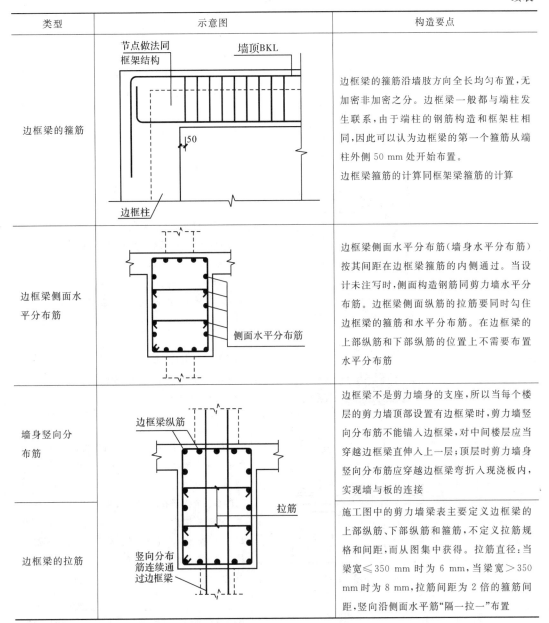	边框梁的箍筋沿墙肢方向全长均匀布置,无加密非加密之分。边框梁一般都与端柱发生联系,由于端柱的钢筋构造和框架柱相同,因此可以认为边框梁的第一个箍筋从端柱外侧 50 mm 处开始布置。 边框梁箍筋的计算同框架梁箍筋的计算
边框梁侧面水平分布筋		边框梁侧面水平分布筋(墙身水平分布筋)按其间距在边框梁箍筋的内侧通过。当设计未注写时,侧面构造钢筋同剪力墙水平分布筋。边框梁侧面纵筋的拉筋要同时勾住边框梁的箍筋和水平分布筋。在边框梁的上部纵筋和下部纵筋的位置上不需要布置水平分布筋
墙身竖向分布筋		边框梁不是剪力墙身的支座,所以当每个楼层的剪力墙顶部设置有边框梁时,剪力墙竖向分布筋不能锚入边框梁,对中间楼层应当穿越边框梁直伸入上一层;顶层时剪力墙身竖向分布筋应穿越边框梁弯折入现浇板内,实现墙与板的连接
边框梁的拉筋		施工图中的剪力墙梁表主要定义边框梁的上部纵筋、下部纵筋和箍筋,不定义拉筋规格和间距,而从图集中获得。拉筋直径:当梁宽≤350 mm 时为 6 mm,当梁宽>350 mm 时为 8 mm,拉筋间距为 2 倍的箍筋间距,竖向沿侧面水平筋"隔一拉一"布置

3. 剪力墙连梁 LL 钢筋构造

剪力墙连梁的钢筋种类包括纵筋、箍筋、拉筋、墙身水平钢筋。

(1)剪力墙连梁钢筋的构造分类

剪力墙连梁钢筋的构造分类见表 5-33。

表 5-33 剪力墙连梁钢筋的构造分类

类型	示意图	构造要点
连梁的纵筋	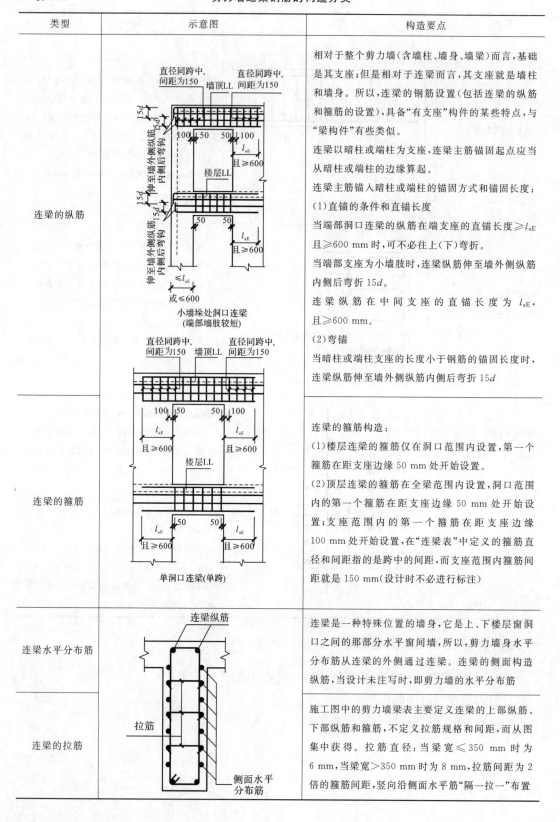	相对于整个剪力墙(含墙柱、墙身、墙梁)而言,基础是其支座;但是相对于连梁而言,其支座就是墙柱和墙身。所以,连梁的钢筋设置(包括连梁的纵筋和箍筋的设置),具备"有支座"构件的某些特点,与"梁构件"有些类似。 连梁以暗柱或端柱为支座,连梁主筋锚固起点应当从暗柱或端柱的边缘算起。 连梁主筋锚入暗柱或端柱的锚固方式和锚固长度: (1)直锚的条件和直锚长度 当端部洞口连梁的纵筋在端支座的直锚长度 $\geqslant l_{aE}$ 且 $\geqslant 600$ mm 时,可不必往上(下)弯折。 当端部支座为小墙肢时,连梁纵筋伸至墙外侧纵筋内侧后弯折 $15d$。 连梁纵筋在中间支座的直锚长度为 l_{aE},且 $\geqslant 600$ mm。 (2)弯锚 当暗柱或端柱支座的长度小于钢筋的锚固长度时,连梁纵筋伸至墙外侧纵筋内侧后弯折 $15d$
连梁的箍筋		连梁的箍筋构造: (1)楼层连梁的箍筋仅在洞口范围内设置,第一个箍筋在距支座边缘 50 mm 处开始设置。 (2)顶层连梁的箍筋在全梁范围内设置,洞口范围内的第一个箍筋在距支座边缘 50 mm 处开始设置;支座范围内的第一个箍筋在距支座边缘 100 mm 处开始设置,在"连梁表"中定义的箍筋直径和间距指的是跨中的间距,而支座范围内箍筋间距就是 150 mm(设计时不必进行标注)
连梁水平分布筋		连梁是一种特殊位置的墙身,它是上、下楼层窗洞口之间的那部分水平窗间墙,所以,剪力墙身水平分布筋从连梁的外侧通过连梁。连梁的侧面构造纵筋,当设计未注写时,即剪力墙的水平分布筋
连梁的拉筋		施工图中的剪力墙梁表主要定义连梁的上部纵筋、下部纵筋和箍筋,不定义拉筋规格和间距,而从图集中获得。拉筋直径:当梁宽 $\leqslant 350$ mm 时为 6 mm,当梁宽 > 350 mm 时为 8 mm,拉筋间距为 2 倍的箍筋间距,竖向沿侧面水平筋"隔一拉一"布置

（2）剪力墙连梁 LL(JX)、LL(DX)、LL(JC)构造

剪力墙连梁构造中,除了连梁 LL 基本配筋构造外,还有连梁交叉斜筋 LL(JX)配筋构造、连梁集中对角斜筋 LL(DX)配筋构造和连梁对角暗撑 LL(JC)配筋构造,这部分内容详见图集中相关内容。

4.剪力墙梁钢筋计算

在框剪结构中的暗梁和边框梁的纵向钢筋和箍筋计算可参考框架梁。这里讨论连梁的钢筋计算,连梁通常以暗柱或端柱为支座,计算连梁钢筋时要区分顶层与中间层,依据洞口的位置不同也有不同的计算方法。

（1）连梁纵筋长度计算

①连梁纵筋两端均为直锚时

连梁纵筋长度＝洞口宽度＋2×max(l_{aE},600)

②连梁纵筋两端均为弯锚时

连梁纵筋长度＝洞口宽度＋(左支座宽－保护层厚度－墙水平分布筋直径－竖向分布筋直径)＋(右支座宽－保护层厚度－墙水平分布筋直径－竖向分布筋直径)＋2×15d

③连梁纵筋一端为直锚,另一端为弯锚时

连梁纵筋长度＝洞口宽度＋max(l_{aE},600)＋(支座宽－保护层厚度－墙水平分布筋直径－竖向分布筋直径)＋15d

（2）连梁箍筋根数计算

①中间层连梁的箍筋

连梁第一道箍筋距支座边缘为 50 mm 时开始设置。

连梁箍筋根数＝(洞口宽度－2×50)/箍筋间距＋1

②顶层连梁的箍筋

在墙顶连梁纵筋锚入支座范围也应设置箍筋,箍筋的直径与跨中相同,间距为 150 mm,距支座边缘为 100 mm 时开始设置。

连梁箍筋根数＝(左锚固长度－100)/150＋1＋(洞口宽度－2×50)/箍筋间距＋1＋(右锚固长度－100)/150＋1

（3）连梁侧面构造钢筋及拉筋计算

①连梁侧面钢筋长度

连梁侧面钢筋长度＝锚入左支座的长度(l_{aE})＋洞口宽度＋锚入右支座的长度(l_{aE})

②连梁拉筋的根数

拉筋总根数＝每排根数×布置拉筋排数

每排根数＝(连梁净跨－50×2)/连梁拉筋间距＋1

布置拉筋排数＝[(连梁高－2×保护层厚度)/水平间距＋1]/2

【**例5-12**】 例 5-9 墙梁钢筋计算。

（1）连梁钢筋计算

连梁钢筋计算过程,见表 5-34。

表 5-34　　　　　　　　　　　　　　　**连梁钢筋计算过程**

钢筋	计算过程	说明
顶部和底部纵筋	LL1 为端部洞口连梁： 端部墙柱内锚固：伸至对边弯折 $15d$ 洞口一侧墙内：$\max(l_{aE},600)$	图集 16G101-1 第 78 页
	中间层连梁 LL1 上部和下部纵筋长度＝洞口宽度＋$\max(l_{aE},600)$＋（支座宽－保护层厚度－墙水平分布筋直径－竖向分布筋直径）＋$15d$＝1 800＋$\max(33\times22,600)$＋$(1\,100-15-12-22)$＋15×22＝3 907 mm	
	顶层连梁 LL1 上部和下部纵筋长度＝洞口宽度＋$\max(l_{aE},600)$＋（支座宽－保护层厚度－墙水平分布筋直径－竖向分布筋直径）＋$15d$＝1 800＋$\max(33\times22,600)$＋$(1\,100-15-12-22)$＋15×22＝3 907 mm	
	LL2 为中间洞口连梁： 两端锚固 $\max(l_{aE},600)$	图集 16G101-1 第 78 页
	中间洞口连梁，顶层和中间层相同。 连梁 LL2 上部和下部纵筋长度＝洞口宽度＋$2\times\max(l_{aE},600)$＝3 300＋$2\times\max(33\times22,600)$＝4 752 mm	
箍筋	中间层 LL1、LL2 箍筋长度＝$2\times$（墙厚－$2\times$保护层厚度－$2\times$水平分布筋直径＋$2\times$箍筋直径）＋$2\times$（暗梁标注高度－$2\times$保护层厚度）＋$27.13d$＝$2\times(300-2\times15-2\times12+2\times10)$＋$2\times(1\,600-2\times15)$＋$27.13\times10$＝3 943.3 mm 顶层 LL1、LL2 箍筋长度＝$2\times$（墙厚－$2\times$保护层厚度－$2\times$水平分布筋直径＋$2\times$箍筋直径）＋$2\times$（暗梁标注高度－$2\times$保护层厚度）＋$27.13d$＝$2\times(300-2\times15-2\times12+2\times10)$＋$2\times(700-2\times15)$＋$27.13\times10$＝2 143.3 mm	
	中间层 LL1 箍筋根数＝（洞口宽度－2×50）/箍筋间距＋1＝$(1\,800-2\times50)/100$＋1＝18 根 中间层 LL2 箍筋根数＝（洞口宽度－2×50）/箍筋间距＋1＝$(3\,300-2\times50)/100$＋1＝33 根	
	LL1 箍筋根数＝（左锚固长度－100）/150＋1＋（洞口宽度－2×50）/箍筋间距＋1＋（右锚固长度－100）/150＋1＝$[(1\,100-15-12-22)-100]/150$＋1＋18＋$[\max(33\times22,600)-100]/150$＋1＝32 根 LL2 箍筋根数＝（洞口宽度－$2\times50$）/箍筋间距＋1＋$2\times[$（右锚固长度－100）/150＋1$]$＝33＋$2\times\{[\max(33\times22,600)-100]/150$＋1$\}$＝45 根	顶层连梁伸入墙内的纵筋设构造箍筋，间距为 150 mm

（2）暗梁钢筋计算

暗梁纵筋端部构造同连梁，当暗梁与连梁重叠时，暗梁算至连梁边。AL1 钢筋计算过程，见表 5-35。

表 5-35 **AL1 钢筋计算过程**

钢筋	计算过程	说明
（1）	A、D 轴暗梁：与连梁重叠	
顶部和底部纵筋	AL1 在 A、D 轴顶部及底部纵筋长度＝750＋450＋550＋500－2×max(l_{aE},600)＋2×l_{IE}＝750＋450＋550＋500－2×max(33×22,600)＋2×40×20＝2 398 mm	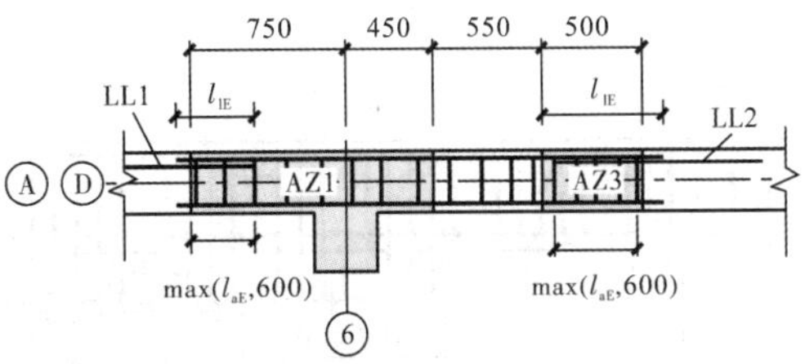 暗梁纵筋与连梁纵筋搭接
箍筋	箍筋长度＝2×(300－2×15－2×12＋2×10)＋2×(500－2×15)＋27.13×10＝1 743.3 mm 箍筋根数： 中间层：(750＋450＋550＋500－2×50)/150＋1＝16 根（布置到连梁箍筋边） 顶层：[(750＋450＋550＋500)－2×max(33×22,600)－2×50]/150＋1＝6 根	
（2）	7 轴暗梁	
纵筋	(1)转角处及端部锚固同墙身水平分布筋。 (2)与 LL 连接处构造同上	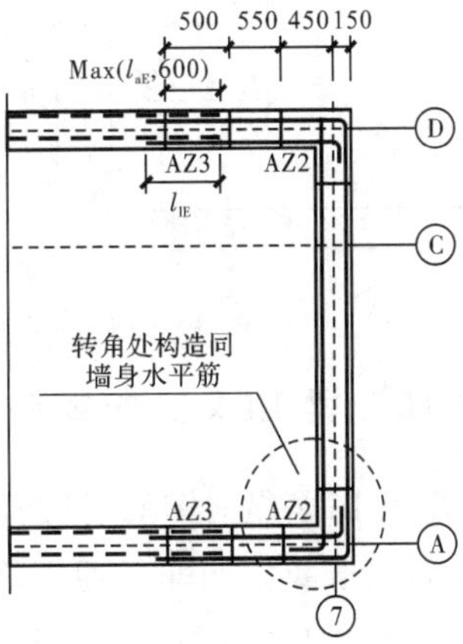
箍筋	箍筋根数： 中间层：2×[(500＋550－2×50)/150＋1]＋(6 300×2＋3 000－4×450)/150＋1＝109 根 顶层：2×{[(500＋550)－max(33×22,600)－2×50]/150＋1}＋(6 300×2＋3 000－4×450)/150＋1＝99 根	转角处构造同墙身水平筋 AL 与 LL 重叠处的 AL 箍筋布置至连梁箍筋旁边；其余位置的 AL 箍筋在 AL 净长范围内布置

5. 剪力墙边框梁或暗梁与连梁重叠时配筋构造

剪力墙边框梁或暗梁与连梁重叠的特点一般是两个梁顶标高相同,而边框梁或暗梁的截面高度小于连梁,所以边框梁或暗梁的下部纵筋在连梁内部穿过,如图 5-39 所示。

暗梁与连梁重叠时,由于连梁的截面宽度与暗梁相同(连梁的截面高度大于暗梁),所以重叠部分的连梁箍筋兼做暗梁箍筋。但是边框梁就不同,框架梁的截面宽度大于连梁,所以边框梁与连梁的箍筋是各布各的,互不相干。

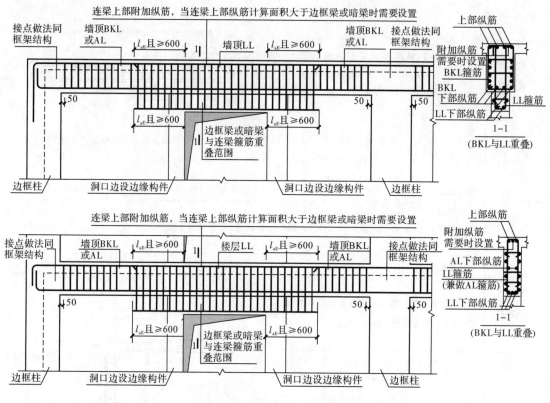

图 5-39　剪力墙边框梁或暗梁与连梁重叠时配筋构造

6. 剪力墙连梁 LLk 纵向钢筋、箍筋加密区构造

剪力墙连梁 LLk 纵向钢筋、箍筋加密区构造如图 5-40、图 5-41 所示。

(1)梁上部通长钢筋与非贯通钢筋直径相同时,连接位置宜位于跨中 $l_n/3$ 范围内;梁下部钢筋连接位置宜位于支座 $l_n/3$ 范围内;且在同一连接区段内钢筋接头面积百分率不宜大于 50%。

(2)钢筋连接要求见本教材第 1 章 1.2.4 钢筋的连接。

(3)当梁纵筋(不包括架立筋)采用绑扎搭接时,搭接区内箍筋直径及间距要求见本教材第 1 章 1.2.5 钢筋构造。

(4)梁侧面构造钢筋做法同连梁。

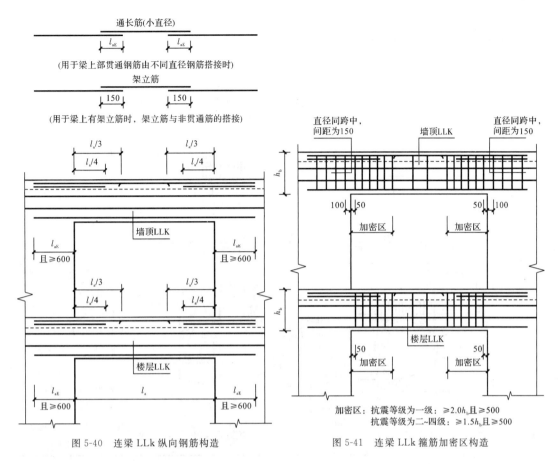

图 5-40　连梁 LLk 纵向钢筋构造

图 5-41　连梁 LLk 箍筋加密区构造

7.剪力墙洞口补强钢筋构造

剪力墙洞口指的是剪力墙身或连梁上的小洞口,不是指众多的门窗洞口。剪力墙结构中门窗洞口左、右有墙柱,上、下有连梁,已经得到了加强。剪力墙洞口是指剪力墙上通常需要为采暖、通风、消防等设备的管道预留的孔洞或为嵌入设备而开的洞口。

剪力墙洞口钢筋种类包括补强钢筋或补强暗梁纵向钢筋、箍筋和拉筋。剪力墙洞口补强构造见表 5-36。

表 5-36　　　　　　　　　　　　　　剪力墙洞口补强构造

类型	图示	构造要求
矩形洞口	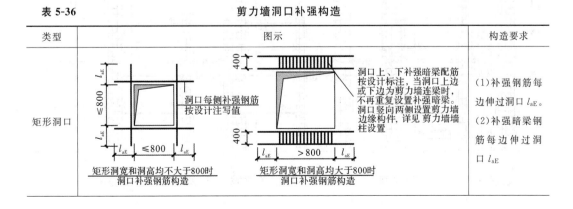 矩形洞宽和洞高均不大于800时洞口补强钢筋构造　　矩形洞宽或洞高大于800时洞口补强钢筋构造	(1)补强钢筋每边伸过洞口 l_{aE}。 (2)补强暗梁钢筋每边伸过洞口 l_{aE}

续表

类型	图示	构造要求
圆形洞口	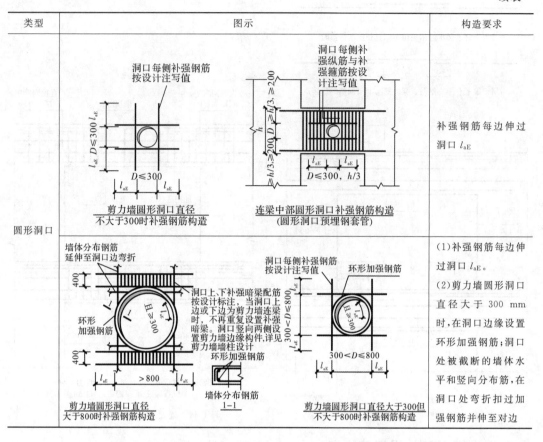	补强钢筋每边伸过洞口 l_{aE} （1）补强钢筋每边伸过洞口 l_{aE}。 （2）剪力墙圆形洞口直径大于 300 mm 时，在洞口边缘设置环形加强钢筋；洞口处被截断的墙体水平和竖向分布筋，在洞口处弯折扣过加强钢筋并伸至对边

剪力墙柱、连梁、墙身配筋排布如图 5-42 所示。

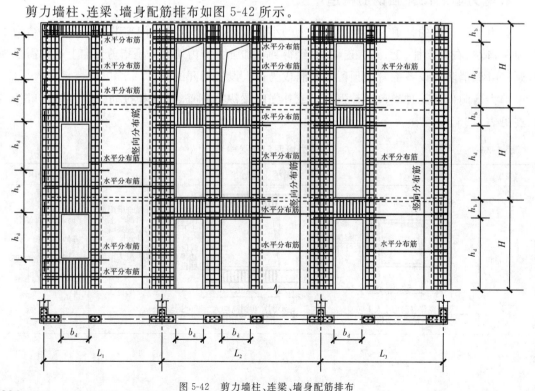

图 5-42　剪力墙柱、连梁、墙身配筋排布

复习思考题

1. 剪力墙平法施工图有哪两种注写方式？

2. 约束边缘构件和构造边缘构件各包含哪四种构件？

3. 墙柱如何编号？

4. Q2(3 排)含义是什么？剪力墙钢筋网排数是如何规定的？

5. 剪力墙列表注写方式的基本内容是什么。

6. 识读图 5-9 和图 5-10 某建筑剪力墙平法施工图列表注写方式示例。

7. 剪力墙截面注写方式的基本内容是什么。

8. 识读图 5-14 某建筑剪力墙平法施工图截面注写方式示例图中的 GBZ、LL、Q2、YD 等构件。

9. 矩形洞口原位注写为 JD1　800×400　+3.100　3Φ20/3Φ16,其表示的含义是什么？

10. 圆形洞口原位注写为 YD2　D=400　2 层:-1.000　3 层:-0.800,其他层:-0.500
2Φ18　Φ10 @100 (2),其表示的含义是什么？

11. 地下室外墙编号是由什么组成？

12. 剪力墙梁和剪力墙洞口如何编号？

13. 如何识读剪力墙身水平分布筋？

14. 如何识读剪力墙身竖向分布筋？

15. 如何识读双向拉筋与梅花双向拉筋？

16. 如何识读墙身插筋在基础内的锚固构造？

17. 如何识读约束边缘构件 YBZ、构造边缘构件 GBZ 的水平横截面配筋构造？

18. 如何识读剪力墙连梁 LL 配筋构造？

19. 如何识读剪力墙连梁 LL、暗梁 AL、边框梁 BKL 侧面纵筋和拉筋构造？

20. 如何识读剪力墙洞口补强钢筋构造？

习　题

1. 计算图 5-33 中 C、6 轴的墙身、墙柱和墙梁的钢筋量。

2. 某剪力墙结构建筑物,三级抗震等级,混凝土强度等级为 C30,一类环境,基础底板钢筋网为Φ16,基础保护层厚度为 40 mm,钢筋直径≤14 mm 时采用绑扎连接,钢筋直径>14 mm 时采用焊接,试计算钢筋量。

(1)各层剪力墙平面图

各层剪力墙平面图如图 5-43 所示。

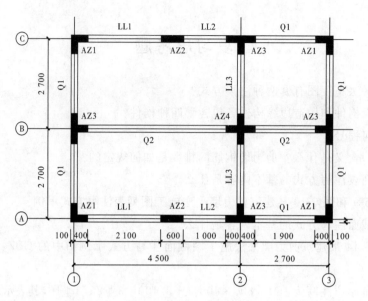

图 5-43　各层剪力墙平面图

(2)剖面图、层高标高表

剖面图、层高标高表，如图 5-44 所示。

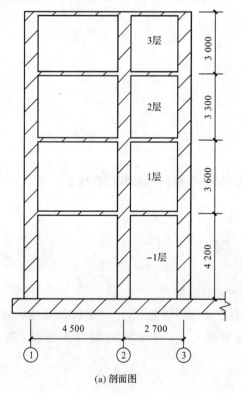

楼层	顶标高/m	层高/m	板厚/m
3	9.850	3 000	100
2	6.850	3 300	100
1	3.550	3 600	100
-1	-0.05	4 200	100
基础	-4.250	基础厚200	—

(a) 剖面图　　　　　　　　　　　　(b) 层高标高表

图 5-44　剖面图、层高标高表

(3)剪力墙身表

剪力墙身表见表 5-37。

表 5-37   剪力墙身表

编号	标高/m	墙厚/mm	水平分布筋	竖向分布筋	拉筋
Q1(两排)	−4.250～3.550	200	$\phi 10@250$	$\phi 10@250$	$\phi 6@500×500$
	3.550～9.850	200	$\phi 10@250$	$\phi 10@250$	$\phi 6@500×500$
Q2(两排)	−4.250～3.550	200	$\phi 10@250$	$\phi 10@250$	$\phi 6@500×500$
	3.550～9.850	200	$\phi 10@250$	$\phi 10@250$	$\phi 6@500×500$

（4）剪力墙柱表

剪力墙柱表见表 5-38。

表 5-38   剪力墙柱表

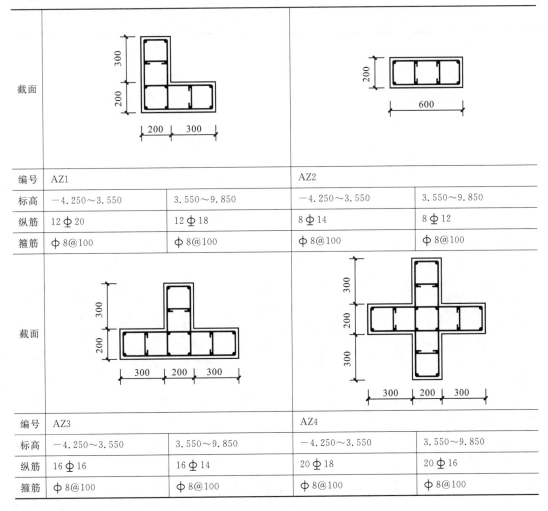

截面				
编号	AZ1		AZ2	
标高	−4.250～3.550	3.550～9.850	−4.250～3.550	3.550～9.850
纵筋	12ϕ20	12ϕ18	8ϕ14	8ϕ12
箍筋	$\phi 8@100$	$\phi 8@100$	$\phi 8@100$	$\phi 8@100$
截面				
编号	AZ3		AZ4	
标高	−4.250～3.550	3.550～9.850	−4.250～3.550	3.550～9.850
纵筋	16ϕ16	16ϕ14	20ϕ18	20ϕ16
箍筋	$\phi 8@100$	$\phi 8@100$	$\phi 8@100$	$\phi 8@100$

（5）剪力墙梁表

剪力墙梁表见表 5-39。

表 5-39   剪力墙梁表

编号	层号	墙梁顶相当于本层顶标高的高差/m	梁截面 b/mm×h/mm	上部纵筋	下部纵筋	侧面纵筋	箍筋
LL1	−1	0.800	200×2 000	4 ⏀ 22	4 ⏀ 22	14 ⏀ 12	⏀ 10@100(2)
	1~2	0.800	200×1 800	4 ⏀ 20	4 ⏀ 20	12 ⏀ 12	⏀ 10@100(2)
	3	0.800	200×1 200	4 ⏀ 20	4 ⏀ 20	8 ⏀ 12	⏀ 10@100(2)
LL2	−1	0.000	200×1 220	4 ⏀ 22	4 ⏀ 22	8 ⏀ 10	⏀ 10@150(2)
	1~2	0.000	200×900	4 ⏀ 22	4 ⏀ 22	6 ⏀ 10	⏀ 10@150(2)
	3	0.000	200×770	4 ⏀ 22	4 ⏀ 22	6 ⏀ 10	⏀ 10@150(2)
LL3	−1	0.000	200×2 100	4 ⏀ 22	4 ⏀ 22	14 ⏀ 12	⏀ 10@100(2)
	1~2	0.000	200×1 500	4 ⏀ 22	4 ⏀ 22	10 ⏀ 12	⏀ 10@100(2)
	3	0.000	200×900	4 ⏀ 22	4 ⏀ 22	8 ⏀ 10	⏀ 10@100(2)

第6章

板式楼梯平法识图与钢筋计算

微课5

6.1 板式楼梯基本知识

6.1.1 概述

1. 楼梯的分类

混凝土楼梯按施工方法的不同可分为整体式和装配式。按结构形式的
不同,又可分为板式楼梯、梁式楼梯、悬挑楼梯和螺旋楼梯等。本章介绍现浇混凝土板式楼梯。

2. 板式楼梯的组成

板式楼梯主要由踏步段、梯梁(层间梯梁和楼层梯梁)和平板(层间平板和楼层平板)组成,
如图6-1所示。

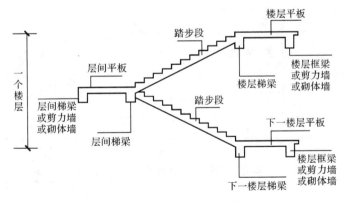

图6-1 板式楼梯的组成

(1)踏步段

踏步段是由若干踏步组成,每个踏步的高度和宽度应该相等,而每个踏步的高度和宽度之
比,决定了整个踏步段斜板的斜率。

(2)层间梯梁

楼梯的层间梯梁起到支承层间平板和踏步段的作用。图集16G101-2的"单跑楼梯"需要
有层间梯梁的支承,但是单跑楼梯本身不包含层间梯梁,所以在计算钢筋时,需要另行计算层

间梯梁的钢筋。16G101-2 图集的"双跑楼梯"没有层间梯梁,其高端踏步段斜板和低端踏步段斜板直接支承在层间平板上。

（3）楼层梯梁

楼梯的楼层梯梁起到支承楼层平板和踏步段的作用。图集 16G101-2 的"单跑楼梯"需要有楼层梯梁的支承,但是一跑楼梯本身不包含楼层梯梁,所以在计算钢筋时,需要另行计算楼层梯梁的钢筋。16G101-2 图集的"双跑楼梯"分为两类:FT 没有楼层梯梁,其高端踏步段斜板和低端踏步段斜板直接支承在楼层平板上;GT 需要有楼层梯梁的支承,但是这两种楼梯本身不包含楼层梯梁,所以在计算钢筋时,需要另行计算楼层梯梁的钢筋。

（4）层间平板

楼梯的层间平板又称休息平台。在图集 16G101-2 中,"两跑楼梯"包含层间平板;而"一跑楼梯"不包含层间平板,因此,楼梯间内部的层间平板就应该另行按"平板"进行计算。

（5）楼层平板

楼层平板是楼层中连接楼层梯梁或踏步段的平板,但并不是所有楼梯间都包含楼层平板。如图集 16G101-2 的"双跑楼梯"中的 FT 包含楼层平板。而"双跑楼梯"中的 GT,以及"一跑楼梯"不包含楼层平板,在计算钢筋时,需要另行计算楼层平板的钢筋。

6.1.2 板式楼梯的类型

根据梯板截面形状和支座位置的不同,现浇混凝土板式楼梯包含 12 种类型,见表 6-1。

表 6-1 楼梯类型

楼板代号	适用范围		是否参与结构整体抗震计算	示意图
	抗震构造措施	适用结构		
AT	无	剪力墙、砌体结构	不参与	图 6-2
BT				
CT	无	剪力墙、砌体结构	不参与	图 6-3
DT				
ET	无	剪力墙、砌体结构	不参与	图 6-4
FT				图 6-5
GT	无	剪力墙、砌体结构	不参与	图 6-6
ATa	有	框架结构、框剪结构中框架部分	不参与	图 6-7
ATb			不参与	
ATc			参与	
CTa	有	框架结构、框剪结构中框架部分	不参与	图 6-8
CTb			不参与	

注:ATa、CTa 低端设滑动支座支承在梯梁上;ATb、CTb 低端设滑动支座支承在挑板上。

板式楼梯按梯段形式分为单跑楼梯和双跑楼梯,其中双跑楼梯又分为两类。不同类别的板式楼梯所包含的构件内容各不相同。

1. 单跑楼梯

单跑楼梯包括 AT～ET 共 5 种板式楼梯,板式楼梯截面形状与支座位置示意如图 6-2 至图 6-4 所示。

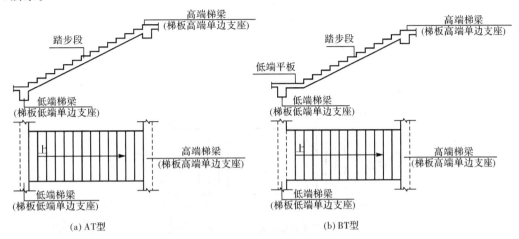

图 6-2 AT、BT 型楼梯截面形状与支座位置示意

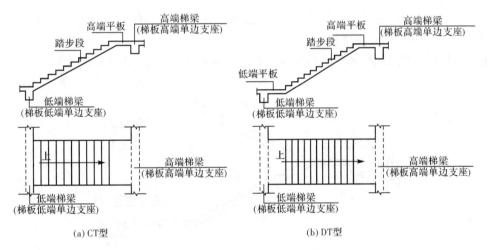

图 6-3 CT、DT 型楼梯截面形状与支座位置示意

AT～ET 型板式楼梯具备如下特征:

(1)AT～ET 型板式楼梯代号代表一段带上下支座的梯板。梯板的主体为踏步段,除踏步段之外,梯板可包括低端平板、高端平板以及中位平板。

(2)AT～ET 各型梯板的截面形状:AT 型梯板全部由踏步段构成;BT 型梯板由低端平板和踏步段构成;CT 型梯板由踏步段和高端平板构成;DT 型梯板由低端平板、踏步段和高端平板构成;ET 型梯板由低端踏步段、中位平板和高端踏步段构成。

(3)AT～ET 型梯板的两端分别以(低端和高端)梯梁为支座。

(4)AT～ET 各型梯板的型号、板厚、上下部纵向钢筋及分布钢筋等内容由设计者在平法施工图中注明。梯板上部纵向钢筋向跨内伸出的水平投影长度见相应的标准构造详图,设计不注,但设计者应予以校核;当标准构造详图规定的水平投影长度不满足工程要求时,应由设计者另行注明。

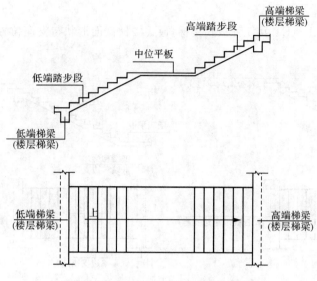

图 6-4　ET 型楼梯截面形状与支座位置示意

2. 双跑楼梯

按梯板的构成,双跑楼梯又分为两类:一类是包含整个楼梯间的双跑楼梯(FT 型);另一类是不包含楼层梯梁的双跑楼梯(GT 型)。

FT 型和 GT 型板式楼梯截面形状与支座位置示意如图 6-5 和图 6-6 所示。

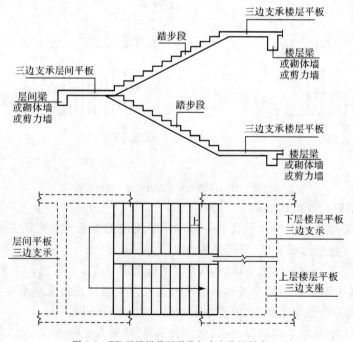

图 6-5　FT 型楼梯截面形状与支座位置示意

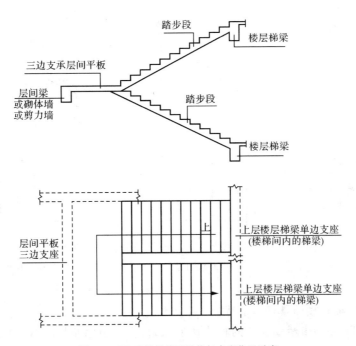

图 6-6　GT 型楼梯截面形状与支座位置示意

FT、GT 型板式楼梯具备如下特征：

(1)FT、GT 每个代号代表两跑踏步段和连接它们的楼层平板及层间平板。

(2)FT、GT 型梯板的构成分两类：

第一类:FT 型,由层间平板、踏步段和楼层平板构成。

第二类:GT 型,由层间平板和踏步段构成。

(3)FT、GT 型梯板的支承方式如下：

①FT 型:梯板一端的层间平板采用三边支承,另一端的楼层平板也采用三边支承。

②GT 型:梯板一端的层间平板采用三边支承,另一端的梯板段采用单边支承(在梯梁上)。

FT、GT 型梯板的支承方式见表 6-2。

表 6-2　　　　　　　　　　　　　　　　FT、GT 型梯板的支承方式

梯板类型	层间平板端	踏步段端(楼层处)	楼层平板端
FT	三边支承	—	三边支承
GT	三边支承	单边支承(梯梁上)	—

(4)FT、GT 型梯板的型号、板厚、上下部纵向钢筋及分布钢筋等内容由设计者在平法施工图中注明。FT、GT 型平台上部横向钢筋及其外伸长度,在平面图中原位标注。梯板上部纵向钢筋向跨内伸出的水平投影长度见相应的标准构造详图,设计不注,但设计者应予以校核;当标准构造详图规定的水平投影长度不满足工程要求时,应由设计者另行注明。

3. ATa、ATb、ATc 型板式楼梯

ATa、ATb、ATc 型板式楼梯截面形状与支座位置示意如图 6-7 所示。

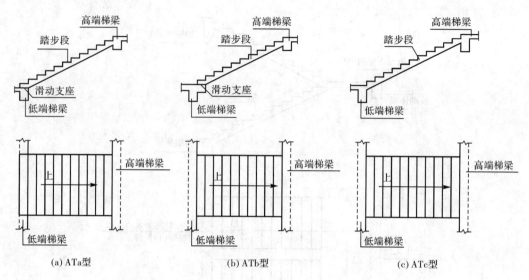

图 6-7　ATa、ATb、ATc 型板式楼梯截面形状与支座位置示意

ATa、ATb 型板式楼梯具备以下特征：

(1)ATa、ATb 型为带滑动支座的板式楼梯,梯板全部由踏步段构成,其支承方式为梯板高端均支承在梯梁上,ATa 型梯板低端带滑动支座支承在梯梁上,ATb 型梯板低端带滑动支座支承在挑板上。

(2)滑动支座做法如图 6-13 和图 6-14 所示,采用何种做法应由设计者指定。滑动支座垫板可选用聚四氟乙烯板、钢板和厚度不小于 0.5 的塑料片,也可选用其他能保证有效滑动的材料,其连接方式由设计者另行处理。

(3)ATa、ATb 型梯板采用双层双向配筋。

ATc 型板式楼梯具备以下特征：

(1)梯板全部由踏步段构成,其支承方式为梯板两端均支承在梯梁上。

(2)楼梯休息平台与主体结构可连接,也可脱开,如图 6-16 和图 6-17 所示。

(3)梯板厚度应按计算确定,且不宜小于 140;梯板采用双层配筋。

(4)梯板两侧设置边缘构件(暗梁),边缘构件的宽度取 1.5 倍板厚;边缘构件纵筋数量的要求是,当抗震等级为一、二级时不少于 6 根,当抗震等级为三、四级时不少于 4 根;纵筋直径不小于 φ12 且不小于梯板纵向受力钢筋的直径;箍筋直径不小于 φ6,间距不大于 200。

(5)ATc 型楼梯作为斜撑构件,钢筋均采用符合抗震性能要求的热轧钢筋,钢筋的抗拉强度实测值与屈服强度实测值的比值不应小于 1.25;钢筋的屈服强度实测值与屈服强度标准值的比值不应大于 1.3,且钢筋在最大拉力下的总伸长率实测值不应小于 9%。

4. CTa、CTb 型板式楼梯

CTa、CTb 型板式楼梯截面形状与支座位置示意如图 6-8 所示。

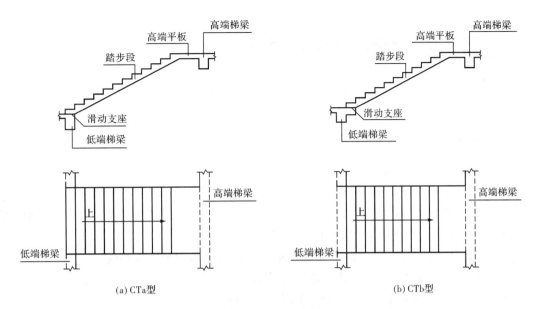

图 6-8　CTa、CTb 型板式楼梯截面形状与支座位置示意

CTa、CTb 型板式楼梯具备以下特征：

(1)CTa、CTb 型为带滑动支座的板式楼梯,梯板由踏步段和高端平板构成,其支承方式为梯板高端支承在梯梁上。CTa 型梯板安装在低端带滑动支座支承在梯梁上,CTb 型梯板安装在低端带滑动支座支承在挑板上。

(2)滑动支座做法如图 6-13 和图 6-14 所示,采用何种做法应由设计者指定。滑动支座垫板可选用聚四氟乙烯板、钢板和厚度不小于 0.5 的塑料片,也可选用其他能保证有效滑动的材料,其连接方式由设计者另行处理。

(3)CTa、CTb 型梯板采用双层双向配筋。

梯梁支承在梯柱上时,其构造应符合第 2 章中框架梁 KL 的构造做法,箍筋宜全长加密。

6.2　板式楼梯平法施工图的表示方法

现浇混凝土板式楼梯平法施工图有平面注写、剖面注写和列表注写三种表达方式,设计者可根据工程具体情况任选一种。

本节主要表述梯板的表达方式,与楼梯相关的平台板、梯梁、梯柱的注写方式分别按前面章节的内容执行,本章不再赘述。

6.2.1　楼梯平面布置图

楼梯平面布置图应采用适当比例集中绘制,需要时绘制其剖面图。为方便施工,在集中绘制的板式楼梯平法施工图中,宜注明各结构层的楼面标高、结构层高及相应的结构层号。

6.2.2 楼梯的平面注写方式

平面注写方式是在楼梯平面布置图上注写截面尺寸和配筋具体数值的方法来表达楼梯施工图。平面注写内容包括集中标注和外围标注。

1.集中标注内容

楼梯集中标注的内容有五项,具体规定如下:

(1)楼板类型代号与序号,如 AT××、CT××等。

(2)梯板厚度,注写为 h=×××。当带平板的梯板中梯段板厚度和平板厚度不同时,可在梯段板厚度后面的括号内以字母 P 打头注写平板厚度。

【例 6-1】 h=120(P150),120 表示梯段板厚度,150 表示梯板平板厚度。

(3)踏步段总高度和踏步级数之间以"/"分隔。

(4)梯板支座上部纵筋和下部纵筋之间以";"分隔。

(5)梯板分布筋,以 F 打头注写分布钢筋具体值,该项也可在图中统一说明。

【例 6-2】 平面图中梯板类型及配筋的完整标注示例如下(AT 型):

AT2,h=120	梯板类型及编号,梯板板厚
1 800/12	踏步段总高度/踏步级数
Φ10@200;Φ12@150	上部纵筋;下部纵筋
FΦ8@250	梯板分布筋(可统一说明)

(6)对于 ATc 型楼梯还应注明梯板两侧边缘构件纵向钢筋及箍筋。

2.外围标注的内容

楼梯外围标注的内容,包括楼梯间的平面尺寸、楼层结构标高、层间结构标高、楼梯的上下方向、梯板的平面几何尺寸、平台板配筋、梯梁及梯柱配筋等。

6.2.3 楼梯的剖面注写方式

剖面注写方式需要在楼梯平法施工图中绘制楼梯平面布置图和楼梯剖面图,注写方式分平面注写、剖面注写两部分。

1.楼梯平面布置图注写内容

楼梯平面布置图注写内容包括楼梯间的平面尺寸、楼层结构标高、层间结构标高、楼梯的上下方向、梯板的平面几何尺寸、梯板类型及编号、平台板配筋、梯梁及梯柱配筋等。

2.楼梯剖面图注写内容

楼梯剖面图注写内容包括梯板集中标注、梯梁梯柱编号、梯板水平及竖向尺寸、楼层结构标高、层间结构标高等。

其中,梯板集中标注的内容有四项,具体规定如下:

(1)楼板类型及编号,如 AT××、CT××等。

（2）梯板厚度，注写为 $h=\times\times\times$。当梯板由踏步段和平板构成，且踏步段梯板厚度和平板厚度不同时，可在梯板厚度后面括号内以字母 P 打头注写平板厚度。

（3）梯板配筋。注明梯板上部纵筋和梯板下部纵筋，用分号"；"将上部纵筋与下部纵筋的配筋值分隔开来。

（4）梯板分布筋，以 F 打头注写分布钢筋具体值，该项也可在图中统一说明。

【例 6-3】 剖面图中梯板配筋完整的标注如下：

AT1，$h=120$	梯板类型及编号，梯板板厚
$\phi 10@200$；$\phi 12@150$	上部纵筋；下部纵筋
F$\phi 8@250$	梯板分布筋（可统一说明）

（5）对于 ATc 型楼梯还应注明梯板两侧边缘构件纵向钢筋及箍筋。

6.2.4 楼梯的列表注写方式

楼梯的列表注写方式是用列表方式注写梯板截面尺寸和配筋具体数值来表达楼梯施工图。

列表注写方式的具体要求同剖面注写方式，仅将剖面注写方式中梯板配筋注写项改为列表注写即可。

梯板列表格式，见表 6-3。

表 6-3　　　　　　　　　　　　　梯板列表格式

梯板编号	踏步段总高度/梯板级数	板厚 h	上部纵向钢筋	下部纵向钢筋	分布筋

注：对于 ATc 型楼梯还应注明梯板两侧边缘构件纵向钢筋及箍筋。

楼层平台梁板配筋可绘制在楼梯平面图中，也可绘制在各层梁板配筋图中；层间平台梁板配筋在楼梯平面图中绘制。

楼层平台板可与该层的现浇楼板整体设计。

6.3 AT 型楼梯的平法识图和钢筋构造及计算

6.3.1 AT 型楼梯的适用条件与平面注写方式

1. AT 型楼梯的适用条件

两梯梁之间的矩形梯板全部由踏步段构成，即踏步段两端均以梯梁为支座。凡是满足该条件的楼梯均可为 AT 型，如双跑楼梯（图 6-9）、双分平行楼梯、交叉楼梯和剪刀楼梯等。

2. AT 型楼梯平面注写方式

AT 型楼梯平面注写方式如图 6-9 所示。

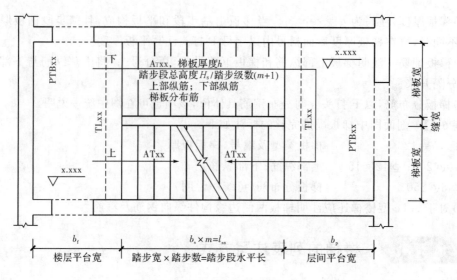

图 6-9 AT 型楼梯平面注写方式

集中注写的内容有 5 项,第 1 项为梯板类型代号与序号 AT××;第 2 项为梯板厚度 h;第 3 项为踏步段总高度 H_s/踏步级数($m+1$);第 4 项为上部纵筋及下部纵筋;第 5 项为梯板分布筋,梯板的分布筋可直接标注,也可统一说明。

【例 6-4】 识读如图 6-10 所示 AT 型楼梯平法施工图。

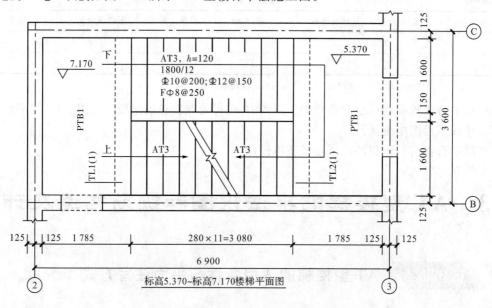

图 6-10 AT 型楼梯平法施工图设计示例

集中标注的内容是,第 1 项为梯板编号 AT3;第 2 项为梯板厚度 $h=120$ mm;第 3 项为踏步段总高度 $H_s=1\,800$ mm,12 级踏步;第 4 项梯板上部纵筋为 Φ10@200,下部纵筋为 Φ12@150;第 5 项梯板分布筋为 Φ8@250。

外围标注的内容是,楼梯间的开间为 3 600 mm,进深为 6 900 mm;楼层结构标高为 7.170 m;层间结构标高为 5.370 m;梯板的宽度为 1 600 mm,梯板的水平投影长度为 3 080 mm;梯井宽为 150 mm;楼层和层间平台宽均为 1 785 mm,墙厚为 250 mm,以及楼梯的上下方向。另外还标注出楼层和层间平台板、梯梁的编号。

6.3.2 AT 型楼梯板钢筋构造

AT 型楼梯板钢筋构造见表 6-4。

表 6-4 　　　　　　　　　　　　　　　AT 型楼梯板钢筋构造

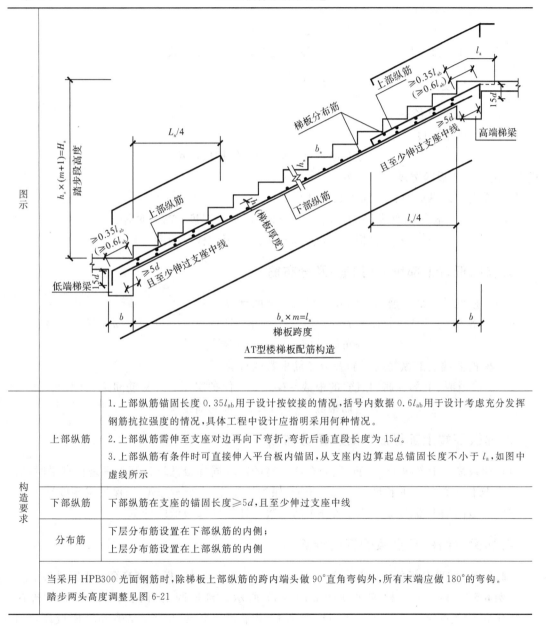

AT型楼梯板配筋构造

构造要求	上部纵筋	1.上部纵筋锚固长度 $0.35l_{ab}$ 用于设计按铰接的情况,括号内数据 $0.6l_{ab}$ 用于设计考虑充分发挥钢筋抗拉强度的情况,具体工程中设计应指明采用何种情况。 2.上部纵筋需伸至支座对边再向下弯折,弯折后垂直段长度为 $15d$。 3.上部纵筋有条件时可直接伸入平台板内锚固,从支座内边算起总锚固长度不小于 l_a,如图中虚线所示
	下部纵筋	下部纵筋在支座的锚固长度 $\geqslant 5d$,且至少伸过支座中线
	分布筋	下层分布筋设置在下部纵筋的内侧; 上层分布筋设置在上部纵筋的内侧
	当采用 HPB300 光面钢筋时,除梯板上部纵筋的跨内端头做 90°直角弯钩外,所有末端应做 180°的弯钩。 踏步两头高度调整见图 6-21	

6.3.3 梯板纵筋及分布筋的计算

1. 梯板下部纵筋

梯板下部纵筋两端分别锚入高端梯梁和低端梯梁。

(1)梯板下部纵筋及分布筋长度的计算

$$梯板下部纵筋的长度 l = l_n \times k + 2 \times \max(5d, b/2 \times k)$$

式中 l_n——梯板跨度,$l_n = b_s \times m$,b_s 为踏步宽度,m 为踏面个数;

k——坡度系数,$k = \dfrac{\sqrt{b_s^2 + h_s^2}}{b_s}$,$h_s$ 为踏步高度;

d——钢筋直径;

b——梯梁宽度。

$$分布筋长度 = b_n - 2 \times 保护层厚度$$

式中 b_n——梯板净宽度。

(2)梯板下部纵筋及分布筋根数的计算

$$梯板下部纵筋的根数 = (b_n - 2 \times 保护层厚度)/板筋间距 + 1$$

$$分布筋根数 = (l_n \times k - 板筋间距)/板筋间距 + 1$$

2. 梯板低端上部纵筋(扣筋)及分布筋

(1)梯板低端上部纵筋(扣筋)及分布筋长度的计算

$$梯板上部纵筋(扣筋)的长度 l = (l_n/4 + b - 保护层厚度) \times k + 15d + (h - 保护层厚度)$$

$$分布筋长度 = b_n - 2 \times 保护层厚度$$

(2)梯板低端上部纵筋(扣筋)及分布筋根数的计算

$$梯板上部纵筋(扣筋)的根数 = (b_n - 2 \times 保护层厚度)/板筋间距 + 1$$

$$分布筋根数 = (l_n/4 \times k)/板筋间距 + 1$$

3. 梯板高端上部纵筋(扣筋)及分布筋

(1)梯板高端上部纵筋(扣筋)及分布筋长度的计算同梯板低端计算。只是在直锚时,有

$$梯板上部纵筋的长度 l = (l_n/4 + b - 保护层厚度) \times k + l_a + (h - 保护层厚度)$$

(2)梯板高端上部纵筋(扣筋)及分布筋根数的计算同梯板低端计算

4. 梯梁、梯柱、平台板的钢筋计算

梯梁、梯柱、平台板的钢筋量计算可参照前几章关于梁、柱、板的钢筋算量规则计算。

【例 6-5】 某 AT 型楼梯平面图如图 6-11 所示。楼梯间的开间为 3 900 mm,进深为 6 700 mm;梯板的宽度 $b_n = 1\ 750$ mm,梯板的水平投影长度 $l_n = 2\ 800$ mm,梯板厚度 $h = 120$ mm,踏步宽度 $b_s = 280$ mm,踏步高度 $h_s = 150$ mm;混凝土强度等级为 C30,梯梁宽度 $b = 200$ mm。

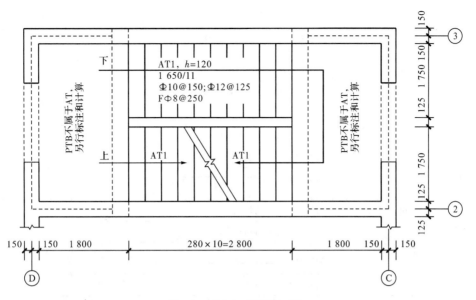

图 6-11　某 AT 型楼梯平面图

解答:AT 型楼梯钢筋计算过程见表 6-5。

表 6-5　　　　　　　　　　　　　　　　**AT 型楼梯钢筋计算过程**

楼梯斜坡系数		$k=\dfrac{\sqrt{b_s^2+h_s^2}}{b_s}=\dfrac{\sqrt{280^2+150^2}}{280}=1.134$
梯板下部纵筋	纵筋长度	梯板下部纵筋的长度 $l=l_n\times k+2\times\max(5d,b/2\times k)$
		锚固长度 $l_a=\max(5d,b/2\times k)=\max(5\times12,200/2\times1.134)=113$ mm
		$l=l_n\times k+2\times l_a=2\,800\times1.134+2\times113=3\,401$ mm
		钢筋简图:　　　3 401
	纵筋根数	$(b_n-2\times$保护层厚度$)/$板筋间距$+1=(1\,750-2\times15)/125+1=15$ 根
梯板下部分布筋	分布筋长度	分布筋长度$=b_n-2\times$保护层厚度
		分布筋长度$=1\,750-2\times15=1\,720$ mm
		钢筋简图:　　　1 720
	分布筋根数	分布筋根数$=(l_n\times k-$板筋间距$)/$板筋间距$+1$
		根数$=(2\,800\times1.134-250)/250+1=13$ 根
梯板低端上部纵筋	纵筋长度	梯板上部纵筋(扣筋)的长度 $l=(l_n/4+b-$保护层厚度$)\times k+15d+(h-$保护层厚度$)$
		长度 $l=(l_n/4+b-$保护层厚度$)\times k+15d+(h-$保护层厚度$)=[2\,800/4+200-15]\times1.134+15\times10+(120-15)=1\,259$ mm
		钢筋简图:　150 ⌐—— 1 004 ——⌐ 105
	纵筋根数	梯板上部纵筋(扣筋)的根数$=(b_n-2\times$保护层厚度$)/$板筋间距$+1$
		根数$=(1\,750-2\times15)/150+1=13$ 根

梯板低端分布筋	分布筋长度	分布筋长度＝b_n－2×保护层厚度
		分布筋长度＝b_n－2×保护层厚度＝1 750－2×15＝1 720 mm
		钢筋简图：___1 720___
	分布筋根数	分布筋根数＝(l_n/4×k)/板筋间距＋1
		分布筋根数＝(l_n/4×k)/板筋间距＋1＝(2 800/4×1.134)/250＋1＝5 根
梯板高端上部纵筋	纵筋长度	同低端上部纵筋长度
		钢筋简图：150⌐___1 004___⌐105
	纵筋根数	同低端上部纵筋根数
梯板高端分布筋	分布筋长度	同低端上部分布筋长度
		钢筋简图：___1 720___
	分布筋根数	同低端上部分布筋根数

上面只计算了一跑 AT1 的钢筋，一个楼梯间有两跑 AT1，钢筋总量为上述的钢筋数量乘以 2

6.4　ATa、ATb 和 ATc 型楼梯的平法识图和钢筋构造及计算

6.4.1　ATa 型楼梯的平面注写方式和钢筋构造

1. ATa 型楼梯的适用条件

ATa 型楼梯设滑动支座，不参与结构整体抗震计算；其适用条件：两梯梁之间的矩形梯板全部由踏步段构成，即踏步段两端均以梯梁为支座，且梯板低端支承处做成滑动支座，滑动支座直接落在梯梁上。框架结构中，楼梯中间平台通常设梯柱、梁，中间平台可与框架柱连接。

2. ATa 型楼梯平面注写方式

ATa 型楼梯平面注写方式如图 6-12 所示。

集中注写的内容有 5 项，第 1 项为梯板类型代号与序号 ATa××；第 2 项为梯板厚度 h；第 3 项为踏步段总高度 H_s/踏步级数(m＋1)；第 4 项为上部纵筋及下部纵筋；第 5 项为梯板分布筋，梯板的分布筋可直接标注，也可统一说明。

ATa 型楼梯滑动支座构造：

(1)聚四氟乙烯板

聚四氟乙烯垫板用胶粘于混凝土面上。聚乙烯四氟板尺寸为 5 mm 厚×踏步宽×梯板宽，如图 6-13(a)所示。

(2)塑料片

设置两层塑料片。两层塑料片尺寸为(≥5 mm)厚×踏步宽×梯板宽，如图 6-13(b)所示。

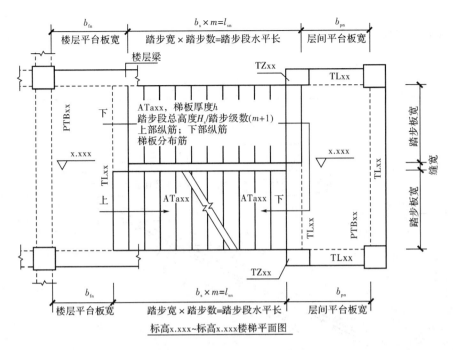

图 6-12　ATa 型楼梯平面注写方式

（3）预埋钢板

同样尺寸的两块钢板分别预埋在梯梁顶和踏步段下端。施工时，钢板之间满铺石墨粉厚约为 0.1 mm。预埋钢板 M—1 尺寸为 6 mm 厚×踏步宽×梯板宽；锚固钢筋Φ6@200，长度为 120 mm，如图 6-13(c)所示。

踏步段下端踢面与建筑面层间预留 50 mm 宽缝隙，缝隙填充聚苯板，厚度同建筑面层。

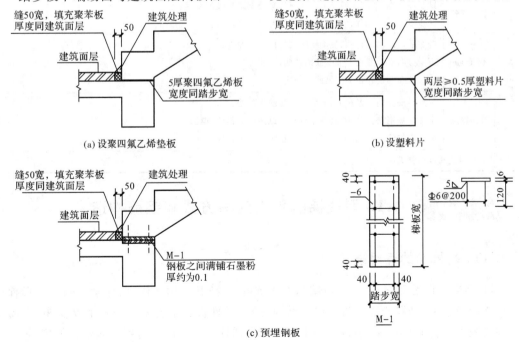

(a) 设聚四氟乙烯垫板　　　　　　　　　　(b) 设塑料片

(c) 预埋钢板

图 6-13　ATa、CTa 型楼梯滑动支座构造

3. ATa 型楼梯板钢筋构造

ATa 型楼梯板钢筋构造见表 6-6。

表 6-6   **ATa 型楼梯板钢筋构造**

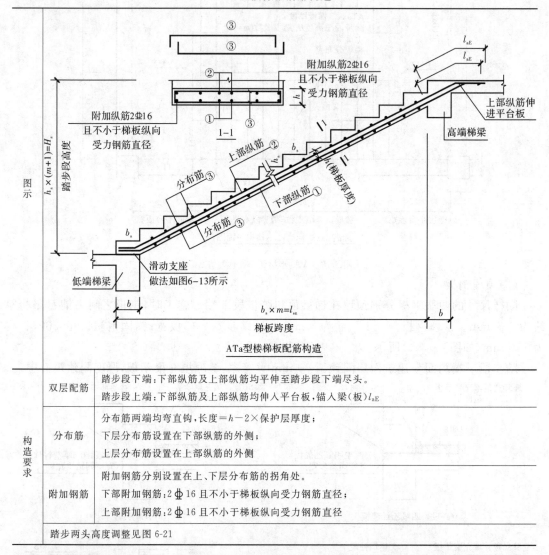

ATa型楼梯板配筋构造

构造要求	双层配筋	踏步段下端:下部纵筋及上部纵筋均平伸至踏步段下端尽头。
		踏步段上端:下部纵筋及上部纵筋均伸入平台板,锚入梁(板)l_{aE}
	分布筋	分布筋两端均弯直钩,长度=$h-2\times$保护层厚度;
		下层分布筋设置在下部纵筋的外侧;
		上层分布筋设置在上部纵筋的外侧
	附加钢筋	附加钢筋分别设置在上、下层分布筋的拐角处。
		下部附加钢筋:2Φ16且不小于梯板纵向受力钢筋直径;
		上部附加钢筋:2Φ16且不小于梯板纵向受力钢筋直径
	踏步两头高度调整见图 6-21	

6.4.2   ATb 型楼梯的平面注写方式和钢筋构造

1. ATb 型楼梯的适用条件

ATb 型楼梯设滑动支座,不参与结构整体抗震计算;其适用条件:两梯梁之间的矩形梯板全部由踏步段构成,即踏步段两端均以梯梁为支座,且梯板低端支承处做成滑动支座,滑动支座落在挑板上。框架结构中,楼梯中间平台通常设梯柱、梁,中间平台可与框架柱连接。

比较 ATa 型和 ATb 型楼梯可知:ATa 型楼梯的滑动支座直接搁置在梯梁上,而 ATb 型楼梯的滑动支座直接搁置在梯梁挑板上,如图 6-14 所示。

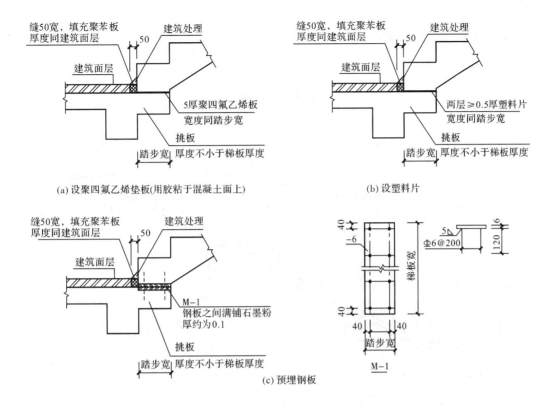

图 6-14　ATb、CTb 型楼梯滑动支座构造

地震作用下,ATb 型楼梯悬挑板尚承受梯板传来的附加竖向作用力,设计时应对挑板及与其相连的平台梁采取加强措施。

2.ATb 型楼梯平面注写方式

ATb 型楼梯平面注写方式如图 6-15 所示。集中注写的内容同 ATa 型楼梯。

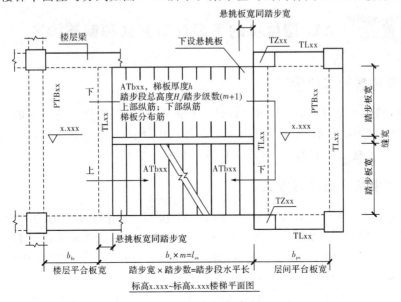

图 6-15　ATb 型楼梯平面注写方式

3. ATb 型楼梯板钢筋构造

ATb 型楼梯板钢筋构造见表 6-7。

表 6-7   **ATb 型楼梯板钢筋构造**

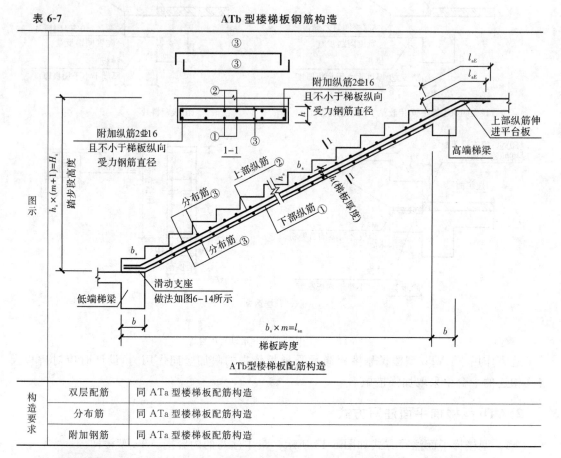

构造要求	双层配筋	同 ATa 型楼梯板配筋构造
	分布筋	同 ATa 型楼梯板配筋构造
	附加钢筋	同 ATa 型楼梯板配筋构造

6.4.3   ATc 型楼梯的平面注写方式和钢筋构造

1. ATc 型楼梯的适用条件

ATc 型楼梯用于参与结构整体抗震设计。其适用条件:两梯梁之间的矩形梯板全部由踏步段构成,即踏步段两端均以梯梁为支座。框架结构中,楼梯中间平台通常设梯柱、梯梁,中间平台可与框架柱连接(2 个梯柱形式)或脱开(4 个梯柱形式)。

2. ATc 型楼梯平面注写方式

ATc 型楼梯平面注写方式如图 6-16 和图 6-17 所示。其中集中注写的内容有 6 项,第 1 项为梯板类型代号与序号 ATc××;第 2 项为梯板厚度 h;第 3 项为踏步段总高度 H_s/踏步级数$(m+1)$;第 4 项为上部纵筋及下部纵筋;第 5 项为梯板分布筋,第 6 项为边缘构件纵筋及箍筋,梯板的分布筋可直接标注,也可统一说明。

图 6-16 所示为楼梯中间平台与主体结构整体连接,中间平台下设置 2 个梯柱,3 个梯梁和平台板与框架柱连接。

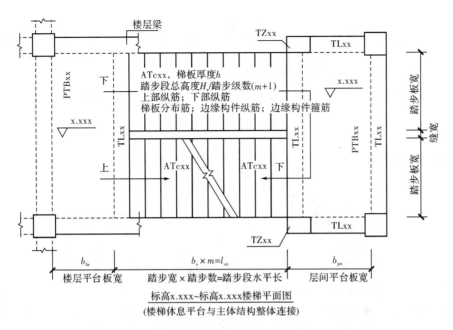

图 6-16 ATc 型楼梯平面注写方式（中间平台与主体结构整体连接）

图 6-17 所示为楼梯中间平台与主体结构脱开连接，中间平台下设置 4 个梯柱，所有梯梁和平台板与框架柱脱开。楼梯中间平台与主体结构脱开连接可避免框架柱形成短柱。

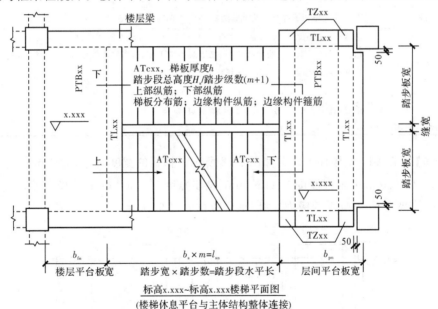

图 6-17 ATc 型楼梯平面注写方式（中间平台与主体结构脱开连接）

楼梯休息平台与主体结构整体连接时，应对短柱、短梁采用有效的加强措施，防止产生脆性破坏。

3. ATc 型楼梯板钢筋构造

ATc 型楼梯板钢筋构造见表 6-8。

表 6-8 ATc 型楼梯板钢筋构造

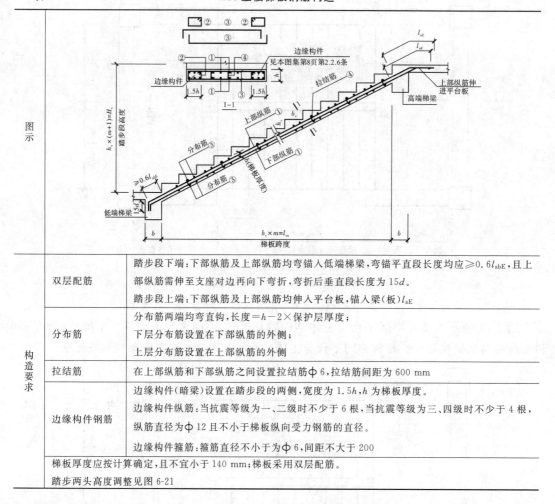

图示		
构造要求	双层配筋	踏步段下端：下部纵筋及上部纵筋均弯锚入低端梯梁，弯锚平直段长度均应≥$0.6l_{abE}$，且上部纵筋需伸至支座对边再向下弯折，弯折后垂直段长度为 $15d$。 踏步段上端：下部纵筋及上部纵筋均伸入平台板，锚入梁（板）l_{aE}
	分布筋	分布筋两端均弯直钩，长度＝$h-2×$保护层厚度； 下层分布筋设置在下部纵筋的外侧； 上层分布筋设置在上部纵筋的外侧
	拉结筋	在上部纵筋和下部纵筋之间设置拉结筋$\phi 6$，拉结筋间距为 600 mm
	边缘构件钢筋	边缘构件（暗梁）设置在踏步段的两侧，宽度为 $1.5h$，h 为梯板厚度。 边缘构件纵筋：当抗震等级为一、二级时不少于 6 根，当抗震等级为三、四级时不少于 4 根，纵筋直径为$\phi 12$且不小于梯板纵向受力钢筋的直径。 边缘构件箍筋：箍筋直径不小于为$\phi 6$，间距不大于 200
		梯板厚度应按计算确定，且不宜小于 140 mm；梯板采用双层配筋。
		踏步两头高度调整见图 6-21

【例 6-6】 某 ATc 型楼梯平面图如图 6-18 所示。梯板的宽度 $b_n = 1\ 600$ mm，梯板的水平投影长度 $l_n = 3\ 000$ mm，梯板厚度 $h = 150$ mm，踏步宽度 $b_s = 300$ mm，踏步高度 $h_s = 150$ mm；混凝土强度等级为 C30，抗震等级为二级，梯梁宽度 $b = 200$ mm。

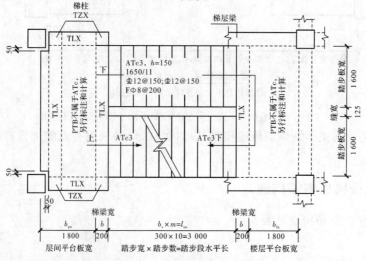

图 6-18 某 ATc 型楼梯平面图

解：ATc 型楼梯钢筋计算过程见表 6-9。

表 6-9　　　　　　　　　　　　　　**ATc 型楼梯钢筋计算过程**

楼梯斜坡系数		$k=\dfrac{\sqrt{b_s^2+h_s^2}}{b_s}=\dfrac{\sqrt{300^2+150^2}}{300}=1.118$
梯板下部纵筋（①号钢筋）	纵筋长度	锚固长度 $l_{aE}=40d=40\times12=480$ mm
		梯板下部纵筋的长度 $l=15d+(b-保护层厚度+l_{sn})\times k+l_{aE}$
		$l=15d+(b-保护层厚度+l_{sn})\times k+l_{aE}$
		$=15\times12+(200-15+3\,000)\times1.118+480=4\,221$ mm
		钢筋简图：（图） 180　4 041
	纵筋根数	纵筋范围$=b_n-2\times1.5h=1\,600-3\times150=1\,150$ mm
		根数$=1\,150/150=8$ 根
梯板上部纵筋（①号钢筋）	纵筋长度	本题的上部纵筋长度与下部纵筋相同，$l=4\,221$ mm
		钢筋简图：（图） 180　4 041
	纵筋根数	上部纵筋范围与下部纵筋相同
		根数$=1\,150/150=8$ 根
梯板分布筋（③号钢筋）	分布筋每根长度	分布筋的水平段长度$=b_n-2\times保护层厚度=1\,600-2\times15=1\,570$ mm
		分布筋的直钩长度$=h-2\times保护层厚度=150-2\times15=120$ mm
		长度$=1\,570+2\times120=1\,810$ mm
		钢筋简图：（图） 120　1 570　120
	分布筋总数	分布筋设置范围$=l_{sn}\times k=3\,000\times1.118=3\,354$ mm
		分布筋根数$=3\,354/200+1=18$ 根（这仅是上部纵筋的分布筋根数）
		上下纵筋的分布筋总数$=2\times18=36$ 根
梯板拉结筋（④号钢筋）	拉结筋长度	梯板拉结筋 6，间距为 600 mm
		拉结筋长度$=(h-2\times保护层厚度)+(75+3.565d)\times2$
		$=(150-2\times15)+(75+3.565\times6)\times2=313$ mm
		钢筋简图：（图） 120
	拉结筋根数	一对上、下纵筋的拉结筋根数
		$3\,354/600=6$ 根
	拉结筋总根数	每一对上下纵筋都应该设置拉结筋（相邻上下纵筋错开设置）
		$8\times6=48$ 根

续表

梯板暗梁箍筋（②号钢筋）	箍筋每根长度	梯板暗梁箍筋ϕ6 为@200 箍筋宽度＝$1.5h$－保护层厚度＝$1.5\times150-15=$ 210 mm 箍筋高度＝$h-2\times$保护层厚度＝$150-2\times15=$ 120 mm 长度＝$(210+120)\times2+(150+7.13d)$ ＝$(210+120)\times2+(150+7.13\times6)$ ＝853 mm	箍筋简图：
	箍筋分布范围	$l_{sn}\times k=3\,000\times1.118=3\,354$ mm	
	箍筋根数	一道暗梁的箍筋根数＝$(3\,354-100)/200+1=18$ 根	
		两道暗梁的箍筋根数＝$2\times18=36$ 根	
梯板暗梁纵筋	纵筋根数	每根暗梁纵筋根数 6 根（一、二级抗震时），暗梁纵筋直径 12（不小于纵向受力钢筋直径）	
		两道暗梁的纵筋根数＝$2\times6=12$ 根	
	纵筋长度	暗梁纵筋长度同下部纵筋 暗梁纵筋长度＝4 221 mm 钢筋简图：	

上面只计算了一跑 ATc 楼梯的钢筋，一个楼梯间有两跑 ATc 楼梯，钢筋总量为上述的钢筋数量乘以 2

6.5 CTa 型楼梯的平法识图和钢筋构造

6.5.1 CTa 型楼梯的平面注写方式和钢筋构造

1. CTa 型楼梯的适用条件

CTa 型楼梯设滑动支座，不参与结构整体抗震设计；其适用条件：两梯梁之间的矩形梯板由踏步段和高端平板构成，高端平板宽应≤3 个踏步宽，两部分的一端各自以梯梁为支座，且梯板低端支承处做成滑动支座，滑动支座直接落在梯梁上。框架结构中，楼梯中间平台通常设梯柱、梁，中间平台可与框架柱连接。

2. CTa 型楼梯平面注写方式

CTa 型楼梯平面注写方式如图 6-19 所示。其中集中注写的内容有 6 项，第 1 项为梯板类型代号与序号 CTa××；第 2 项为梯板厚度 h；第 3 项为梯板水平段厚度 h_t；第 4 项为踏步段总高度 H_s/踏步级数（$m+1$）；第 5 项为上部纵筋及下部纵筋；第 6 项为梯板分布筋，梯板的分布筋可直接标注，也可统一说明。

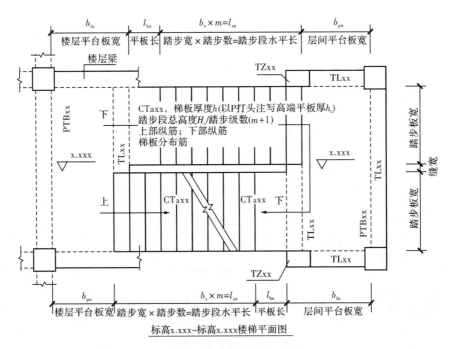

图 6-19　CTa 型楼梯平面注写方式

3. CTa 型楼梯板钢筋构造

CTa 型楼梯板钢筋构造见表 6-10。

表 6-10　　　　　　　　　　　　　　　**CTa 型楼梯板钢筋构造**

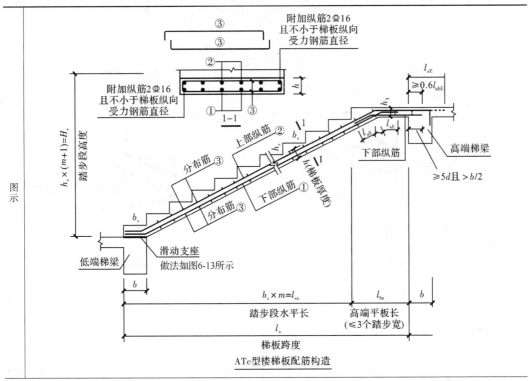

续表

构造要求	双层配筋	踏步段下端：下部纵筋及上部纵筋均平伸至踏步段下端尽头。 踏步段上端：踏步段下部纵筋弯锚入梯板水平段的上部，锚固长度为 l_{aE}；梯板水平段下部纵筋一端弯锚入踏步段的上部，锚固长度为 l_{aE}，另一端锚入高端梯梁，锚固长度≥$5d$ 且>$b/2$。上部纵筋弯折通过梯板水平段，锚入高端梯梁，弯锚直段长度均应≥$0.6l_{abE}$，且上部纵筋需伸至支座对边再向下弯折，弯折后垂直段长度为 $15d$；上部纵筋有条件时可直接伸入平台板内锚固，从支座内边算起总锚固长度不小于 l_{aE}，如图中虚线所示
	分布筋	分布筋两端均弯直钩，长度＝$h-2×$保护层厚度； 下层分布筋设置在下部纵筋的外侧； 上层分布筋设置在上部纵筋的外侧
	附加钢筋	附加钢筋分别设置在上、下层分布筋的拐角处。 下部附加钢筋：2Φ16 且不小于梯板纵向受力钢筋直径， 上部附加钢筋：2Φ16 且不小于梯板纵向受力钢筋直径
	踏步两头高度调整见图 6-20	

6.5.2 各型楼梯第一跑与基础连接构造

各型楼梯踏布第一跑与基础连接构造如图 6-20 所示。

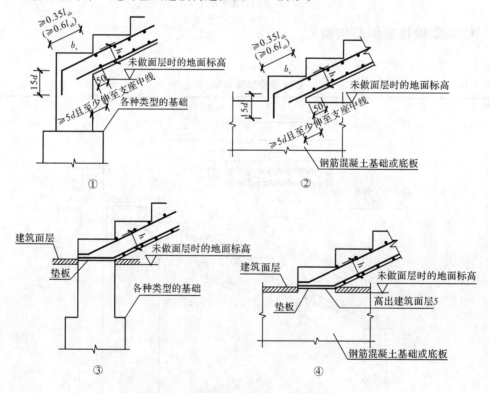

图 6-20　各型楼梯踏步第一跑与基础连接构造

构造说明：

(1)滑动支座做法详见图 6-13。

(2)图 6-20 中上部纵筋锚固长度 $0.35l_{ab}$ 用于设计按铰接的情况，括号内数据 $0.6l_{ab}$ 用于设计考虑充分发挥钢筋抗拉强度的情况，具体工程中设计应指明采用何种情况。

(3)当梯板型号为 ATc 时,图 6-20①、②中应改为分布筋在纵筋外侧,l_{ab} 应改为 l_{abE},下部纵筋锚固要求同上部纵筋,且平直段长度应不小于 $0.6l_{abE}$。

6.5.3 各型楼梯踏步两头高度的调整

建筑专业地面、楼层平台板和层间平台板的建筑面层厚度经常与楼梯踏步面层厚度不同,为使建筑面层做好后的楼梯踏步等高,各型号楼梯踏步板的第一级踏步高度和最后一级踏步高度需要相应增加或减少,见楼梯剖面图,若没有楼梯剖面图,其取值方法详见图 6-18 所示。

由于踏步段上下两端板的建筑面层厚度不同,为使面层完工后各级踏步等高等宽,必须减小最上一级踏步的高度并将其余踏步整体斜向推高,整体推高的(垂直)高度值 $\delta_1 = \Delta_1 - \Delta_2$,高度减小后的最上一级踏步高度 $h_{s2} = h_s - (\Delta_3 - \Delta_2)$。各型楼梯不同踏步位置推高与高度减小构造如图 6-21 所示。

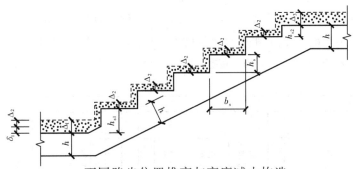

不同踏步位置推高与高度减小构造

图中 δ_1 为第一级与中间各级踏步整体竖向推向值

h_{s1} 为第一级(推高后)踏步的结构高度

h_{s2} 为最上一级(减小后)踏步的结构高度

Δ_1 为第一级踏步根部面层厚度

Δ_2 为中间各级踏步的面层厚度

Δ_3 为最上一级踏步(板)面层厚度

图 6-21 各型楼梯不同踏步位置推高与高度减小构造

复习思考题

1. 板式楼梯由哪几部分组成?

2. 板式楼梯分为哪几类?其主要特征是什么?

3. 现浇混凝土板式楼梯平法施工图有哪几种表达方式?

4. 板式楼梯的平面注写方式包括哪两种标注?各标注哪些内容?

5. 楼梯的剖面注写包括哪些内容?

6. 楼梯的列表注写包括哪些内容?

7. AT 型楼梯的适用条件是什么?

8. AT 型楼梯的平面注写包括哪些内容?

9. 熟练掌握 AT 型楼梯板钢筋构造。

10. 掌握楼梯滑动支座构造做法。

11. ATa 和 ATb 型楼梯的适用条件是什么? 二者有何不同之处?

12. ATa 和 ATb 型楼梯的平面注写包括哪些内容?

13. 掌握 ATa 和 ATb 型楼梯板钢筋构造。

14. ATc 型楼梯的适用条件是什么?

15. 掌握 ATc 型楼梯板钢筋构造。

16. CTa 型楼梯的适用条件是什么?

17. 掌握 CTa 型楼梯板钢筋构造。

18. 掌握各型楼梯踏步第一跑与基础连接构造做法。

习　题

1. 某 AT 型楼梯平面图如图 6-22 所示。楼梯间的开间为 3 600 mm,进深为 6 900 mm;梯板的宽度 $b_n = 1 600$ mm,梯板的水平投影长度 $l_n = 3 000$ mm,梯板厚度 $h = 120$ mm,踏步宽度 $b_s = 300$ mm,踏步高度 $h_s = 150$ mm;混凝土强度等级为 C30,梯梁宽度 $b = 200$ mm。

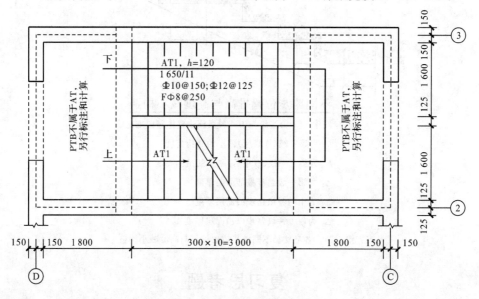

图 6-22　某 AT 型楼梯平面图

2. 某 ATc 型楼梯平面图如图 6-23 所示。梯板的宽度 $b_n = 1 750$ mm,梯板的水平投影长度 $l_n = 3 300$ mm,梯板厚度 $h = 150$ mm,踏步宽度 $b_s = 300$ mm,踏步高度 $h_s = 150$ mm;混凝土强度等级为 C35,抗震等级为三级,梯梁宽度 $b = 200$ mm。

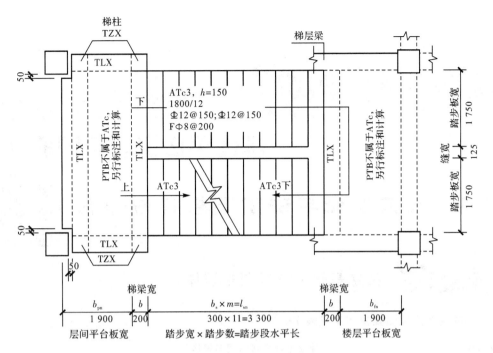

图 6-23 某 ATc 型楼梯平面图

第7章

基础平法识图与钢筋计算

7.1 独立基础平法识图与钢筋计算

微课6

7.1.1 独立基础平法识图知识体系

独立基础平法识图知识体系见表 7-1。

表 7-1 独立基础平法识图知识体系

独立基础知识体系	平法表达方式	平面注写方式	
		截面注写方式	
	数据项	编号	
		截面尺寸	
		配筋	
		标高(选注)	
		必要的文字注解(选注)	
	数据注写方式(平面表达方式)	集中标准	编号
			截面尺寸
			配筋
			标高(选注)
			必要的文字注解(选注)
		原位标注	截面平面尺寸
			多柱独立基础的基础梁钢筋

7.1.2 独立基础平法识图

独立基础平法施工图有平面注写与截面注写两种表达方式,设计者可根据具体工程情况选择一种,或两种方式相结合进行独立基础的施工图设计。

1. 独立基础的平面注写方式

独立基础的平面注写方式分为集中标注和原位标注两部分内容,如图 7-1 所示。

(1)独立基础的集中标注

普通独立基础和杯口独立基础的集中标注是在基础平面布置图上集中引注:基础编号、截面竖向尺寸、配筋三项必注内容(图 7-2),以及基础底面标高(与基础底面基准标高不同时)和必要的文字注解两项选注内容。

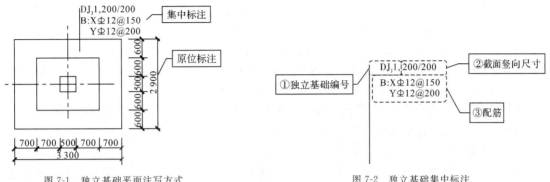

图 7-1 独立基础平面注写方式   图 7-2 独立基础集中标注

1)独立基础类型

独立基础的类型包括普通独立基础和杯口独立基础两类,各又分为阶形和坡形,见表7-2。当柱为现浇时,独立基础与柱子是整浇在一起的,此时常用断面形式为阶形和坡形,阶形基础施工质量容易保证,优先采用。当柱子为预制时,通常将基础做成杯口形,然后将柱子插入,并用细石混凝土嵌固,此时称为杯口独立基础。

表 7-2   独立基础类型

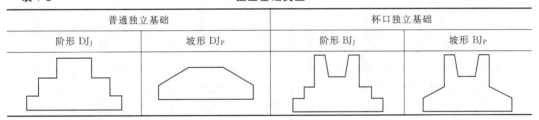

普通独立基础		杯口独立基础	
阶形 DJ$_J$	坡形 DJ$_P$	阶形 BJ$_J$	坡形 BJ$_P$

2)独立基础编号

独立基础集中标注的第一项必注内容是基础编号,基础编号表示了独立基础的类型,见表7-3。

表 7-3   独立基础编号

类型	基础底板截面形状	代号	序号	说明
普通独立基础	阶形	DJ$_J$	××	(1)下标 J 表示阶形,下标 P 表示坡形;
	坡形	DJ$_P$	××	(2)阶形截面即为平板独立基础;
杯口独立基础	阶形	BJ$_J$	××	(3)坡形截面基础底板可为四坡、三坡、双坡及单坡
	坡形	BJ$_P$	××	

例如:DJ$_P$3 表示 3 号坡形普通独立基础;BJ$_J$1 表示 1 号阶形杯口独立基础。

3)独立基础截面竖向尺寸

独立基础集中标注的第二项必注内容是截面竖向尺寸。

①普通独立基础

普通独立基础截面竖向尺寸自下而上进行标注,注写为 $h_1/h_2/h_3/\cdots\cdots$,具体标注见表7-4。

表 7-4 普通独立基础竖向尺寸

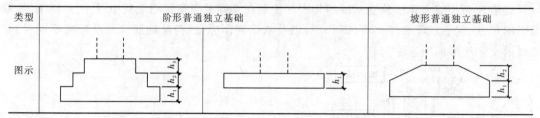

类型	阶形普通独立基础	坡形普通独立基础
图示		

【例 7-1】 当阶形截面普通独立基础 DJ_J1 的竖向尺寸注写为 400/300/300 时,表示 $h_1=400$ mm、$h_2=300$ mm、$h_3=300$ mm,基础底板总高度为 1 000 mm。

【例 7-2】 当坡形截面普通独立基础 DJ_P1 的竖向尺寸注写为 350/300 时,表示 $h_1=350$ mm、$h_2=300$ mm,基础底板总高度为 600 mm。

②杯口独立基础

杯口独立基础截面竖向尺寸分两组,一组表达杯口内(自上而下标注),另一组表达杯口外(自下而上标注),两组尺寸以","分隔,注写为 $a_0/a_1,h_1/h_2/h_3/\cdots\cdots$,具体标注见表 7-5,其中杯口深度 a_0 为柱插入杯口的尺寸加 50 mm。

表 7-5 杯口独立基础竖向尺寸

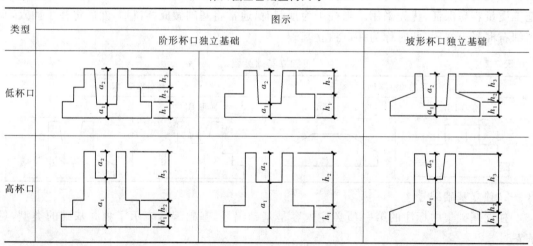

类型	图示	
	阶形杯口独立基础	坡形杯口独立基础
低杯口		
高杯口		

【例 7-3】 当坡形截面杯口独立基础 BJ_P2 的竖向尺寸注写为 500/300,300/200/300 时,表示 $a_0=500$ mm,$a_1=300$ mm,$h_1=300$ mm、$h_2=200$ mm,$h_3=300$ mm,基础总高度为 800 mm。

4)独立基础配筋

独立基础集中标注的第三项必注内容是配筋,如图 7-3 所示。独立基础的配筋有四种情况,见表 7-6。

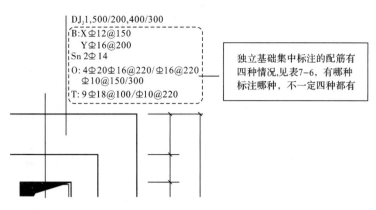

图 7-3 独立基础配筋注写方式

表 7-6 独立基础配筋情况

独立基础配筋	独立基础底板底部配筋
	杯口独立基础顶部焊接钢筋网
	高杯口独立基础的短柱配筋
	多柱独立基础底板顶部配筋

①独立基础底板钢筋

普通独立基础和杯口独立基础的底部双向配筋,以 B 代表各种独立基础底板的底部配筋,见表 7-7。

表 7-7 独立基础底板底部钢筋

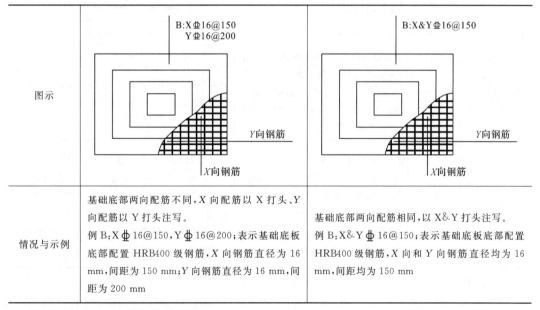

图示	B:XΦ16@150 YΦ16@200 Y向钢筋 X向钢筋	B:X&YΦ16@150 Y向钢筋 X向钢筋
情况与示例	基础底部两向配筋不同,X 向配筋以 X 打头、Y 向配筋以 Y 打头注写。 例 B:XΦ16@150,YΦ16@200;表示基础底板底部配置 HRB400 级钢筋,X 向钢筋直径为 16 mm,间距为 150 mm;Y 向钢筋直径为 16 mm,间距为 200 mm	基础底部两向配筋相同,以 X&Y 打头注写。 例 B:X&YΦ16@150;表示基础底板底部配置 HRB400 级钢筋,X 向和 Y 向钢筋直径均为 16 mm,间距均为 150 mm

②杯口独立基础顶部焊接钢筋网

注写杯口独立基础顶部焊接钢筋网。以 Sn 打头引注杯口顶部焊接钢筋网的各边钢筋,见表 7-8。

表 7-8 杯口独立基础顶部焊接钢筋网

类别	单杯口独立基础顶部焊接钢筋网	双杯口独立基础顶部焊接钢筋网
图示	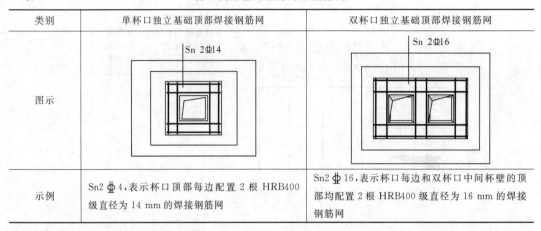	
示例	Sn2⏀4,表示杯口顶部每边配置 2 根 HRB400 级直径为 14 mm 的焊接钢筋网	Sn2⏀16,表示杯口每边和双杯口中间杯壁的顶部均配置 2 根 HRB400 级直径为 16 mm 的焊接钢筋网

③高杯口独立基础的短柱配筋

以 O 代表短柱配筋。先注写短柱纵筋,再注写箍筋。见表 7-9。

表 7-9 高杯口独立基础的短柱配筋

类别	单高杯口独立基础短柱配筋	双高杯口独立基础短柱配筋
图示	O:4⏀20/⏀16@220/⏀16@220 ⏀10@150/300	O:4⏀22/⏀16@220/⏀14@200 ⏀10@150/300
情况	单高杯口独立基础短柱配筋,注写为角筋/长边中部筋/短边中部筋,箍筋(两种间距);当短柱水平截面为正方形时,注写为角筋/x 边中部筋/y 边中部筋,箍筋(两种间距,短柱杯口壁内箍筋间距/短柱其他部位箍筋间距)	双高杯口独立基础的短柱配筋,注写形式与单高杯口相同
示例	O:4⏀20/⏀16@220/⏀16@200,⏀10@150/300,表示高杯口独立基础的短柱配置 HRB400 级竖向钢筋和 HPB300 级箍筋。其竖向纵筋为 4⏀20 角筋、⏀16@220 长边中部筋和⏀16@200 短边中部筋;其箍筋直径为 10 mm,短柱杯口壁内间距为 150 mm,短柱其他部位间距为 300 mm	O:4⏀22/⏀16@220/⏀14@200,⏀10@150/300,表示高杯口独立基础的短柱配置 HRB400 级竖向钢筋和 HPB300 级箍筋。其竖向纵筋为 4⏀22 角筋、⏀16@220 长边中部筋和⏀14@200 短边中部筋;其箍筋直径为 10 mm,短柱杯口壁内间距为 150 mm,短柱其他部位间距为 300 mm

④多柱独立基础钢筋

独立基础通常为单柱独立基础,也可为多柱独立基础(双柱或四柱)。当为双柱独立基础且柱距较小时,通常仅配置基础底部钢筋;当柱距较大时,除基础底部钢筋外,尚需在两柱间配置基础顶部钢筋或设置基础梁;当为四柱独立基础时,通常可设置两道平行的基础梁,需要时可在两道基础梁之间配置基础顶部钢筋。

以 T 开头的配筋,就是指多柱独立基础底板顶部配筋。多柱独立基础顶部钢筋的注写方式见表 7-10。

表 7-10   多柱独立基础顶部钢筋

类别	双柱独立基础顶部配筋	四柱独立基础底板顶部基础梁间配筋
图示	T:9 ϕ 18@100/Φ10@200 基础顶部纵向受力钢筋 分布钢筋	T:Φ16@120/Φ10@200 分布钢筋　基础顶部纵向受力钢筋 JL×·(1B)
情况与示例	先注写受力钢筋,再注写分布钢筋。 例如:T:9 ϕ 18@100/ϕ 10@200;表示独立基础顶部配置纵向受力钢筋 HRB400 级,直径为 18 mm,设置 9 根,间距为 100 mm;分布钢筋 HPB300 级,直径为 10 mm,间距为 200 mm	先注写受力钢筋,再注写分布钢筋。 例如:T:ϕ 16@120/ϕ 10@200;表示在四柱独立基础顶部两道基础梁之间配置受力钢筋 HRB400 级,直径为 16 mm,间距为 120 mm;分布钢筋 HPB300 级,直径为 10 mm,分布间距为 200 mm

⑤注写基础底面标高(选注内容)。

当独立基础的底面标高与基础底面基准标高不同时,应将独立基础底面标高直接注写在"( )"内。

⑥必要的文字注解(选注内容)。

当独立基础的设计有特殊要求时,宜增加必要的文字注解。

(2)独立基础的原位标注

独立基础的原位标注是在基础平面布置图上标注独立基础的平面尺寸,见表 7-11。

表 7-11   独立基础的原位标注

类型	图示	
	阶形	坡形
普通独立基础	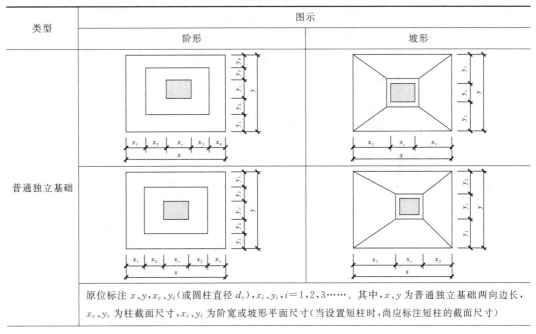	
	原位标注 x、y,x_c、y_c(或圆柱直径 d_c),x_i、y_i,$i=1,2,3\cdots\cdots$。其中,x、y 为普通独立基础两向边长,x_c、y_c 为柱截面尺寸,x_i、y_i 为阶宽或坡形平面尺寸(当设置短柱时,尚应标注短柱的截面尺寸)	

续表

类型	图示	
	阶形	坡形
杯口独立基础	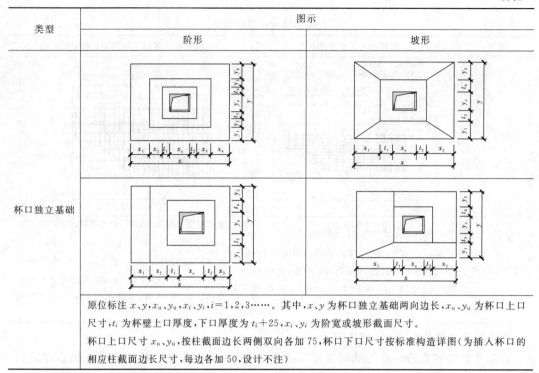	
	原位标注 x、y、x_u、y_u、x_i、y_i，$i=1,2,3$……。其中，x、y 为杯口独立基础两向边长，x_u、y_u 为杯口上口尺寸，t_i 为杯壁上口厚度，下口厚度为 t_i+25，x_i、y_i 为阶宽或坡形截面尺寸。 杯口上口尺寸 x_u、y_u，按柱截面边长两侧双向各加 75，杯口下口尺寸按标准构造详图（为插入杯口的相应柱截面边长尺寸，每边各加 50，设计不注）	

对相同编号的基础，可选择一个进行原位标注；当平面图形较小时，可将所选定进行原位标注的基础按比例适当放大；其他相同编号者仅注编号。

（3）独立基础的平面注写方式

独立基础的平面注写方式见表 7-12。

表 7-12　　　　　　　　　　　　　独立基础的平面注写方式

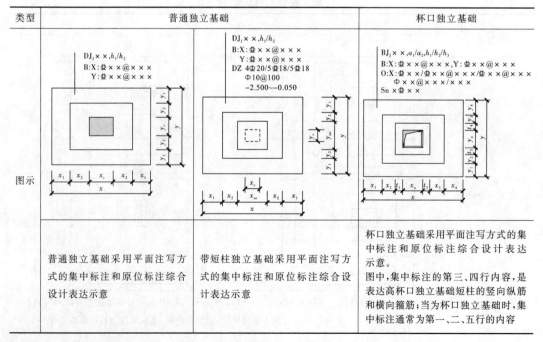

类型	普通独立基础		杯口独立基础
图示			
	普通独立基础采用平面注写方式的集中标注和原位标注综合设计表达示意	带短柱独立基础采用平面注写方式的集中标注和原位标注综合设计表达示意	杯口独立基础采用平面注写方式的集中标注和原位标注综合设计表达示意。 图中，集中标注的第三、四行内容，是表达高杯口独立基础短柱的竖向纵筋和横向箍筋；当为杯口独立基础时，集中标注通常为第一、二、五行的内容

采用平面注写方式表达的独立基础设计施工图注写方式示例如图7-4所示。

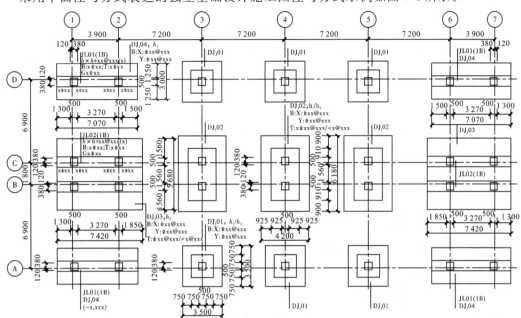

图7-4 独立基础平法施工图平面注写方式示例

2. 独立基础的截面注写方式

独立基础的截面注写方式可分为截面标注(图7-5)和列表注写两种,在实际工程中,经常把这两种方式结合使用。

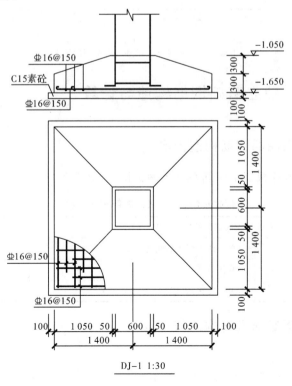

DJ-1 1:30

图7-5 采用截面标注的普通独立基础

对单个基础进行截面标注的内容和形式,与传统的"单构件正投影表示方法"基本相同。采用截面标注的普通独立基础如图7-5所示。

对多个同类基础,可采用列表注写(结合截面示意图)的方式进行集中表达。表中内容为基础截面的几何数据和配筋等,在截面示意图上应标注与表中栏目相对应的代号。

(1)普通独立基础

普通独立基础列表注写方式见表7-13。

表 7-13　　　　　　　　　　普通独立基础列表注写方式

基础截面/ 截面号	截面几何尺寸				底部配筋(B)	
	x、y	x_c、y_c	x_i、y_i	$h_1/h_2/……$	X 向	Y 向

注:表中可根据实际情况增加栏目。例如:当基础底面标高与基础底面基准标高不同时,加注基础底面标高;当为双柱独立基础时,加注基础顶部配筋或基础梁几何尺寸和配筋;当设置短柱时增加短柱尺寸及配筋等。

(2)杯口独立基础

杯口独立基础列表注写方式见表7-14。

表 7-14　　　　　　　　　　杯口独立基础列表注写方式

基础编号/ 截面号	截面几何尺寸				底部配筋(B)		杯口顶部 钢筋网 (Sn)	短柱配筋(O)	
	x、y	x_c、y_c	x_i、y_i	a_0、a_1,$h_1/h_2/$ $h_3/……$	X 向	Y 向		角筋/长边 中部筋/短 边中部筋	杯口壁箍 筋/其他部 位箍筋

注:1.表中可根据实际情况增加栏目。如当基础底面标高与基础底面基准标高不同时,加注基础底面标高;或增加说明栏目等。

2.短柱配筋适用于高杯口独立基础,并适用于杯口独立基础杯壁有配筋的情况。

7.1.3　独立基础钢筋构造与计算

1.独立基础底板底部钢筋构造情况

本教材将独立基础底板底部配筋总结为两种情况,见表7-15。

表 7-15　　　　　　　　　　独立基础底板底部钢筋构造情况

独立基础底板底部钢筋构造情况		图集 16G101-3 页码
一般情况	独立基础底板底部配筋一般情况	第 67 页
钢筋长度减短 10% 构造	对称独立基础	第 70 页
	不对称独立基础	

2.独立基础底板底部钢筋构造与计算

(1)一般情况

独立基础底板底部钢筋一般构造见表7-16。

表 7-16　　　　　　　　　　　　　独立基础底板底部钢筋一般构造

类别	阶形独立基础底板配筋	坡形独立基础底板配筋
图示	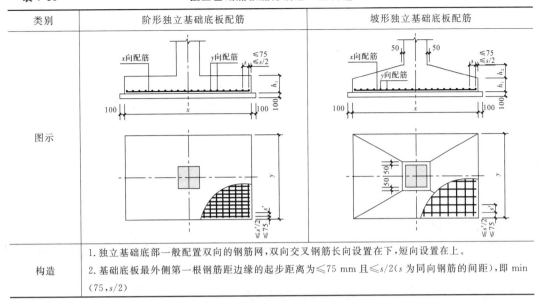	
构造	1.独立基础底部一般配置双向的钢筋网,双向交叉钢筋长向设置在下,短向设置在上。 2.基础底板最外侧第一根钢筋距边缘的起步距离为≤75 mm 且≤$s/2$(s 为同向钢筋的间距),即 min $(75,s/2)$	

由表 7-16 钢筋构造可得基础底板底部钢筋长度和根数计算公式如下:

X 向钢筋为

$$钢筋长度=x-2c$$

$$钢筋根数=[y-2\times\min(75,s'/2)]/s'+1$$

Y 向钢筋为

$$钢筋长度=y-2c$$

$$钢筋根数=[x-2\times\min(75,s/2)]/\,s+1$$

【例 7-4】　独立基础 DJ_J2 平法施工图和剖面图如图 7-6 所示,试计算钢筋量。

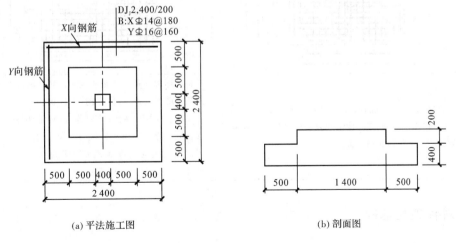

(a) 平法施工图　　　　　　　　　　(b) 剖面图

图 7-6　独立基础 DJ_J2

解:独立基础 DJ_J2 钢筋计算过程见表 7-17。

表 7-17　　　　　　　　　　　　　　　　**独立基础 DJ_J2 钢筋计算过程**

X 向钢筋	长度	钢筋长度$=x-2c=2\ 400-40\times2=2\ 320$ mm
		钢筋简图:　　　　　　　2 320
	根数	钢筋根数$=[y-2\times\min(75,s'/2)]/s'+1$
		$[2\ 400-2\times\min(75,180/2)]/180+1=14$ 根
Y 向钢筋	长度	钢筋长度$=y-2c=2\ 400-40\times2=2\ 320$ mm
		钢筋简图:　　　　　　　2 320
	根数	总根数$=[x-2\times\min(75,s/2)]/s+1$
		$[2\ 400-2\times\min(75,160/2)]/160+1=16$ 根

（2）钢筋长度减短 10%

当独立基础底板长度≥2 500 mm 时，钢筋长度减短 10%，分为对称、非对称两种情况，其构造见表 7-18。

表 7-18　　　　　　　　　　　　　　　　**独立基础底部钢筋减短 10%构造**

类别	对称独立基础	非对称独立基础
图示	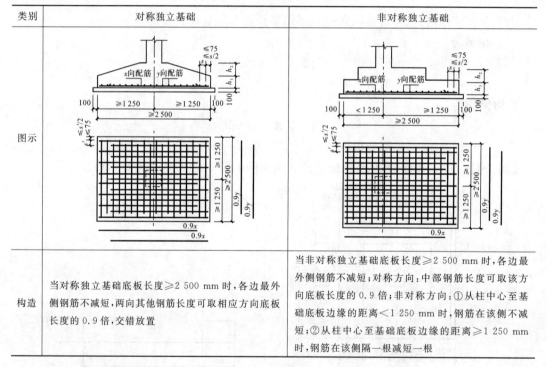	
构造	当对称独立基础底板长度≥2 500 mm 时，各边最外侧钢筋不减短，两向其他钢筋长度可取相应方向底板长度的 0.9 倍，交错放置	当非对称独立基础底板长度≥2 500 mm 时，各边最外侧钢筋不减短；对称方向：中部钢筋长度可取该方向底板长度的 0.9 倍；非对称方向：①从柱中心至基础底板边缘的距离<1 250 mm 时，钢筋在该侧不减短；②从柱中心至基础底板边缘的距离≥1 250 mm 时，钢筋在该侧隔一根减短一根

1. 对称独立基础

（1）X 向钢筋

各边最外侧钢筋不减短：钢筋长度$=x-2c$。

其他减短钢筋：钢筋长度$=0.9x$。

钢筋根数$=[y-2\times\min(75,s'/2)]/s'-1$（外侧 2 根钢筋不减短，其他钢筋减短 10%）

（2）Y 向钢筋

各边最外侧钢筋不减短：钢筋长度＝$y-2c$。

其他减短钢筋：钢筋长度＝$0.9y$。

减短钢筋根数＝$[x-2\times\min(75,s/2)]/s-1$（外侧 2 根钢筋不减短，其他钢筋减短 10％）

2. 非对称独立基础

（1）X 向钢筋

各边最外侧钢筋不减短：钢筋长度＝$x-2c$。

非对称方向（一侧不减短，另一侧间隔一根错开减短）：钢筋长度＝$x-2c$，钢筋长度＝$0.9x$。

钢筋根数＝$[y-2\times\min(75,s'/2)]/s'-1$（外侧 4 根钢筋不减短，其他钢筋为减短与不减短之和，其中减短根数比不减短根数多 1 根）

（2）Y 向钢筋

各边最外侧钢筋不减短：钢筋长度＝$y-2c$。

其他减短钢筋：钢筋长度＝$0.9y$。

减短钢筋根数＝$[x-2\times\min(75,s/2)]/s-1$（外侧 2 根钢筋不减短，其他钢筋减短 10％）

【例 7-5】　独立基础 DJ_p1 平法施工图和钢筋示意图如图 7-7 所示，试计算钢筋量。

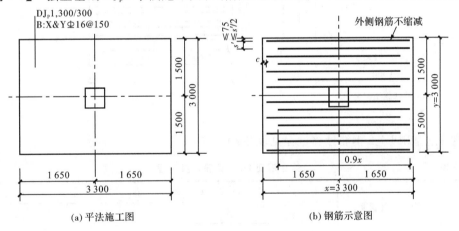

(a) 平法施工图　　　　　　　(b) 钢筋示意图

图 7-7　独立基础 DJ_p1

解：独立基础 DJ_p1 钢筋计算过程见表 7-19。

表 7-19　　　　　　　　　　　独立基础 DJ_p1 钢筋计算过程

X 向钢筋	外侧钢筋长度	钢筋长度＝$x-2c$＝3 300－40×2＝3 220 mm
		钢筋简图：　　3 220
	外侧钢筋根数	钢筋根数＝2 根（一侧各一根）
	其余钢筋长度	钢筋长度＝$0.9x$＝0.9×3 300＝2 970 mm
		钢筋简图：　　2 970
	其余钢筋根数	钢筋根数＝$[y-2\times\min(75,s'/2)]/s'-1$
		$[3\ 000-2\times\min(75,150/2)]/150-1$＝18 根

续表

	外侧钢筋长度	总长度$=y-2c=3\,000-40\times2=2\,920$ mm
		钢筋简图：　　2 920
	外侧钢筋根数	钢筋根数$=2$根（一侧各一根）
Y向钢筋	其余钢筋长度	钢筋长度$=0.9y=0.9\times3\,000=2\,700$ mm
		钢筋简图：　　2 700
	其余钢筋根数	钢筋根数$=[x-2\times\min(75,s/2)]/s-1$
		$[3\,300-2\times\min(75,150/2)]/150-1=20$根

【例 7-6】　独立基础 DJ_p2 平法施工图和钢筋示意图如图 7-8 所示，试计算钢筋量。

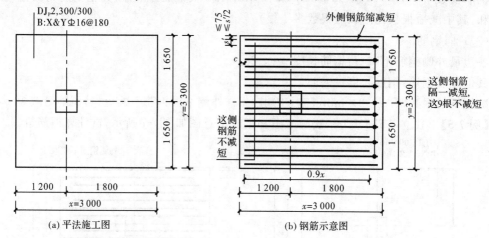

(a) 平法施工图　　　　　　　(b) 钢筋示意图

图 7-8　独立基础 DJ_p2

解：独立基础 DJ_p2 钢筋计算过程见表 7-20。

表 7-20　　　　　　　　　　　　独立基础 DJ_p2 钢筋计算过程

	外侧钢筋长度	钢筋长度$=x-2c=3\,000-40\times2=2\,920$ mm
		钢筋简图：　　2 920
	外侧钢筋根数	钢筋根数$=2$根（一侧各一根）
X向钢筋	其余钢筋长度和根数（两侧均不减短）	钢筋长度$=x-2c=3\,000-40\times2=2\,920$ mm
		钢筋简图：　　2 920
		钢筋根数$=\{[y-2\times\min(75,s'/2)]/s'-1\}/2$
		$\{[3\,300-2\times\min(75,180/2)/180-1\}/2=9$根
	其余钢筋长度和根数（右侧减短）	钢筋长度$=0.9x=0.9\times3\,000=2\,700$ mm
		钢筋简图：　　2 700
		钢筋根数$=9-1=8$根（因为两侧外边钢筋不减短，所以右侧减短的钢筋比不减短的钢筋少一根）

续表

	外侧钢筋长度	总长度＝$y-2c$＝3 300－40×2＝3 220 mm
		钢筋简图：　　　3 220
Y 向钢筋	外侧钢筋根数	钢筋根数＝2 根（一侧各一根）
	其余钢筋长度	钢筋长度＝0.9y＝0.9×3 300＝2 970 mm
		钢筋简图：　　　2 970
	其余钢筋根数	钢筋根数＝[$x-2×\min(75,s/2)$]/$s-1$
		[3 000－2×min(75,180/2)]/180－1＝15 根

3. 双柱普通独立基础配筋构造

双柱普通独立基础配置基础顶部钢筋构造见表 7-21。

表 7-21　　　　　　　　　双柱普通独立基础配置顶部钢筋构造

图示	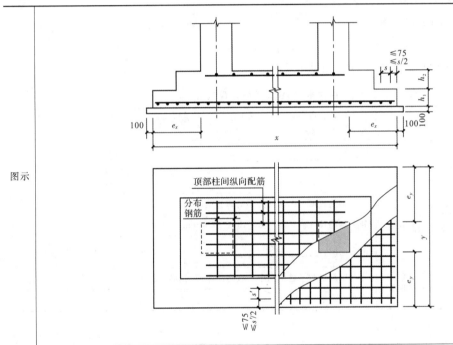
说明	1. 底部配置双向交叉钢筋，根据基础两个方向从柱外缘至基础外缘的伸出长度 e_x 和 e_y 的大小，较大者方向的钢筋设置在下，较小者方向的钢筋设置在上。 2. 顶部配置纵向受力钢筋时，分布钢筋宜设置在受力纵向钢筋之下。 3. 顶部纵向受力钢筋的锚固长度取 l_a

由表 7-21 钢筋构造可得基础顶部钢筋长度和根数计算公式。

(1) X 向受力钢筋

$$受力钢筋长度＝柱内侧边起算长度＋两端锚固长度 l_a$$

钢筋根数由设计标注。

(2) Y 向分布钢筋

$$分布钢筋长度＝纵向受力钢筋布置范围长度－2c$$

横向分布钢筋根数在柱横向中心线之间距离范围布置。

【例 7-7】 独立基础 DJ_p3 平法施工图和钢筋示意图如图 7-9 所示,混凝土强度为 C30,试计算基础顶部钢筋量。

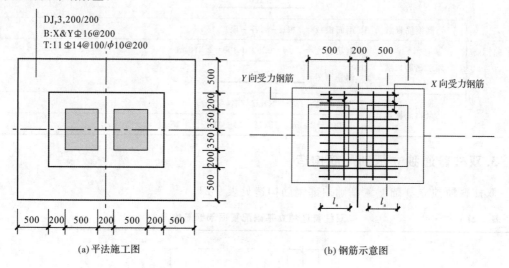

(a) 平法施工图   (b) 钢筋示意图

图 7-9 独立基础 DJ_p3

解:独立基础 DJ_p2 钢筋计算过程见表 7-22。

表 7-22   独立基础 **DJ_J2 钢筋计算过程**

X 向受力钢筋	钢筋长度	受力钢筋长度＝柱内侧边起算长度+两端锚固长度 l_a 受力钢筋长度＝200+2× $29d$＝200+2×29×14＝1 012 mm
		钢筋简图: 1 012
	钢筋根数	钢筋根数＝11 根
Y 向分布钢筋	分布钢筋长度	分布钢筋长度＝纵向受力钢筋布置范围长度－2c
		分布钢筋长度＝1 100－2×40＝1 020 mm
		钢筋简图: 1020
	分布钢筋根数	分布钢筋根数＝柱横向中心线之间距离/钢筋间距+1
		分布钢筋根数＝(500/2+200+500/2)/200+1＝5 根

7.2 条形基础平法识图与钢筋计算

7.2.1 条形基础平法识图知识体系

条形基础构件的制图规则,知识体系见表 7-23。

表 7-23　　　　　　　　　　　　　条形基础平法识图知识体系

平法表达方式	平面注写方式		
	截面注写方式		
数据项	编号		
	截面尺寸		
	配筋		
	标高(选注)		
	必要的文字注解(选注)		
条形基础底板数据注写方式(平面表达方式)	集中标准	编号	
		截面尺寸	
		配筋	
		标高(选注)	
		必要的文字注解(选注)	
	原位标注	底板平面尺寸	
		原位注写修正内容	
条形基础底板数据注写方式(平面表达方式	集中标准	编号	
		截面竖向尺寸	
		配筋	
		标高(选注)	
		必要的文字注解(选注)	
	原位标注	梁端或柱下区域底部全部纵筋	
		附加箍筋或吊筋	
		外伸部分变截面高度	
		原位注写修正内容	

7.2.2　条形基础平法识图

条形基础平法施工图有平面注写与截面注写两种表达方式,设计者可根据具体工程情况选择一种,或将两种方式相结合进行条形基础的施工图设计。

当绘制条形基础平面布置图时,应将条形基础平面与基础所支承的上部结构的柱、墙一起绘制。当基础底面标高不同时,需注明与基础底面基准标高不同之处的范围和标高。

当梁板式基础梁中心或板式条形基础板中心与建筑定位轴线不重合时,应标注其定位尺寸;对于编号相同的条形基础,可仅选择一个进行标注。

条形基础整体上可分为两类:板式条形基础(条基上无基础梁)和梁板式条形基础(条基上有基梁),如图 7-10 所示。

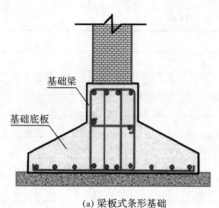
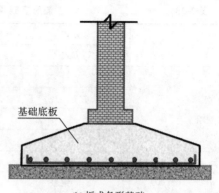

| (a) 梁板式条形基础 | (b) 板式条形基础 |

图 7-10　条形基础分类

板式条形基础适用于钢筋混凝土剪力墙结构和砌体结构。平法施工图仅表达条形基础底板。

梁板式条形基础适用于钢筋混凝土框架结构、框架—剪力墙结构、部分框支剪力墙结构和钢结构。平法施工图将梁板式条形基础分解为基础梁和条形基础底板分别进行表达。

条形基础编号分为基础梁和条形基础底板编号，见表 7-24。

表 7-24　　　　　　　　　　　　　条形基础梁及底板编号

类型		代号	序号	跨数及有无外伸
基础梁		JL	××	(××)端部无外伸
条形基础底板	坡形	TJB_P	××	(××A)一端有外伸
	阶形	TJB_J	××	(××B)两端有外伸

注：条形基础通常采用坡形截面或单阶形截面。

1. 基础梁的平面注写方式

基础梁的平面注写方式分为集中标注和原位标注两部分内容，如图 7-11 所示。当集中标注的某项数值不适用于基础梁的某部位时，则将该项数值采用原位标注，施工时，原位标注优先。

（1）基础梁的集中标注

基础梁的集中标注内容为基础梁编号、截面尺寸和配筋三项必注内容（图 7-12），以及基础梁底面标高（与基础底面基准标高不同时）和必要的文字注解两项选注内容。

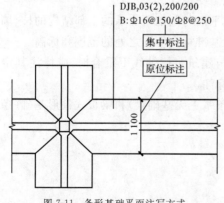

图 7-11　条形基础平面注写方式

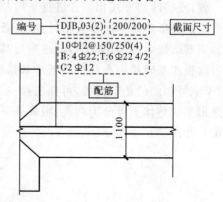

图 7-12　条形基础基础梁集中标注

1）基础梁编号

基础梁编号由代号、序号、跨数及是否有外伸三部分组成，如图7-13所示。

2）基础梁截面尺寸

基础梁截面尺寸 $b \times h$ 表示梁截面宽度与高度。当为竖向加腋梁时，用 $b \times h$ Y $c_1 \times c_2$ 表示，其中 c_1 为腋长，c_2 为腋高。

3）基础梁配筋

基础梁集中标注的第三项必注内容是配筋，基础梁配筋的注写内容为箍筋、底部纵向钢筋、顶部纵向钢筋及侧面纵向钢筋，如图7-14所示。

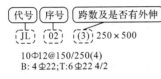

图7-13　基础梁编号平法标注

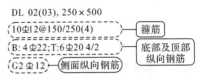

图7-14　基础梁配筋标注内容

①基础梁箍筋

当具体设计仅采用一种箍筋间距时，应注写钢筋级别、直径、间距及肢数（箍筋肢数写在括号内，下同）。

当具体设计仅采用两种箍筋间距时，用"/"分隔不同箍筋，按照从基础梁两端向跨中的顺序注写。先注写第1段箍筋（在前面加注箍筋道数），在斜线后再注写第2段箍筋（不再加注箍筋道数）。

施工时应注意：两向基础梁相交的柱下区域，应有一向截面较高的基础梁箍筋贯通设置；当两向基础梁高度相同时，任选一向基础梁箍筋贯通设置。

常见基础梁箍筋表示形式见表7-25。

表 7-25　　　　　　　　　　　　常见基础梁箍筋表示形式

表示形式	表达含义
Φ10@120(2)	表示采用一种箍筋间距的HRB335级钢筋，直径为10 mm，间距为120 mm，双肢箍
9Φ12@100/Φ12@200(4)	表示采用两种箍筋间距的HRB335级钢筋，直径为12 mm，从梁两端起向跨内按箍筋间距为100 mm，每端各设置9道，梁其余部分的箍筋间距为200 mm，均为4肢箍

②基础梁底部、顶部纵向钢筋

以B打头，注写梁底部贯通纵筋（不应少于梁底部受力钢筋总截面面积的1/3）。当跨中所注根数少于箍筋肢数时，需要在跨中增设梁底部架立筋以固定箍筋，采用"＋"将贯通纵筋和架立筋相联，架立筋注写在加号后面的括号内。

以T打头，注写梁顶部贯通纵筋。注写时用分号";"将底部与顶部贯通纵筋分隔开，如有个别跨与其不同，按原位标注进行注写。

当梁底部或顶部贯通纵筋多于一排时，用斜线"/"将各排纵筋自上而下分开。

常见基础梁底部、顶部纵向钢筋表示形式见表7-26。

表 7-26 常见基础梁底部、顶部纵向钢筋表示形式

表示形式	表达含义
B2 Φ 22+(2Φ12)； T4 Φ 20	梁底部配置贯通纵筋为 2 Φ 22，放在箍筋角部，底部中间配置架立筋为 2 Φ 12；梁顶部配置贯通纵筋为 4 Φ 20
B4 Φ 25；T10 Φ 22 6/4	梁底部配置贯通纵筋为 4 Φ 25；梁顶部配置贯通纵筋上一排为 6 Φ 22，下一排为 4 Φ 22，共10 Φ 22

③基础梁侧面纵向钢筋

以大写字母 G 打头，注写梁两侧面对称设置的纵向构造钢筋的总配筋值（当梁腹板高度 $h_w \geqslant 450$ mm 时，根据需要配置）。

当需要配置抗扭纵向钢筋时，梁两个侧面设置的抗扭纵向钢筋以 N 打头。

4)注写基础梁底面标高(选注内容)

当条形基础的底面标高与基础底面基准标高不同时，将条形基础底面标高注写在"()"内。

5)必要的文字注解(选注内容)

当基础梁的设计有特殊要求时，宜增加必要的文字注解。

(2)基础梁的原位标注

基础梁的原位标注内容为基础梁支座的底部纵筋、基础梁附加箍筋或(反扣)吊筋、基础梁外伸部位的变截面高度尺寸和原位注写修正内容。

1)基础梁支座的底部纵筋

基础梁支座的底部纵筋是指包含贯通纵筋与非贯通纵筋在内的所有纵筋，如图 7-15 所示。

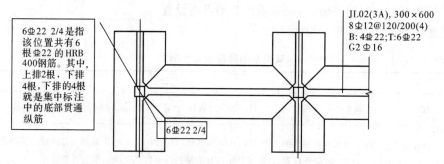

图 7-15 梁支座底部纵筋的原位标注

基础梁的原位标注规定如下：

①当底部纵筋多于一排时，用"/"将各排纵筋自上而下分开。

②当同排纵筋有两种直径时，用加号"+"将两种直径的纵筋相联。

③当梁中间支座两边的底部纵筋配置不同时，需要在支座两边分别标注；当梁中间支座两边的底部纵筋相同时，可仅在支座的一边标注配筋值。

④当梁端(支座)区域的底部全部纵筋与集中注写过的贯通纵筋相同时，可不再重复做原位标注。

⑤竖向加腋梁加腋部位钢筋，需要在设置加腋的支座处以 Y 打头注写在括号内。

施工及预算方面应注意：当底部贯通纵筋经原位注写修正，出现两种不同配置的底部贯通纵筋时，应在两毗邻跨中配置较小一跨的跨中连接区域进行连接（配置较大一跨的底部贯通纵筋需伸出至毗邻跨的跨中连接区域）。

2）基础梁附加箍筋或（反扣）吊筋

当两向基础梁十字交叉，但交叉位置无柱时，应根据需要设置附加箍筋或（反扣）吊筋。

①附加箍筋

附加箍筋的平法标注，如图7-16所示，表示每边各加4根，共8根附加钢筋。

②（反扣）吊筋

（反扣）吊筋的平法标注，如图7-17所示。

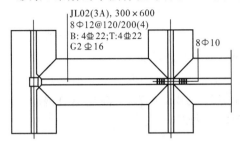

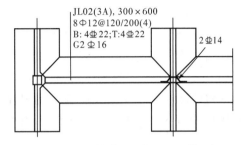

图7-16　基础梁附加箍筋的平法标注　　　　　　　　图7-17　基础梁（反扣）吊筋的平法标注

3）原位注写基础梁外伸部位的变截面高度尺寸

当基础梁外伸部位采用变截面高度时，在该部位原位注写 $b \times h_1 / h_2$，h_1 为根部截面高度，h_2 为尽端截面高度，如图7-18所示。

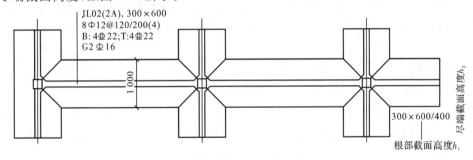

图7-18　基础梁外伸部位的变截面高度尺寸

4）原位注写修正内容

当在基础梁上集中标注的某项内容（如截面尺寸、箍筋、底部与顶部贯通纵筋或架立筋、梁侧面纵向构造钢筋、梁底面标高等）不适用某跨或某外伸部位时，将其修正内容原位标注在该跨或该外伸部位，施工时原位标注取值优先。

如图7-19所示，JL02集中标注的截面尺寸为 300×600，第2跨原位标注为 300×500，表示第2跨发生了变化。

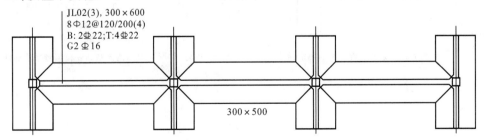

图7-19　原位注写修正内容

2. 基础梁底部非贯通纵筋的长度规定

(1)为方便施工,对于基础梁柱下区域底部非贯通纵筋的伸出长度 a_0 值:当配置不多于两排时,在标准构造详图中统一取值为自柱边向跨内伸出至 $l_n/3$ 位置;当非贯通纵筋配置多于两排时,从第三排起向跨内的伸出长度值应由设计者注明。l_n 的取值规定:边跨边支座的底部非贯通纵筋,l_n 取本边跨的净跨长度值;对于中间支座的底部非贯通纵筋,l_n 取支座两边较大一跨的净跨长度值。

(2)基础梁外伸部位底部纵筋的伸出长度 a_0 值,在标准构造详图中统一取值为第一排伸出至梁端头后,全部上弯 $12d$ 或 $15d$;其他排钢筋伸至梁端头后截断。

(3)设计者在执行第(1)(2)条底部非贯通纵筋伸出长度的统一取值规定时,应注意按《混凝土结构设计规范》GB 50010、《建筑地基基础设计规范》GB 50007 和《高层建筑混凝土结构技术规程》JGJ 3 的相关规定进行校核,当不满足时应另行变更。

3. 基础底板的平面注写方式

条形基础底板的平面注写方式分为集中标注和原位标注两部分内容。

(1)条形基础底板的集中标注

条形基础底板的集中标注内容为条形基础底板编号、截面竖向尺寸、配筋三项必注内容(图 7-20),以及条形基础底板底面标高(与基础底面基准标高不同时)、必要的文字注解两项选注内容。

1)条形基础底板编号

条形基础底板编号平法标注如图 7-21 所示。

2)条形基础底板截面竖向尺寸

条形基础底板截面竖向尺寸自下而上进行标注,注写为 $h_1/h_2/\cdots\cdots$,条形基础底板截面竖向尺寸见表 7-27。

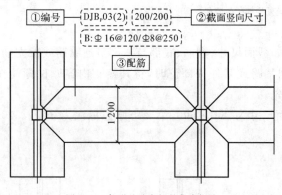

图 7-20　条形基础底板的集中标注

图 7-21　条形基础底板编号平法标注

表 7-27

表 7-27 条形基础底板截面竖向尺寸

类型	坡形截面	阶形截面
图示	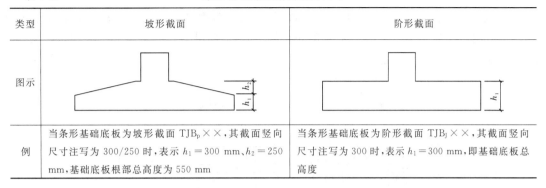	
例	当条形基础底板为坡形截面 TJB_P×× ，其截面竖向尺寸注写为 300/250 时，表示 $h_1=300$ mm、$h_2=250$ mm，基础底板根部总高度为 550 mm	当条形基础底板为阶形截面 TJB_J×× ，其截面竖向尺寸注写为 300 时，表示 $h_1=300$ mm，即基础底板总高度

3）条形基础底板底部及顶部配筋

条形基础底板底部的横向受力钢筋以 B 打头；条形基础底板顶部的横向受力钢筋以 T 打头；注写时，用斜线"/"分隔条形基础底板的横向受力钢筋与纵向分布钢筋，见表 7-28。

表 7-28 条形基础底板配筋表示形式

类别	单梁条形基础底板	双梁条形基础底板
图示	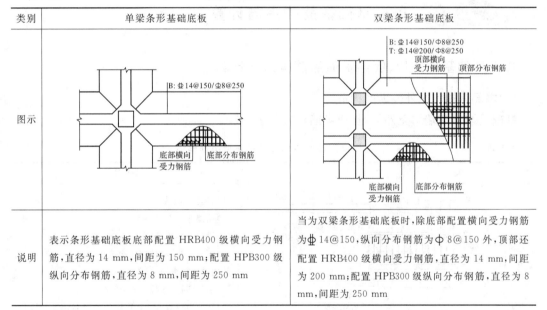	
说明	表示条形基础底板底部配置 HRB400 级横向受力钢筋，直径为 14 mm，间距为 150 mm；配置 HPB300 级纵向分布钢筋，直径为 8 mm，间距为 250 mm	当为双梁条形基础底板时，除底部配置横向受力钢筋为 Φ14@150，纵向分布钢筋为 Φ8@150 外，顶部还配置 HRB400 级横向受力钢筋，直径为 14 mm，间距为 200 mm；配置 HPB300 级纵向分布钢筋，直径为 8 mm，间距为 250 mm

4）注写条形基础底板底面标高（选注内容）。

当条形基础底板的底面标高与条形基础底面基准标高不同时，应将条形基础底板底面标高注写在"（）"内。

5）必要的文字注解（选注内容）。

当条形基础底板的设计有特殊要求时，应增加必要的文字注解。

（2）条形基础底板的原位标注

条形基础底板的原位标注内容包括条形基础底板的平面尺寸和原位注写修正内容。

1）条形基础底板的平面尺寸

原位标注 b、b_i，$i=1,2,……$。其中，b 为基础底板总宽度，b_i 为基础底板台阶的宽度。当基础底板采用对称于基础梁的坡形截面或单阶形截面时，b_i 可不注。

2)原位注写修正内容

当在条形基础底板上集中标注的某项内容,如底板截面竖向尺寸、底板配筋、底板底面标高等,不适用于条形基础底板的某跨或某外伸部位时,可将其修正内容原位标注在该跨或该外伸部位,施工时原位标注取值优先。

梁板式条形基础的平面注写如图7-22所示。

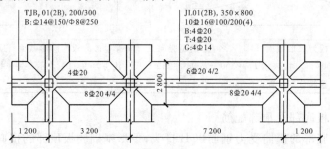

图7-22 梁板式条形基础的平面注写

7.2.3 条形基础钢筋构造与计算

1.无外伸基础梁顶、底部贯通纵筋构造与计算

(1)端部两端均无外伸纵筋构造

基础梁端部两端均无外伸,贯通纵筋构造见表7-29。

表7-29   基础梁端部两端均无外伸贯通纵筋构造

类别	图示	钢筋构造
无外伸	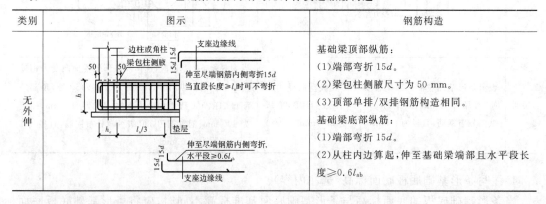	基础梁顶部纵筋: (1)端部弯折$15d$。 (2)梁包柱侧腋尺寸为50 mm。 (3)顶部单排/双排钢筋构造相同。 基础梁底部纵筋: (1)端部弯折$15d$。 (2)从柱内边算起,伸至基础梁端部且水平段长度$\geqslant 0.6l_{ab}$

(2)端部两端均无外伸纵筋计算

端部两端均无外伸纵筋的计算简图如图7-23所示。

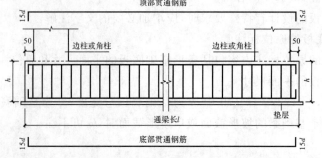

图7-23 端部两端均无外伸钢筋的计算简图

由图 7-23 可得基础梁顶、底部贯通纵筋长度计算公式为

顶、底部贯通纵筋长度＝梁通长 l－梁端保护层厚度 $c\times2$＋弯折长度 $15d\times2$

2. 有外伸基础梁顶、底部贯通纵筋构造与计算

（1）端部两端均为外伸纵筋构造

基础梁端部两端均为外伸贯通纵筋构造见表 7-30。

表 7-30　基础梁端部两端均为外伸贯通纵筋构造

类别	条形基础梁端部等截面外伸构造	条形基础梁端部变截面外伸构造
图示	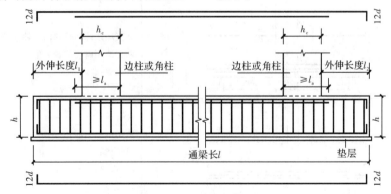	
钢筋构造	（1）顶部上排钢筋伸入外侧尽端弯折 $12d$。 （2）顶部下排钢筋不伸入外伸部位，从柱内侧起 l_a。 （3）底部钢筋伸入外侧尽端弯折 $12d$。 （4）当从柱内边算起的梁端部外伸长度不满足直锚要求时，基础梁底部钢筋应伸至端部后弯折，且从柱内边算起水平段长度 $\geqslant0.6l_{ab}$，弯折长度 $15d$	

（2）端部两端均为外伸纵筋计算

端部两端均为外伸纵筋的计算简图如图 7-24 所示。

图 7-24　端部两端均为外伸纵筋的计算简图

由图 7-24 可得基础梁顶、底部贯通纵筋长度计算公式为

顶部上排贯通纵筋长度＝梁通长 l－梁端保护层厚度 $c\times2$＋弯折长度 $12d\times2$

顶部下排贯通纵筋长度＝梁通长 l－外伸长度 l_1－外伸长度 $l_2-2h_c+2l_a$

梁端部外伸长度满足直锚要求时，有

底部贯通纵筋长度＝梁通长 l－梁端保护层厚度 $c\times2$＋弯折长度 $12d\times2$

梁端部外伸长度不满足直锚要求且 $\geqslant0.6l_{ab}$ 时，有

底部贯通纵筋长度＝梁通长 l－梁端保护层厚度 $c\times2$＋弯折长度 $15d\times2$

3.基础梁端部及柱下区域底部非贯通纵筋构造与计算

（1）端部及柱下区域底部非贯通纵筋构造

端部及柱下区域底部非贯通纵筋构造见表7-31。

表7-31   端部及柱下区域底部非贯通纵筋构造

类别	图示	钢筋构造
无外伸	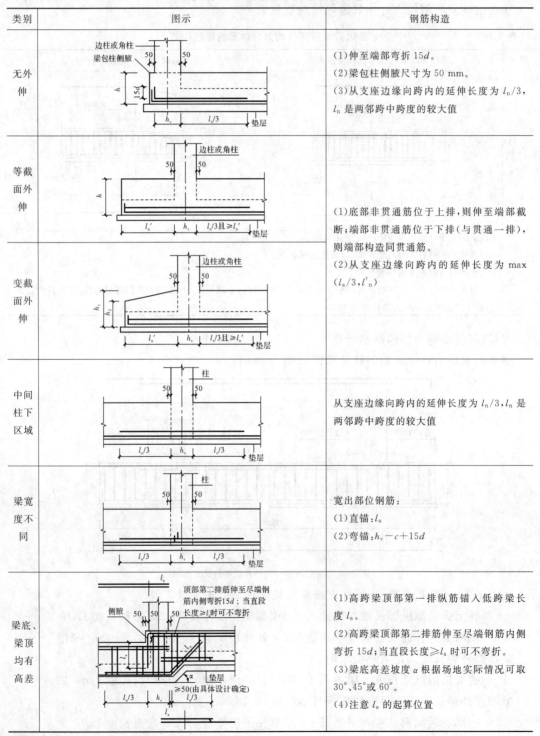	（1）伸至端部弯折$15d$。 （2）梁包柱侧腋尺寸为50 mm。 （3）从支座边缘向跨内的延伸长度为$l_n/3$，l_n是两邻跨中跨度的较大值
等截面外伸		（1）底部非贯通筋位于上排，则伸至端部截断；端部非贯通筋位于下排（与贯通一排），则端部构造同贯通筋。 （2）从支座边缘向跨内的延伸长度为 max$(l_n/3,l'_n)$
变截面外伸		
中间柱下区域		从支座边缘向跨内的延伸长度为$l_n/3$，l_n是两邻跨中跨度的较大值
梁宽度不同		宽出部位钢筋： （1）直锚：l_a （2）弯锚：$h_c-c+15d$
梁底、梁顶均有高差		（1）高跨梁顶部第一排纵筋锚入低跨梁长度l_a。 （2）高跨梁顶部第二排筋伸至尽端钢筋内侧弯折$15d$；当直段长度≥l_a时可不弯折。 （3）梁底高差坡度α根据场地实际情况可取30°、45°或60°。 （4）注意l_a的起算位置

（2）端部及柱下区域底部非贯通纵筋计算

由表 7-24 可得端部及柱下区域底部非贯通纵筋长度计算公式。

①端部无外伸非贯通纵筋

$$底部非贯通纵筋长度＝l_n/3＋h_c＋50－c＋15d$$

②端部有外伸非贯通纵筋

$$底部上排非贯通纵筋长度＝(l_n'－c)＋h_c＋\max(l_n'/3,l_n')$$

梁端部外伸长度满足直锚要求时，有

$$底部下排非贯通纵筋长度＝(l_n'－c)＋h_c＋\max(l_n/3,l_n')＋12d$$

梁端部外伸长度不满足直锚要求且$\geq 0.6l_{ab}$时，有

$$底部下排非贯通纵筋长度＝(l_n'－c)＋h_c＋\max(l_n/3,l_n')＋15d$$

③柱下区域底部非贯通纵筋

$$底部非贯通纵筋长度＝2\times l_n/3＋h_c$$

4. 基础梁架立筋、侧部筋、加腋筋构造

架立筋、侧面筋、加腋筋构造见表 7-32。

表 7-32　　　　　　　　　　　　　　架立筋、侧面筋、加腋筋构造

类型	图示	钢筋构造
侧面筋	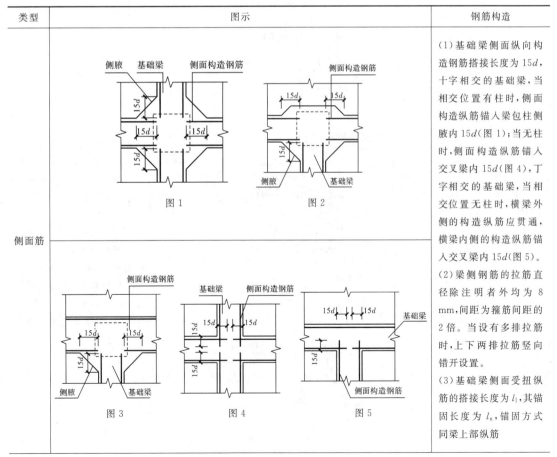 图1　　图2 图3　　图4　　图5	（1）基础梁侧面纵向构造钢筋搭接长度为 15d，十字相交的基础梁，当相交位置有柱时，侧面构造纵筋锚入梁包柱侧腋内 15d（图1）；当无柱时，侧面构造纵筋锚入交叉梁内 15d（图4），丁字相交的基础梁，当相交位置无柱时，横梁外侧的构造纵筋应贯通，横梁内侧的构造纵筋锚入交叉梁内 15d（图5）。 （2）梁侧钢筋的拉筋直径除注明者外均为 8 mm，间距为箍筋间距的 2 倍。当设有多排拉筋时，上下两排拉筋竖向错开设置。 （3）基础梁侧面受扭纵筋的搭接长度为 l_l，其锚固长度为 l_a，锚固方式同梁上部纵筋

321

类型	图示	钢筋构造
梁竖向加腋筋	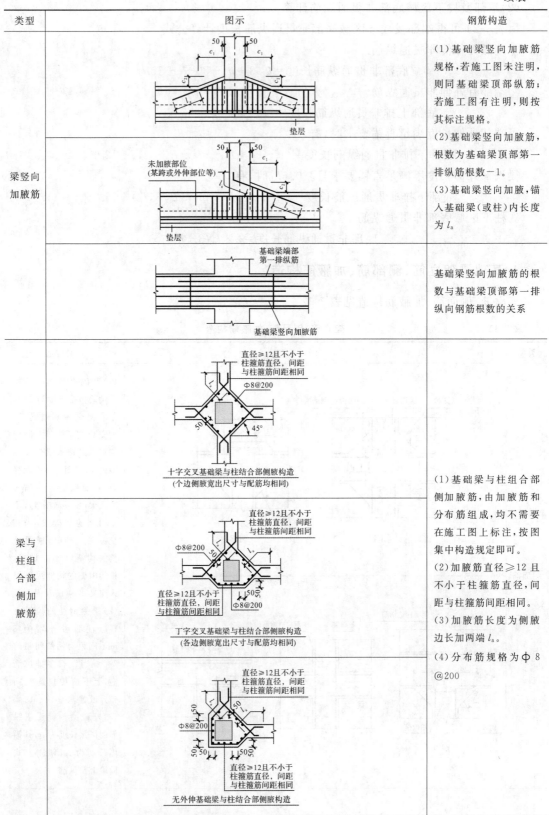	(1)基础梁竖向加腋筋规格,若施工图未注明,则同基础梁顶部纵筋;若施工图有注明,则按其标注规格。 (2)基础梁竖向加腋筋,根数为基础梁顶部第一排纵筋根数−1。 (3)基础梁竖向加腋,锚入基础梁(或柱)内长度为 l_a。 基础梁竖向加腋筋的根数与基础梁顶部第一排纵向钢筋根数的关系
梁与柱组合部侧加腋筋		(1)基础梁与柱组合部侧加腋筋,由加腋筋和分布筋组成,均不需要在施工图上标注,按图集中构造规定即可。 (2)加腋筋直径≥12且不小于柱箍筋直径,间距与柱箍筋间距相同。 (3)加腋筋长度为侧腋边长加两端 l_a。 (4)分布筋规格为 $\phi 8@200$

十字交叉基础梁与柱结合部侧腋构造
(个边侧腋宽出尺寸与配筋均相同)

丁字交叉基础梁与柱结合部侧腋构造
(各边侧腋宽出尺寸与配筋均相同)

无外伸基础梁与柱结合部侧腋构造

续表

类型	图示	钢筋构造
梁与柱组合部侧加腋筋	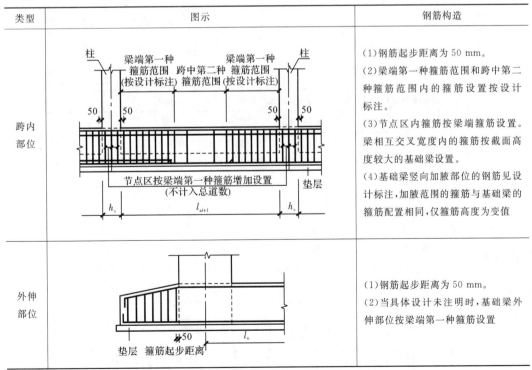	(1)基础梁与柱组合部侧加腋筋,由加腋筋和分布筋组成,均不需要在施工图上标注,按图集中构造规定即可。 (2)加腋筋直径≥12且不小于柱箍筋直径,间距与柱箍筋间距相同。 (3)加腋筋长度为侧腋边长加两端 l_a。 (4)分布筋规格为 Φ8@200

5.基础梁箍筋构造

基础梁箍筋构造见表 7-33。

表 7-33　　　　　　　　　　　　　　基础梁箍筋构造

类型	图示	钢筋构造
跨内部位		(1)钢筋起步距离为 50 mm。 (2)梁端第一种箍筋范围和跨中第二种箍筋范围内的箍筋设置按设计标注。 (3)节点区内箍筋按梁端箍筋设置。梁相互交叉宽度内的箍筋按截面高度较大的基础梁设置。 (4)基础梁竖向加腋部位的钢筋见设计标注,加腋范围内的箍筋与基础梁的箍筋配置相同,仅箍筋高度为变值
外伸部位		(1)钢筋起步距离为 50 mm。 (2)当具体设计未注明时,基础梁外伸部位按梁端第一种箍筋设置

【例 7-8】　基础梁 JL02 平法施工图如图 7-25 所示,混凝土强度为 C30,试计算钢筋量。

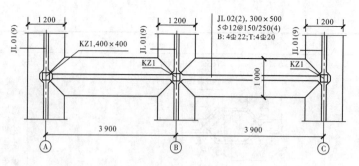

图 7-25　基础梁 JL02 平法施工图

解:本例中不计算加腋筋,钢筋计算过程见表 7-34。

表 7-34　　　　　　　　　　　钢筋计算过程

参数	保护层厚度 $c=40$ mm,梁包柱侧腋为 50 mm	
底部贯通纵筋 4 ⏀ 22	底部贯通纵筋长度=梁通长 l-梁端保护层厚度 $c\times2$+弯折长度 $15d\times2$	
	长度=(3 900×2+200×2+50×2)-40× 2+15×22×2=8 880 mm	
顶部贯通纵筋 4 ⏀ 20	顶部贯通纵筋长度=梁通长 l-梁端保护层厚度 $c\times2$+弯折长度 $15d\times2$	
	长度=(3 900×2+200×2+50×2)-40× 2+15×20×2=8 820 mm	
箍筋 ⏀ 12	外大箍长度=直段长度+两个弯钩增加长度=2$(b+h)$-8c+27.13d	
	外大箍长度=2×(300+500)-8×40+27.13×12=1 606 mm	
	小内箍长度=2×$(h-2c)$+2{[$(b-2c-2d-D)$/间距个数]×内箍占间距个数+$D+2d$}+27.13d	
	小内箍长度=2×(500-2×40)+2{[(300-2×40-2×12-22)/3]×1+22+2×12}+27.13×12= 1 374 mm	
	第 1 跨:两端各 5 ⏀ 12	
	中间箍筋根数=(3 900-200×2-50×2-150×4×2)/250-1=8 根	
	第 1 跨箍筋根数=5×2+8=18 根	
	第 2 跨箍筋根数=5×2+8=18 根	
	节点内箍筋根数=400/150=3 根(注:节点内箍筋与梁端箍筋连接,计算根数不加减)	
	JL02 箍筋总根数:	
	外大箍根数=18×2+3×3=45 根,内小箍根数=18×2+3×3=45 根	

【例7-9】 基础梁JL05平法施工图如图7-26所示,混凝土强度为C30,试计算钢筋量。

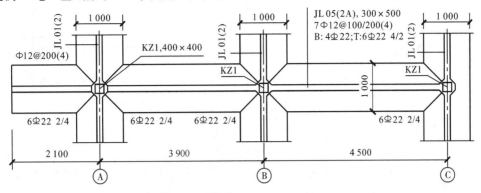

图7-26 基础梁JL05平法施工图

解:本例为双排钢筋、有外伸,钢筋计算过程见表7-35。

表 7-35 钢筋计算过程

参数	保护层厚度 $c=40$ mm,梁包柱侧腋为50 mm,$(2\,100+200-40)=2\,260$ mm$>l_a=29d=29\times22=638$ mm	
底部贯通纵筋 4Φ22	底部贯通纵筋长度=梁通长 l—梁端保护层厚度 $c\times2$+弯折长度$12d$+弯折长度$15d$	
	长度=$(2\,100+3\,900+4\,500+200+50)-40\times2+12\times22+15\times22=11\,264$ mm	
顶部贯通纵筋 4Φ22	顶部贯通纵筋长度=梁通长 l—梁端保护层厚度 $c\times2$+弯折长度$12d$+弯折长度$15d\times2$	
	长度=$(2\,100+3\,900+4\,500+200+50)-40\times2+12\times22+15\times22=11\,264$ mm	
顶部贯通纵筋下排 2Φ22	长度=$3\,900+4\,500+(200+50-40+15d)-200+29d=3\,900+4\,500+(200+50-40+15\times22)-200+29\times22=9\,378$ mm	
底部外伸端非贯通筋 2Φ22(位于上排)	底部上排非贯通纵筋长度=$(l'_n-c)+h_c+\max(l_n/3,l'_n)$	
	长度=$(1\,900-40)+400+\max[(3\,900-400)/3,1\,900]=4\,160$ mm	
底部中间柱下区域非贯通筋 2Φ22(位于上排)	底部非贯通纵筋长度=$2\times l_n/3+h_c$	
	长度=$2\times(4\,500-400)/3+400=3\,133$ mm	

325

续表

| 底部右端非贯通筋 2 ϕ 22(位于上排) | 底部非贯通纵筋长度 = $l_n/3 + h_c + 50 - c + 15d$ | 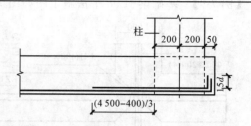 |
| | 长度 = $(4\,500-400)/3 + 400 + 50 - 40 + 15 \times 22 = 2\,107$ mm | |

箍筋 ϕ 12	外大箍长度 = 直段长度 + 两个弯钩增加长度 = $2(b+h) - 8c + 27.13d$
	外大箍长度 = $2 \times (300+500) - 8 \times 40 + 27.13 \times 12 = 1\,606$ mm
	小内箍长度 = $2 \times (h-2c) + 2 \times \{[(b-2c-2d-D)/间距个数] \times 内箍占间距个数 + D+2d\} + 27.13d$
	小内箍长度 = $2 \times (500-2\times40) + 2 \times \{[(300-2\times40-2\times12-22)/3] \times 1 + 22 + 2\times12\} + 27.13 \times 12 = 1\,374$ mm
	第 1 跨:两端各 7 ϕ 12
	中间箍筋根数 = $(3\,900-200\times2-50\times2-100\times6\times2)/200-1 = 10$ 根
	第 1 跨箍筋根数 = $7\times2+10 = 24$ 根
	第 2 跨:两端各 7 ϕ 12
	中间箍筋根数 = $(4\,500-200\times2-50\times2-100\times6\times2)/200-1 = 13$ 根
	第 2 跨箍筋根数 = $7\times2+13 = 27$ 根
	节点内箍筋根数 = $400/100 = 4$ 根(注:节点内箍筋与梁端箍筋连接,计算根数不加减)
	外伸部位箍筋根数 = $(2\,100-200-50\times2)/200+1 = 10$ 根
	JL05 箍筋总根数:
	外大箍根数 = $24+27+4\times3+10 = 73$ 根,内小箍根数 = 73 根

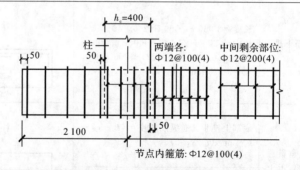

【**例 7-10**】 基础梁 JL02 平法施工图如图 7-27 所示,混凝土强度为 C30,试计算钢筋量。

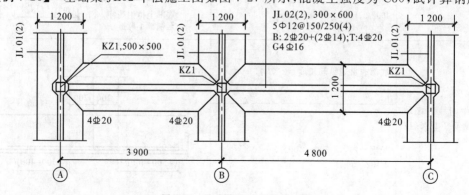

图 7-27 基础梁 JL02 平法施工图

解：本例为底部非贯通筋、架立筋和侧部构造筋，钢筋计算过程见表7-36。

表 7-36　　　　　　　　　　　　　　**钢筋计算过程**

参数	保护层厚度 $c=40$ mm，梁包柱侧腋为 50 mm	
底部贯通纵筋 2 Φ20	底部贯通纵筋长度＝梁通长 l－梁端保护层厚度 $c\times2$＋弯折长度 $15d\times2$	
	长度＝$(3\,900+4\,800+250\times2+50\times2)-40\times2+15\times20\times2=9\,820$ mm	
顶部贯通纵筋 4 Φ20	顶部贯通纵筋长度＝梁通长 l－梁端保护层厚度 $c\times2$＋弯折长度 $15d\times2$	
	长度＝$(3\,900+4\,800+250\times2+50\times2)-40\times2+15\times20\times2=9\,820$ mm	
底部端部非贯通纵筋 2Φ20	底部非贯通纵筋长度＝$l_n/3+h_c+50-c+15d$	
	第一跨左支座长度＝$(3\,900-500)/3+500+50-40+15\times20=1\,943$ mm	
	第二跨右支座长度＝$(4\,800-500)/3+500+50-40+15\times20=2\,243$ mm	
底部中间柱下区域非贯通筋 2Φ20	底部非贯通纵筋长度＝$2\times l_n/3+h_c$	
	长度＝$2\times(4\,800-500)/3+500=3\,367$ mm	
底部架立筋 2Φ14	架立筋长度＝净跨长－$2\times l_n/3+150\times2$	
	第一跨底部架立筋长度＝$(3\,900-500)-(3\,900-500)/3-(4\,800-500)/3+150\times2=1\,133$ mm	
	第二跨底部架立筋长度＝$(4\,800-500)-(4\,800-500)/3-(4\,800-500)/3+150\times2=1\,733$ mm	
侧部构造筋 4Φ16	侧部构造筋长度＝净长＋$15d\times2$	
	第一跨侧部构造筋长度＝$[3\,900-(250+171)\times2]+15\times16\times2=3\,538$ mm	
	第二跨侧部构造筋长度＝$[4\,800-(250+171)\times2]+15\times16\times2=4\,438$ mm	
	拉筋(Φ8)间距为最大箍筋间距的2倍	
	第一跨拉筋根数＝$[3\,900-(250+171)\times2]/500+1=8$ 根，两侧共 $8\times4=32$ 根	
	第二跨拉筋根数＝$[4\,800-(250+171)\times2]/500+1=9$ 根，两侧共 $9\times4=36$ 根	

续表

箍筋φ12	外大箍长度＝直段长度＋两个弯钩增加长度＝2(b+h)−8c+27.13d
	外大箍长度＝2×(300＋600)−8×40＋27.13×12＝1 806 mm
	小内箍长度＝2×(h−2c)＋2×{[(b−2c−2d−D)/间距个数]×内箍占间距个数＋D＋2d}＋27.13d
	小内箍长度＝2×(600−2×40)＋2×{[(300−2×40−2×12−20)/3]×1＋20＋2×12}＋27.13×12＝1 571 mm
	第1跨:两端各5φ12 中间箍筋根数＝(3 900−250×2−50×2−150×4×2)/250−1＝8 根 第1跨箍筋根数＝5×2＋8＝18 根 第2跨:两端各5φ12 中间箍筋根数＝(4 800−250×2−50×2−150×4×2)/250−1＝11 根 第2跨箍筋根数＝5×2＋11＝21 根 节点内箍筋根数＝500/150＝4 根 JL02 箍筋总根数： 外大箍根数＝18＋21＋4×3＝51 根,内小箍根数＝51 根

【例 7-11】 基础梁 JL01 平法施工图如图 7-28 所示,混凝土强度为 C30,试计算钢筋量。

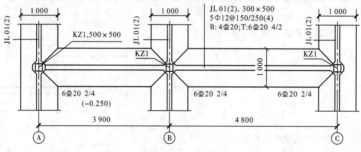

图 7-28 基础梁 JL01 平法施工图

解:本例为底部非贯通筋、架立筋和侧部构造筋,钢筋计算过程见表 7-37。

表 7-37　　　　　　　　　　　　　　钢筋计算过程

参数	保护层厚度 c＝40 mm,梁包柱侧腋为 50 mm,l_a＝35d
第一跨底部贯通纵筋 4φ20	长度＝3 900＋(250＋50−40＋15d)＋(250＋50−40＋$\sqrt{250^2＋250^2}$＋35d)＝3 900＋(250＋50−40＋15×20)＋(250＋50−40＋$\sqrt{250^2＋250^2}$＋35×20)＝5 774 mm
第二跨底部贯通纵筋 4φ20	长度＝4 800−250−50−250＋35d＋250＋50−40＋15d＝4 800−250−50−250＋35×20＋250＋50−40＋15×20＝5 510 mm

续表

第一跨左端底部非贯通纵筋2ϕ20	第一跨左支座长度=$l_n/3+h_c+50-c+15d$=（3 900－500）/3＋500＋50－40＋15×20＝1 943 mm	
第一跨右端底部非贯通纵筋2ϕ20	长度=（4 800－500）/3＋500＋50－40＋$\sqrt{250^2+250^2}+35d$=（4 800－500）/3＋500＋50－40＋$\sqrt{250^2+250^2}$＋35×20＝2 997 mm	
第二跨左端底部非贯通纵筋2ϕ20	长度=（4 800－500）/3－50－250＋35d=（4 800－500）/3－50－250＋35×20＝1 833 mm	
第二跨右端底部非贯通纵筋2ϕ20	长度=（4 800－500）/3＋500＋50－40＋15d=（4 800－500）/3＋500＋50－40＋15×20＝2 243 mm	
第一跨顶部贯通纵筋6ϕ20 4/2	长度＝3 900＋（250＋50－40＋15d）－250＋35d＝3 900＋（250＋50－40＋15×20）－250＋35×20＝4 910 mm	

续表

第二跨顶部第一排贯通纵筋 4 ϕ 20	长度 = 4 800 + (250 + 50 − 40 + 15d) + (250 + 50 − 40 + 250(高差) + 35d) = 4 800 + (250 + 50 − 40 + 15×20) + (250 + 50 − 40 + 250 + 35×20) = 6 570 mm
第二跨顶部第二排贯通纵筋 2 ϕ 20	长度 = 4 800 + (250 + 50 − 40 + 15d) + (250 + 50 − 40 + 15d) = 4 800 + (250 + 50 − 40 + 15×20) + (250 + 50 − 40 + 15×20) = 5 920 mm

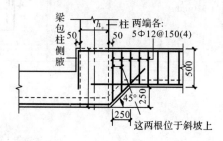

箍筋	
	外大箍长度 = 直段长度 + 两个弯钩增加长度 = 2(b+h) − 8c + 27.13d
	外大箍长度 = 2(300 + 500) − 8×40 + 27.13×12 = 1 606 mm
	小内箍长度 = 2(h−2c) + 2{[(b−2c−2d−D)/间距个数]×内箍占间距个数 + D + 2d} + 27.13d
	小内箍长度 = 2(500 − 2×40) + 2{[(300 − 2×40 − 2×12 − 20)/3]×1 + 20 + 2×12} + 27.13×12 = 1 371 mm
	第1跨:两端各 5 ϕ 12
	中间箍筋根数 = (3 900 − 250×2 − 50×2 − 150×4×2)/250 − 1 = 8 根
	第1跨箍筋根数 = 5×2 + 8 = 18 根
	第2跨:
	右端 5 ϕ 12,斜坡水平长度为 250 mm,故有 2 根位于斜坡上,第一根箍筋按梁高为 710 mm 计算,第 2 根箍筋按梁高为 (710 − 150) = 560 mm 计算
	第一根箍筋外大箍长度 = 外大箍长度 = 2(300 + 710) − 8×40 + 27.13×12 = 2 026 mm
	第一根箍筋小内箍长度 = 2(710 − 2×40) + 2{[(300 − 2×40 − 2×12 − 20)/3]×1 + 20 + 2×12} + 27.13×12 = 1 791 mm
	第二根箍筋外大箍长度 = 2(300 + 560) − 8×40 + 27.13×12 = 1 726 mm
	第二根箍筋小内箍长度 = 2(560 − 2×40) + 2{[(300 − 2×40 − 2×12 − 20)/3]×1 + 20 + 2×12} + 27.13×12 = 1 491 mm
	中间箍筋根数 = (4 800 − 250×2 − 50×2 − 150×4×2)/250 − 1 = 11 根
	第2跨箍筋根数 = 5×2 + 11 = 21 根
	节点内箍筋根数 = 500/150 = 4 根(B 轴线 4 根按梁高为 750 mm 计算,A、B 轴线同跨内)
	JL02 箍筋总根数:
	外大箍根数 = 18 + 21 + 4×3 = 51 根(其中位于 B 轴线 4 根和位于斜坡上的 2 根长度不同)
	内小箍根数 = 51 根(其中位于 B 轴线 4 根和位于斜坡上的 2 根长度不同)

【例 7-12】 基础梁 JL03 平法施工图如图 7-29 所示，混凝土强度为 C30，试计算侧腋量。

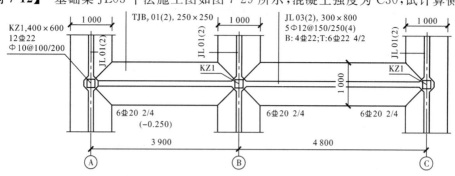

图 7-29　基础梁 JL03 平法施工图

解：本例以 A 轴线加腋筋为例，B、C 轴线加腋筋同理，钢筋计算过程见表 7-38。

表 7-38　　　　　　　　　　　　　　　钢筋计算过程

参数	保护层厚度 $c=40$ mm，梁包柱侧腋为 50 mm，$l_a=35d$
A 轴加腋筋计算简图	
计算加腋斜边长	$a=\sqrt{50^2+50^2}=71$ mm，$b=a+50=71+50=121$ mm 1 号筋加腋斜边长 $=2b=2\times121=242$ mm
1 号加腋筋 ϕ12（本例中，1 号加腋筋对称，只计算一侧）	1 号加腋筋长度＝加腋斜边长 $2b+2l_a=242+2\times35\times12=1\,082$ mm 根数＝300/100+1=4 根（间距同柱箍筋间距为 100 mm） 分布筋（ϕ8@200） 长度＝300−40=260 mm，根数＝242/200+1=3 根
2 号加腋筋 ϕ12	加腋筋边长＝400+2×50+2×$\sqrt{100^2+100^2}$=783 mm 2 号加腋筋长度＝(783−40×4)+2×35d＝(783−40×4)+2×35×12=1\,463 mm 根数＝300/100+1=4 根（间距同柱箍筋间距为 100 mm） 分布筋（ϕ8@200） 长度＝300−40=260 mm 根数＝783/200+1=5 根

7.2.4 条形基础底板钢筋构造与计算

1. 条形基础底板配筋构造

（1）条形基础底板配筋构造（一）

条形基础底板配筋构造（一）见表7-39。

表 7-39 条形基础底板配筋构造（一）

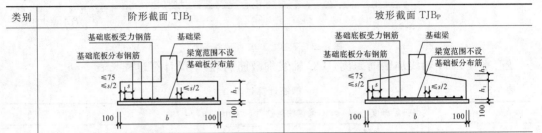

类别	阶形截面 TJB_J	坡形截面 TJB_P

说明：1. 当条形基础设有基础梁时，基础底板的分布钢筋在梁宽范围内不设置；
2. 条形基础钢筋起步距离：板端部为 $\min(\leqslant 75, \leqslant s/2)$，板根部为 $\leqslant s/2$（s 为钢筋间距）

图示

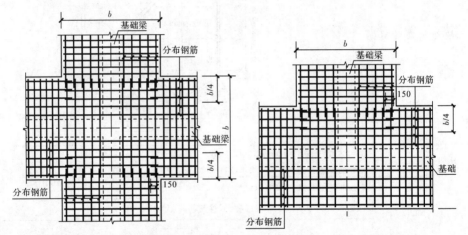

(a) 十字交接基础底板，也可用于转角梁板端部均有纵向延伸 　　　(b) 丁字交接基础底板

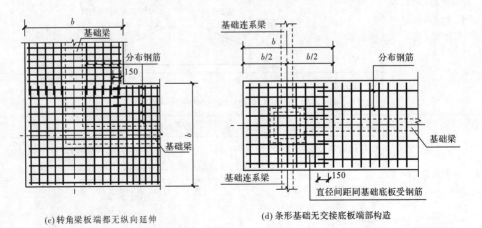

(c) 转角梁板端都无纵向延伸 　　　(d) 条形基础无交接底板端部构造

续表

说明:1.在基础底板两向受力钢筋交接处的网状部位,分布钢筋与同向受力钢筋的搭接长度为 150 mm;

2.十字交接基础底板,一向受力钢筋贯通布置,另一向受力钢筋在交接处伸入 $b/4$ 范围布置;哪向受力钢筋贯通布置,图集 16G101-3 没有明确讲解,本书按配置较大的受力钢筋贯通布置;

3.丁字交接基础底板,丁字横向受力钢筋贯通布置,丁字纵向受力钢筋在交接处伸入 $b/4$ 范围布置;

4.转角梁板端部和条形基础无交接底板端部,两向受力钢筋相互交叉已经形成钢筋网,分布钢筋则需要切断,与另一方向受力钢筋搭接为 150 mm

(2)条形基础底板配筋构造(二)

条形基础底板配筋构造(二)见表 7-40。

表 7-40　　条形基础底板配筋构造(二)

类别	剪力墙下条形基础截面	砌体墙下条形基础截面
	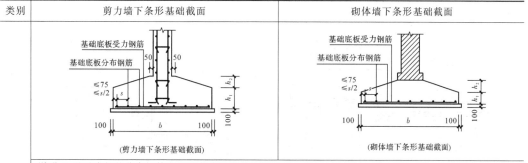	

说明:1.基础底板的分布钢筋在基础宽范围内连续设置;

2.条形基础钢筋起步距离为 $\min(\leqslant 75, \leqslant s/2)$($s$ 为钢筋间距)

图示	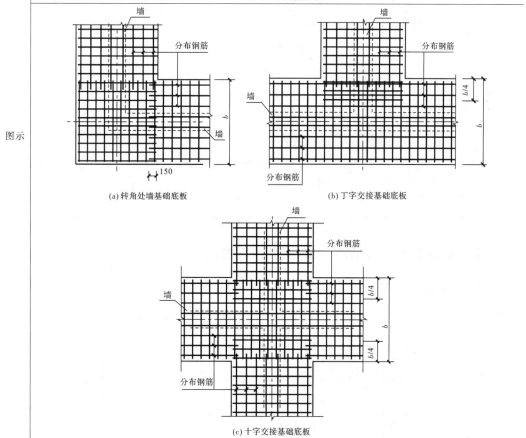

说明:1.在基础底板两向受力钢筋交接处的网状部位,分布钢筋与同向受力钢筋的搭接长度为 150 mm;2.转角处墙基础底板,两向受力钢筋相互交叉已经形成钢筋网,分布钢筋则需要切断,与另一方向受力钢筋搭接 150 mm;
3.丁字交接基础底板,丁字横向受力钢筋贯通布置,丁字纵向受力钢筋在交接处伸入 $b/4$ 范围布置;
4.十字交接基础底板,一向受力钢筋贯通布置,另一向受力钢筋在交接处伸入 $b/4$ 范围布置;哪向受力钢筋贯通布置,图集 16G101-3 没有明确讲解,本书按配置较大的受力钢筋贯通布置

2.条形基础底板板底不平构造

条形基础底板板底不平构造见表 7-41。

表 7-41 条形基础底板板底不平构造

类别	条形基础底板板底不平构造
图示	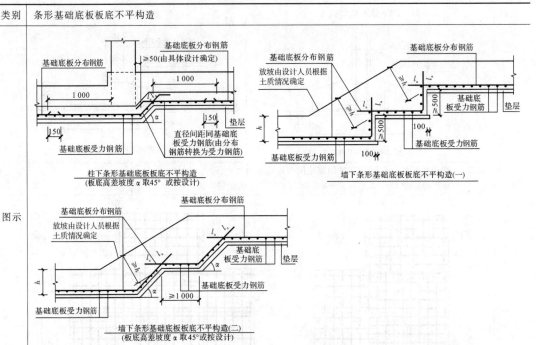
说明	说明:1.柱下条形基础底板不平的位置,由分布钢筋转换为与基础底板受力钢筋规格相同的钢筋进行连接,一端延伸锚固长度 l_a,另一端与分布钢筋搭接为 150 mm;
	2.墙下条形基础底板不平的位置,分布钢筋断开,并各自延伸锚固长度 l_a

3.条形基础底板受力钢筋长度减短 10% 构造

当条形基础底板宽度 $\geqslant 2\ 500$ mm 时,底板受力钢筋长度减短 10% 交错配置,构造如图7-30 所示。

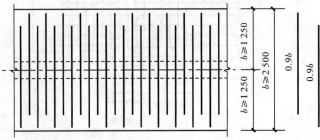

图 7-30 条形基础底板受力钢筋长度减短 10% 构造

底板受力钢筋长度减短10％的构造中,注意以下位置的受力钢筋长度不减短,见表7-42。

表7-42 条形基础底板受力钢筋长度不减短位置

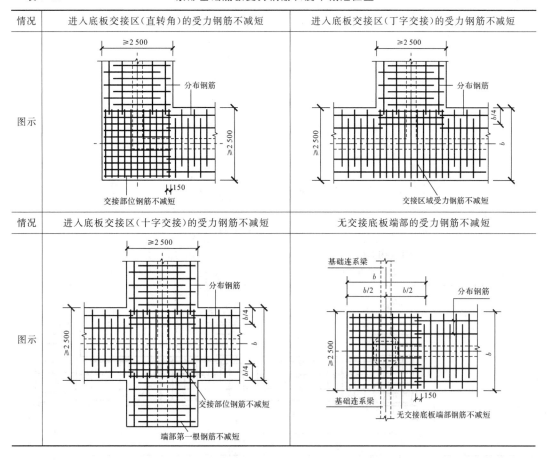

4. 条形基础底板钢筋计算

由图7-30钢筋构造可得基础底板受力钢筋长度和根数计算公式为

条形基础底板受力钢筋不减短长度＝条形基础底板宽度 $b-2c$

条形基础底板受力钢筋减短长度＝$0.9×$条形基础宽度 b

受力钢筋总根数＝受力钢筋的布筋长度范围/ 受力钢筋间距＋1

【例7-13】 条形基础 TJB_p02 平法施工图如图7-31所示,混凝土强度为C30,试计算钢筋量。

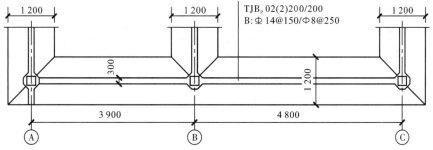

图7-31 TJB_p02 平法施工图

解:条形基础底板底部钢筋(直转角)计算过程见表7-43。

表 7-43   **钢筋计算过程**

参数	保护层厚度 $c=40$ mm;分布筋与同向受力钢筋搭接长度为 150 mm;板端部起步距离为 min $(\leqslant 75, \leqslant s/2)$,板根部起步距离为 $\leqslant s/2$
受力筋 14 ⚲@150	长度＝条形基础底板宽度 $b-2c$
	长度＝$1\ 200-40\times2=1\ 120$ mm
	根数＝受力钢筋的布筋长度范围/受力钢筋间距＋1
	根数＝$(3\ 900+4\ 800+600\times2-75\times2)/150+1=66$ 根
分布筋 8 ⚲@250	长度＝净长＋$2c+150\times2+6.25d\times2$
	贯通长度＝$(3\ 900+4\ 800-600\times2)+40\times2+150\times2+6.25\times8\times2=7\ 980$ mm
	非贯通长度(第1跨)＝$(3\ 900-600\times2)+40\times2+150\times2+6.25\times8\times2=3\ 180$ mm
	非贯通长度(第2跨)＝$(4\ 800-600\times2)+40\times2+150\times2+6.25\times8\times2=4\ 080$ mm
	根数＝受力钢筋的布筋长度范围/ 受力钢筋间距＋1
	一侧贯通钢筋根数＝$[(1\ 200-300)/2-\min(75,250/2)-250/2]/250+1=2$ 根
	另一侧非贯通钢筋根数＝$[(1\ 200-300)/2-\min(75,250/2)-250/2]/250+1=2$ 根
计算简图	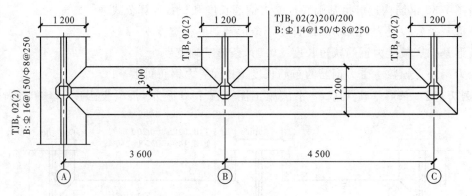

【例 7-14】 条形基础 TJB_p01 平法施工图如图 7-32 所示,混凝土强度为 C30,试计算钢筋量。

图 7-32 TJB_p01 平法施工图

解:条形基础底板底部钢筋(丁字交接)计算过程见表7-44。

表 7-44	钢筋计算过程	
参数	保护层厚度 $c=40$ mm；分布筋与同向受力钢筋搭接长度为 150 mm；板端部起步距离为 min（$\leqslant75$，$\leqslant s/2$），板根部起步距离为$\leqslant s/2$；丁字交接处，一向受力筋贯通，另一向受力筋伸入布置的范围为 $b/4$	
受力筋 14Φ@150	长度＝条形基础底板宽度 $b-2c$	
	长度＝1 200$-40\times2=1$ 120 mm	
	根数＝受力钢筋的布筋长度范围/受力钢筋间距＋1	
	根数＝(3 600＋4 500＋600$-75-600＋1$ 200/4)/150＋1＝57 根	
分布筋 8Φ@250	长度＝净长＋2c＋150$\times2＋6.25d\times2$	
	贯通长度＝(3 600＋4 500-600×2)＋40$\times2＋150\times2＋6.25\times8\times2=7$ 380 mm	
	非贯通长度(第 1 跨)＝(3 600-600×2)＋40$\times2＋150\times2＋6.25\times8\times2=2$ 880 mm	
	非贯通长度(第 2 跨)＝(4 500-600×2)＋40$\times2＋150\times2＋6.25\times8\times2=3$ 780 mm	
	根数＝受力钢筋的布筋长度范围/ 受力钢筋间距＋1	
	一侧贯通钢筋根数＝[(1 200-300)/2$-$min(75,250/2)$-250/2$]/250＋1＝2 根	
	另一侧非贯通钢筋根数＝[(1 200-300)/2$-$min(75,250/2)$-250/2$]/250＋1＝2 根	
计算简图	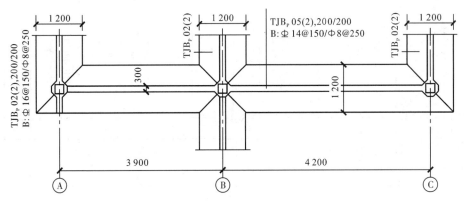	

【例 7-15】　条形基础 TJB$_p$05 平法施工图如图 7-33 所示，混凝土强度为 C30，试计算钢筋量。

图 7-33　TJB$_p$05 平法施工图

解：条形基础底板底部钢筋(十字交接)计算过程见表 7-45。

表 7-45   钢筋计算过程

参数	保护层厚度 $c=40$ mm；分布筋与同向受力钢筋搭接长度为 150 mm；板端部起步距离为 min $(\leqslant 75, \leqslant s/2)$，板根部起步距离为 $\leqslant s/2$；十字交接处，一向受力筋贯通，另一向受力筋伸入布置的范围为 $b/4$
受力筋 14$\underline{\Phi}$@150	长度＝条形基础底板宽度 $b-2c$
	长度＝1 200－40×2＝1 120 mm
	根数＝受力钢筋的布筋长度范围/受力钢筋间距＋1
	根数（第 1 跨）＝(3 900＋600－75－600＋1 200/4)/150＋1＝29 根
	根数（第 2 跨）＝(4 200＋600－75－600＋1 200/4)/150＋1＝31 根
分布筋 8$\underline{\Phi}$@250	长度＝净长＋2c＋150×2
	非贯通长度（第 1 跨）＝(3 900－600×2)＋40×2＋150×2＝3 080 mm
	非贯通长度（第 2 跨）＝(4 200－600×2)＋40×2＋150×2＝3 380 mm
	根数＝受力钢筋的布筋长度范围/受力钢筋间距＋1
	单侧钢筋根数＝[(1 200－300)/2－min(75,250/2)－250/2]/250＋1＝2 根
计算简图	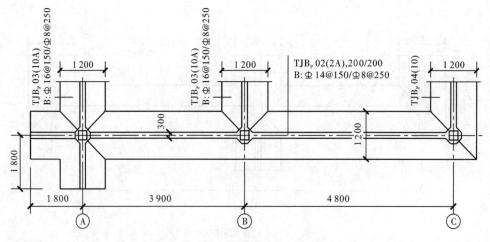

条形基础十字交接处，配置较大的受力钢筋贯通

【例 7-16】 条形基础 TJB_p02 平法施工图如图 7-34 所示，混凝土强度为 C30，试计算钢筋量。

图 7-34 TJB_p02 平法施工图

解：条形基础底板底部钢筋（直转角外伸）计算过程见表 7-46。

表 7-46 　　　　　　　　　　　　　　钢筋计算过程

参数	保护层厚度 $c=40$ mm;分布筋与同向受力钢筋搭接长度为 150 mm;板端部起步距离为 min($\leqslant 75,\leqslant s/2$),板根部起步距离为 $\leqslant s/2$;十字交接处,一向受力筋贯通,另一向受力筋伸入布置的范围为 $b/4$
受力筋 14 Φ@150	长度＝条形基础底板宽度 $b-2c$
	长度＝$1\,200-40\times 2=1\,120$ mm
	根数＝受力钢筋的布筋长度范围/受力钢筋间距＋1
	非外伸段根数＝$(3\,900+4\,800+600-75-600+1\,200/4)/150+1=61$ 根
	外伸段根数＝$(1\,800-600-75+1\,200/4)/150+1=11$ 根
分布筋 8 @250	长度＝净长＋$2c+150\times 2$
	贯通长度＝$(3\,900+4\,800-600\times 2)+40\times 2+150\times 2=7\,880$ mm
	非贯通长度(第1跨)＝$(3\,900-600\times 2)+40\times 2+150\times 2=3\,080$ mm
	非贯通长度(第2跨)＝$(4\,800-600\times 2)+40\times 2+150\times 2=3\,980$ mm
	外伸段长度＝$1\,800-600-40+40+150=1\,350$ mm
	根数＝受力钢筋的布筋长度范围/受力钢筋间距＋1
	一侧贯通钢筋根数＝$[(1\,200-300)/2-\min(75,250/2)-250/2]/250+1=2$ 根
	另一侧非贯通钢筋根数＝$[(1\,200-300)/2-\min(75,250/2)-250/2]/250+1=2$ 根
	外伸段单侧根数＝2 根
计算简图	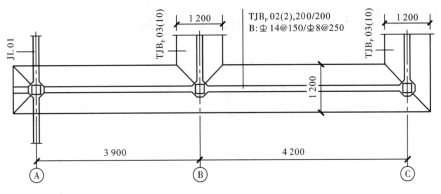

【**例 7-17**】　条形基础 TJB_p02 平法施工图如图 7-35 所示,混凝土强度为 C30,试计算钢筋量。

图 7-35 　TJBp02 平法施工图

解：条形基础底板底部（端部无交接底板）钢筋计算过程见表 7-47。

表 7-47　　　　　　　　　　　　　　钢筋计算过程

参数	保护层厚度 $c=40$ mm；分布筋与同向受力钢筋搭接长度为 150 mm；板端部起步距离为 $\min(\leqslant 75, \leqslant s/2)$，板根部起步距离为 $\leqslant s/2$
受力筋 14 Φ@150	长度＝条形基础底板宽度 $b-2c$
	长度＝1 200－40×2＝1 120 mm
	根数＝受力钢筋的布筋长度范围/受力钢筋间距＋1
	根数＝(3 900＋4 200＋600×2－75×2)/150＋1＝62 根
分布筋 8 Φ@250	长度＝净长＋2c＋150×2＋6.25d×2
	贯通长度＝(3 900＋4 200－600×2)＋40×2＋150×2＋6.25×8×2＝7 380 mm
	非贯通长度(第 1 跨)＝(3 900－600×2)＋40×2＋150×2＋6.25×8×2＝3 180 mm
	非贯通长度(第 2 跨)＝(4 200－600×2)＋40×2＋150×2＋6.25×8×2＝3 480 mm
	根数＝受力钢筋的布筋长度范围/受力钢筋间距＋1
	一侧贯通钢筋根数＝[(1 200－300)/2－min(75,250/2)－250/2]/250＋1＝2 根 另一侧非贯通钢筋根数＝[(1 200－300)/2－min(75,250/2)－250/2]/250＋1＝2 根
计算简图	

7.3　筏形基础平法识图与钢筋计算

7.3.1　筏形基础平法识图知识体系

筏形基础构件的制图规则，知识体系见表 7-48。

表 7-48　　　　　　　　　　　　　筏形基础平法识图知识体系

平法表达方式	平面注写方式（筏形基础没有截面注写方式）
数据项	编号
	截面尺寸
	配筋
	标高（选注）
	必要的文字注解（选注）

续表

梁板式筏形基础	基础主梁 JL 与基础次梁 JCL 数据注写方式	集中标注	编号
			截面尺寸
			配筋
			底面标高差（选注）
		原位标注	梁端（支座）区域底部全部纵筋
			附加箍筋或吊筋
			外伸变截面高度（有变截面外伸时）
			原位注写修正内容
	梁板式筏形基础平板 LPB 数据注写方式	集中标注	编号
			截面尺寸
			底部及顶部贯通纵筋及长度范围
		原位标注	基础梁下板底板非贯通纵筋
		其他需要注写的内容	
平板式筏形基础	柱下 ZXB/跨中板带 KZB 数据注写方式	集中标注	编号
			截面尺寸
			底部及顶部贯通纵筋
		原位标注	底部附加非贯通纵筋
			修正内容
	平板式伐形基础平板 BPB 数据注写方式	集中标注	同梁板式伐形基础平板注写方式
		直接引注	
	筏形基础相关构造	后浇带 HJD、上柱墩 SZD、下柱墩 XZD、基坑 JK、窗井墙 CJQ	直接引注

筏形基础相关构造	后浇带 HJD、上柱墩 SZD、下柱墩 XZD、基坑 JK、窗井墙 CJQ	直接引注	编号
			截面
			配筋

筏形基础按构造不同，可分为梁板式筏形基础和平板式筏形基础两类，如图 7-36 所示。

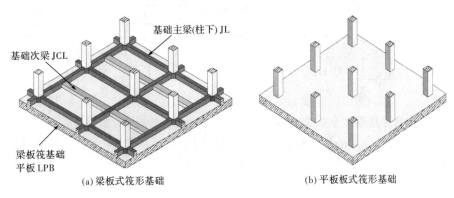

(a) 梁板式筏形基础　　　　　　(b) 平板板式筏形基础

图 7-36　筏形基础示意

7.3.2 梁板式筏形基础平面注写方式

1. 筏形基础构件的类型与编号

梁板式筏形基础由基础主梁、基础次梁和基础平板等构成,如图 7-36(a)所示。根据基础梁底面标高与基础平板底面标高的关系可以分为"高位板"(梁顶与板顶相平)、"低位板"(梁底与板底相平)、"中位板"(板在梁的中部)三种情况。本节主要介绍"低位板"梁板式筏形基础的平法识图。

梁板式筏形基础构件编号见表 7-49。

表 7-49　　　　　　　　　　　梁板式筏形基础构件编号

类型	代号	序号	跨数及有无外伸
基础主梁(柱下)	JL	××	(××)或(××A)或(××B)
基础次梁	JCL	××	(××)或(××A)或(××B)
梁板式筏形基础平板	LPB	××	

注:1.(××A)为一端有外伸,(××B)为两端有外伸,外伸不计入跨数。

2.梁板式筏形基础平板跨数及是否有外伸分别在 X、Y 方向的贯通纵筋之后表达。图面从左至右为 X 向,从下至上为 Y 向。

3.梁板式筏形基础主梁与条形基础梁编号与标准构造详图一致。

2. 基础主梁与基础次梁的平面注写方式

基础主梁与基础次梁的平面注写方式分为集中标注与原位标注两部分内容,如图 7-37 所示。当集中标注的某项数值不适用于梁的某部位时,则将该项数值采用原位标注,施工时,原位标注优先。

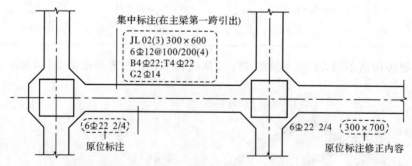

图 7-37　基础主梁/次梁平面注写方式

(1)基础主梁与基础次梁的集中标注

基础主梁与基础次梁的集中标注内容为基础梁编号、截面尺寸、配筋三项必注内容(图 7-38),以及基础梁底面标高高差(相对于筏形基础平板底面标高)一项选注内容。

1)基础梁编号

基础梁编号由代号、序号、跨数及有无外伸三部分组成,如图 7-39 所示。

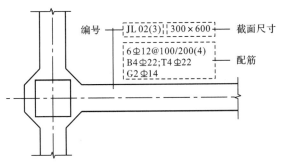

图 7-38　基础主梁/次梁集中标注　　　　图 7-39　基础主梁/次梁编号平法标注

2）基础梁截面尺寸

基础梁截面尺寸 $b×h$ 表示梁截面宽度与高度。当为竖向加腋梁时，用 $b×h$，$Yc_1×c_2$ 表示，其中 c_1 为腋长，c_2 为腋高。

3）基础梁配筋

①基础梁箍筋

基础主/次梁箍筋表示方法的平法识图，见表 7-50。

表 7-50　　　　　　　　　　基础主/次梁箍筋表示方法的平法识图

箍筋表示方法	图示	说明
$\Phi 12@200(4)$	JL 02(3),300×600 Φ12@200(4) B:4Φ22;T:4Φ22 G2Φ14 只有一种箍筋间距	当采用一种箍筋间距时，注写钢筋级别、直径、间距及肢数（写在括号内）
6 Φ 10 @ 100/Φ 10 @200(4)	JL 02(3),300×600 6Φ10@100/Φ10@200(4) B:4Φ22;T:4Φ22 G4Φ14 两端第一种箍筋　中间剩余部位 6Φ10@100(4)　Φ10@200(4)	当采用两种箍筋时，用"/"分隔不同箍筋，按照从基础梁两端向跨中的顺序注写。先注写第1段箍筋（在前面加注箍数），在斜线后再注写第2段箍筋（不再加注箍数）

施工时应注意：两向基础梁相交的柱下区域，应有一向截面较高的基础主梁箍筋贯通设置；当两向基础主梁高度相同时，任选一向基础主梁箍筋贯通设置。

②基础梁底部、顶部纵向钢筋

基础梁底部贯通纵筋以 B 打头，基础梁顶部贯通纵筋以 T 打头，具体表示形式见表 7-51。

表 7-51　　　　　　　　　　基础梁底部、顶部纵筋表示形式

表示形式	表达含义
B4 Φ 22;T4 Φ 20	表示梁的底部配置 4Φ22 的贯通纵筋，梁的顶部配置 4Φ20 的贯通纵筋
B4 Φ 25 3/5; T5 Φ 22	表示梁底部上一排配置贯通纵筋为 3Φ25，下一排配置贯通纵筋为 5Φ22；梁顶部配置贯通纵筋为 4Φ22

③基础梁侧面纵向钢筋

以大写字母 G 打头注写基础梁两侧面对称设置的纵向构造钢筋的总配筋值（当梁腹板高

343

度 $h_w \geqslant 450$ mm 时,根据需要配置)。

当需要配置抗扭纵向钢筋时,梁两个侧面设置的抗扭纵向钢筋以 N 打头。

4)注写基础梁底面标高高差

注写基础梁底面标高高差(相对于筏形基础平板底面标高的高差值),该项为选注值。有高差时需将高差写入括号内(如"高板位"与"中板位"基础梁的底面与基础平板底面标高的高差值),无高差时不注(如"低位板"筏形基础的基础梁)。

(2)基础主梁与基础次梁的原位标注

1)梁支座的底部纵筋

梁支座的底部纵筋是指包含贯通纵筋与非贯通纵筋在内的所有纵筋,如图 7-40 所示。

图中,6$\underline{\Phi}$22 2/4 是指该位置共有 6 根直径 22 的钢筋。其中上排 2 根,下排 4 根。下排的 4 根其实就是集中标注中的底部贯通纵筋。

2)梁支座原位标注

梁支座原位标注平法识图,见表 7-52。

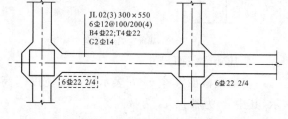

图 7-40　梁支座底部全部纵筋

表 7-52　　　　　　　　　　梁支座原位标注平法识图

标注方法	图示	说明
4$\underline{\Phi}$22 2/4		(1)上下两排,上排 4$\underline{\Phi}$22 是底部非贯通纵筋,下排 4$\underline{\Phi}$22 是集中标注的底部贯通纵筋; (2)中间支座两边配筋相同时,只标注在一侧
2$\underline{\Phi}$22+2$\underline{\Phi}$20		当同排纵筋有两种直径时,用"+"将两种直径的纵筋相联,其中 2$\underline{\Phi}$22 是集中标注的底部贯通纵筋,2$\underline{\Phi}$20 是底部非贯通纵筋
4$\underline{\Phi}$22,5$\underline{\Phi}$22		(1)中间支座柱下两侧底部配筋不同,B 轴左侧 4$\underline{\Phi}$22,其中 2 根为集中标注的底部贯通纵筋,另 2 根为底部非贯通纵筋;B 轴右侧 5$\underline{\Phi}$22,其中 2 根为集中标注的底部贯通纵筋,另 3 根为底部非贯通纵筋。 (2)B 轴左侧为 4 根,右侧为 5 根,它们直径相同,只是根数不同,则其中 4 根贯穿 B 轴,右侧多出的 1 根进行锚固

3)基础梁附加箍筋或(反扣)吊筋

基础主、次梁交叉位置,将附加箍筋或(反扣)吊筋直接画在平面图中的主梁上,用线引注总配筋值(附加箍筋的肢数注在括号内),当多数附加箍筋或(反扣)吊筋相同时,可在基础梁平法施工图上统一注明,少数与统一注明值不同时,再原位引注。

①附加箍筋

附加箍筋的平法标注,如图 7-41 所示,表示每边各加 4 根,共 8 根附加钢筋,4 肢箍。

②(反扣)吊筋

(反扣)吊筋的平法标注,如图 7-41 所示,表示配置 2 根直径为 16 的吊筋。

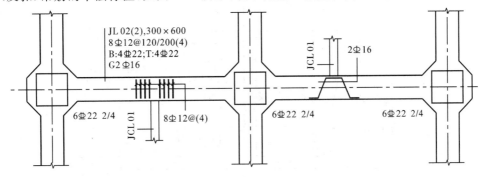

图 7-41　基础梁附加箍筋和(反扣)吊筋的平法标注

4)基础梁外伸部位的变截面高度尺寸

当基础梁外伸部位采用变截面高度时,在该部位原位注写 $b \times h_1/h_2$,h_1 为根部截面高度,h_2 尽端截面高度,如图 7-42 所示。

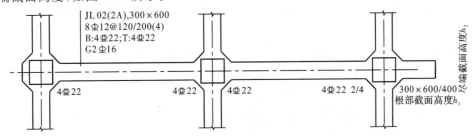

图 7-42　基础梁外伸部位的变截面高度尺寸

5)原位注写修正内容

当在基础梁上集中标注的某项内容不适用某跨或某外伸部分时,将其修正内容原位标注在该跨或该外伸部位。

如图 7-43 所示,JL02 集中标注的截面尺寸为 300×600,第 2 跨原位标注为 300×500,表示第 2 跨发生了变化;底部贯通纵筋为 4Φ22,第 3 跨经原位标注修正为 4Φ20。

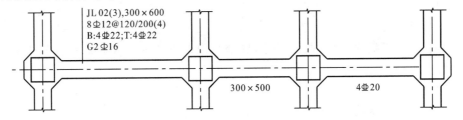

图 7-43　原位注写修正内容

2.梁板式筏形基础平板的平面注写方式

梁板式筏形基础平板的平面注写分为集中标注与原位标注两部分内容。

（1）梁板式筏形基础平板标注

1）集中标注应在所表达的板区双向均为第一跨（X 与 Y 双向首跨）的板上引出（图面从左至右为 X 向，从下至上为 Y 向），如图 7-44 所示。

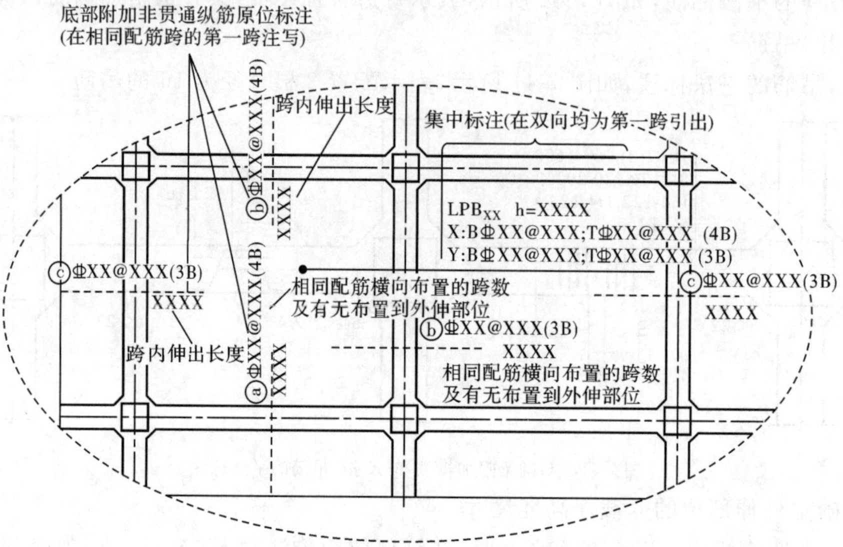

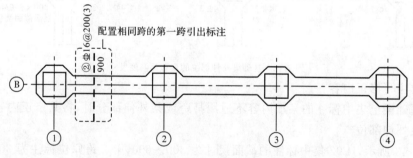

图 7-44　梁板式筏形基础平板标注

筏形基础平板板区划分条件：板厚相同、基础平板底部与顶部贯通纵筋配置相同的区域为同一板区。

2）原位标注位置。在配置相同跨的第一跨（或基础梁外伸部位），垂直于基础梁绘制一段中粗虚线表示底部附加非贯通纵筋，如图 7-45 所示。

图 7-45　梁板式筏形基础平板原位标注

（2）集中标注

1）集中标注内容

集中标注包括平板的编号、截面尺寸、底部与顶部贯通纵筋及其跨数及是否有外伸，如图 7-44 所示。

2）集中标注说明

梁板式筏形基础基础平板集中标注说明见表 7-53。

表 7-53 　　　　　　　　　　　　　梁板式筏形基础基础平板集中标注说明

集中标注说明：集中标注应在双向均为第一跨引出

注写形式	表达内容	附加说明
LPB××	基础平板编号，包括代号和序号	为梁板或基础的基础平板
$h＝××××$	基础平板厚度	—
X：Bϕ××@×××； 　Tϕ××@×××；(4B) Y：Bϕ××@×××； 　Tϕ××@×××；(4B)	X 或 Y 向底部与顶部贯通纵筋强度级别、直径、间距（跨数及外伸情况）	底部纵筋应有不少于 1/3 贯通全跨，注意与非贯通纵筋组合设置的具体要求，详见制造图规则。顶部纵筋应全跨连通。用 B 引导底部贯通纵筋，用 T 引导顶部贯通纵筋。(×A)：一端有外伸；(×B)：两端均有外伸；无外伸则仅注跨数(×)。图面从左至右为 X 向，从下至上为 Y 向

（3）原位标注

1）原位标注内容

板底部原位标注的附加非贯通纵筋，应在配置相同跨的第一跨表达，在虚线上注写编号（如①、②等）、配筋值、横向布置的跨数及是否布置到外伸部位，如图 7-45 所示。

注：(××)为横向布置的跨数，(××A)为横向布置的跨数及一端基础梁的外伸部位，(××B)为横向布置的跨数及两端基础梁外伸部位。

2）原位标注说明

梁板式筏形基础基础平板原位标注说明见表 7-54。

表 7-54 　　　　　　　　　　　　　梁板式筏形基础基础平板原位标注说明

板底部附加非贯通纵筋的原位标注说明：原位标注应在基础梁下相同配筋跨的第一跨下注写

注写形式	表达内容	附加说明
(x)Φxx@xxx(x、xA、xB)　xxxx　基础梁	板底部附加非贯通纵筋编号、强度级别、直径、间距（相同配筋横向布置的跨数外伸情况）；自梁中心线分别向两边跨内的伸出长度值	当向两侧对称伸出时，可只在一侧注伸出长度值。外伸部位一侧的伸出长度与方式按标准构造，设计不注。相同非贯通纵筋可只注写一处，其他仅在中粗虚线上注写编号。与贯通纵筋组合设置时的具体要求详见相应制图规则
注写修正内容	某部位与集中标注不同的内容	原位标注的修正内容取值优先

（4）应在图中注明的其他内容

①当在基础平板周边沿侧面设置纵向构造钢筋时，应在图中注明。

②应注明基础平板外伸部位的封边方式，当采用 U 形钢筋封边时应注明其规格、直径及间距。

③当基础平板外伸变截面高度时，应注明外伸部位的 h_1/h_2，h_1 为板根部截面高度，h_2 为板尽端截面高度。

④当基础平板厚度大于 2 m 时，应注明具体构造要求。

⑤当在基础平板外伸阳角部位设置放射筋时，应注明放射筋的强度等级、直径、根数以及设置方式等。

⑥板的上、下部纵筋之间设置拉筋时，应注明拉筋的强度等级、直径、双向间距等。

⑦应注明混凝土垫层厚度与强度等级。

⑧结合基础主梁交叉纵筋的上下关系,当基础平板同一层面的纵筋相交叉时,应注明何向纵筋在下,何向纵筋在上。

⑨设计需注明的其他内容。

7.3.3 平板式筏形基础平面注写方式

1.平板式筏形基础构件的类型与编号

平板式筏形基础的平面注写表达方式有两种:一是划分为柱下板带和跨中板带进行表达;二是按基础平板进行表达。平板式筏形基础构件编号按表 7-55 的规定。

表 7-55　　　　　　　　　　　　　　　　平板式筏形基础构件编号

构件类型	代号	序号	跨数及有无外伸
柱下板带	ZXB	××	(××)或(××A)或(××B)
跨中板带	KZB	××	(××)或(××A)或(××B)
平板式筏形基础平板	BPB	××	

注:1.(××A)为一端有外伸,(××B)为两端有外伸,外伸不计入跨数。

2.平板式筏形基础平板,其跨数及是否有外伸分别在 X、Y 两向的贯通纵筋之后表达。图面从左至右为 X 向,从下至上为 Y 向。

直接按基础平板进行表达的平板式筏形基础,其平法标注方法同梁板式筏形基础平板(只是板编号不同),下面主要讲解柱下板带和跨中板带进行表达的平板式筏形基础。

柱下板带与跨中板带的平面注写,分集中标注与原位标注两部分内容,如图 7-46 所示。

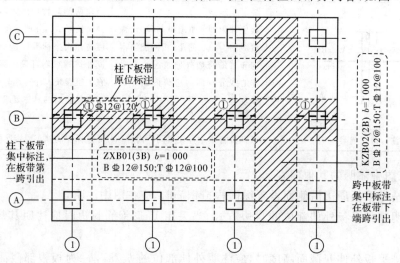

图 7-46　平板式筏形基础平面注写

2. 柱下板带与跨中板带的集中标注

柱下板带与跨中板带的集中标注,应在第一跨(X 向为左端跨,Y 向为下端跨)引出。由编号、截面尺寸、底部与顶部贯通纵筋三项内容组成,如图 7-47 所示。

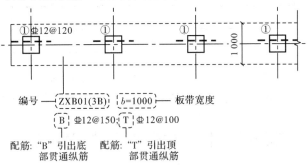

图 7-47　柱下板带(跨中板带)的集中标注

柱下板带与跨中板带的集中标注识图中,注意以下两个要点:

(1)板带宽度 b 是指板向短向的边长。

(2)板带的配筋中,底部与顶部贯通纵筋是指沿板长向的配筋,且只有沿板长向的配筋,沿板短向没有配筋。板带的钢筋网实际上是由两个方向的板带的钢筋相互交叉形成。

3. 柱下板带与跨中板带的原位标注

以一段与板带同向的中粗虚线代表附加非贯通纵筋;柱下板带:贯穿其柱下区域绘制;跨中板带:横贯柱中线绘制。在虚线上注写底部附加非贯通纵筋的编号(如①、②等)、钢筋级别、直径、间距,以及自柱中线分别向两侧跨内的伸出长度值。当向两侧对称伸出时,长度值可仅在一侧标注,另一侧不注。外伸部位的伸出长度与方式按标准构造,设计不注。对同一板带中底部附加非贯通纵筋相同者,可仅在一根钢筋上注写,其他可仅在中粗虚线上注写编号,如图7-48 所示。

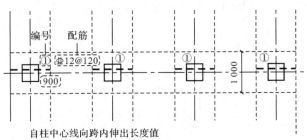

图 7-48　柱下板带(跨中板带)的原位标

原位注写的底部附加非贯通纵筋与集中标注的底部贯通纵筋,宜采用"隔一布一"的方式布置,即柱下板带或跨中板带底部附加非贯通纵筋与贯通纵筋交错插空布置,其标注间距与底部贯通纵筋相同(两者实际组合后的间距为各自标注间距的 1/2)。其位置关系如图 7-49 所示。

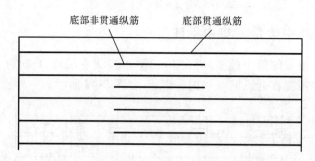

图 7-49　底部非贯通纵筋与同向底部贯通纵筋布置

当跨中板带在轴线区域不设置底部附加非贯通纵筋时,则不做原位注写。

7.3.4　筏形基础相关构造平面注写方式

筏形基础相关构造是指后浇带、上柱墩、下柱墩、基坑(沟)等构造,这些相关构造的平法标注,采用"直接引注"的方式,"直接引注"是指在基础平面布置图构造部位直接引出标注该构造的信息,后浇带引注如图 7-50 所示。

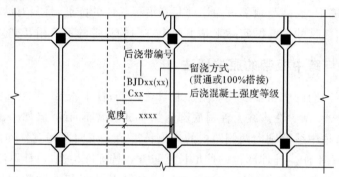

图 7-50　后浇带引注

图集 16G101-3 中,对筏形基础相关构造的直接引注方式,有专门的图示讲解,本书不再讲解。

基础相关构造类型与编号,见表 7-56。

表 7-56　　　　　　　　　　　　基础相关构造类型与编号

构造类型	代号	序号	说明
基础联系梁	JLL	××	用于独立基础、条形基础、桩基承台
后浇带	HJD	××	用于梁板、平板筏基础、条形基础等
上柱墩	SZD	××	用于平板筏基础
下柱墩	XZD	××	用于梁板、平板筏基础
基坑(沟)	JK	××	用于梁板、平板筏基础
窗井墙	CJQ	××	用于梁板、平板筏基础
防水板	FBPB	××	用于独基、条基、桩基加防水板

注:1.基础联系梁序号:(××)为端部无外伸或无悬挑,(××A)为一端有外伸或有悬挑,(××B)为两端有外伸或有悬挑。

2.上柱墩位于筏板顶部混凝土柱根部位,下柱墩位于筏板底部混凝土柱或钢柱柱根水平投影部位,均根据筏形基础受力与结构需要而设。

筏形基础钢筋构造与计算

1. 基础主梁钢筋构造与计算

《16G101-3》把条形基础梁和梁板式筏形基础主梁统一为JL,所以梁板式筏形基础主梁的钢筋构造与计算见本章7.2.3条形基础钢筋构造与计算。

2. 基础次梁钢筋构造与计算

(1)无外伸基础次梁顶、底部贯通纵筋构造与计算

1)端部两端均无外伸纵筋构造

基础次梁端部两端均无外伸,贯通纵筋构造见表7-57。

表 7-57　　　　　　　　基础次梁端部两端均无外伸贯通纵筋构造

类别	图示	钢筋构造
无外伸	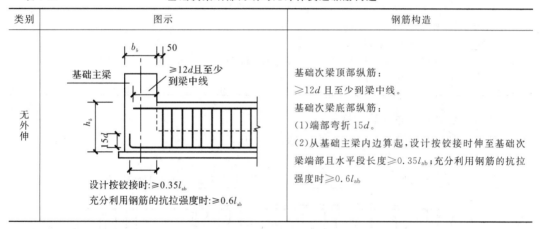	基础次梁顶部纵筋: ≥12d且至少到梁中线。 基础次梁底部纵筋: (1)端部弯折15d。 (2)从基础主梁内边算起,设计按铰接时伸至基础次梁端部且水平段长度≥0.35l_{ab};充分利用钢筋的抗拉强度时≥0.6l_{ab}

2)端部两端均无外伸纵筋计算

端部两端均无外伸纵筋的计算简图如图 7-51 所示。

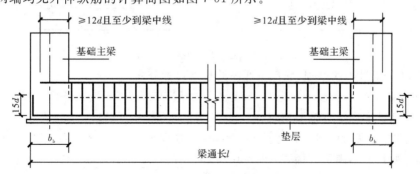

图 7-51　端部两端均无外伸钢筋的计算简图

由图 7-51 可得基础梁顶、底部贯通纵筋长度计算公式为

顶部贯通纵筋长度＝梁通长 l－左端基础主梁宽－右端基础主梁宽＋$\max(12d, b_b/2) \times 2$

底部贯通纵筋长度＝梁通长 l－梁端保护层厚度 $c \times 2$＋弯折长度 $15d \times 2$

（2）有外伸基础次梁顶、底部贯通纵筋构造与计算

1）端部两端均为外伸纵筋构造

基础次梁端部两端均为外伸贯通纵筋构造见表 7-58。

表 7-58　　　　　　　　　　　基础次梁端部两端均为外伸贯通纵筋构造

类别	筏形基础次梁端部等截面外伸构造	筏形基础次梁端部变截面外伸构造
图示	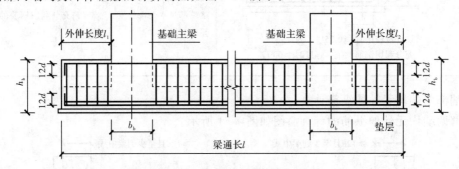	
钢筋构造	（1）顶部钢筋伸至外侧尽端弯折 $12d$。 （2）底部钢筋伸至外侧尽端弯折 $12d$。 （3）当从基础主梁内边算起的外伸长度不满足直锚要求时，基础主梁下部钢筋应伸至端部后弯折 $15d$，且从梁内边算起水平段长度应 $\geqslant 0.6l_{ab}$。	

2）端部两端均为外伸纵筋计算

端部两端均为外伸纵筋的计算简图如图 7-52 所示。

图 7-52　端部两端均为外伸钢筋的计算简图

由图 7-52 可得基础次梁顶、底部贯通纵筋长度计算公式为

顶部贯通纵筋长度＝梁通长 l－梁端保护层厚度 $c×2$＋弯折长度 $12d×2$

梁端部外伸长度满足直锚要求时，有

底部贯通纵筋长度＝梁通长 l－梁端保护层厚度 $c×2$＋弯折长度 $12d×2$

梁端部外伸长度不满足直锚要求且 $\geqslant 0.6l_{ab}$ 时，有

底部贯通纵筋长度＝梁通长 l－梁端保护层厚度 $c×2$＋弯折长度 $15d×2$

（3）基础次梁端部及柱下区域底部非贯通纵筋构造与计算

1）端部及柱下区域底部非贯通钢筋构造

端部及柱下区域底部非贯通纵筋构造见表 7-59。

表 7-59　　　　　　　　　　端部及柱下区域底部非贯通纵筋构造

类别	图示	钢筋构造
无外伸	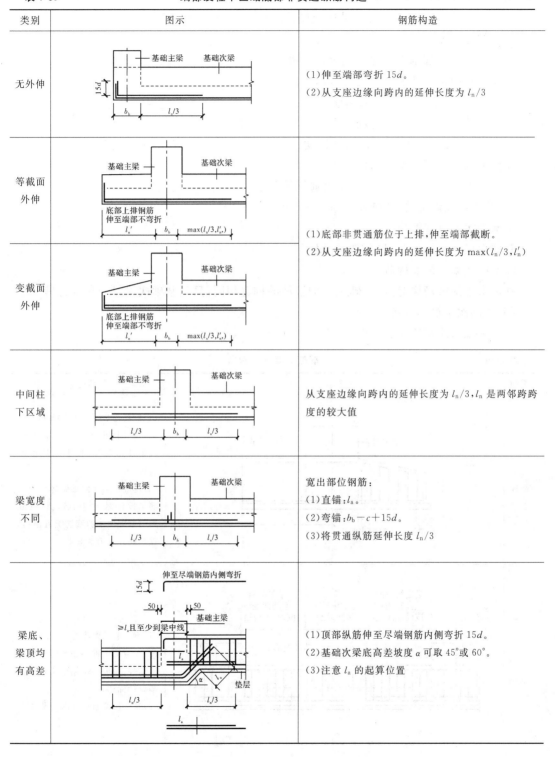	(1)伸至端部弯折 $15d$。 (2)从支座边缘向跨内的延伸长度为 $l_n/3$
等截面外伸		(1)底部非贯通筋位于上排,伸至端部截断。 (2)从支座边缘向跨内的延伸长度为 $\max(l_n/3,l_n')$
变截面外伸		
中间柱下区域		从支座边缘向跨内的延伸长度为 $l_n/3$,l_n 是两邻跨跨度的较大值
梁宽度不同		宽出部位钢筋: (1)直锚:l_a。 (2)弯锚:$b_b-c+15d$。 (3)将贯通纵筋延伸长度 $l_n/3$
梁底、梁顶均有高差		(1)顶部纵筋伸至尽端钢筋内侧弯折 $15d$。 (2)基础次梁底高差坡度 α 可取 $45°$ 或 $60°$。 (3)注意 l_a 的起算位置

2)端部及柱下区域底部非贯通纵筋计算

由表 7-24 可得端部及柱下区域底部非贯通纵筋长度计算公式。

①端部无外伸非贯通纵筋

$$底部非贯通纵筋长度=l_n/3+b_b-c+15d$$

②端部有外伸非贯通纵筋

$$底部上排非贯通纵筋长度=(l'_n-c)+b_b+\max(l_n/3,l'_n)$$

梁端部外伸长度满足直锚要求时，有

$$底部下排非贯通纵筋长度=(l'_n-c)+b_b+\max(l_n/3,l'_n)+12d$$

梁端部外伸长度不满足直锚要求且$\geqslant0.6l_{ab}$时，有

$$底部下排非贯通纵筋长度=(l'_n-c)+b_b+\max(l_n/3,l'_n)+15d$$

③柱下区域底部非贯通纵筋

$$底部非贯通纵筋长度=2\times l_n/3+b_b$$

（4）基础次梁侧部筋、加腋筋构造

①基础次梁侧部筋构造

基础次梁侧部筋构造，与基础主梁相同。

②基础次梁加腋筋构造

基础次梁加腋筋构造，与基础主梁加腋筋的构造相同，只是基础次梁没有梁侧加腋。

（5）基础次梁箍筋构造

基础次梁箍筋构造见表 7-60。

表 7-60　　　　　　　　　　　　　　　基础次梁箍筋构造

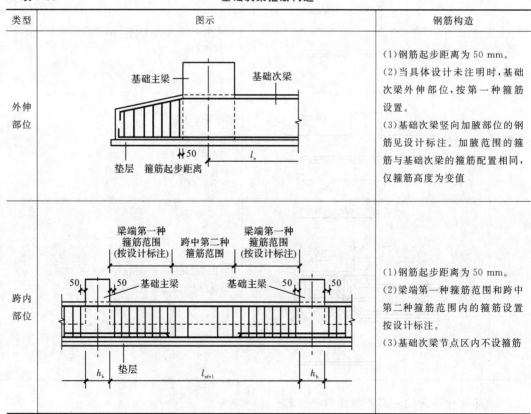

类型	图示	钢筋构造
外伸部位		（1）钢筋起步距离为 50 mm。 （2）当具体设计未注明时，基础次梁外伸部位，按第一种箍筋设置。 （3）基础次梁竖向加腋部位的钢筋见设计标注。加腋范围的箍筋与基础次梁的箍筋配置相同，仅箍筋高度为变值
跨内部位		（1）钢筋起步距离为 50 mm。 （2）梁端第一种箍筋范围和跨中第二种箍筋范围内的箍筋设置按设计标注。 （3）基础次梁节点区内不设箍筋

3. 梁板式筏形基础平板 LPB 钢筋构造与计算

(1)无外伸基础平板 LPB 顶、底部贯通纵筋构造与计算

1)端部两端均无外伸纵筋构造

基础平板 LPB 端部两端均无外伸贯通纵筋构造见表 7-61。

表 7-61　　　　　基础平板 LPB 端部两端均无外伸贯通纵筋构造

类别	图示	钢筋构造
无外伸	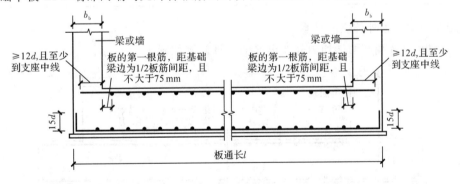	板的第一根筋，距基础梁边为 1/2 板筋间距，且不大于 75 mm。 基础平板 LPB 顶部纵筋： ≥12d 且至少到支座中线 基础平板 LPB 底部纵筋： (1)端部弯折 15d。 (2)从梁(或墙)内边算起，设计按铰接时伸至梁(或墙)端部且水平段长度≥0.35l_{ab}；充分利用钢筋的抗拉强度时≥0.6l_{ab}

2)端部两端均无外伸纵筋计算

基础平板 LPB 端部两端均无外伸纵筋的计算简图如图 7-53 所示。

图 7-53　基础平板 LPB 端部两端均无外伸钢筋的计算简图

由图 7-53 可得基础平板 LPB 顶、底部贯通纵筋长度和根数计算公式为

$$顶部贯通纵筋长度＝板通长 l－左端基础梁宽－右端基础梁宽＋\max(12d, b_b/2)×2$$

$$底部贯通纵筋长度＝板通长 l－板端保护层厚度 c×2＋弯折长度 15d×2$$

$$板筋根数＝(板筋净跨长－板筋间距)/板筋间距＋1$$

(2)有外伸基础平板 LPB 顶、底部贯通纵筋构造与计算

1)端部两端均为外伸纵筋构造

基础平板 LPB 端部两端均为外伸贯通纵筋构造见表 7-62。

表 7-62 基础平板 LPB 端部两端均为外伸贯通纵筋构造

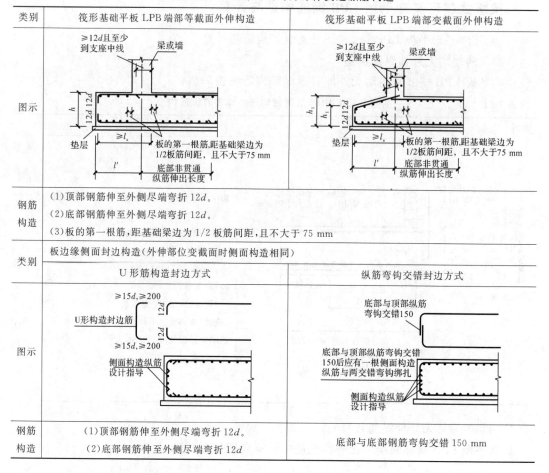

类别	筏形基础平板 LPB 端部等截面外伸构造	筏形基础平板 LPB 端部变截面外伸构造
图示		
钢筋构造	(1)顶部钢筋伸至外侧尽端弯折 $12d$。 (2)底部钢筋伸至外侧尽端弯折 $12d$。 (3)板的第一根筋,距基础梁边为 $1/2$ 板筋间距,且不大于 $75\,mm$	

类别	板边缘侧面封边构造(外伸部位变截面时侧面构造相同)	
	U 形筋构造封边方式	纵筋弯钩交错封边方式
图示		
钢筋构造	(1)顶部钢筋伸至外侧尽端弯折 $12d$。 (2)底部钢筋伸至外侧尽端弯折 $12d$	底部与底部钢筋弯钩交错 $150\,mm$

2)端部两端均为外伸纵筋计算

基础平板 LPB 端部两端均为外伸纵筋的计算简图如图 7-54 所示。

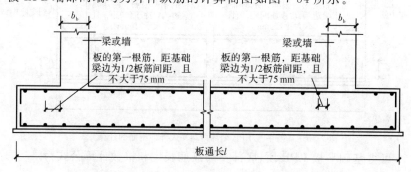

图 7-54 基础平板 LPB 端部两端均为外伸钢筋的计算简图

由图 7-54 可得基础平板 LPB 顶、底部贯通纵筋长度计算公式为

顶部贯通纵筋长度＝板通长 l－板端保护层厚度 $c\times2$＋弯折长度

底部贯通纵筋长度＝板通长 l－板端保护层厚度 $c\times2$＋弯折长度

注:弯折长度取值,按不同的端部组合相对应计算。

(3)变截面部位钢筋构造

基础平板 LPB 变截面部位钢筋构造见表 7-63。

表 7-63　　　　　　　　　　　　基础平板 LPB 变截面部位钢筋构造

类别	图示	钢筋构造
板顶有高差	伸至尽端钢筋内侧弯折15d 当直段长度≥l_a时可不弯折 l_a 板的第一根筋，距基础梁边为1/2板筋间距，且不大于75 mm　垫层	(1)高跨基础平板顶部钢筋伸至基础梁尽端钢筋内侧弯折15d，当直段长度≥l_a 时可不弯折。 (2)低跨基础平板顶部钢筋伸至基础梁长度=l_a。 (3)板的第一根筋，距基础梁边为 1/2 板筋间距，且不大于 75 mm
板底有高差	板的第一根筋，距基础梁为1/2板筋间距，且不大于75 mm 垫层　α	(1)高跨基础平板底部钢筋伸入低跨内长度=l_a。 (2)低跨基础平板底部钢筋斜弯折长度=高差值/sin 45°（或 60°）+l_a。 (3)板的第一根筋，距基础梁边为 1/2 板筋间距，且不大于 75 mm
板顶、板底均有高差	伸至尽端钢筋内侧弯折15d，当直段长度≥l_a时可不弯折 l_a h_1　l　h_2 垫层　板的第一根筋，距基础梁边为1/2板筋间距，且不大于75 mm　α	(1)高跨基础平板顶部钢筋伸至尽端钢筋内侧弯折15d，当直段长度≥l_a 时可不弯折。 (2)高跨基础平板底部钢筋伸入低跨内长度=l_a。 (3)低跨基础平板顶部钢筋伸入基础梁内长度=l_a。 (4)低跨基础平板底部钢筋斜弯折长度=高差值/sin 45°（或 60°）+l_n

4. 平板式筏形基础平板(ZXB、KZB、BPB)钢筋构造

(1)无外伸基础平板(ZXB、KZB、BPB)顶、底部贯通纵筋构造

基础平板(ZXB、KZB、BPB)端部两端均无外伸贯通纵筋构造见表 7-64。

表 7-64　　　　　基础平板(ZXB、KZB、BPB)端部两端均无外伸贯通纵筋构造

类别	端部无外伸构造(一)	端部无外伸构造(二)
图示	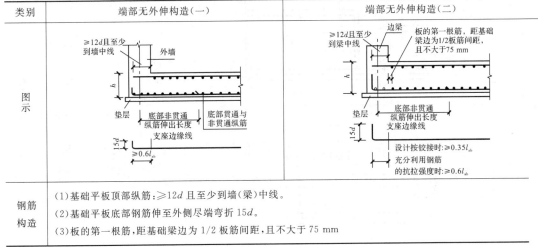	
钢筋构造	(1)基础平板顶部纵筋：≥12d且至少到墙(梁)中线。 (2)基础平板底部钢筋伸至外侧尽端弯折15d。 (3)板的第一根筋，距基础梁边为 1/2 板筋间距，且不大于 75 mm	

（2）有外伸基础平板（ZXB、KZB、BPB）顶、底部贯通纵筋构造

基础平板（ZXB、KZB、BPB）端部两端均有外伸贯通纵筋构造见表7-65。

表7-65　　　　　基础平板（ZXB、KZB、BPB）端部两端均有外伸贯通纵筋构造

类别	图示	钢筋构造
等截面外伸	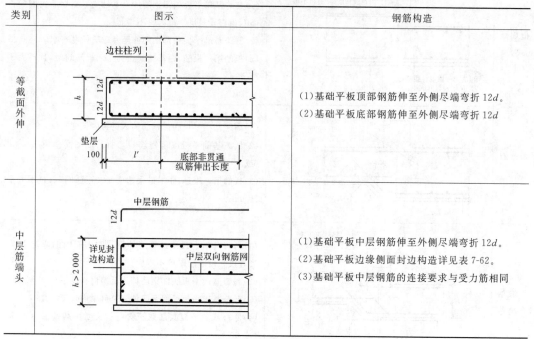	（1）基础平板顶部钢筋伸至外侧尽端弯折12d。 （2）基础平板底部钢筋伸至外侧尽端弯折12d
中层筋端头		（1）基础平板中层钢筋伸至外侧尽端弯折12d。 （2）基础平板边缘侧面封边构造详见表7-62。 （3）基础平板中层钢筋的连接要求与受力筋相同

（3）基础平板（ZXB、KZB、BPB）变截面部位钢筋构造

基础平板（ZXB、KZB、BPB）变截面部位钢筋构造见表7-66。

表7-66　　　　　基础平板（ZXB、KZB、BPB）变截面部位钢筋构造

类别	图示	钢筋构造
板顶有高差	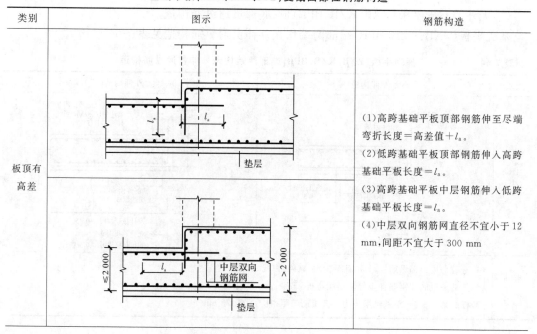	（1）高跨基础平板顶部钢筋伸至尽端弯折长度=高差值+l_a。 （2）低跨基础平板顶部钢筋伸入高跨基础平板长度=l_a。 （3）高跨基础平板中层钢筋伸入低跨基础平板长度=l_a。 （4）中层双向钢筋网直径不宜小于12 mm，间距不宜大于300 mm

续表

类别	图示	钢筋构造
板底有高差	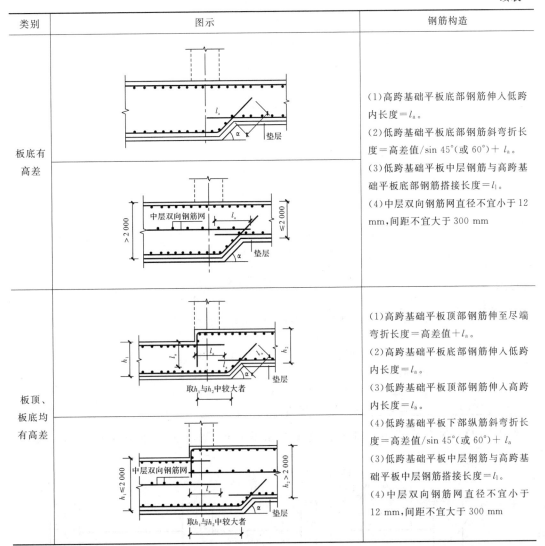	(1)高跨基础平板底部钢筋伸入低跨内长度＝l_a。 (2)低跨基础平板底部钢筋斜弯折长度＝高差值$/\sin 45°$(或$60°$)$+ l_a$。 (3)低跨基础平板中层钢筋与高跨基础平板底部钢筋搭接长度＝l_l。 (4)中层双向钢筋网直径不宜小于12 mm,间距不宜大于300 mm
板顶、板底均有高差		(1)高跨基础平板顶部钢筋伸至尽端弯折长度＝高差值$+ l_a$。 (2)高跨基础平板底部钢筋伸入低跨内长度＝l_a。 (3)低跨基础平板顶部钢筋伸入高跨内长度＝l_a。 (4)低跨基础平板下部纵筋斜弯折长度＝高差值$/\sin 45°$(或$60°$)$+ l_a$ (5)低跨基础平板中层钢筋与高跨基础平板中层钢筋搭接长度＝l_l。 (6)中层双向钢筋网直径不宜小于12 mm,间距不宜大于300 mm

【例 7-18】 基础次梁 JCL02 平法施工图如图 7-55 所示,混凝土强度为 C30,试计算钢筋量。

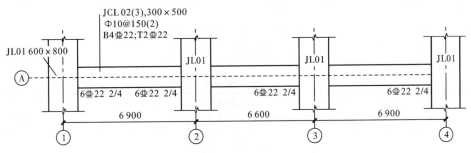

图 7-55　JCL02 平法施工图

解:基础次梁(一般情况)钢筋计算过程见表 7-67。

表 7-67   钢筋计算过程

参数	保护层厚度 $c=40$ mm,箍筋起步距离为 50 mm
底部贯通纵筋 4 Φ 22	底部贯通纵筋长度＝梁通长 l－梁端保护层厚度 $c\times2$＋弯折长度 $15d\times2$
	长度＝$(6\,900\times2+6\,600+300\times2)-40\times2+15\times22\times2=21\,580$ mm
	接头个数＝$21\,580/9\,000-1=2$ 个
顶部贯通纵筋 2 Φ 22	顶部贯通纵筋长度＝梁长 l＋两端锚固 $\max(12d,b_b/2)\times2$
	长度＝$(6\,900\times2+6\,600-300\times2)+\max(12\times22,600/2)\times2=20\,400$ mm
	接头个数＝$20\,400/9\,000-1=2$ 个
支座 1、4 底部非贯通纵筋 2 Φ 22	支座底部非贯通纵筋长度＝$l_n/3+b_b-c+15d$
	长度＝$(6\,900-300\times2)/3+600-40+15\times22=2\,990$ mm
支座 2、3 底部非贯通纵筋 2 Φ 22	支座底部非贯通纵筋长度＝$2\times l_n/3+b_b$
	长度＝$2\times(6\,900-300\times2)/3+600=4\,800$ mm
箍筋长度	箍筋长度＝直段长度＋两个弯钩增加长度＝$2(b+h)-8c+27.13d$
	箍筋长度＝$2(300+500)-8\times40+27.13\times10=1\,551$ mm
箍筋根数	箍筋根数＝(梁净跨长度－起步距离)/ 箍筋间距＋1
	第 1 跨和第 3 跨:
	箍筋根数＝$(6\,900-300\times2-50\times2)/150+1=43$ 根
	第 2 跨:
	箍筋根数＝$(6\,600-300\times2-50\times2)/150+1=41$ 根
	三跨总根数＝$43\times2+41=127$ 根

【例 7-19】 基础次梁 JCL01 平法施工图如图 7-56 所示,混凝土强度为 C30,试计算钢筋量。

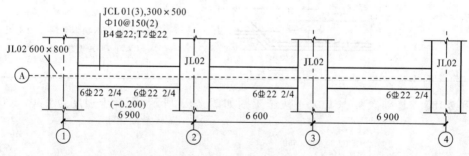

图 7-56   JCL01 平法施工图

解:基础次梁(变截面有高差)钢筋计算过程见表 7-68。

表 7-68   钢筋计算过程

参数	保护层厚度 $c=40$ mm,$l_a=35d$,箍筋起步距离为 50 mm
第一跨底部贯通纵筋 4 Φ 22	长度＝$6\,600+(300-40+15d)+(300-40+\sqrt{200^2+200^2}+35d)=6\,600+(300-40+15\times22)+(300-40+\sqrt{200^2+200^2}+35\times22)=8\,503$ mm
第二、三跨底部贯通纵筋 4 Φ 22	长度＝$(6\,300-300-200)+35d+6\,600+300-40+15d=5\,800+35\times22+6\,600+300-40+15\times22=13\,760$ mm
	接头个数＝$13\,760/9\,000-1=1$ 个

续表

支座 1、4 底部非贯通纵筋 2ϕ22	支座 1,4 底部非贯通纵筋长度 $= l_n/3 + b_b - c + 15d = (6\ 600 - 300 \times 2)/3 + 600 - 40 + 15 \times 22 = 2\ 890$ mm
支座 2 左底部非贯通纵筋 2ϕ22	长度 $=(6\ 600 - 600)/3 + 600 - 40 + \sqrt{200^2 + 200^2} + 35d = 2\ 000 + 600 - 40 + \sqrt{200^2 + 200^2} + 35 \times 22 = 3\ 613$ mm
支座 2 右底部非贯通纵筋 2ϕ22	长度 $=(6\ 300 - 600)/3 - 200 + 35d = 1\ 900 - 200 + 35 \times 22 = 2\ 470$ mm
支座 3 底部非贯通纵筋 2ϕ22	支座 3 底部非贯通纵筋长度 $= 2 \times l_n/3 + b_b = 2 \times (6\ 600 - 300 \times 2)/3 + 600 = 4\ 600$ mm
第一跨顶部贯通纵筋 2ϕ22	长度 $= 6\ 600 + (300 - 40 + 15d) - 300 + 35d = 6\ 600 + (300 - 40 + 15 \times 22) - 300 + 35 \times 22 = 7\ 660$ mm
第二、三跨顶部贯通纵筋 2ϕ22	长度 $= 6\ 300 + 6\ 600 + (300 - 40 + 15d) + (300 - 40 + 15d) = 12\ 900 + (300 - 40 + 15 \times 22) \times 2 = 14\ 080$ mm 接头个数 $= 14\ 080/9\ 000 - 1 = 1$ 个
箍筋长度、根数	箍筋长度 $=$ 直段长度 $+$ 两个弯钩增加长度 $= 2(b+h) - 8c + 27.13d$
	箍筋长度 $= 2(300 + 500) - 8 \times 40 + 27.13 \times 10 = 1\ 551$ mm
	箍筋根数 $=$ (梁净跨长度 $-$ 起步距离)/ 箍筋间距 $+1$
	第 1 跨和第 3 跨: 箍筋根数 $=(6\ 600 - 300 \times 2 - 50 \times 2)/150 + 1 = 41$ 根 第 2 跨: 斜坡水平长度为 200 mm,第一根箍筋距梁边 50 mm,按梁高为 650 mm 计算;第 2 各箍筋按梁高(650-150)$=500$ mm 计算 第一根箍筋长度 $= 2(300 + 650) - 8 \times 40 + 27.13 \times 10 = 1\ 851$ mm 箍筋根数 $=(6\ 300 - 300 \times 2 - 200 - 50)/150 + 1 = 38$ 根 箍筋总根数 $= 41 \times 2 + 38 + 1 = 121$ 根(位于斜坡上的 1 根长度不同)

【例 7-20】 梁板式筏形基础平板 LPB01 平法施工图如图 7-57 所示,混凝土强度为 C30,试计算钢筋量。

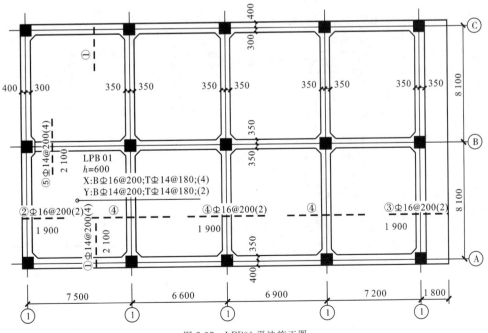

图 7-57 LPB01 平法施工图

注:外伸采用 U 形构造封边筋ϕ20@300,封边侧面构造纵筋 4ϕ8。

解:钢筋计算过程见表 7-69。

表 7-69　　　　　　　　　　　　　　　　　**钢筋计算过程**

参数	保护层厚度 $c=40$ mm;起步距离为 $\min(\leqslant 75,\leqslant s/2)$
X 向板底贯通筋 $\oplus 16@200$	左端无外伸,底部贯通纵筋伸至端部弯折 $15d$;右端外伸,采用 U 形构造封边筋,底部贯通纵筋伸至端部弯折 $12d$
	长度 $=7\,500+6\,600+6\,900+7\,200+1\,800+400-40\times 2+15d+12d=7\,500+6\,600+6\,900+7\,200+1\,800+400-40\times 2+15\times 16+12\times 16=30\,752$ mm
	接头个数 $=30\,752/9\,000-1=3$ 个
	A~B 轴线根数 $=(8\,100-300-350-75\times 2)/200+1=38$ 根
	B~C 轴线根数 $=(8\,100-350-300-75\times 2)/200+1=38$ 根
Y 向板底贯通纵筋 $\oplus 14@200$	两端无外伸,底部贯通纵筋伸至端部弯折 $15d$
	长度 $=8\,100\times 2+400\times 2-40\times 2+15d\times 2=8\,100\times 2+400\times 2-40\times 2+15\times 14\times 2=17\,340$ mm
	接头个数 $=17340/9\,000-1=1$ 个
	①~②轴线根数 $=(7\,500-300-350-75\times 2)/200+1=35$ 根
	②~③轴线根数 $=(6\,600-350-350-75\times 2)/200+1=30$ 根
	③~④轴线根数 $=(6\,900-350-350-75\times 2)/200+1=32$ 根
	④~⑤轴线根数 $=(7\,200-350-350-75\times 2)/200+1=33$ 根
	外伸根数 $=(1\,800-350-75\times 2)/200+1=8$ 根
	总根数 $=35+30+32+33+8=138$ 根
X 向板顶贯通纵筋 $\oplus 14@180$	左端无外伸,顶部贯通纵筋锚入梁内 $\max(12d,b_b/2)$;右端外伸,采用 U 形构造封边筋,底部贯通纵筋伸至端部弯折 $12d$
	长度 $=7\,500+6\,600+6\,900+7\,200+1\,800-300+\max(12d,b_b/2)-40+12d=7\,500+6\,600+6\,900+7\,200+1\,800-300+\max(12\times 14,700/2)-40+12\times 14=30\,178$ mm
	接头个数 $=30\,178/9\,000-1=3$ 个
	A~B 轴线根数 $=(8\,100-300-350-75\times 2)/180+1=42$ 根
	B~C 轴线根数 $=(8\,100-350-300-75\times 2)/180+1=42$ 根
Y 向板顶贯通纵筋 $\oplus 14@180$	两端无外伸,顶部贯通纵筋锚入梁内 $\max(12d,b_b/2)$
	长度 $=8\,100\times 2+400\times 2-40\times 2+15d\times 2=8\,100\times 2+400\times 2-40\times 2+15\times 14\times 2=17\,340$ mm
	接头个数 $=17\,340/9\,000-1=1$ 个
	①~②轴线根数 $=(7\,500-300-350-75\times 2)/180+1=39$ 根
	②~③轴线根数 $=(6\,600-350-350-75\times 2)/180+1=33$ 根
	③~④轴线根数 $=(6\,900-350-350-75\times 2)/180+1=35$ 根
	④~⑤轴线根数 $=(7\,200-350-350-75\times 2)/180+1=37$ 根
	外伸根数 $=(1\,800-350-75\times 2)/180+1=9$ 根
	总根数 $=39+33+35+37+9=153$ 根

续表

①号板底部非贯通纵筋 ϕ14@200(A、C轴)	外端无外伸,底部非贯通纵筋伸至端部弯折15d	基础梁 15d 400 300　1 800 与板底部Y向贯通筋规格相同,采取隔一布一,因此根数与板底部Y向贯通纵筋相同
	长度=2 100+400-40+15d=2 700+400-40+15×14=3 270 mm	
	①~②轴线根数=(7 500-300-350-75×2)/200+1=35 根,②~③轴根数=30 根,③~④轴根数=32 根,④~⑤轴根数=33 根,外伸根数=8 根 根数=138 根,A、C轴共276 根	
②号板底部非贯通纵筋 ϕ16@200(①轴)	左端无外伸,底部非贯通纵筋伸至端部弯折15d	基础梁 15d 400 300　1 600 与板底部X向贯通筋规格相同,采取隔一布一,因此根数与板底部X向贯通纵筋相同
	长度=1 900+400-40+15d=1 900+400-40+15×16=2 500 mm	
	A~B轴线根数=(8 100-300-350-75×2)/200+1=38 根 B~C轴线根数=38 根	
③号板底部非贯通纵筋 ϕ16@200(⑤轴)	右端外伸,采用U形构造封边筋,底部非贯通纵筋伸至端部弯折12d	基础梁 12d 1 900　1 800
	长度=1 900+1 800-40+12d=1 900+1 800-40+12×16=3 852 mm	
	根数同②号筋	
④号板底部非贯通纵筋 ϕ16@200(②、③、④轴)	长度=1 900×2=3 800 mm	
	根数同②号筋,总根数=(38+38)×3=228 根	
⑤号板底部非贯通纵筋 ϕ14@200(B轴)	长度=2 100×2=4 200 mm	
	根数同①号筋	
U形构造封边筋 ϕ20@300	长度=板厚-上下保护层厚度+max(15d,200)×2	
	长度=600-40×2+max(15×20,200)×2=1 120 mm	
	根数=(8 100×2+400×2-40×2)/300+1=58 根	
封边侧面构造纵筋4 ϕ8	长度=8 100×2+400×2-40×2=16 920 mm	
	构造搭接个数=16 920/9 000-1=1 个,构造搭接长度=150 mm	

复习思考题

1.独立基础如何编号?

2.集中标注时,独立基础配筋如何注写?

3.多柱独立基础顶部配筋的注写方法有哪些规定?

4.独立基础的截面注写方式有哪些规定?

5.独立基础底板配筋构造有哪些要求?

6.独立基础底板配筋长度缩减 10% 构造有哪些？

7.对称独立基础底板钢筋如何计算？

8.非对称独立基础底板钢筋如何计算？

9.基础梁 JL 的原位标注有哪些规定？

10.基础梁底部非贯通钢筋的长度有何规定？

11.条形基础底板的集中标注包括哪些内容？

12.条形基础的截面注写方式包括哪些内容？

13.条形基础梁 JL 端部与外伸部位钢筋构造有哪些？

14.基础梁侧面构造钢筋和拉筋构造有哪些？

15.基础梁 JL 竖向加腋钢筋构造有哪些？

16.条形基础底板板底不平构造有哪些？

17 基础主梁 JL 与基础次梁 JCL 的集中标注包括哪些内容？

18.基础梁底部非贯通钢筋的长度有何规定？

19.梁板式筏形基础平板 LPB 的原位标注主要表达什么内容？有何规定？

20.平板式筏形基础构件有哪些编号？

21.柱下板带与跨中板带的集中标注如何注写？

22.基础主梁 JL 纵向钢筋与箍筋构造有哪些？

23.基础次梁 JCL 配置两种箍筋构造有哪些？

24.基础次梁 JCL 梁底不平和变截面部位钢筋构造有哪些？

25.梁板式筏形基础梁 JL 端部与外伸部位钢筋构造有哪些？

26.梁板式筏形基础平板 LPB 端部与外伸部位钢筋构造有哪些？

27.平板式筏形基础平板(ZXB、KZB、BPB)变截面部位钢筋构造有哪些？

习　题

1.独立基础 DJ_J2 平法施工图如图 7-58 所示，试计算钢筋量。

2.独立基础 DJ_P1 平法施工图如图 7-59 所示，试计算钢筋量。

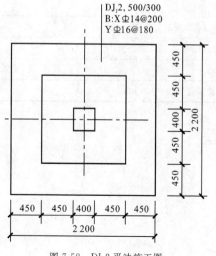

图 7-58　DJ_J2 平法施工图

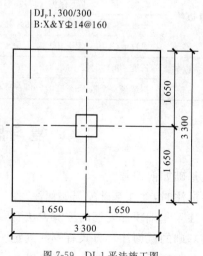

图 7-59　DJ_P1 平法施工图

3.独立基础 DJₚ1 平法施工图如图 7-60 所示,试计算钢筋量。

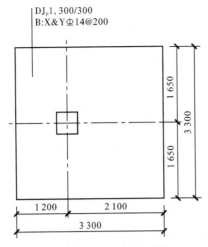

DJₚ1, 300/300
B:X&Y Φ14@200

1 650
3 300
1 650

1 200　2 100
3 300

图 7-60　DJₚ1 平法施工图

4.独立基础 DJₚ4 平法施工图如图 7-61 所示,混凝土强度为 C30,试计算基础顶部钢筋量。

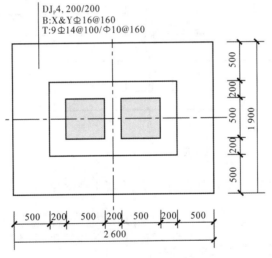

DJₚ4, 200/200
B:X&Y Φ16@160
T:9Φ14@100/Φ10@160

500
200
500
200
500
1 900

500　200　500　200　500　200　500
2 600

图 7-61　DJₚ4 平法施工图

5.基础梁 JL02 平法施工图如图 7-62 所示,混凝土强度为 C30,试计算钢筋量。

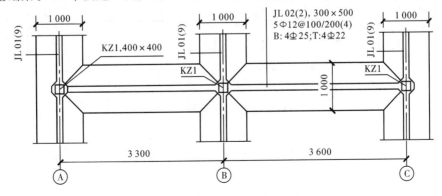

JL01(9)
1 000
KZ1,400×400

JL01(9)
1 000
JL02(2), 300×500
5Φ12@100/200(4)
B:4Φ25;T:4Φ22
KZ1

JL01(9)
1 000
KZ1

1 000

3 300　3 600

Ⓐ　Ⓑ　Ⓒ

图 7-62　基础梁 JL02 平法施工图

6.基础梁 JL06 平法施工图如图 7-63 所示,混凝土强度为 C30,试计算钢筋量。

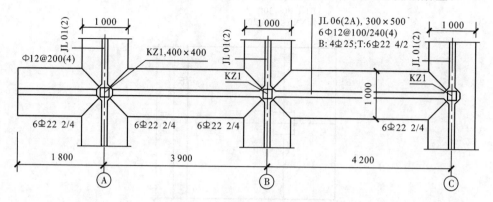

图 7-63　基础梁 JL06 平法施工图

7.基础梁 JL02 平法施工图如图 7-64 所示,混凝土强度为 C30,试计算钢筋量。

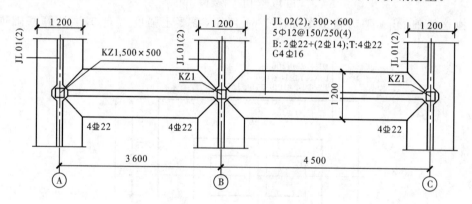

图 7-64　基础梁 JL02 平法施工图

8.基础梁 JL01 平法施工图如图 7-65 所示,混凝土强度为 C30,试计算钢筋量。

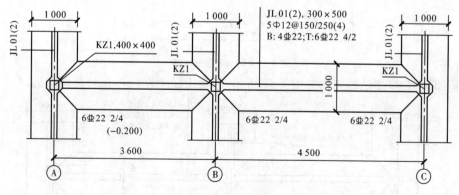

图 7-65　基础梁 JL01 平法施工图

9. 基础梁 JL03 平法施工图如图 7-66 所示,混凝土强度为 C30,试计算侧腋量。

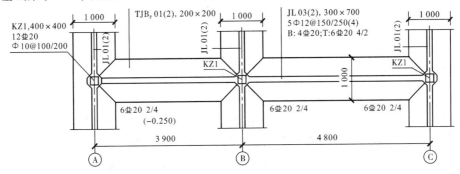

图 7-66　基础梁 JL03 平法施工图

10. 条形基础 TJB$_p$02 平法施工图如图 7-67 所示,混凝土强度为 C30,试计算钢筋量。

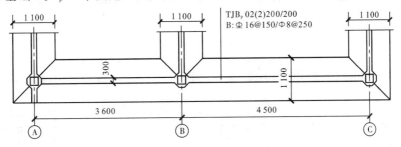

图 7-67　TJB$_p$02 平法施工图

11. 基础梁 JL01 平法施工图如图 7-68 所示,混凝土强度为 C30,试计算钢筋量。

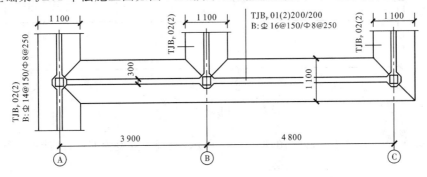

图 7-68　TJB$_p$01 平法施工图

12. 基础梁 JL04 平法施工图如图 7-69 所示,混凝土强度为 C30,试计算钢筋量。

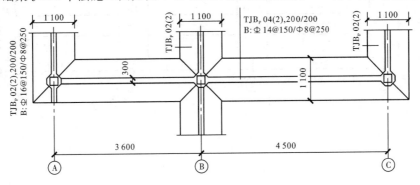

图 7-69　TJB$_p$04 平法施工图

13.基础梁 JL02 平法施工图如图 7-70 所示，混凝土强度为 C30，试计算钢筋量。

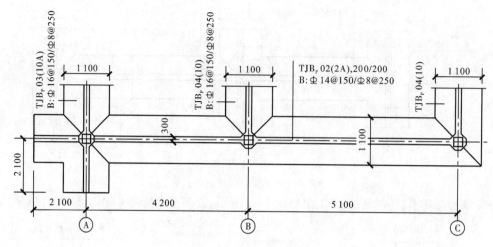

图 7-70　TJB_p02 平法施工图

14.条形基础 TJB_p02 平法施工图如图 7-71 所示，混凝土强度为 C30，试计算钢筋量。

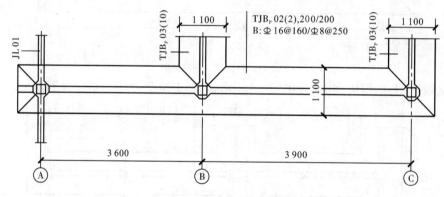

图 7-71　TJB_p02 平法施工图

15.基础次梁 JCL02 平法施工图如图 7-72 所示，混凝土强度为 C30，试计算钢筋量。

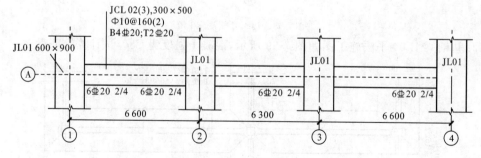

图 7-72　JCL02 平法施工图

16.基础次梁 JCL01 平法施工图如图 7-73 所示,混凝土强度为 C30,试计算钢筋量。

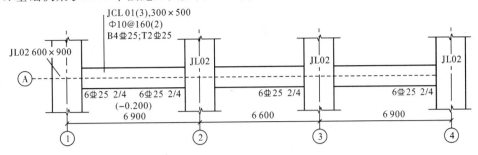

图 7-73 JCL01 平法施工图

17.梁板式筏形基础平板 LPB01 平法施工图如图 7-74 所示,混凝土强度为 C30,试计算钢筋量。

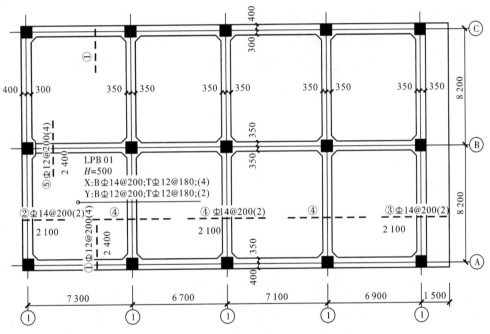

图 7-74 LPB01 平法施工图

注:外伸采用 U 形构造封边筋 ⊄20@300,封边侧面构造纵筋 4 ⊄8。

参考文献

1. 中国建筑标准设计研究院.16G101-1混凝土结构施工图平面整体表示方法制图规则和构造详图(现浇混凝土框架、剪力墙、梁、板).北京:中国计划出版社,2016

2. 中国建筑标准设计研究院.16G101-2混凝土结构施工图平面整体表示方法制图规则和构造详图(现浇混凝土板式楼梯).北京:中国计划出版社,2016

3. 中国建筑标准设计研究院.16G101-3混凝土结构施工图平面整体表示方法制图规则和构造详图(独立基础、条形基础、筏形基础、桩基础).北京:中国计划出版社,2016

4. 赵荣.G101平法钢筋识图与算量.北京:中国建筑工业出版社,2011

5. 彭波.G101平法钢筋计算精讲(第四版).北京:中国电力出版社,2018

6. 彭波.平法钢筋计算识图算量基础教程(第三版).北京:中国建筑工业出版社,2018